21世纪高等学校规划教材 | 电子信息

# 电磁场与电磁波

李锦屏 编著

清华大学出版社
北京

## 内 容 简 介

针对电类不同专业本科生及电磁场与电磁波理论性强的特点，本书在内容上加强了基础部分，补充了多年来教学效果较好的相关例题，并对个别例题加入仿真场图以增强其直观性，尽量做到各专业能够通用。使教师用得顺手，学生学得轻松。

本书共6章。第1章复习矢量分析的基本知识，集中学习场的分析方法，建立场的概念。第2～4章介绍静态场，论述了静电场、恒定电场和恒定磁场的基本概念和计算方法及其应用，并将边值问题贯穿其中，使理论和计算融为一体。第5章介绍时变电磁场的基本理论，介绍了时变电磁场的基本属性、运动规律和计算方法。第6章介绍了平面电磁波传播特性与传播参数以及电磁波极化特性。每章都配有提要、习题，附录给出了部分习题答案。



**图书在版编目(CIP)数据**

电磁场与电磁波/李锦屏编著. —北京：清华大学出版社，2018(2019.7重印)
(21世纪高等学校规划教材·电子信息)
ISBN 978-7-302-48485-1

Ⅰ. ①电…　Ⅱ. ①李…　Ⅲ. ①电磁场－高等学校－教材 ②电磁波－高等学校－教材　Ⅳ. ①O441.4

中国版本图书馆CIP数据核字(2017)第227743号

**责任编辑**：郑寅堃　李　晔
**封面设计**：傅瑞学
**责任校对**：梁　毅
**责任印制**：刘海龙

**出版发行**：清华大学出版社
**网　　址**：http://www.tup.com.cn，http://www.wqbook.com
**地　　址**：北京清华大学学研大厦A座　　**邮　　编**：100084
**社 总 机**：010-62770175　　**邮　　购**：010-62786544
**投稿与读者服务**：010-62776969，c-service@tup.tsinghua.edu.cn
**质量反馈**：010-62772015，zhiliang@tup.tsinghua.edu.cn
**课件下载**：http://www.tup.com.cn，010-62795954
**印 装 者**：河北纪元数字印刷有限公司
**经　　销**：全国新华书店
**开　　本**：185mm×260mm　　**印　张**：13　　**字　　数**：308千字
**版　　次**：2018年1月第1版　　**印　　次**：2019年7月第3次印刷
**印　　数**：1501～1700
**定　　价**：39.00元

产品编号：074798-01

# 出版说明

随着我国改革开放的进一步深化，高等教育也得到了快速发展，各地高校紧密结合地方经济建设发展需要，科学运用市场调节机制，加大了使用信息科学等现代科学技术提升、改造传统学科专业的投入力度，通过教育改革合理调整和配置了教育资源，优化了传统学科专业，积极为地方经济建设输送人才，为我国经济社会的快速、健康和可持续发展以及高等教育自身的改革发展做出了巨大贡献。但是，高等教育质量还需要进一步提高以适应经济社会发展的需要，不少高校的专业设置和结构不尽合理，教师队伍整体素质亟待提高，人才培养模式、教学内容和方法需要进一步转变，学生的实践能力和创新精神亟待加强。

教育部一直十分重视高等教育质量工作。2007 年 1 月，教育部下发了《关于实施高等学校本科教学质量与教学改革工程的意见》，计划实施"高等学校本科教学质量与教学改革工程"（简称"质量工程"），通过专业结构调整、课程教材建设、实践教学改革、教学团队建设等多项内容，进一步深化高等学校教学改革，提高人才培养的能力和水平，更好地满足经济社会发展对高素质人才的需要。在贯彻和落实教育部"质量工程"的过程中，各地高校发挥师资力量强、办学经验丰富、教学资源充裕等优势，对其特色专业及特色课程（群）加以规划、整理和总结，更新教学内容、改革课程体系，建设了一大批内容新、体系新、方法新、手段新的特色课程。在此基础上，经教育部相关教学指导委员会专家的指导和建议，清华大学出版社在多个领域精选各高校的特色课程，分别规划出版系列教材，以配合"质量工程"的实施，满足各高校教学质量和教学改革的需要。

为了深入贯彻落实教育部《关于加强高等学校本科教学工作，提高教学质量的若干意见》精神，紧密配合教育部已经启动的"高等学校教学质量与教学改革工程精品课程建设工作"，在有关专家、教授的倡议和有关部门的大力支持下，我们组织并成立了"清华大学出版社教材编审委员会"（以下简称"编委会"），旨在配合教育部制定精品课程教材的出版规划，讨论并实施精品课程教材的编写与出版工作。"编委会"成员皆来自全国各类高等学校教学与科研第一线的骨干教师，其中许多教师为各校相关院、系主管教学的院长或系主任。

按照教育部的要求，"编委会"一致认为，精品课程的建设工作从开始就要坚持高标准、严要求，处于一个比较高的起点上。精品课程教材应该能够反映各高校教学改革与课程建设的需要，要有特色风格、有创新性（新体系、新内容、新手段、新思路，教材的内容体系有较高的科学创新、技术创新和理念创新的含量）、先进性（对原有的学科体系有实质性的改革和发展，顺应并符合 21 世纪教学发展的规律，代表并引领课程发展的趋势和方向）、示范性（教材所体现的课程体系具有较广泛的辐射性和示范性）和一定的前瞻性。教材由个人申报或各校推荐（通过所在高校的"编委会"成员推荐），经"编委会"认真评审，最后由清华大学出版社审定出版。

目前,针对计算机类和电子信息类相关专业成立了两个"编委会",即"清华大学出版社计算机教材编审委员会"和"清华大学出版社电子信息教材编审委员会"。推出的特色精品教材包括:

(1) 21世纪高等学校规划教材·计算机应用——高等学校各类专业,特别是非计算机专业的计算机应用类教材。

(2) 21世纪高等学校规划教材·计算机科学与技术——高等学校计算机相关专业的教材。

(3) 21世纪高等学校规划教材·电子信息——高等学校电子信息相关专业的教材。

(4) 21世纪高等学校规划教材·软件工程——高等学校软件工程相关专业的教材。

(5) 21世纪高等学校规划教材·信息管理与信息系统。

(6) 21世纪高等学校规划教材·财经管理与应用。

(7) 21世纪高等学校规划教材·电子商务。

(8) 21世纪高等学校规划教材·物联网。

清华大学出版社经过三十多年的努力,在教材尤其是计算机和电子信息类专业教材出版方面树立了权威品牌,为我国的高等教育事业做出了重要贡献。清华版教材形成了技术准确、内容严谨的独特风格,这种风格将延续并反映在特色精品教材的建设中。

**清华大学出版社教材编审委员会**

**联系人:魏江江**

**E-mail:weijj@tup.tsinghua.edu.cn**

# 前言

随着科学技术的发展，电磁场理论的应用研究已涉及微波技术、光纤通信、天线与雷达、电磁成像、电磁兼容及电机与电气设备的计算机辅助设计等领域。电磁场理论是高等学校工科相关专业的一门重要技术基础课，本课程的主要任务是在大学物理中电磁学的基础上。以工程数学的矢量分析和场论为工具，进一步研究电磁场的基本规律，以培养学生的逻辑推理和科学思维能力，使学生能用“场”的观点定性分析判断电磁现象，掌握计算简单电磁场问题的基本方法。

本书共6章。第1章复习矢量分析的基本知识，集中学习场的分析方法，建立场的概念，为以后的学习奠定教学基础。第2～4章介绍静态场，论述了静电场、恒定电场和恒定磁场的基本概念和计算方法及其应用，并将边值问题贯穿其中，使理论和计算融为一体。第5章介绍时变电磁场的基本理论，论述了麦克斯韦方程组，以此为基础介绍了时变电磁场的基本属性、运动规律和计算方法。第6章介绍了平面电磁波传播特性与传播参数以及电磁波极化特性。每章都配有提要、习题，附录给出了部分习题答案，教学中可结合专业情况适当取舍。

本书由兰州交通大学电信学院李锦屏统编全稿。第2、4、5章由李锦屏执笔，第1、3、6章由兰州交通大学电信学院李新颖执笔。研究生李小兵、张文霞、张文静参与了部分文档的录入及图形的绘制工作。本书编写过程中，得到了电信基础教研室教师们的大力支持，参考了许多国内外相关教材和资料，在此一并表示衷心的感谢。限于编者的水平，书中难免疏漏和不妥之处，欢迎使用本书的师生和其他读者批评指正。

编　者

2017年8月

# 目录

# 第1章 矢量分析

在许多科学和技术问题中，常常要研究某些物理量(如电位、电场强度、磁场强度等)在空间的分布和变化规律。为此，引入了场的概念。实际上，人们周围的空间也确实存在着各种各样的场，例如自由落体现象，说明存在一个重力场；人们能感觉到室内外的冷暖，说明我们周围分布着一个温度场等等。如果每一时刻，一个物理量在空间中的每一点都有一个确定的值，则称在此空间中确定了该物理量的场。场是一种特殊的物质，它是具有能量的。根据物理量的不同分为标量场和矢量场。

电磁场是分布在三维空间的矢量场，矢量分析是研究电磁场在空间的分布和变化规律的基本数学工具之一。标量场在空间的变化规律由其梯度来描述，而矢量场在空间的变化规律则通过场的散度和旋度来描述。本章首先介绍矢量代数和三种常用的正交坐标系，然后着重讨论标量场的梯度、矢量场的散度和旋度的概念及其运算规律，在此基础上介绍亥姆霍兹定理。

## 1.1 矢量代数

### 1.1.1 标量和矢量

数学上，任一代数量 $a$ 都可称为标量。在物理学中，任一代数量一旦被赋予"物理单位"，则称为一个具有物理意义只有大小的标量，即所谓的物理量，如电压 $u$、电荷量 $Q$、质量 $m$、能量 $W$ 等都是标量。

一般的三维空间内某一点 $P$ 处存在的一个既有大小又有方向特性的量，称为矢量。本书中用黑斜体字母表示矢量，例如 $\boldsymbol{A}$。而用 $A$ 来表示矢量 $\boldsymbol{A}$ 的大小即 $\boldsymbol{A}$ 的模。矢量一旦被赋予"物理单位"，则称为一个具有物理意义的矢量，如电场强度矢量 $\boldsymbol{E}$、磁场强度矢量 $\boldsymbol{H}$、作用力矢量 $\boldsymbol{F}$、速度矢量 $\boldsymbol{v}$ 等。

一个矢量 $\boldsymbol{A}$ 可用一条有方向的线段来表示，线段的长度表示矢量 $\boldsymbol{A}$ 的模 $A$，箭头指向表示矢量 $\boldsymbol{A}$ 的方向，如图 1.1 所示。

一个模为 1 的矢量称为单位矢量。本书中用 $\boldsymbol{e}_A$ 表示与矢量 $\boldsymbol{A}$ 同方向的单位矢量，显然

$$\boldsymbol{e}_A = \frac{\boldsymbol{A}}{A} \tag{1.1}$$

而矢量 $\boldsymbol{A}$ 则可表示为

$$\boldsymbol{A} = \boldsymbol{e}_A A \tag{1.2}$$

图 1.1　$P$ 点处的矢量

### 1.1.2 矢量的加法和减法

两个矢量 $\boldsymbol{A}$ 与 $\boldsymbol{B}$ 相加，其和是另一个矢量 $\boldsymbol{D}$。矢量 $\boldsymbol{D}=\boldsymbol{A}+\boldsymbol{B}$ 可按平行四边形法则得到：从同一点画出矢量 $\boldsymbol{A}$ 与 $\boldsymbol{B}$，构成一个平行四边形，其对角线量即为矢量 $\boldsymbol{D}$，如图 1.2 所示。

矢量的加法服从交换律和结合律：

$$\boldsymbol{A}+\boldsymbol{B}=\boldsymbol{B}+\boldsymbol{A} \quad (\text{交换律}) \tag{1.3}$$

$$(\boldsymbol{A}+\boldsymbol{B})+\boldsymbol{C}=\boldsymbol{A}+(\boldsymbol{B}+\boldsymbol{C}) \quad (\text{结合律}) \tag{1.4}$$

矢量的减法定义为：

$$\boldsymbol{A}-\boldsymbol{B}=\boldsymbol{A}+(-\boldsymbol{B}) \tag{1.5}$$

式中 $-\boldsymbol{B}$ 的大小与 $\boldsymbol{B}$ 的大小相等，但方向与 $\boldsymbol{B}$ 相反，如图 1.3 所示。

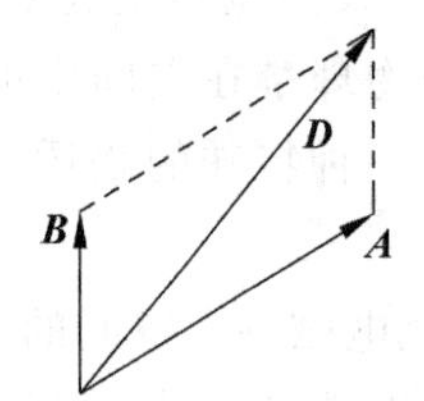

图 1.2 矢量的加法

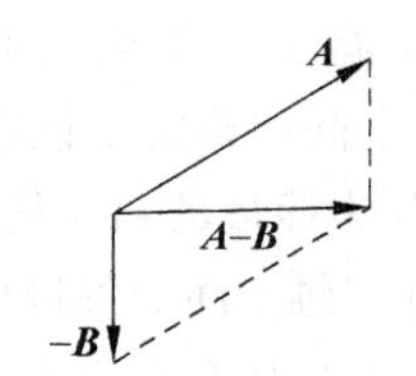

图 1.3 矢量的减法

### 1.1.3 矢量的乘法

矢量的乘法分为数乘、点乘和叉乘。

数乘是指一个标量 $k$ 与一个矢量 $\boldsymbol{A}$ 的乘积，$k\boldsymbol{A}$ 仍为一个矢量，其大小为 $|k|\boldsymbol{A}$，若 $k>0$，则 $k\boldsymbol{A}$ 与 $\boldsymbol{A}$ 同方向；若 $k<0$，则 $k\boldsymbol{A}$ 与 $\boldsymbol{A}$ 反方向。$k\boldsymbol{A}$ 矢量的长度是原矢量 $\boldsymbol{A}$ 的 $|k|$ 倍。

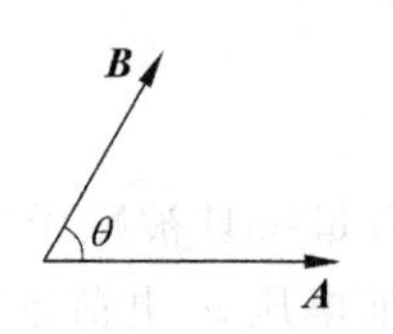

图 1.4 矢量 $\boldsymbol{A}$ 与 $\boldsymbol{B}$ 的夹角

两个矢量 $\boldsymbol{A}$ 与 $\boldsymbol{B}$ 的点乘（点积）$\boldsymbol{A}\cdot\boldsymbol{B}$ 是一个标量，定义为矢量 $\boldsymbol{A}$ 和 $\boldsymbol{B}$ 的大小与它们之间较小的夹角的余弦之积，如图 1.4 所示，即

$$\boldsymbol{A}\cdot\boldsymbol{B}=AB\cos\theta \tag{1.6}$$

$\boldsymbol{A}$ 与 $\boldsymbol{B}$ 的点乘结果可看作 $\boldsymbol{A}$ 的模乘以 $\boldsymbol{B}$ 在 $\boldsymbol{A}$ 上的投影。

矢量的点乘服从交互律和分配律：

$$\boldsymbol{A}\cdot\boldsymbol{B}=\boldsymbol{B}\cdot\boldsymbol{A} \tag{1.7}$$

$$\boldsymbol{A}\cdot(\boldsymbol{B}+\boldsymbol{C})=\boldsymbol{A}\cdot\boldsymbol{B}+\boldsymbol{A}\cdot\boldsymbol{C} \tag{1.8}$$

另外还有 $\boldsymbol{A}\cdot\boldsymbol{A}=A^2$ 及 $\boldsymbol{e}_A\cdot\boldsymbol{e}_A=1$ 等公式。若 $\boldsymbol{A}\cdot\boldsymbol{B}=0$，则 $\boldsymbol{A}$ 和 $\boldsymbol{B}$ 相互垂直。

两个矢量 $\boldsymbol{A}$ 与 $\boldsymbol{B}$ 的叉乘（叉积）$\boldsymbol{A}\times\boldsymbol{B}$ 是一个矢量，它的方向为右手四个手指从矢量 $\boldsymbol{A}$ 到 $\boldsymbol{B}$ 旋转 $\theta$ 时大拇指的方向，垂直于包含矢量 $\boldsymbol{A}$ 和 $\boldsymbol{B}$ 的平面；其大小定义为矢量 $\boldsymbol{A}$ 和 $\boldsymbol{B}$ 的大小与它们之间较小的夹角的正弦之积 $AB\sin\theta$，即 $\boldsymbol{A}$ 和 $\boldsymbol{B}$ 两矢量所围面积的大小。如图 1.5 所示，即

$$\boldsymbol{A}\times\boldsymbol{B}=\boldsymbol{e}_{\mathrm{n}}AB\sin\theta \tag{1.9}$$

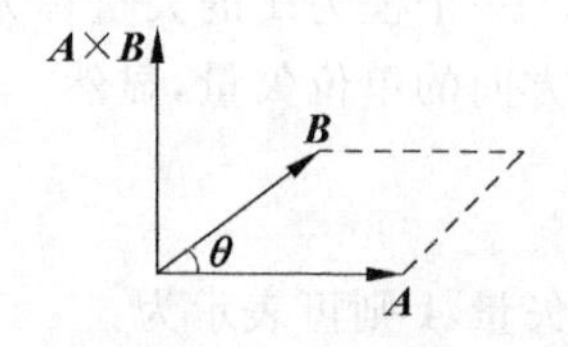

图 1.5 矢量 $\boldsymbol{A}$ 与 $\boldsymbol{B}$ 的叉积

根据叉乘的定义，显然有

$$\boldsymbol{A}\times\boldsymbol{B}=-\boldsymbol{B}\times\boldsymbol{A} \tag{1.10}$$

因此，叉乘不服从交换律，但叉乘服从分配律

$$\boldsymbol{A}\times(\boldsymbol{B}+\boldsymbol{C})=\boldsymbol{A}\times\boldsymbol{B}+\boldsymbol{A}\times\boldsymbol{C} \tag{1.11}$$

另外还有 $\boldsymbol{A}\times\boldsymbol{A}=0$。若 $\boldsymbol{A}\times\boldsymbol{B}=0$，则 $\boldsymbol{A}$ 和 $\boldsymbol{B}$ 两矢量平行。

矢量 $\boldsymbol{A}$ 与矢量 $\boldsymbol{B}\times\boldsymbol{C}$ 的点积 $\boldsymbol{A}\cdot(\boldsymbol{B}\times\boldsymbol{C})$ 称为标量三重积，它具有如下运算性质：

$$\boldsymbol{A}\cdot(\boldsymbol{B}\times\boldsymbol{C})=\boldsymbol{B}\cdot(\boldsymbol{C}\times\boldsymbol{A})=\boldsymbol{C}\cdot(\boldsymbol{A}\times\boldsymbol{B}) \tag{1.12}$$

矢量 $\boldsymbol{A}$ 与矢量 $\boldsymbol{B}\times\boldsymbol{C}$ 的叉积 $\boldsymbol{A}\times(\boldsymbol{B}\times\boldsymbol{C})$ 称为矢量三重积，它具有如下运算性质：

$$\boldsymbol{A}\times(\boldsymbol{B}\times\boldsymbol{C})=\boldsymbol{B}(\boldsymbol{A}\cdot\boldsymbol{C})-\boldsymbol{C}(\boldsymbol{A}\cdot\boldsymbol{B}) \tag{1.13}$$

### 1.1.4 矢量函数的导数与微分

设 $\boldsymbol{A}(t)=\boldsymbol{e}_xA_x(t)+\boldsymbol{e}_yA_y(t)+\boldsymbol{e}_zA_z(t)$ 是 $t$ 的矢量函数，且对于任意的 $t$，$\boldsymbol{A}(t)$ 的起点都在原点，当 $t$ 在其定义域内从 $t$ 变到 $t+\Delta t$ 时，对应的矢量从 $\boldsymbol{A}(t)$ 变化到 $\boldsymbol{A}(t+\Delta t)$，则称 $\Delta\boldsymbol{A}=\boldsymbol{A}(t+\Delta t)-\boldsymbol{A}(t)$ 为 $\boldsymbol{A}(t)$ 对应于 $\Delta t$ 的增量。

设矢量函数 $\boldsymbol{A}(t)$ 在点 $t$ 的某个邻域内有定义，并设 $t+\Delta t$ 也在此邻域内。如果

$$\lim_{\Delta t\to 0}\frac{\Delta\boldsymbol{A}}{\Delta t}=\lim_{\Delta t\to 0}\frac{\Delta\boldsymbol{A}(t+\Delta t)-\Delta\boldsymbol{A}(t)}{\Delta t}=\lim_{\Delta t\to 0}\frac{\Delta A_x}{\Delta t}\boldsymbol{e}_x+\lim_{\Delta t\to 0}\frac{\Delta A_y}{\Delta t}\boldsymbol{e}_y+\lim_{\Delta t\to 0}\frac{\Delta A_z}{\Delta t}\boldsymbol{e}_z$$

存在，则称 $\boldsymbol{A}(t)$ 在点 $t$ 可导，并称 $\lim\limits_{\Delta t\to 0}\frac{\Delta\boldsymbol{A}}{\Delta t}=\lim\limits_{\Delta t\to 0}\frac{\Delta A_x}{\Delta t}\boldsymbol{e}_x+\lim\limits_{\Delta t\to 0}\frac{\Delta A_y}{\Delta t}\boldsymbol{e}_y+\lim\limits_{\Delta t\to 0}\frac{\Delta A_z}{\Delta t}\boldsymbol{e}_z$ 为 $\boldsymbol{A}(t)$ 在点 $t$ 处的导数。记作 $\frac{\mathrm{d}\boldsymbol{A}(t)}{\mathrm{d}t}$ 或 $\boldsymbol{A}'(t)$，即

$$\begin{aligned}\frac{\mathrm{d}\boldsymbol{A}}{\mathrm{d}t}&=\lim_{\Delta t\to 0}\frac{\Delta A_x}{\Delta t}\boldsymbol{e}_x+\lim_{\Delta t\to 0}\frac{\Delta A_y}{\Delta t}\boldsymbol{e}_y+\lim_{\Delta t\to 0}\frac{\Delta A_z}{\Delta t}\boldsymbol{e}_z\\&=\frac{\mathrm{d}A_x}{\mathrm{d}t}\boldsymbol{e}_x+\frac{\mathrm{d}A_y}{\mathrm{d}t}\boldsymbol{e}_y+\frac{\mathrm{d}A_z}{\mathrm{d}t}\boldsymbol{e}_z\end{aligned} \tag{1.14}$$

这样就把一个矢量函数导数的计算转化为了三个标量函数的导数的计算。

同样，矢量函数的积分也可对矢量函数的各分量分别进行操作。

## 1.2 三种常用的正交坐标系

为了考查物理量在空间的分布和变化规律，必须引入坐标系。在电磁场理论中，最常用的坐标系为直角坐标系、圆柱坐标系和球坐标系。

### 1.2.1 直角坐标系

如图 1.6 所示，直角坐标系中的三个坐标变量是 $x$、$y$ 和 $z$，它们的变化范围分别是

$$-\infty<x<\infty,\quad -\infty<y<\infty,\quad -\infty<z<\infty$$

空间任一点 $P(x_0,y_0,z_0)$ 是三个坐标曲面 $x=x_0$，$y=y_0$ 和

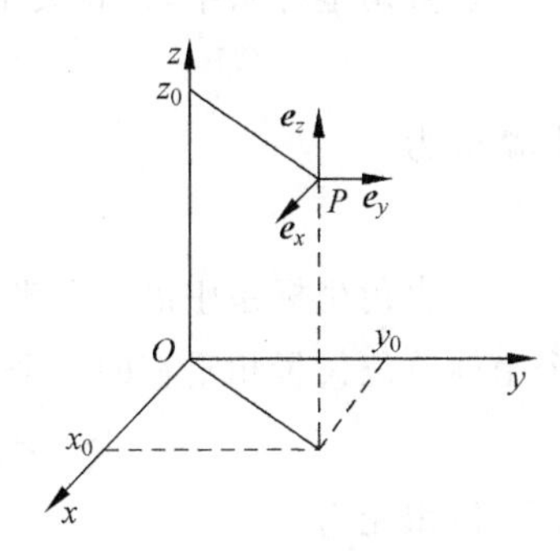


图 1.6 直角坐标系

$z=z_0$ 的交点。

在直角坐标系中，过空间任一点 $P(x_0,y_0,z_0)$ 的三个相互正交的坐标单位矢量 $\boldsymbol{e}_x$、$\boldsymbol{e}_y$ 和 $\boldsymbol{e}_z$ 分别是 $x$、$y$ 和 $z$ 增加的方向，且遵循右手螺旋法则：

$$\boldsymbol{e}_x \times \boldsymbol{e}_y = \boldsymbol{e}_z、\boldsymbol{e}_y \times \boldsymbol{e}_z = \boldsymbol{e}_x、\boldsymbol{e}_z \times \boldsymbol{e}_x = \boldsymbol{e}_y \tag{1.15}$$

任一矢量 $\boldsymbol{A}$ 在直角坐标系中可表示为坐标矢量的线性组合：

$$\boldsymbol{A} = \boldsymbol{e}_x A_x + \boldsymbol{e}_y A_y + \boldsymbol{e}_z A_z \tag{1.16}$$

其中 $A_x$、$A_y$ 和 $A_z$ 分别是矢量 $\boldsymbol{A}$ 在 $\boldsymbol{e}_x$、$\boldsymbol{e}_y$ 和 $\boldsymbol{e}_z$ 方向上的投影。该矢量的模为 $A=\sqrt{A_x^2+A_y^2+A_z^2}$。

$\boldsymbol{A}$ 的单位矢量为

$$\begin{aligned}\boldsymbol{e}_A &= \frac{\boldsymbol{A}}{A} = \frac{A_x}{A}\boldsymbol{e}_x + \frac{A_y}{A}\boldsymbol{e}_y + \frac{A_z}{A}\boldsymbol{e}_z \\ &= \cos\alpha\,\boldsymbol{e}_x + \cos\beta\,\boldsymbol{e}_y + \cos\gamma\,\boldsymbol{e}_z\end{aligned}$$

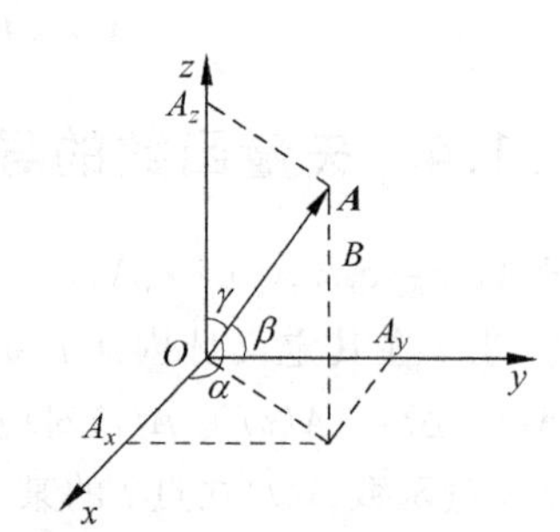


图 1.7　直角坐标系中矢量的分解

$\cos\alpha$、$\cos\beta$、$\cos\gamma$ 称为 $\boldsymbol{A}$ 的方向余弦，$\alpha$、$\beta$、$\gamma$ 分别为 $\boldsymbol{A}$ 与 $x$、$y$、$z$ 轴正向的夹角，如图 1.7 所示。矢量 $\boldsymbol{A}$ 可用方向余弦表示为

$$\boldsymbol{A} = A\cos\alpha\,\boldsymbol{e}_x + A\cos\beta\,\boldsymbol{e}_y + A\cos\gamma\,\boldsymbol{e}_z$$

两个矢量 $\boldsymbol{A}=\boldsymbol{e}_x A_x+\boldsymbol{e}_y A_y+\boldsymbol{e}_z A_z$ 与 $\boldsymbol{B}=\boldsymbol{e}_x B_x+\boldsymbol{e}_y B_y+\boldsymbol{e}_z B_z$ 的和等于对应分量之和，即

$$\boldsymbol{A}+\boldsymbol{B} = \boldsymbol{e}_x(A_x+B_x) + \boldsymbol{e}_y(A_y+B_y) + \boldsymbol{e}_z(A_z+B_z) \tag{1.17}$$

$\boldsymbol{A}$ 与 $\boldsymbol{B}$ 的点积为

$$\begin{aligned}\boldsymbol{A}\cdot\boldsymbol{B} &= (\boldsymbol{e}_x A_x + \boldsymbol{e}_y A_y + \boldsymbol{e}_z A_z)\cdot(\boldsymbol{e}_x B_x + \boldsymbol{e}_y B_y + \boldsymbol{e}_z B_z) \\ &= A_x B_x + A_y B_y + A_z B_z\end{aligned} \tag{1.18}$$

$\boldsymbol{A}$ 与 $\boldsymbol{B}$ 的叉积为

$$\begin{aligned}\boldsymbol{A}\times\boldsymbol{B} &= (\boldsymbol{e}_x A_x + \boldsymbol{e}_y A_y + \boldsymbol{e}_z A_z)\times(\boldsymbol{e}_x B_x + \boldsymbol{e}_y B_y + \boldsymbol{e}_z B_z) \\ &= \boldsymbol{e}_x(A_y B_z - A_z B_y) + \boldsymbol{e}_y(A_z B_x - A_x B_z) + \boldsymbol{e}_z(A_x B_y - A_y B_x) \\ &= \begin{vmatrix} \boldsymbol{e}_x & \boldsymbol{e}_y & \boldsymbol{e}_z \\ A_x & A_y & A_z \\ B_x & B_y & B_z \end{vmatrix}\end{aligned} \tag{1.19}$$

在直角坐标系中，位置矢量

$$\boldsymbol{r} = \boldsymbol{e}_x x + \boldsymbol{e}_y y + \boldsymbol{e}_z z \tag{1.20}$$

其微分为

$$\mathrm{d}\boldsymbol{r} = \boldsymbol{e}_x \mathrm{d}x + \boldsymbol{e}_y \mathrm{d}y + \boldsymbol{e}_z \mathrm{d}z \tag{1.21}$$

在直角坐标系中沿三个坐标 $x$、$y$ 和 $z$ 增加方向上的微分长度元为 $\mathrm{d}x$、$\mathrm{d}y$ 和 $\mathrm{d}z$，则与三个坐标单位矢量相垂直的三个面积元分别为

$$\mathrm{d}S_x = \mathrm{d}y\mathrm{d}z,\quad \mathrm{d}S_y = \mathrm{d}x\mathrm{d}z,\quad \mathrm{d}S_z = \mathrm{d}x\mathrm{d}y \tag{1.22}$$

体积元为

$$\mathrm{d}V = \mathrm{d}x\mathrm{d}y\mathrm{d}z \tag{1.23}$$

### 1.2.2 圆柱坐标系

如图 1.8 所示，圆柱坐标系中任一点 $P$ 的位置用三个坐标变量 $\rho$、$\phi$ 和 $z$ 表示，它们的变化范围分别是

$$0 \leqslant \rho < \infty, \quad 0 \leqslant \phi \leqslant 2\pi, \quad -\infty < z < \infty$$

空间任一点 $P(\rho_0, \phi_0, z_0)$ 是如下三个坐标曲面的交点：$\rho=\rho_0$ 的圆柱面、包含 $z$ 轴并与 $xOz$ 平面构成夹角为 $\phi=\phi_0$ 的半平面和 $z=z_0$ 的平面。

圆柱坐标系与直角坐标系之间的变换关系为

$$\rho = \sqrt{x^2+y^2}, \quad \phi = \arctan(y/x), z = z \tag{1.24}$$

或

$$x = \rho\cos\phi, \quad y = \rho\sin\phi, \quad z = z \tag{1.25}$$

在圆柱坐标系中，过空间任一点 $P(\rho,\phi,z)$ 的三个相互正交的坐标单位矢量 $\boldsymbol{e}_\rho$、$\boldsymbol{e}_\phi$ 和 $\boldsymbol{e}_z$ 分别是 $\rho$、$\phi$ 和 $z$ 增加的方向，且遵循右手螺旋法则，即

$$\boldsymbol{e}_\rho \times \boldsymbol{e}_\phi = \boldsymbol{e}_z, \quad \boldsymbol{e}_\phi \times \boldsymbol{e}_z = \boldsymbol{e}_\rho, \quad \boldsymbol{e}_z \times \boldsymbol{e}_\rho = \boldsymbol{e}_\phi \tag{1.26}$$

必须强调指出，圆柱坐标系中的坐标单位矢量 $\boldsymbol{e}_\rho$ 和 $\boldsymbol{e}_\phi$ 都不是常矢量，因为它们的方向是随空间坐标变化的。由图 1.9 可得到 $\boldsymbol{e}_\rho$、$\boldsymbol{e}_\phi$ 与 $\boldsymbol{e}_x$、$\boldsymbol{e}_y$ 之间的变换，关系为

$$\boldsymbol{e}_\rho = \boldsymbol{e}_x\cos\phi + \boldsymbol{e}_y\sin\phi, \quad \boldsymbol{e}_\phi = -\boldsymbol{e}_x\sin\phi + \boldsymbol{e}_y\cos\phi \tag{1.27}$$

或

$$\boldsymbol{e}_x = \boldsymbol{e}_\rho\cos\phi - \boldsymbol{e}_\phi\sin\phi, \quad \boldsymbol{e}_y = \boldsymbol{e}_\rho\sin\phi + \boldsymbol{e}_\phi\cos\phi \tag{1.28}$$

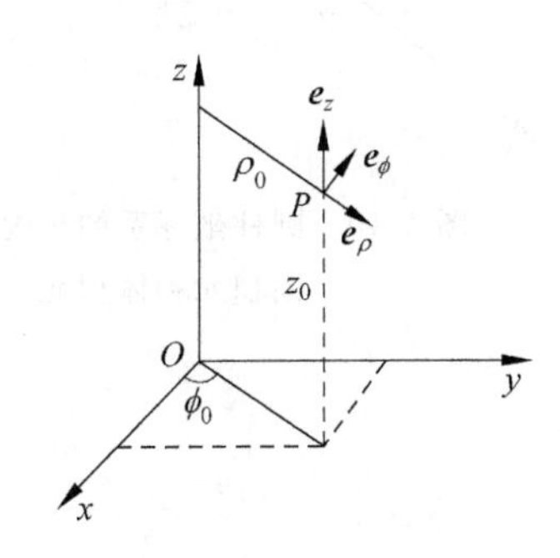


图 1.8 圆柱坐标系

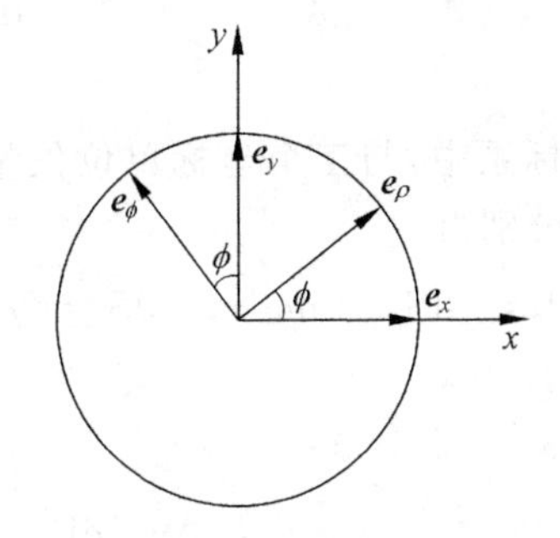


图 1.9 直角坐标系与圆柱坐标系的坐标单位矢量的关系

由式(1.27)可以看出，$\boldsymbol{e}_\rho$ 和 $\boldsymbol{e}_\phi$ 是随 $\phi$ 变化的，且

$$\begin{cases} \dfrac{\partial \boldsymbol{e}_\rho}{\partial \phi} = -\boldsymbol{e}_x\sin\phi + \boldsymbol{e}_y\cos\phi = \boldsymbol{e}_\phi \\ \dfrac{\partial \boldsymbol{e}_\phi}{\partial \phi} = -\boldsymbol{e}_x\cos\phi - \boldsymbol{e}_y\sin\phi = -\boldsymbol{e}_\rho \end{cases} \tag{1.29}$$

任一矢量 $\boldsymbol{A}$ 在圆柱坐标系中可以表示为

$$\boldsymbol{A} = \boldsymbol{e}_\rho A_\rho + \boldsymbol{e}_\phi A_\phi + \boldsymbol{e}_z A_z \tag{1.30}$$

其中 $\boldsymbol{A}=\boldsymbol{e}_\rho A_\rho+\boldsymbol{e}_\phi A_\phi+\boldsymbol{e}_z A_z$ 与矢量 $\boldsymbol{B}=\boldsymbol{e}_\rho B_\rho+\boldsymbol{e}_\phi B_\phi+\boldsymbol{e}_z B_z$ 的和为

$$\boldsymbol{A}+\boldsymbol{B}=\boldsymbol{e}_\rho(A_\rho+B_\rho)+\boldsymbol{e}_\phi(A_\phi+B_\phi)+\boldsymbol{e}_z(A_z+B_z) \tag{1.31}$$

$\boldsymbol{A}$ 与 $\boldsymbol{B}$ 的点积为

$$\begin{aligned}\boldsymbol{A}\cdot\boldsymbol{B}&=(\boldsymbol{e}_\rho A_\rho+\boldsymbol{e}_\phi A_\phi+\boldsymbol{e}_z A_z)\cdot(\boldsymbol{e}_\rho B_\rho+\boldsymbol{e}_\phi B_\phi+\boldsymbol{e}_z B_z)\\&=A_\rho B_\rho+A_\phi B_\phi+A_z B_z\end{aligned} \tag{1.32}$$

$\boldsymbol{A}$ 与 $\boldsymbol{B}$ 的叉积为

$$\begin{aligned}\boldsymbol{A}\times\boldsymbol{B}&=(\boldsymbol{e}_\rho A_\rho+\boldsymbol{e}_\phi A_\phi+\boldsymbol{e}_z A_z)\times(\boldsymbol{e}_\rho B_\rho+\boldsymbol{e}_\phi B_\phi+\boldsymbol{e}_z B_z)\\&=\boldsymbol{e}_\rho(A_\phi B_z-A_z B_\phi)+\boldsymbol{e}_\phi(A_z B_\rho-A_\rho B_z)+\boldsymbol{e}_z(A_\rho B_\phi-A_\phi B_\rho)\\&=\begin{vmatrix}\boldsymbol{e}_\rho & \boldsymbol{e}_\phi & \boldsymbol{e}_z\\ A_\rho & A_\phi & A_z\\ B_\rho & B_\phi & B_z\end{vmatrix}\end{aligned} \tag{1.33}$$

在圆柱坐标系中,位置矢量为

$$\boldsymbol{r}=\boldsymbol{e}_\rho\rho+\boldsymbol{e}_z z \tag{1.34}$$

其微分元是

$$\begin{aligned}\mathrm{d}\boldsymbol{r}&=\mathrm{d}(\boldsymbol{e}_\rho\rho)+\mathrm{d}(\boldsymbol{e}_z z)=\boldsymbol{e}_\rho\,\mathrm{d}\rho+\rho\,\mathrm{d}\boldsymbol{e}_\rho+\boldsymbol{e}_z\,\mathrm{d}z\\&=\boldsymbol{e}_\rho\,\mathrm{d}\rho+\boldsymbol{e}_\phi\rho\,\mathrm{d}\phi+\boldsymbol{e}_z\,\mathrm{d}z\end{aligned} \tag{1.35}$$

在 $\rho$、$\phi$ 和 $z$ 增加方向上的微分元分别是 $\mathrm{d}\rho$、$\rho\mathrm{d}\phi$ 和 $\mathrm{d}z$,如图 1.10 所示。$\mathrm{d}\rho$、$\rho\mathrm{d}\phi$ 和 $\mathrm{d}z$ 都是长度,它们同各自坐标的微分之比称为度量系数(或拉梅系数),即

$$h_\rho=\frac{\mathrm{d}\rho}{\mathrm{d}\rho}=1,\quad h_\phi=\frac{\rho\mathrm{d}\phi}{\mathrm{d}\phi}=\rho,\quad h_z=\frac{\mathrm{d}z}{\mathrm{d}z}=1 \tag{1.36}$$

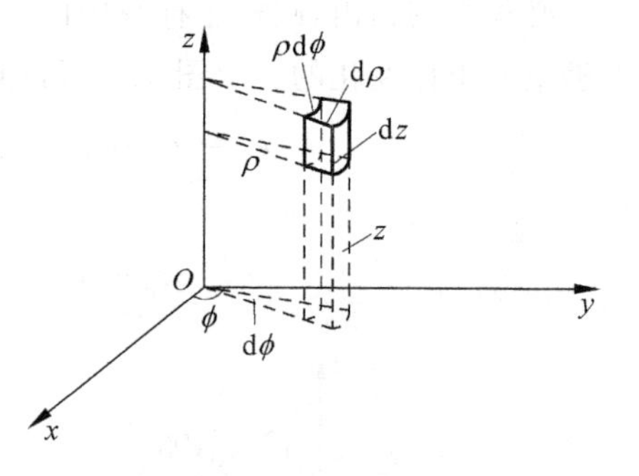

图 1.10 圆柱坐标系的长度元、面积元和体积元

在圆柱坐标系中,与三个坐标单位矢量相垂直的三个面积元分别为

$$\mathrm{d}S_\rho=\rho\mathrm{d}\phi\mathrm{d}z,\quad \mathrm{d}S_\phi=\mathrm{d}\rho\mathrm{d}z,\quad \mathrm{d}S_z=\rho\mathrm{d}\rho\mathrm{d}\phi \tag{1.37}$$

体积元则为

$$\mathrm{d}V=\rho\mathrm{d}\rho\mathrm{d}\phi\mathrm{d}z \tag{1.38}$$

### 1.2.3 球坐标系

如图 1.11 所示,球坐标系中任一点 $P$ 的三个坐标变量是 $r$、$\theta$ 和 $\phi$,它们的变化范围分别是

$$0\leqslant r<\infty,\quad 0\leqslant\theta\leqslant\pi,\quad 0\leqslant\phi\leqslant 2\pi$$

空间任一点 $P(r_0,\theta_0,\phi_0)$是如下三个坐标曲面的交点:球心在原点、半径 $r=r_0$ 的球面;顶点在原点、轴线与 $z$ 轴重合且半顶角 $\phi=\phi_0$ 的正圆锥面;包含 $z$ 轴并与 $xy$ 平面构成夹角为 $\phi=\phi_0$ 的半平面。

球坐标系与直角坐标系之间的变换关系为

$$r=\sqrt{x^2+y^2+z^2},\quad \theta=\arccos(z/\sqrt{x^2+y^2+z^2}),\quad \phi=\arctan(y/x) \tag{1.39}$$

或

$$x=r\sin\theta\cos\phi,\quad y=r\sin\theta\sin\phi,\quad z=r\cos\theta \tag{1.40}$$

在球坐标系中，过空间任一点 $P(r,\theta,\phi)$ 的三个相互正交的坐标单位矢 $\boldsymbol{e}_r$、$\boldsymbol{e}_\theta$ 和 $\boldsymbol{e}_\phi$ 分别是 $r$、$\theta$ 和 $\phi$ 增加的方向，且遵循右手螺旋法则，即

$$\boldsymbol{e}_r\times\boldsymbol{e}_\theta=\boldsymbol{e}_\phi、\boldsymbol{e}_\theta\times\boldsymbol{e}_\phi=\boldsymbol{e}_r、\boldsymbol{e}_\phi\times\boldsymbol{e}_r=\boldsymbol{e}_\theta \tag{1.41}$$

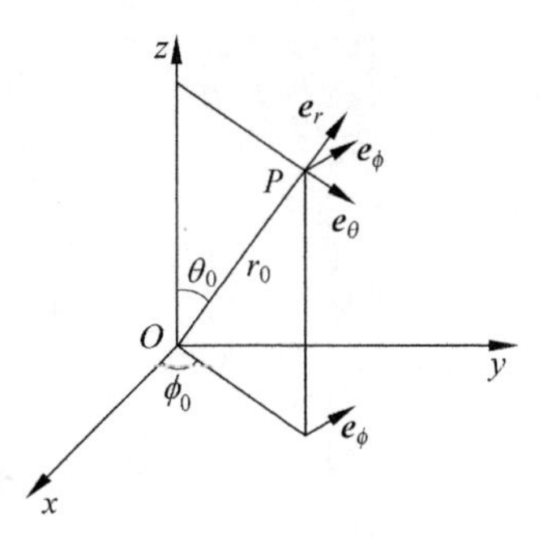


图 1.11 球坐标系

它们与 $\boldsymbol{e}_x$、$\boldsymbol{e}_y$ 和 $\boldsymbol{e}_z$ 之间的变换关系为

$$\begin{cases}\boldsymbol{e}_r=\boldsymbol{e}_x\sin\theta\cos\phi+\boldsymbol{e}_y\sin\theta\sin\phi+\boldsymbol{e}_z\cos\theta\\ \boldsymbol{e}_\theta=\boldsymbol{e}_x\cos\theta\cos\phi+\boldsymbol{e}_y\cos\theta\sin\phi-\boldsymbol{e}_z\sin\theta\\ \boldsymbol{e}_\phi=-\boldsymbol{e}_x\sin\phi+\boldsymbol{e}_y\cos\phi\end{cases} \tag{1.42}$$

或

$$\begin{cases}\boldsymbol{e}_x=\boldsymbol{e}_r\sin\theta\cos\phi+\boldsymbol{e}_\theta\cos\theta\cos\phi-\boldsymbol{e}_\phi\sin\phi\\ \boldsymbol{e}_y=\boldsymbol{e}_r\sin\theta\sin\phi+\boldsymbol{e}_\theta\cos\theta\sin\phi+\boldsymbol{e}_\phi\cos\phi\\ \boldsymbol{e}_z=\boldsymbol{e}_r\cos\theta-\boldsymbol{e}_\theta\sin\theta\end{cases} \tag{1.43}$$

球坐标系中的坐标单位矢量 $\boldsymbol{e}_r$、$\boldsymbol{e}_\theta$ 和 $\boldsymbol{e}_\phi$ 都不是常矢量，且

$$\begin{cases}\dfrac{\partial\boldsymbol{e}_r}{\partial\theta}=\boldsymbol{e}_\theta,\dfrac{\partial\boldsymbol{e}_r}{\partial\phi}=\boldsymbol{e}_\phi\sin\theta\\ \dfrac{\partial\boldsymbol{e}_\theta}{\partial\theta}=-\boldsymbol{e}_r,\dfrac{\partial\boldsymbol{e}_\theta}{\partial\phi}=\boldsymbol{e}_\phi\cos\phi\\ \dfrac{\partial\boldsymbol{e}_\phi}{\partial\theta}=0,\dfrac{\partial\boldsymbol{e}_\phi}{\partial\phi}=-\boldsymbol{e}_r\sin\phi-\boldsymbol{e}_\phi\cos\theta\end{cases} \tag{1.44}$$

任一矢量 $\boldsymbol{A}$ 在球坐标系中可表示为

$$\boldsymbol{A}=\boldsymbol{e}_rA_r+\boldsymbol{e}_\theta A_\theta+\boldsymbol{e}_\phi A_\phi \tag{1.45}$$

其中 $A_r$、$A_\theta$ 和 $A_\phi$ 分别是矢量 $\boldsymbol{A}$ 在 $\boldsymbol{e}_r$、$\boldsymbol{e}_\theta$ 和 $\boldsymbol{e}_\phi$ 方向上的投影。

矢量 $\boldsymbol{A}=\boldsymbol{e}_rA_r+\boldsymbol{e}_\theta A_\theta+\boldsymbol{e}_\phi A_\phi$ 与矢量 $\boldsymbol{B}=\boldsymbol{e}_r\boldsymbol{B}_r+\boldsymbol{e}_\theta\boldsymbol{B}_\theta+\boldsymbol{e}_\phi\boldsymbol{B}_\phi$ 的和为

$$\boldsymbol{A}+\boldsymbol{B}=\boldsymbol{e}_r(A_r+B_r)+\boldsymbol{e}_\theta(A_\theta+B_\theta)+\boldsymbol{e}_\phi(A_\phi+B_\phi) \tag{1.46}$$

$\boldsymbol{A}$ 与 $\boldsymbol{B}$ 的点积为

$$\boldsymbol{A}\cdot\boldsymbol{B}=A_rB_r+A_\theta B_\theta+A_\phi B_\phi \tag{1.47}$$

$\boldsymbol{A}$ 与 $\boldsymbol{B}$ 的叉积为

$$\boldsymbol{A}\times\boldsymbol{B}=\boldsymbol{e}_r(A_\theta B_\phi-A_\phi B_\theta)+\boldsymbol{e}_\theta(A_\phi B_r-A_rB_\phi)+\boldsymbol{e}_\phi(A_rB_\theta-A_eB_r)$$

$$=\begin{vmatrix}\boldsymbol{e}_r & \boldsymbol{e}_\theta & \boldsymbol{e}_\phi\\ A_r & A_\theta & A_\phi\\ B_r & B_\theta & B_\phi\end{vmatrix} \tag{1.48}$$

位置矢量

$$\boldsymbol{r}=\boldsymbol{e}_rr \tag{1.49}$$

其微分元是

$$\mathrm{d}\boldsymbol{r} = \mathrm{d}(\boldsymbol{e}_r r) = \boldsymbol{e}_r\,\mathrm{d}r + r\,\mathrm{d}\boldsymbol{e}_r = \boldsymbol{e}_r\,\mathrm{d}r + \boldsymbol{e}_\theta r\,\mathrm{d}\theta + \boldsymbol{e}_\phi r\sin\theta\,\mathrm{d}\phi \tag{1.50}$$

即在球坐标系中沿三个坐标的长度元为 $\mathrm{d}r$、$r\,\mathrm{d}\theta$ 和 $r\sin\theta\,\mathrm{d}\phi$，如图 1.12 所示。度量系数分别为

$$h_r = 1,\quad h_\theta = r,\quad h_\phi = r\sin\theta \tag{1.51}$$

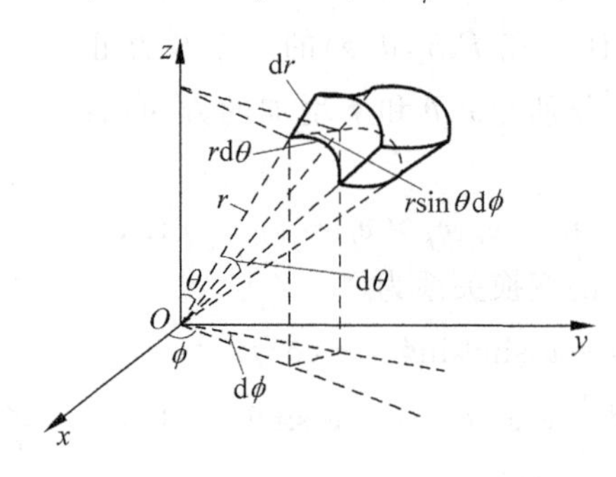


图 1.12 球坐标系的长度元、面积元和体积元

在球坐标系中，三个面积元分别为

$$\mathrm{d}S_r = r^2\sin\theta\,\mathrm{d}\theta\,\mathrm{d}\phi,\quad \mathrm{d}S_\theta = r\sin\theta\,\mathrm{d}r\,\mathrm{d}\phi,\quad \mathrm{d}S_\phi = r\,\mathrm{d}r\,\mathrm{d}\theta \tag{1.52}$$

体积元

$$\mathrm{d}V = r^2\sin\theta\,\mathrm{d}r\,\mathrm{d}\theta\,\mathrm{d}\phi \tag{1.53}$$

## 1.3 标量场的梯度

如果在一个空间区域中，某物理系统的状态可以用一个空间位置和时间的函数来描述，即每一时刻在区域中的每一点都有一个确定值，则在此区域中就确立了该物理系统的一种场。例如，物体的温度分布即为一个温度场，流体中的压力分布即为一个压力场。场的一个重要属性是它占有一个空间，它把物理状态作为空间和时间的函数来描述，而且，在此空间区域中，除了有限个点或某些表面外，该函数是处处连续的。若物理状态与时间无关，则为静态场；反之，则为动态场或时变场。

若所研究的物理量是一个标量，则该物理量所确定的场称为标量场。例如，温度场、密度场、电位场等都是标量场。在标量场中，各点的场量是随空间位置变化的标量。因此，一个标量场 $u$ 可以用一个标量函数来表示。例如，在直角坐标系中，可表示为

$$u = u(x,y,z) \tag{1.54}$$

式(1.54)中等号左端的 $u$ 表示标量场在坐标$(x,y,z)$处的具体数值；等号右端的 $u$ 表示函数，即关于 $x$、$y$、$z$ 的一个等式。

### 1.3.1 标量场的等值面

在研究标量场时，常用等值面形象、直观地描述物理量在空间的分布状况。在标量场中，使标量函数 $u(x,y,z)$取得相同数值的点构成一个空间曲面，称为标量场的等值面。例如，在温度场中，由温度相同的点构成等温面；在电位场中，由电位相同的点构成等位面。

对任意给定的的常数 $C$,方程

$$u(x,y,z)=C \tag{1.55}$$

就是等值面方程。

不难看出,标量场的等值面具有如下特点:

(1) 常数 $C$ 取一系列不同的值,就得到一系列不同的等值面,因而形成等值面族;

(2) 若 $M_0(x_0,y_0,z_0)$是标量场中的任一点,显然,曲面 $u(x,y,z)=u(x_0,y_0,z_0)$是通过该点的等值面,因此标量场的等值面族充满场所在的整个空间;

(3) 由于标量函数 $u(x,y,z)$是单值的,一个点只能在一个等值面上,因此标量场的等值面互不相交。

## 1.3.2 方向导数

标量场 $u(x,y,z)$的等值面只描述了场量 $u$ 分布状况,而研究标量场的另一个重要方面就是还要研究标量场 $u(x,y,z)$在场中任一点的邻域内沿各个方向的变化规律。为此,引入了标量场的方向导数和梯度的概念。

### 1. 方向导数的概念

设 $M_0$ 为标量场 $u(M)$中的一点,从点 $M_0$ 出发引一条射线 $\boldsymbol{l}$,点 $M$ 是射线 $\boldsymbol{l}$ 上的动点,到点 $M_0$ 的距离为 $\Delta l$,如图 1.13 所示。当点 $M$ 沿射线 $\boldsymbol{l}$ 趋近于 $M_0$(即 $\Delta l\to 0$)时,比值 $\dfrac{u(M)-u(M_0)}{\Delta l}$的极限称为标量场 $u(M)$在点 $M_0$ 处沿 $\boldsymbol{l}$ 方向的导数,记作$\left.\dfrac{\partial u}{\partial l}\right|_{M_0}$,即

$$\left.\frac{\partial u}{\partial l}\right|_{M_0}=\lim_{\Delta l\to 0}\frac{u(M)-u(M_0)}{\Delta l} \tag{1.56}$$

从以上定义可知,方向导数$\dfrac{\partial u}{\partial l}$是标量场 $u(M)$在点 $M_0$ 处沿 $\boldsymbol{l}$ 方向对距离的变化率。当$\dfrac{\partial u}{\partial l}>0$ 时,标量场 $u(M)$沿 $\boldsymbol{l}$ 方向是增加的;当$\dfrac{\partial u}{\partial l}<0$ 时,标量场 $u(M)$沿 $\boldsymbol{l}$ 方向是减小的;当$\dfrac{\partial u}{\partial l}=0$ 时,标量场 $u(M)$沿 $\boldsymbol{l}$ 方向无变化。方向导数绝对值的大小取决于点 $M_0$ 处沿 $\boldsymbol{l}$ 方向变化的快慢,绝对值越大,表示变化越快。

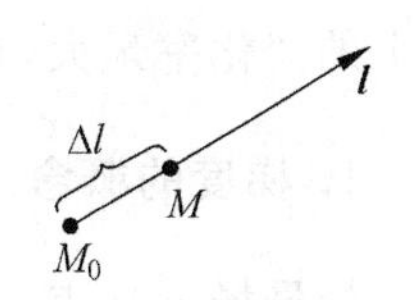


图 1.13　方向导数

方向导数值既与点 $M_0$ 有关,也与 $\boldsymbol{l}$ 方向有关。因此,标量场中,在一个给定点 $M_0$ 处沿不同的 $\boldsymbol{l}$ 方向,其方向导数一般是不同的。因此称为方向导数。

### 2. 方向导数的计算公式

方向导数的定义是与坐标系无关的,但方向导数的具体计算公式与坐标系有关。根据复合函数求导法则,在直角坐标系中

$$\frac{\partial u}{\partial l}=\frac{\partial u}{\partial x}\frac{\mathrm{d}x}{\mathrm{d}l}+\frac{\partial u}{\partial y}\frac{\mathrm{d}y}{\mathrm{d}l}+\frac{\partial u}{\partial z}\frac{\mathrm{d}z}{\mathrm{d}l}$$

设 $\boldsymbol{l}$ 方向的方向余弦是 $\cos\alpha$、$\cos\beta$、$\cos\gamma$,即

$$\frac{\mathrm{d}x}{\mathrm{d}t} = \cos\alpha,\quad \frac{\mathrm{d}y}{\mathrm{d}l} = \cos\beta,\quad \frac{\mathrm{d}z}{\mathrm{d}l} = \cos\gamma$$

则得到直角坐标系中方向导数的计算公式为

$$\frac{\partial u}{\partial l} = \frac{\partial u}{\partial x}\cos\alpha + \frac{\partial u}{\partial y}\cos\beta + \frac{\partial u}{\partial z}\cos\gamma \tag{1.57}$$

**例 1.1** 求数量场 $u=\frac{x^2+y^2}{z}$ 在点 $M(1,1,2)$ 处沿 $\boldsymbol{l}=\boldsymbol{e}_x+2\boldsymbol{e}_y+2\boldsymbol{e}_z$ 方向的方向导数。

**解**：$\boldsymbol{l}$ 方向的方向余弦为

$$\cos\alpha = \frac{1}{3},\quad \cos\beta = \frac{2}{3},\quad \cos\gamma = \frac{2}{3}$$

$$\frac{\partial u}{\partial x} = \frac{2x}{z},\quad \frac{\partial u}{\partial y} = \frac{2y}{z},\quad \frac{\partial u}{\partial z} = -\frac{x^2+y^2}{z^2}$$

$$\left.\frac{\partial u}{\partial x}\right|_M = 1,\quad \left.\frac{\partial u}{\partial y}\right|_M = 1,\quad \left.\frac{\partial u}{\partial z}\right|_M = -\frac{1}{2}$$

所以

$$\left.\frac{\partial u}{\partial l}\right|_M = 1\times\frac{1}{3} + 1\times\frac{2}{3} - \frac{1}{2}\times\frac{2}{3} = \frac{2}{3}$$

由此可知，在本例中的数量场中点 $M(1,1,2)$ 处沿 $\boldsymbol{l}=\boldsymbol{e}_x+2\boldsymbol{e}_y+2\boldsymbol{e}_z$ 方向是增大的趋势，单位长度变化的数值为 $\frac{2}{3}$。

## 1.3.3 梯度

在标量场中，从一个给定点出发有无穷多个方向。一般说来，标量场在同一点 $M$ 处沿不同的方向上的变化率是不同的，在某个方向上，变化率可能最大。那么，标量场在什么方向上的变化率最大，其最大的变化率又是多少？为了描述这个问题，引入了梯度的概念。

### 1. 梯度的概念

标量场 $u$ 在点 $M$ 处的梯度是一个矢量，它的方向沿场量 $u$ 变化率最大的方向，大小等于其最大变化率，并记作 $\mathrm{grad}u$，即

$$\mathrm{grad}u = \boldsymbol{e}_l \left.\frac{\partial u}{\partial l}\right|_{\max} \tag{1.58}$$

式中 $\boldsymbol{e}_l$ 是场量 $u$ 变化率最大的方向上的单位矢量。

### 2. 梯度的计算式

梯度的定义与坐标系无关，但梯度的具体表达式与坐标系有关。在直角标系中，若令

$$\boldsymbol{G} = \boldsymbol{e}_x\frac{\partial u}{\partial x} + \boldsymbol{e}_y\frac{\partial u}{\partial y} + \boldsymbol{e}_z\frac{\partial u}{\partial z},\quad \boldsymbol{e}_l = \boldsymbol{e}_x\cos\alpha + \boldsymbol{e}_y\cos\beta + \boldsymbol{e}_z\cos\gamma$$

由式(1.57)，可得到

$$\begin{aligned}\frac{\partial u}{\partial l} &= \left(\boldsymbol{e}_x\frac{\partial u}{\partial x} + \boldsymbol{e}_y\frac{\partial u}{\partial y} + \boldsymbol{e}_z\frac{\partial u}{\partial z}\right)\cdot(\boldsymbol{e}_x\cos\alpha + \boldsymbol{e}_y\cos\beta + \boldsymbol{e}_2\cos\gamma) \\ &= \boldsymbol{G}\cdot\boldsymbol{e}_l = |\boldsymbol{G}|\cos(\boldsymbol{G},\boldsymbol{e}_l)\end{aligned} \tag{1.59}$$

由于 $\boldsymbol{G}=\boldsymbol{e}_x\dfrac{\partial u}{\partial x}+\boldsymbol{e}_y\dfrac{\partial u}{\partial y}+\boldsymbol{e}_z\dfrac{\partial u}{\partial z}$是与方向 $\boldsymbol{l}$ 无关的矢量，由式(1.59)可知，当方向 $\boldsymbol{l}$ 与矢量 $\boldsymbol{G}$ 的方向一致时，方向导数的值最大，且等于矢量 $\boldsymbol{G}$ 的模 $|\boldsymbol{G}|$。根据梯度的定义，可得到直角坐标系中梯度的表达式为

$$\mathrm{grad}u=\boldsymbol{e}_x\frac{\partial u}{\partial x}+\boldsymbol{e}_y\frac{\partial u}{\partial y}+\boldsymbol{e}_z\frac{\partial u}{\partial z} \tag{1.60}$$

在矢量分析中，经常用到哈密顿算符$\nabla$(读作 dell 或 Nabla)，在直角坐标系中

$$\nabla=\boldsymbol{e}_x\frac{\partial}{\partial x}+\boldsymbol{e}_y\frac{\partial}{\partial y}+\boldsymbol{e}_z\frac{\partial}{\partial z} \tag{1.61}$$

算符$\nabla$具有矢量和微分双重性质，故又称为矢量微分算符。因此，标量场 $u$ 的梯度可用哈密顿算符$\nabla$表示为

$$\mathrm{grad}u=\left(\boldsymbol{e}_x\frac{\partial}{\partial x}+\boldsymbol{e}_y\frac{\partial}{\partial y}+\boldsymbol{e}_z\frac{\partial}{\partial z}\right)u=\nabla u \tag{1.62}$$

这表明，标量场 $u$ 的梯度可认为是算符$\nabla$作用于标量函数 $u$ 的一种运算。

在圆柱坐标系和球坐标系中，梯度的计算式分别为

$$\nabla u=\boldsymbol{e}_\rho\frac{\partial u}{\partial \rho}+\boldsymbol{e}_\phi\rho\frac{\partial u}{\partial \phi}+\boldsymbol{e}_z\frac{\partial u}{\partial z} \tag{1.63}$$

$$\nabla u=\boldsymbol{e}_r\frac{\partial u}{\partial r}+\boldsymbol{e}_\theta\frac{\partial u}{r\partial \theta}+\boldsymbol{e}_\phi\frac{\partial u}{r\sin\theta\partial \phi} \tag{1.64}$$

**3. 梯度的性质**

标量场的梯度具有以下特性：

(1) 标量场 $u$ 的梯度是一个矢量场，通常称$\nabla u$ 为标量场 $u$ 所产生的梯度场；

(2) 标量场 $u(M)$中，在给定点沿任意方向 $\boldsymbol{l}$ 的方向导数等于梯度在该方向上的投影；

(3) 标量场 $u(M)$中每一点 $M$ 处的梯度，垂直于过该点的等值面，且指向 $u(M)$增加的方向。

**例 1.2** 已知矢量 $\boldsymbol{R}=\boldsymbol{e}_x x+\boldsymbol{e}_y y+\boldsymbol{e}_z z$，$R=|\boldsymbol{R}|$为该矢量的长度，证明：

(1) $\nabla R=\dfrac{\boldsymbol{R}}{R}$；(2) $\nabla\left(\dfrac{1}{R}\right)=-\dfrac{\boldsymbol{R}}{R^3}$

其中，$\nabla=\boldsymbol{e}_x\dfrac{\partial}{\partial x}+\boldsymbol{e}_y\dfrac{\partial}{\partial y}+\boldsymbol{e}_z\dfrac{\partial}{\partial z}$表示对 $x$、$y$、$z$ 的运算。

**证明**：(1) 将 $R=|\boldsymbol{R}|=\sqrt{x^2+y^2+z^2}$代入式(1.60)，得

$$\nabla R=\boldsymbol{e}_x\frac{\partial R}{\partial x}+\boldsymbol{e}_y\frac{\partial R}{\partial y}+\boldsymbol{e}_z\frac{\partial R}{\partial z}=\frac{\boldsymbol{e}_x x+\boldsymbol{e}_y y+\boldsymbol{e}_z z}{\sqrt{x^2+y^2+z^2}}=\frac{\boldsymbol{R}}{R}=\boldsymbol{e}_R$$

由此可得，任一矢量模的梯度，就是该矢量的单位矢量。

(2) 将$\dfrac{1}{R}=\dfrac{1}{\sqrt{x^2+y^2+z^2}}$代入式(1.60)，得

$$\begin{aligned}\nabla\left(\frac{1}{R}\right)&=\boldsymbol{e}_x\frac{\partial}{\partial x}\left(\frac{1}{R}\right)+\boldsymbol{e}_y\frac{\partial}{\partial y}\left(\frac{1}{R}\right)+\boldsymbol{e}_z\frac{\partial}{\partial z}\left(\frac{1}{R}\right)\\&=-\frac{\boldsymbol{e}_x x+\boldsymbol{e}_y y+\boldsymbol{e}_z z}{\left(\sqrt{x^2+y^2+z^2}\right)^3}=-\frac{\boldsymbol{R}}{R^3}=-\frac{\boldsymbol{e}_R}{R^2}\end{aligned}$$

上述结论为矢量模的倒数的梯度为该矢量除以模的三次方的负值。上述运算结果在电磁场非常有用。

## 1.4 矢量场的通量和散度

若所研究的物理量是一个矢量，则该物理量所确定的场称为矢量场。例如，力场、速度场、电场等都是矢量场。在矢量场中，各点的场量是随空间位置变化的矢量。因此，一个矢量场 $\boldsymbol{F}$ 可以用一个矢量函数来表示。在直角坐标系中表示为

$$\boldsymbol{F} = \boldsymbol{F}(x,y,z) \tag{1.65}$$

一个矢量场 $\boldsymbol{F}$ 可以分解为三个分量场，在直角坐标系中

$$\boldsymbol{F} = \boldsymbol{e}_x F_x(x,y,z) + \boldsymbol{e}_y F_y(x,y,z) + \boldsymbol{e}_z F_z(x,y,z) \tag{1.66}$$

式中，$F_x(x,y,z)$、$F_y(x,y,z)$和 $F_z(x,y,z)$是 $\boldsymbol{F}(x,y,z)$分别沿 $x$、$y$ 和 $z$ 方向的三个分量。

### 1.4.1 矢量场的矢量线

对于矢量场 $\boldsymbol{F}(r)$，可用一些有向曲线来形象地描述矢量在空间的分布，这些有向曲线称为矢量线。在矢量线上，任一点的切线方向都与该点的场矢量方向相同。例如，静电场中的电场线、磁场中的磁场线等，都是矢量线的例子。一般地，矢量场中的每一点都有矢量线通过，，所以矢量线也充满矢量场所在的空间。

设矢量场 $\boldsymbol{F}=\boldsymbol{e}_\phi F_x+\boldsymbol{e}_y F_y+\boldsymbol{e}_z F_z$，$M(x,y,z)$是场中的矢量线上的任意一点，其矢径为

$$\boldsymbol{r} = \boldsymbol{e}_x x + \boldsymbol{e}_y y + \boldsymbol{e}_z z$$

则其微分矢量

$$\mathrm{d}\boldsymbol{r} = \boldsymbol{e}_x \mathrm{d}x + \boldsymbol{e}_y \mathrm{d}y + \boldsymbol{e}_z \mathrm{d}z$$

在点 $\boldsymbol{M}$ 处与矢量线相切。根据矢量线的定义可知，在点 $\boldsymbol{M}$ 处 $\mathrm{d}\boldsymbol{r}$ 与 $\boldsymbol{F}$ 共线，$\mathrm{d}\boldsymbol{r}//\boldsymbol{F}$，于是有 $\mathrm{d}\boldsymbol{r}\times\boldsymbol{F}=\boldsymbol{0}$，整理后可得

$$\frac{\mathrm{d}x}{F_x} = \frac{\mathrm{d}y}{F_y} = \frac{\mathrm{d}z}{F_z} \tag{1.67}$$

这就是矢量线的微分方程组。解此微分方程组，即可得到矢量线方程，从而绘制出矢量线。

### 1.4.2 通量

在分析和描绘矢量场的性质时，矢量场穿过一个曲面的通量是一个重要的基本概念。设 $S$ 为一空间曲面，$\mathrm{d}\boldsymbol{S}$ 为曲面 $S$ 上的面元，取一个与此面元相垂直的单位矢量 $\boldsymbol{e}_\mathrm{n}$，则称矢量

$$\mathrm{d}\boldsymbol{S} = \boldsymbol{e}_\mathrm{n}\mathrm{d}S \tag{1.68}$$

为面元矢量。$\boldsymbol{e}_\mathrm{n}$ 的取法有两种情形：一是为 $\mathrm{d}S$ 开曲面 $S$ 上的一个面元，这个开曲面由一条闭合曲线 $C$ 围成，选择闭合曲线 $C$ 的绕行方向后，按右螺旋法则规定 $\boldsymbol{e}_\mathrm{n}$ 的方向；另一种情形是 $\mathrm{d}S$ 为闭合曲面上的一个面元，则一般取 $\boldsymbol{e}_\mathrm{n}$ 的方向为闭曲面的外法线方向，如图 1.14 所示。

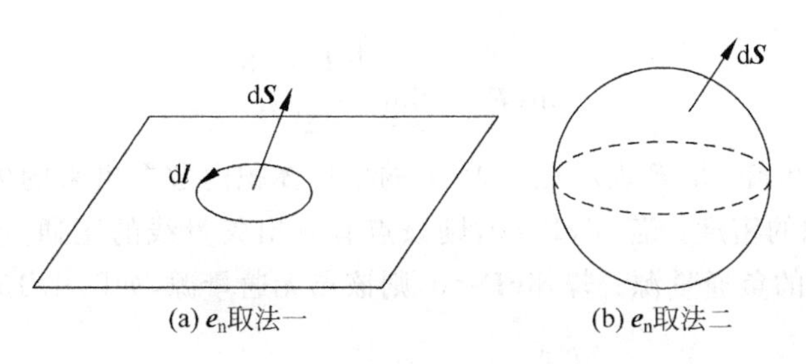


图 1.14 法线方向的取法

在矢量场 $\boldsymbol{F}$ 中，任取一面元矢量 d$\boldsymbol{S}$，矢量 $\boldsymbol{F}$ 与面元矢量 d$\boldsymbol{S}$ 的标量积 $\boldsymbol{F}\cdot\mathrm{d}\boldsymbol{S}$ 定义为矢量 $\boldsymbol{F}$ 穿过面元矢量 d$\boldsymbol{S}$ 的通量。将曲面 $S$ 上各面元的 $\boldsymbol{F}\cdot\mathrm{d}\boldsymbol{S}$ 相加，则得到矢量 $\boldsymbol{F}$ 穿过曲面 $S$ 的通量，即

$$\Psi=\int_S\boldsymbol{F}\cdot\mathrm{d}\boldsymbol{S}=\int_S\boldsymbol{F}\cdot\boldsymbol{e}_\mathrm{n}\mathrm{d}S \tag{1.69}$$

例如，在电场中，电位移矢量 $\boldsymbol{D}$ 在某一曲面 $S$ 上的面积分就是矢量 $\boldsymbol{D}$ 通过该曲面的电通量；在磁场中，磁感应强度 $\boldsymbol{B}$ 在某一曲面 $S$ 上的面积分就是矢量 $\boldsymbol{B}$ 通过该曲面的磁通量。

如果 $S$ 是一闭合曲面，则通过闭合曲面的总通量表示为

$$\Psi=\oint_S\boldsymbol{F}\cdot\mathrm{d}\boldsymbol{S}=\oint_S\boldsymbol{F}\cdot\boldsymbol{e}_\mathrm{n}\mathrm{d}S \tag{1.70}$$

由通量的定义不难看出，若 $\boldsymbol{F}$ 从面元矢量 d$\boldsymbol{S}$ 的负侧穿到 d$\boldsymbol{S}$ 的正侧时，$\boldsymbol{F}$ 与 $\boldsymbol{e}_\mathrm{n}$ 相交成锐角，则通过面积元 d$\boldsymbol{S}$ 的通量为正值；反之，若 $\boldsymbol{F}$ 从面积元 d$\boldsymbol{S}$ 的正侧穿到 d$\boldsymbol{S}$ 的负侧时，$\boldsymbol{F}$ 与 $\boldsymbol{e}_\mathrm{n}$ 相交成钝角，则通过面积元 d$\boldsymbol{S}$ 的通量为负值。式(1.70)则表示穿出闭曲面 $S$ 内的正通量与进入该闭曲面 $S$ 的负通量的代数和，即穿出曲面 $S$ 的净通量。当 $\oint_S\boldsymbol{F}\cdot\mathrm{d}\boldsymbol{S}>0$ 时，则表示穿出闭合曲面 $S$ 的通量多于进入的通量，此时闭合曲面 $S$ 内必有发出矢量线的源，称之为正通量源。例如，静电场中的正电荷就是发出电场线的正通量源；当 $\oint_S\boldsymbol{F}\cdot\mathrm{d}\boldsymbol{S}<0$ 则表示穿出闭合曲面 $S$ 的通量少于进入的通量，此时闭合曲面 $S$ 内必有汇集矢量线的源，称为负通量源。例如，静电场中的负电荷就是汇聚电场线的负通量源；当 $\oint_S\boldsymbol{F}\cdot\mathrm{d}\boldsymbol{S}=0$ 时，则表示穿出闭合曲面 $S$ 的通量等于进入的通量，此时闭合曲面 $S$ 内正通量源与负通量源的代数和为 0，或闭合曲面 $S$ 内无通量源。

## 1.4.3 散度

矢量场穿过闭合曲面的通量是一个积分量，不能反映场域内每一点的通量特性。为了研究矢量场在一个点附近的通量特性，需要引入矢量场的散度。

在矢量场 $\boldsymbol{F}$ 中的任一点 $M$ 处作一个包围该点的任意闭合曲面 $S$，当 $S$ 所限定的体积 $\Delta V$ 以任意方式趋近于 0 时，则比值 $\dfrac{\oint_S\boldsymbol{F}\cdot\mathrm{d}\boldsymbol{S}}{\Delta V}$ 的极限称为矢量场 $\boldsymbol{F}$ 在点 $M$ 处的散度，并记作 $\mathrm{div}\boldsymbol{F}$，即

$$\mathrm{div}\boldsymbol{F}=\lim_{\Delta V\to 0}\frac{\oint_S \boldsymbol{F}\cdot \mathrm{d}\boldsymbol{S}}{\Delta V} \tag{1.71}$$

由散度的定义可知，div$\boldsymbol{F}$ 表示在点 $M$ 处的单位体积内散发出来的矢量 $\boldsymbol{F}$ 的通量，所以 div$\boldsymbol{F}$ 描述了通量源的密度。若 div$\boldsymbol{F}>0$，则该点有发出矢量线的正通量源；若 div$\boldsymbol{F}<0$，则该点有汇聚矢量线的负通量源；若 div$\boldsymbol{F}=0$，则该点无通量源，如图 1.15 所示。

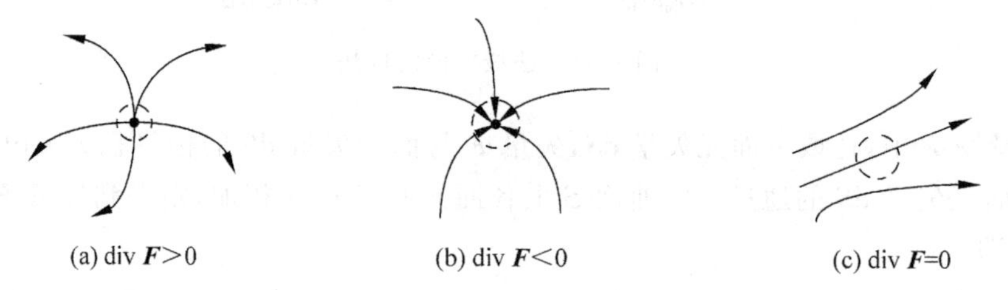


图 1.15　散度的意义

矢量场 $\boldsymbol{F}$ 的散度可表示为哈密顿微分算子$\nabla$与矢量 $\boldsymbol{F}$ 的标量积，即

$$\mathrm{div}\boldsymbol{F}=\nabla\cdot\boldsymbol{F} \tag{1.72}$$

计算

$$\nabla\cdot\boldsymbol{F}=\left(\frac{\partial}{\partial x}\boldsymbol{e}_x+\frac{\partial}{\partial y}\boldsymbol{e}_y+\frac{\partial}{\partial z}\boldsymbol{e}_z\right)\cdot(F_x\boldsymbol{e}_x+F_y\boldsymbol{e}_y+F_z\boldsymbol{e}_z)$$

$$=\frac{\partial F_z}{\partial x}+\frac{\partial F_z}{\partial y}+\frac{\partial F_z}{\partial z} \tag{1.73}$$

利用哈密顿微分算子，读者可以证明，散度运算符合下列规则：

$$\nabla\cdot(\boldsymbol{A}\pm\boldsymbol{B})=\nabla\cdot\boldsymbol{A}\pm\nabla\cdot\boldsymbol{B} \tag{1.74}$$

$$\nabla\cdot(\varphi\boldsymbol{A})=\varphi\nabla\cdot\boldsymbol{A}+\boldsymbol{A}\cdot\nabla\varphi \tag{1.75}$$

类似的，可推出圆柱坐标系和球坐标系中的散度计算式，分别为

$$\nabla\cdot\boldsymbol{F}=\frac{1}{\rho}\frac{\partial}{\partial\rho}(\rho F_\rho)+\frac{1}{\rho}\frac{\partial F_\phi}{\partial\phi}+\frac{\partial F_z}{\partial z} \tag{1.76}$$

$$\nabla\cdot\boldsymbol{F}=\frac{1}{r^2}\frac{\partial}{\partial r}(r^2F_r)+\frac{1}{r\sin\theta}\frac{\partial}{\partial\theta}(\sin\theta F_\theta)+\frac{1}{r\sin\theta}\frac{\partial F_\phi}{\partial\phi} \tag{1.77}$$

## 1.4.4 散度定理

矢量 $\boldsymbol{F}$ 的散度代表的是其通量的体密度，因此可以直观地知道，矢量场 $\boldsymbol{F}$ 散度的体积分等于该矢量穿过包围该体积的封闭曲面的总通量，即

$$\int_V\nabla\cdot\boldsymbol{F}\mathrm{d}V=\oint_S\boldsymbol{F}\cdot\mathrm{d}\boldsymbol{S} \tag{1.78}$$

上式称为散度定理，也称为高斯定理，证明这个定理时，将闭合面 $S$ 包围的体积 $V$ 分成许多体积元 $\mathrm{d}V_i(i=1\sim n)$，计算每个体积元的小封闭曲面 $S_i$ 上穿过的通量，然后叠加。由散度的定理可得

$$\oint_{S_i}\boldsymbol{F}\cdot\mathrm{d}\boldsymbol{S}_i=(\nabla\cdot\boldsymbol{F})\Delta V_i\quad(i=1\sim n)$$

由于相邻两体积元有一个公共表面。这个公共表面上的通量对这两个体积元来说恰好

等值异号，求和时就相互抵消了，除了邻近 $S$ 面的那些体积元外，所有体积元都是由几个相邻体积元间的公共表面包围而成的，这些体积元的通量总和为零。而邻近 $S$ 面的那些体积元，它们有部分表面是在 $S$ 面上的面元 $\mathrm{d}S$，这部分表面的通量没有被抵消，其总和刚好等于从封闭曲面 $S$ 穿出的通量。因此有

$$\sum_{i=1}^{n}\oint_{S_i}\boldsymbol{F}\cdot\mathrm{d}\boldsymbol{S}=\oint_{S}\boldsymbol{F}\cdot\mathrm{d}\boldsymbol{S}$$

故得到

$$\oint_{S}\boldsymbol{F}\cdot\mathrm{d}\boldsymbol{S}=\sum_{i=1}^{n}(\nabla\cdot\boldsymbol{F})\Delta V_i=\int_V\nabla\cdot\boldsymbol{F}\mathrm{d}V$$

**例 1.3**　已知 $\boldsymbol{R}=\boldsymbol{e}_x(x-x')+\boldsymbol{e}_y(y-y')+\boldsymbol{e}_z(z-z')$，$R=|\boldsymbol{R}|$。求矢量 $\boldsymbol{D}=\dfrac{\boldsymbol{R}}{R^3}$ 在 $\boldsymbol{R}\neq 0$ 处的散度。

**解**：根据散度的计算公式(1.73)，有

$$\begin{aligned}\nabla\cdot\boldsymbol{D}&=\frac{\partial}{\partial x}\left(\frac{x-x'}{R^3}\right)+\frac{\partial}{\partial y}\left(\frac{y-y'}{R^3}\right)+\frac{\partial}{\partial z}\left(\frac{z-z'}{R^3}\right)\\&=\frac{1}{R^3}-\frac{3(x-x')^2}{R^5}+\frac{1}{R^3}-\frac{3(y-y')^2}{R^5}+\frac{1}{R^3}-\frac{3(z-z')^2}{R^5}\\&=0\end{aligned}$$

## 1.5　矢量场的环流与旋度

矢量场的散度描述了通量源的分布情况，反映了矢量场的一个重要性质。反映矢量场的空间变化规律的另一个重要性质是矢量场的环流和旋度。

### 1.5.1　环流

矢量场 $\boldsymbol{F}$ 沿场中的一条闭合路径 $C$ 的曲线积分

$$\boldsymbol{\Gamma}=\oint_C\boldsymbol{F}\cdot\mathrm{d}\boldsymbol{l}=\oint_C F\cos\theta\,\mathrm{d}l \tag{1.79}$$

称为矢量场 $\boldsymbol{F}$ 沿闭合路径 $C$ 的环流。其中 $\mathrm{d}\boldsymbol{l}$ 是路径上的线元矢量，其大小为 $\mathrm{d}l$ 方向沿路径 $C$ 的切线方向，如图 1.16 所示。

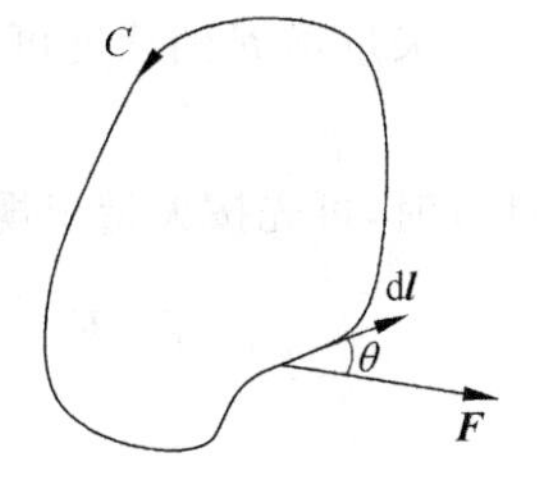

图 1.16　闭合路径

矢量场的环流与矢量场穿过闭合曲面的通量一样，都是描述矢量场性质的重要的量。例如，当 $\boldsymbol{F}$ 为力场时，环量表示在 $\boldsymbol{F}$ 作用下，质点沿曲线 $\boldsymbol{l}$ 运动一周时，力场 $\boldsymbol{F}$ 对它所做的功。又如，在电磁学中，根据安培环路定理可知，磁场强度 $\boldsymbol{H}$ 沿闭合路径 $C$ 的环流就是通过以路径 $C$ 为边界的曲面 $S$ 的总电流。因此，如果矢量场的环流不等于 0，则认为场中有产生该矢量场的源。但这种源与通量源不同，它既不发出矢量线也不汇聚矢量线。也就是说，这种源所产生的矢量场的矢量线是闭合曲线，通常称之为旋涡源。

从矢量分析的要求来看，希望知道在每一点附近的环流状态。为此，在矢量场 $\boldsymbol{F}$ 中的

任一点 $M$ 处作一面元 $\Delta S$,取 $\boldsymbol{e}_{\mathrm{n}}$ 为此面元的法向单位矢量。当面元 $\Delta S$ 保持以 $\boldsymbol{e}_{\mathrm{n}}$ 为法线方向而向点 $M$ 处无限缩小时,极限 $\lim\limits_{\Delta S\to 0}\dfrac{\oint_C \boldsymbol{F}\cdot \mathrm{d}\boldsymbol{l}}{\Delta S}$ 称为矢量场 $\boldsymbol{F}$ 在点 $M$ 处沿方向 $\boldsymbol{e}_{\mathrm{n}}$ 的环流面密度,记作 $\mathrm{rot}_n\boldsymbol{F}$,即

$$\mathrm{rot}_n\boldsymbol{F} = \lim_{\Delta S\to 0}\frac{\oint_C \boldsymbol{F}\cdot \mathrm{d}\boldsymbol{l}}{\Delta S} \tag{1.80}$$

由此定义不难看出,环流面密度与面元 $\Delta S$ 的法线方向 $\boldsymbol{e}_{\mathrm{n}}$ 有关。例如,在磁场中,如果某点附近的面元方向与电流方向垂直,则磁场强度 $\boldsymbol{H}$ 的环流面密度有最大值;如果面元方向与电流方向有一夹角,则磁场强度 $\boldsymbol{H}$ 的环流面密度总是小于最大值;当面元方向与电流方向重合时,则磁场强度 $\boldsymbol{H}$ 的环流面密度等于 0。这些结果表明,矢量场在点 $M$ 处沿方向 $\boldsymbol{e}_{\mathrm{n}}$ 的环流面密度,就是在该点处沿方向 $\boldsymbol{e}_{\mathrm{n}}$ 的旋涡源密度。

### 1.5.2 旋度

由于矢量场在点 $M$ 处的环流面密度与面元 $\Delta S$ 的法线方向 $\boldsymbol{e}_{\mathrm{n}}$ 有关,因此,在矢量场中,一个给定点 $M$ 处沿不同方向 $\boldsymbol{e}_{\mathrm{n}}$,其环流面密度的值一般是不同的。在某一个确定的方向上,环流面密度可能取得最大值。为了描述这个问题,引入了旋度的概念。

矢量场 $\boldsymbol{F}$ 在点 $M$ 处的旋度是一个矢量,记作 $\mathrm{rot}_n\boldsymbol{F}$(或记作 $\mathrm{curl}\boldsymbol{F}$),它的方向沿着使环流面密度取得最大值的面元法线方向,大小等于该环流面密度最大值,即

$$\mathrm{rot}_n\boldsymbol{F} = \boldsymbol{n}\lim_{\Delta S\to 0}\frac{1}{\Delta S}\oint_C \boldsymbol{F}\cdot \mathrm{d}\boldsymbol{l}\bigg|_{\max} \tag{1.81}$$

式中 $\boldsymbol{n}$ 是环流面密度取得最大值的面元正法线单位矢量。

由旋度的定义不难看出,矢量场 $\boldsymbol{F}$ 在点 $M$ 处的旋度是一个矢量,其大小就是在该点的旋涡源密度,方向为当面元的取向使环流面密度最大时该面元的方向。例如,在磁场中,磁场强度 $\boldsymbol{n}$ 在点 $M$ 处的旋度就是在该点的电流密度 $\boldsymbol{J}$。矢量场 $\boldsymbol{F}$ 在点 $M$ 处沿方向 $\boldsymbol{e}_{\mathrm{n}}$ 的环流面密度 $\mathrm{rot}_n\boldsymbol{F}$ 等于 $\mathrm{rot}\boldsymbol{F}$ 在该方向上的投影。

矢量场的旋度描述了矢量 $\boldsymbol{F}$ 在该点的旋涡源强度,若在某区域中各点的 $\mathrm{rot}\boldsymbol{F}=0$,则称该矢量场为无旋场或保守场。

矢量场 $\boldsymbol{F}$ 的旋度可用哈密顿微分算子$\nabla$与矢量 $\boldsymbol{F}$ 的矢量积来表示,即

$$\mathrm{rot}\boldsymbol{F} = \nabla\times\boldsymbol{F} \tag{1.82}$$

计算时,可先按矢量积规则展开,然后再作微分运算。在直角坐标系中可得

$$\begin{aligned}\nabla\times\boldsymbol{F} &= \left(\frac{\partial}{\partial x}\boldsymbol{e}_x+\frac{\partial}{\partial y}\boldsymbol{e}_y+\frac{\partial}{\partial z}\boldsymbol{e}_z\right)\times(F_x\boldsymbol{e}_x+F_y\boldsymbol{e}_y+F_z\boldsymbol{e}_z)\\ &= \left(\frac{\partial F_z}{\partial y}-\frac{\partial F_y}{\partial z}\right)\boldsymbol{e}_x+\left(\frac{\partial F_x}{\partial z}-\frac{\partial F_z}{\partial x}\right)\boldsymbol{e}_y+\left(\frac{\partial F_y}{\partial x}-\frac{\partial F_x}{\partial y}\right)\boldsymbol{e}_z\end{aligned} \tag{1.83}$$

$$\nabla\times\boldsymbol{F} = \begin{vmatrix}\boldsymbol{e}_x & \boldsymbol{e}_y & \boldsymbol{e}_z\\ \dfrac{\partial}{\partial x} & \dfrac{\partial}{\partial y} & \dfrac{\partial}{\partial z}\\ F_x & F_y & F_z\end{vmatrix} \tag{1.84}$$

采用同样的方法,可导出$\nabla\times\boldsymbol{F}$ 在圆柱坐标系中的表达式为

$$\nabla\times\boldsymbol{F}=\frac{1}{\rho}\begin{vmatrix}\boldsymbol{e}_\rho & \rho\boldsymbol{e}_\phi & \boldsymbol{e}_z\\ \dfrac{\partial}{\partial\rho} & \dfrac{\partial}{\partial\phi} & \dfrac{\partial}{\partial z}\\ F_\rho & \rho F_\phi & F_z\end{vmatrix} \tag{1.85}$$

在球坐标系中，$\nabla\times\boldsymbol{F}$ 的表达式为

$$\nabla\times\boldsymbol{F}=\frac{1}{r^2\sin\theta}\begin{vmatrix}\boldsymbol{e}_r & r\boldsymbol{e}_\theta & r\sin\theta\boldsymbol{e}_\phi\\ \dfrac{\partial}{\partial r} & \dfrac{\partial}{\partial\theta} & \dfrac{\partial}{\partial\phi}\\ F_r & rF_\theta & r\sin\theta F_\theta\end{vmatrix} \tag{1.86}$$

利用哈密顿微分算子，可以证明旋度运算符合如下规则：

$$\nabla\times(\boldsymbol{A}\pm\boldsymbol{B})=\nabla\times\boldsymbol{A}\pm\nabla\times\boldsymbol{B} \tag{1.87}$$

$$\nabla\times(\varphi\boldsymbol{A})=\varphi\,\nabla\times\boldsymbol{A}+\nabla\varphi\times\boldsymbol{A} \tag{1.88}$$

$$\nabla\cdot(\boldsymbol{A}\times\boldsymbol{B})=\boldsymbol{B}\cdot\nabla\times\boldsymbol{A}-\boldsymbol{A}\cdot\nabla\times\boldsymbol{B} \tag{1.89}$$

$$\nabla\cdot(\nabla\times\boldsymbol{A})=0 \tag{1.90}$$

$$\nabla\times(\nabla\varphi)=0 \tag{1.91}$$

$$\nabla\times\nabla\times\boldsymbol{A}=\nabla(\nabla\cdot\boldsymbol{A})-\nabla^2\boldsymbol{A} \tag{1.92}$$

式(1.90)说明，任何一矢量场的旋度的散度恒等于零。式(1.91)说明任一标量场梯度的旋度恒等于零矢量。式(1.92)中$\nabla^2$称为拉普拉斯算子，在直角坐标系中有

$$\nabla^2=\nabla\cdot\nabla=\frac{\partial^2}{\partial x^2}+\frac{\partial^2}{\partial y^2}+\frac{\partial^2}{\partial z^2} \tag{1.93}$$

$$\nabla^2\boldsymbol{A}=\nabla^2A_x\boldsymbol{e}_x+\nabla^2A_y\boldsymbol{e}_y+\nabla^2A_z\boldsymbol{e}_z \tag{1.94}$$

### 1.5.3　斯托克斯定理

因为旋度代表单位面积的环量，因此矢量场在闭合曲线 $C$ 上的环量等于闭合曲线 $C$ 所包围曲面 $S$ 上旋度的总和，即

$$\int_S(\nabla\times\boldsymbol{F})\cdot\mathrm{d}\boldsymbol{S}=\oint_C\boldsymbol{F}\cdot\mathrm{d}\boldsymbol{l} \tag{1.95}$$

此式称为斯托克斯定理或斯托克斯公式。它将矢量旋度的面积分变换成该矢量的线积分，或将矢量 $\boldsymbol{A}$ 的线积分转换为该矢量旋度的面积分。式中 $\mathrm{d}\boldsymbol{S}$ 的方向与 $\mathrm{d}\boldsymbol{l}$ 的方向成右手螺旋关系。斯托克斯定理的证明，与散度定理的证明相类似，此处不再赘述。

**例 1.4**　求矢量场 $\boldsymbol{A}=x(z-y)\boldsymbol{e}_x+y(x-z)\boldsymbol{e}_y+z(y-x)\boldsymbol{e}_z$ 在点 $M(1,0,1)$处的旋度以及沿 $\boldsymbol{n}=2\boldsymbol{e}_x+6\boldsymbol{e}_y+3\boldsymbol{e}_z$ 方向的环量面密度。

**解**：矢量场 $\boldsymbol{A}$ 的旋度

$$\mathrm{rot}\boldsymbol{A}=\nabla\times\boldsymbol{A}=\begin{vmatrix}\boldsymbol{e}_x & \boldsymbol{e}_y & \boldsymbol{e}_z\\ \dfrac{\partial}{\partial x} & \dfrac{\partial}{\partial y} & \dfrac{\partial}{\partial z}\\ x(z-y) & y(x-z) & z(y-x)\end{vmatrix}$$

$$=(z+y)\boldsymbol{e}_x+(x+z)\boldsymbol{e}_y+(y+x)\boldsymbol{e}_z$$

在点 $M(1,0,1)$处的旋度

$$\nabla\times \boldsymbol{A}\,|_M = \boldsymbol{e}_x + 2\boldsymbol{e}_y + \boldsymbol{e}_z$$

$n$ 方向的单位矢量

$$\boldsymbol{e}_{\mathrm{n}} = \frac{1}{\sqrt{2^2+6^2+3^2}}(2\boldsymbol{e}_x + 6\boldsymbol{e}_y + 3\boldsymbol{e}_z) = \frac{2}{7}\boldsymbol{e}_x + \frac{6}{7}\boldsymbol{e}_y + \frac{3}{7}\boldsymbol{e}_z$$

在点 $M(1,0,1)$处沿 $n$ 方向的环量面密度

$$\mu = \nabla\times \boldsymbol{A}\,|_M \cdot \boldsymbol{e}_{\mathrm{n}} = \frac{2}{7} + \frac{6}{7}\cdot 2 + \frac{3}{7} = \frac{17}{7}$$

**例 1.5** 已知 $\boldsymbol{R}=\boldsymbol{e}_x(x-x')+\boldsymbol{e}_y(y-y')+\boldsymbol{e}_z(z-z')$，$R=|\boldsymbol{R}|$。求矢量 $\boldsymbol{D}=\dfrac{\boldsymbol{R}}{R^3}$在 $R\neq 0$ 处的旋度。

**解**：根据旋度的计算公式(1.84)，有

$$\begin{aligned}
\nabla\times \boldsymbol{D} &= \begin{vmatrix} \boldsymbol{e}_x & \boldsymbol{e}_y & \boldsymbol{e}_z \\ \dfrac{\partial}{\partial x} & \dfrac{\partial}{\partial y} & \dfrac{\partial}{\partial z} \\ (x-x')/R^3 & (y-y')/R^3 & (z-z')/R^3 \end{vmatrix} \\
&= \boldsymbol{e}_x\,\frac{3[(z-z')(y-y')-(z-z')(y-y')]}{R^5} \\
&\quad + \boldsymbol{e}_y\,\frac{3[(z-z')(x-x')-(z-z')(x-x')]}{R^5} \\
&\quad + \boldsymbol{e}_z\,\frac{3[(y-y')(x-x')-(y-y')(x-x')]}{R^5} \\
&= 0
\end{aligned}$$

## 1.6 无旋场与无散场

矢量场散度和旋度反映了产生矢量场的两种不同性质的源，相应地，不同性质的源产生的矢量场也具有不同的性质。

### 1.6.1 无旋场

如果一个矢量场 $\boldsymbol{F}$ 的旋度处处为 0，即

$$\nabla\times \boldsymbol{F} = 0$$

则称该矢量场为无旋场，它是由散度源所产生的。例如，静电场就是旋度处处为 0 的无旋场。标量场的梯度有一个重要性质，就是它的旋度恒等于 0，即

$$\nabla\times(\nabla u) \equiv 0 \tag{1.96}$$

在直角坐标系中很容易证明这一结论。直接取$\nabla u$ 的旋度，有

$$\begin{aligned}
\nabla\times(\nabla u) &= \left(\boldsymbol{e}_x\frac{\partial}{\partial x} + \boldsymbol{e}_y\frac{\partial}{\partial y} + \boldsymbol{e}_z\frac{\partial}{\partial z}\right)\times\left(\boldsymbol{e}_x\frac{\partial u}{\partial x} + \boldsymbol{e}_y\frac{\partial u}{\partial y} + \boldsymbol{e}_z\frac{\partial u}{\partial z}\right) \\
&= \boldsymbol{e}_x\left(\frac{\partial}{\partial y}\frac{\partial u}{\partial z} - \frac{\partial}{\partial z}\frac{\partial u}{\partial y}\right) + \boldsymbol{e}_y\left(\frac{\partial}{\partial z}\frac{\partial u}{\partial x} - \frac{\partial}{\partial x}\frac{\partial u}{\partial z}\right) \\
&\quad + \boldsymbol{e}_z\left(\frac{\partial}{\partial x}\frac{\partial u}{\partial y} - \frac{\partial}{\partial y}\frac{\partial u}{\partial x}\right) \\
&= 0
\end{aligned}$$

因为梯度和旋度的定义都与坐标系无关，所以式(1.96)是普遍的结论。

根据式(1.96)，对于一个旋度处处为0的矢量场$\boldsymbol{F}$，总可以把它表示为某一标量场的梯度，即如果$\nabla\times\boldsymbol{F}\equiv 0$，存在标量函数$u$，使得

$$\boldsymbol{F}=-\nabla u \tag{1.97}$$

函数$u$称为无旋场$\boldsymbol{F}$的标量位函数，简称标量位。式(1.97)中有一负号，为的是使其与电磁场中电场强度$\boldsymbol{E}$和标量电位$\varphi$关系相一致。

由斯托克斯定理可知，无旋场$\boldsymbol{F}$沿闭合路径$C$的环流等于0，即

$$\oint_C \boldsymbol{F}\cdot \mathrm{d}\boldsymbol{l}=0$$

这一结论等价于无旋场$\boldsymbol{F}$的曲线积分$\int_P^Q \boldsymbol{F}\cdot \mathrm{d}\boldsymbol{l}$与路径无关，只与起点$P$有关。由式(1.97)有

$$\int_P^Q \boldsymbol{F}\cdot \mathrm{d}\boldsymbol{l}=-\int_P^Q \nabla u\cdot \mathrm{d}\boldsymbol{l}=-\int_P^Q \frac{\partial u}{\partial l}\mathrm{d}l=-\int_P^Q \mathrm{d}u=u(P)-u(Q)$$

若选定点$Q$为不动的固定点，则上式可看作是点$P$的函数，即

$$u(P)=\int_P^Q \boldsymbol{F}\cdot \mathrm{d}\boldsymbol{l}+C \tag{1.98}$$

这就是标量位$u$的积分表达式，任意常数$C$取决于固定点$Q$的选择。

将式(1.97)代入式(1.98)，有

$$u(P)=\int_P^Q \nabla u\cdot \mathrm{d}\boldsymbol{l}+C \tag{1.99}$$

这表明，一个标量场可由它的梯度完全确定。

## 1.6.2 无散场

如果一个矢量场$\boldsymbol{F}$的散度处处为0，即$\nabla\cdot\boldsymbol{F}\equiv 0$则称该矢量场为无散场，它是由旋涡源所产生的。例如，恒定磁场就是散度处处为0的无散场。

矢量场的旋度有一个重要性质，就是旋度的散度恒等于0，即

$$\nabla\cdot(\nabla\times\boldsymbol{A})=0 \tag{1.100}$$

在直角坐标系中证明这一结论，直接取$\nabla\times\boldsymbol{A}$的散度，有

$$\begin{aligned}\nabla\cdot(\nabla\times\boldsymbol{A})&=\left(\boldsymbol{e}_x\frac{\partial}{\partial x}+\boldsymbol{e}_y\frac{\partial}{\partial y}+\boldsymbol{e}_z\frac{\partial}{\partial z}\right)\cdot\left[\boldsymbol{e}_x\left(\frac{\partial A_z}{\partial y}-\frac{\partial A_y}{\partial z}\right)+\right.\\&\qquad\left.\boldsymbol{e}_y\left(\frac{\partial A_x}{\partial z}-\frac{\partial A_z}{\partial x}\right)+\boldsymbol{e}_z\left(\frac{\partial A_y}{\partial x}-\frac{\partial A_x}{\partial y}\right)\right]\\&=\frac{\partial}{\partial x}\left(\frac{\partial A_z}{\partial y}-\frac{\partial A_y}{\partial z}\right)+\frac{\partial}{\partial y}\left(\frac{\partial A_x}{\partial z}-\frac{\partial A_z}{\partial x}\right)+\frac{\partial}{\partial z}\left(\frac{\partial A_y}{\partial x}-\frac{\partial A_x}{\partial y}\right)\\&=0\end{aligned}$$

根据这一性质，对于一个散度处处为0的矢量场$\boldsymbol{F}$，总可以把它表示为某一矢量场的旋度，即如果$\nabla\cdot\boldsymbol{F}\equiv 0$则存在矢量函数$\boldsymbol{A}$，使得

$$\boldsymbol{F}=\nabla\times\boldsymbol{A} \tag{1.101}$$

函数$\boldsymbol{A}$称为无散场$\boldsymbol{F}$的矢量位函数，简称矢量位。

由散度定理可知，无散场$\boldsymbol{F}$通过任何闭合曲面$S$的通量等于0，即

$$\oint_S \boldsymbol{F} \cdot d\boldsymbol{S} = 0$$

## 1.7 亥姆霍兹定理

矢量场的散度和旋度都是表示矢量场的性质的量度，一个矢量场所具有的性质，而由它的散度和旋度来说明。而且，可以证明：在有限的区域 $V$ 内，任一矢量场由它的散度、旋度和边界条件(即限定区域 $V$ 的闭合面 $S$ 上的矢量场的分布)唯一地确定，且可表示为

$$\boldsymbol{F}(\boldsymbol{r}) = -\nabla u(\boldsymbol{r}) + \nabla\times\boldsymbol{A}(\boldsymbol{r}) \tag{1.102}$$

其中，

$$u(\boldsymbol{r}) = \frac{1}{4\pi}\int_V \frac{\nabla'\cdot\boldsymbol{F}(\boldsymbol{r}')}{|\boldsymbol{r}-\boldsymbol{r}'|}dV' - \frac{1}{4\pi}\oint_S \frac{\boldsymbol{e}'_n\cdot\boldsymbol{F}(\boldsymbol{r}')}{|\boldsymbol{r}-\boldsymbol{r}'|}dS' \tag{1.103}$$

$$A(\boldsymbol{r}) = \frac{1}{4\pi}\int_V \frac{\nabla'\times\boldsymbol{F}(\boldsymbol{r}')}{|\boldsymbol{r}-\boldsymbol{r}'|}dV' - \frac{1}{4\pi}\oint_S \frac{\boldsymbol{e}'_n\times\boldsymbol{F}(\boldsymbol{r}')}{|\boldsymbol{r}-\boldsymbol{r}'|}dS' \tag{1.104}$$

这就是亥姆霍兹定理。它表明：

(1) 矢场 $\boldsymbol{F}$ 可以用一个标量函数的梯度和一个矢量函数的旋度之和来表示。此标量函数由 $F$ 的散度和 $\boldsymbol{F}$ 在边界 $S$ 上的法向分量完全确定；而矢量函数则由 $\boldsymbol{F}$ 旋度和在边界面 $S$ 上的切向分量完全确定；

(2) 由于 $\nabla\times[\nabla u(\boldsymbol{r})]\equiv 0$、$\nabla\cdot[\nabla\times\boldsymbol{A}(\boldsymbol{r})]\equiv 0$ 因而一个矢量场可以表示为一个无旋场与无散场之和，即

$$\boldsymbol{F} = \boldsymbol{F}_l + \boldsymbol{F}_C \tag{1.105}$$

其中，

$$\begin{cases}\nabla\cdot\boldsymbol{F}_l = \nabla\cdot\boldsymbol{F} \\ \nabla\times\boldsymbol{F}_l = 0\end{cases},\quad \begin{cases}\nabla\cdot\boldsymbol{F}_C = 0 \\ \nabla\times\boldsymbol{F}_C = \nabla\times\boldsymbol{F}\end{cases} \tag{1.106}$$

(3) 如果在区域 $V$ 内矢量场 $\boldsymbol{F}$ 的散度与旋度均处处为 0，则 $\boldsymbol{F}$ 由其在边界面 $S$ 上的场分布完全确定；

(4) 对于无界空间，只要矢量场满足

$$|\boldsymbol{F}| \propto \frac{1}{|\boldsymbol{r}-\boldsymbol{r}'|^{1+\delta}} \quad (\delta > 0) \tag{1.107}$$

则式(1.103)和式(1.104)中的面积分项为 0。此时，矢量场由其散度和旋度完全确定。因此，在无界空间中，散度与旋度均处处为 0 的矢量场是不存在的，因为任何一个物理场都必须有源，场是同源一起出现的，源是产生场的起因。

必须指出，只有在 $\boldsymbol{F}$ 连续的区域内，$\nabla\cdot\boldsymbol{F}$ 和 $\nabla\times\boldsymbol{F}$ 才有意义，因为它们都包含着对空间坐标的导数。在区域内如果存在 $\boldsymbol{F}$ 不连续的表面，则在这些表面上就不存在 $\boldsymbol{F}$ 的导数，因而也就不能使用散度和旋度来分析表面附近的场的性质。

亥姆霍兹定理总结了矢量场的基本性质，其意义是非常重要的。分析矢量场时，总是从研究它散度和旋度着手，得到的散度方程和旋度方程组组成了矢量场的基本方程的微分形式；或者从矢量场沿闭合曲面的通量和沿闭合路径的环流着手，得到矢量场的基本方程的积分形式。

## 提要

1. 若物理量只有大小，则它是一个标量函数，该标量函数在某一空间区域内确定了该物理量的一个场，该场称为标量场。若物理量既有大小又有方向，则它是一个矢量函数，该矢量函数在某一空间区域内确定了该物理量的一个场，该场称为矢量场。矢量运算应满足矢量运算法则。

2. 标量函数 $u$ 在某点沿 $l$ 方向的变化率$\frac{\partial u}{\partial l}$，称为标量场 $u$ 沿该方向的方向导数。标量场 $u$ 在该点的梯度 $\mathrm{grad}u$ 与方向导数的关系为

$$\frac{\partial u}{\partial l} = \nabla u \cdot \boldsymbol{l}$$

标量场 $u$ 的梯度是一个矢量，它的大小和方向就是试点最大变化率的大小和方向。

在标量场 $u$ 中，具有相同 $u$ 值的点构成一等值面。在等值面的法线方向上，$u$ 值变化最快，因此，梯度的方向也就是等值面的法线方向。

3. 矢量 $\boldsymbol{F}$ 穿过曲面 $S$ 的通量 $\Psi=\oint_S \boldsymbol{F}\cdot \mathrm{d}\boldsymbol{S}$。矢量 $\boldsymbol{F}$ 在某点的散度定义为

$$\mathrm{div}\boldsymbol{F} = \nabla\cdot \boldsymbol{F} = \lim_{\Delta V\to 0}\frac{\oint_S \boldsymbol{F}\cdot \mathrm{d}\boldsymbol{S}}{\Delta V}$$

它是一个标量，表示从该点散发的通量体密度，描述了该点的通量源强度。其散度定理为

$$\int_V \nabla\cdot \boldsymbol{F}\mathrm{d}V = \oint_S \boldsymbol{F}\cdot \mathrm{d}\boldsymbol{S}$$

4. 矢量 $\boldsymbol{F}$ 沿闭合曲线 $C$ 的线积分$\oint_C \boldsymbol{F}\cdot \mathrm{d}\boldsymbol{l}$，称为矢量 $\boldsymbol{F}$ 沿该曲线的环量。矢量 $\boldsymbol{F}$ 在某点的旋度定义为

$$\mathrm{rot}\boldsymbol{F} = \nabla\times \boldsymbol{F} = \lim_{\Delta S\to 0}\frac{1}{\Delta S}\oint_C \boldsymbol{F}\cdot \mathrm{d}\boldsymbol{l}\bigg|_{\max}$$

它是一个矢量，其大小和方向是该点最大环量面密度的大小和此时的面元方向，它描述其旋涡源强度，其斯托克斯定理为

$$\int_S \nabla\times \boldsymbol{F}\cdot \mathrm{d}\boldsymbol{S} = \oint_C \boldsymbol{F}\cdot \mathrm{d}\boldsymbol{l}$$

5. 亥姆霍兹定理总结了矢量场共同的性质：矢量场可由矢量场的散度和旋度唯一地确定；矢量场的散度和旋度各对应矢量场中的一种源。所以分析矢量场时，应从研究它的散度和旋度入手，故旋度方程和散度方程构成了矢量场的基本方程。

## 思考题

1.1　如果 $\boldsymbol{A}\cdot\boldsymbol{B}=\boldsymbol{A}\cdot\boldsymbol{C}$，是否意味着 $\boldsymbol{B}=\boldsymbol{C}$？为什么？

1.2　如果 $\boldsymbol{A}\times\boldsymbol{B}=\boldsymbol{A}\times\boldsymbol{C}$，是否意味着 $\boldsymbol{B}=\boldsymbol{C}$？为什么？

1.3　两个矢量的点积能是负的吗？如果是，必须是什么情况？

1.4　什么是单位矢量？什么是常矢量？单位矢量是否为常矢量？

1.5　在圆柱坐标系中，矢量 $\boldsymbol{A}=\boldsymbol{e}_\rho a+\boldsymbol{e}_\phi b+\boldsymbol{e}_z c$，其中 $a$、$b$、$c$ 为常数，则 $\boldsymbol{A}$ 是常矢量吗？为什么？

1.6　在球坐标系中，矢量 $\boldsymbol{A}=\boldsymbol{e}_r a\cos\theta-\boldsymbol{e}_\theta a\sin\theta$，其中 $a$ 为常数，则 $\boldsymbol{A}$ 能是常矢量吗？为什么？

1.7　什么是矢量场的通量？通量的值为正、负或 0 分别表示什么意义？

1.8　什么是散度定理？它的意义是什么？

1.9　什么是矢量场的环流？环流的值为正、负或 0 分别表示什么意义？

1.10　什是斯托克斯定理？它的意义是什么？斯托克斯定理能用于闭合曲面吗？

1.11　如果矢量场 $\boldsymbol{F}$ 能够表示为一个矢量函数的旋度，这个矢量场具有什么特性？

1.12　如果矢量场 $\boldsymbol{F}$ 能够表示为一个标量函数的梯度，这个矢量场具有什么特性？

1.13　只有直矢量线的矢量场一定是无旋场，这种说法对吗？为什么？

1.14　无旋场与无散场的区别是什么？

## 习题 1

1.1　给定三个矢量 $\boldsymbol{A}$、$\boldsymbol{B}$ 和 $\boldsymbol{C}$ 如下：

$$\boldsymbol{A}=\boldsymbol{e}_x+\boldsymbol{e}_y 2-\boldsymbol{e}_z 3$$
$$\boldsymbol{B}=-\boldsymbol{e}_y 4+\boldsymbol{e}_z$$
$$\boldsymbol{C}=\boldsymbol{e}_x 5-\boldsymbol{e}_z 2$$

求：(1)$\boldsymbol{e}_A$；(2)$|\boldsymbol{A}-\boldsymbol{B}|$；(3)$\boldsymbol{A}\cdot\boldsymbol{B}$；(4)$\theta_{AB}$；(5)$\boldsymbol{A}$ 在 $\boldsymbol{B}$ 上的分量；(6)$\boldsymbol{A}\times\boldsymbol{C}$；(7)$\boldsymbol{A}\cdot(\boldsymbol{B}\times\boldsymbol{C})$ 和 $(\boldsymbol{A}\times\boldsymbol{B})\cdot\boldsymbol{C}$；(8)$(\boldsymbol{A}\times\boldsymbol{B})\times\boldsymbol{C}$ 和 $\boldsymbol{A}\times(\boldsymbol{B}\times\boldsymbol{C})$。

1.2　三角形的三个顶点为 $P_1(0,1,-2)$、$P_2(4,1,-3)$ 和 $P_3(6,2,5)$。

(1) 判断 $\Delta P_1P_2P_3$ 是否为一直角三角形；

(2) 求三角形的面积。

1.3　求点 $P'(-3,1,4)$ 到点 $P(2,-2,3)$ 的距离矢量 $\boldsymbol{R}$ 及 $\boldsymbol{R}$ 的方向。

1.4　给定两矢量 $\boldsymbol{A}=\boldsymbol{e}_x 2+\boldsymbol{e}_y 3-\boldsymbol{e}_z 4$ 和 $\boldsymbol{B}=\boldsymbol{e}_x 4-\boldsymbol{e}_y 5+\boldsymbol{e}_z 6$，求它们之间的夹角和 $\boldsymbol{A}$ 在 $\boldsymbol{B}$ 上的分量。

1.5　给定两矢量 $\boldsymbol{A}=\boldsymbol{e}_x 2+\boldsymbol{e}_y 3-\boldsymbol{e}_z 4$ 和 $\boldsymbol{B}=-\boldsymbol{e}_x 6-\boldsymbol{e}_y 4+\boldsymbol{e}_z$ 求 $\boldsymbol{A}\times\boldsymbol{B}$ 在 $\boldsymbol{C}=\boldsymbol{e}_z-\boldsymbol{e}_y+\boldsymbol{e}_z$ 上的分量。

1.6　证明：如果 $\boldsymbol{A}\cdot\boldsymbol{B}=\boldsymbol{A}\cdot\boldsymbol{C}$ 和 $\boldsymbol{A}\times\boldsymbol{B}=\boldsymbol{A}\times\boldsymbol{C}$，则 $\boldsymbol{B}=\boldsymbol{C}$。

1.7　如果给定一未知矢量与一已知矢量的标量积和矢量积，那么便可以确定该未知矢量。设 $\boldsymbol{A}$ 为一已知矢量，$p=\boldsymbol{A}\cdot\boldsymbol{X}$ 而 $\boldsymbol{P}=\boldsymbol{A}\times\boldsymbol{X}$，$p$ 和 $\boldsymbol{P}$ 已知，试求 $\boldsymbol{X}$。

1.8　在圆柱坐标中，一点的位置由 $\left(4,\dfrac{2\pi}{3},3\right)$ 定出，求该点在：(1)直角坐标中的坐标；(2)球坐标中的坐标。

1.9　用球坐标表示的场 $\boldsymbol{E}=\boldsymbol{e}_r\dfrac{25}{r^2}$。

(1) 求在直角坐标中点 $(-3,4,-5)$ 处的 $|\boldsymbol{E}|$ 和 $E_x$；

(2) 求在直角坐标中点$(-3,4,-5)$处$\boldsymbol{E}$与矢量$\boldsymbol{B}=\boldsymbol{e}_x 2-\boldsymbol{e}_y 2+\boldsymbol{e}_z$构成的夹角。

1.10　球坐标中两个点$(r_1,\theta_1,\phi_1)$和$(r_2,\theta_2,\phi_2)$定出两个位置矢量$\boldsymbol{R}_1$和$\boldsymbol{R}_2$。证明，$\boldsymbol{R}_1$和$\boldsymbol{R}_2$间夹角的余弦为

$$\cos\gamma=\cos\theta_1\cos\theta_2+\sin\theta_1\sin\theta_2\cos(\phi_1-\phi_2)$$

1.11　已知标量函数$u=x^2yz$，求$u$在点(2,3,1)处沿指定方向$\boldsymbol{e}_l=\boldsymbol{e}_x\dfrac{3}{\sqrt{50}}+\boldsymbol{e}_y\dfrac{4}{\sqrt{50}}+\boldsymbol{e}_z\dfrac{5}{\sqrt{50}}$的方向导数。

1.12　已知标量函数$u=x^2+2y^2+3z^2+3x-2y-6z$。(1)求$\nabla u$；(2)在哪些点上$\nabla u$等于0？

1.13　方程$u=\dfrac{x^2}{a^2}+\dfrac{y^2}{b^2}+\dfrac{z^2}{c^2}$给出一椭球族。求椭球表面上任意点的单位法向矢量。

1.14　利用直角坐标，证明
$\nabla(uv)=u\nabla v+v\nabla u$。

1.15　一球面$S$的半径为5，球心在原点上，计算$\int_S(\boldsymbol{e}_r 3\sin\theta)\cdot \mathrm{d}\boldsymbol{S}$的值。

1.16　已知矢量$\boldsymbol{E}=\boldsymbol{e}_x(x^2+axz)+\boldsymbol{e}_y(xy^2+by)+\boldsymbol{e}_z(z-z^2+czx-2xyz)$，试确定常数$a$、$b$、$c$使$\boldsymbol{E}$为无源场。

1.17　在由$\rho=5$、$z=0$、和$z=4$围成的圆柱形区域，对矢量$\boldsymbol{A}=\boldsymbol{e}_\rho\rho^2+\boldsymbol{e}_z 2z$验证散度定理。

1.18　(1) 求矢量$\boldsymbol{A}=\boldsymbol{e}_x x^2+\boldsymbol{e}_y x^2y^2+\boldsymbol{e}_z 24x^2y^2z^2$的散度；

(2) 求$\nabla\cdot\boldsymbol{A}$对中心在原点的一个单位立方体的积分；

(3) 求$\boldsymbol{A}$对此立方体表面的积分，验证散度定理。

1.19　计算矢量$\boldsymbol{r}$对一个球心在原点、半径为$a$的球表面的积分，并求$\nabla\cdot\boldsymbol{r}$对球体积的积分。

1.20　在球坐标系中，已知矢量$\boldsymbol{A}=\boldsymbol{e}_r a+\boldsymbol{e}_\theta b+\boldsymbol{e}_\phi c$，其中$a$、$b$和$c$均为常数。

(1) 问矢量$\boldsymbol{A}$是否为常矢量；

(2) 求$\nabla\cdot\boldsymbol{A}$和$\nabla\times\boldsymbol{A}$。

1.21　求矢量$\boldsymbol{A}=\boldsymbol{e}_x x+\boldsymbol{e}_y x^2+\boldsymbol{e}_z y^2 z$沿$xy$平面上的一个边长为2的正方形回路的线积分，此正方形的两边分别与$x$轴和$y$轴相重合。再求$\nabla\times\boldsymbol{A}$对此回路所包围的曲面的面积分，验证斯托克斯定理。

1.22　求矢量$\boldsymbol{A}=\boldsymbol{e}_x x+\boldsymbol{e}_y xy^2$沿圆周$x^2+y^2=a^2$的线积分，再计算$\nabla\times\boldsymbol{A}$对此圆面积的线积分。

1.23　证明：(1) $\nabla\cdot\boldsymbol{r}=3$；(2)$\nabla\times\boldsymbol{r}=0$；(3)$\nabla(\boldsymbol{k}\cdot\boldsymbol{r})=\boldsymbol{k}$。其中$\boldsymbol{r}=\boldsymbol{e}_x x+\boldsymbol{e}_y y+\boldsymbol{e}_z z$，$\boldsymbol{k}$为一常矢量。

1.24　一径向矢量场用$\boldsymbol{F}=\boldsymbol{e}_r f(r)$表示，如果$\nabla\cdot\boldsymbol{F}=0$，那么函数$f(r)$有什么特点？

1.25　给定矢量函数$\boldsymbol{E}=\boldsymbol{e}_x y+\boldsymbol{e}_y x$，试求从点$P_1(2,1,-1)$到点$P_2(8,2,-1)$的线积分$\int\boldsymbol{E}\cdot\mathrm{d}\boldsymbol{l}$：(1) 沿抛物线$x=y^2$；(2) 沿连接该两点的直线。这个$E$是保守场吗？

1.26　试采用与推导直角坐标中$\nabla \cdot \boldsymbol{A}=\dfrac{\partial A_x}{\partial x}+\dfrac{\partial A_y}{\partial y}+\dfrac{\partial A_z}{\partial z}$相似的方法推导圆柱坐标下的公式$\nabla \cdot \boldsymbol{A}=\dfrac{1}{\rho}\dfrac{\partial}{\partial \rho}(\rho A_\rho)+\dfrac{\partial A_\phi}{\rho \partial \phi}+\dfrac{\partial A_z}{\partial z}$。

1.27　现有三个矢量$\boldsymbol{A}$、$\boldsymbol{B}$、$\boldsymbol{C}$，分别为

$$\boldsymbol{A}=\boldsymbol{e}_r \sin\theta\cos\phi+\boldsymbol{e}_\theta \cos\theta\cos\phi-\boldsymbol{e}_\phi \sin\phi$$

$$\boldsymbol{B}=\boldsymbol{e}_\rho z^2\sin\phi+\boldsymbol{e}_\phi z^2\cos\phi+\boldsymbol{e}_z 2\rho z\sin\phi$$

$$\boldsymbol{C}=\boldsymbol{e}_x(3y^2-2x)+\boldsymbol{e}_y x^2+\boldsymbol{e}_z 2z$$

(1) 哪些矢量可以由一个标量函数的梯度表示？哪些矢量可以由一个矢量函数的旋度表示？

(2) 求出这些矢量的源分布。

1.28　利用直角坐标，证明

$$\nabla\cdot(f\boldsymbol{A})=f\,\nabla\cdot\boldsymbol{A}+\boldsymbol{A}\cdot\nabla f$$

1.29　证明

$$\nabla\cdot(\boldsymbol{A}\times\boldsymbol{H})=\boldsymbol{H}\cdot\nabla\times\boldsymbol{A}-\boldsymbol{A}\cdot\nabla\times\boldsymbol{H}$$

1.30　利用直角坐标，证明

$$\nabla\times(f\boldsymbol{G})=f\,\nabla\times\boldsymbol{G}+\nabla f\times\boldsymbol{G}$$

1.31　利用散度定理及斯托克斯定理可以在更普遍的意义下证明$\nabla\times(\nabla u)=0$及$\nabla\cdot(\nabla X\boldsymbol{A})=0$，试证明之。

# 第2章 静电场

电场是电荷周围存在着一种特殊形式的物质，相对于观察者静止且量值不随时间变化的电荷所产生的电场，称为静电场。描述电场性质的基本物理量是电场强度 $\boldsymbol{E}$ 和标量电位 $\varphi$。本章从库仑定律出发，在分析真空中静电场的基础上，分别讨论导体和电介质对电场的影响。再讨论不同介质分界面上的衔接条件并把静电场问题归结为在给定边界下求解泊松方程或拉普拉斯方程的边值问题。讨论静电场问题解答的唯一性定理及其解法。以镜像法和电轴法为主。将电容概念推广于多导体系统，引入部分电容。从场的角度，讨论了静电能量的计算和静电能量的分布，引入静电能量密度。最后，重点讨论应用虚位移法求电场力，并介绍关于电场力的法拉第观点。

## 2.1 电场强度及电位

电荷的周围存在着一种特殊形式的物质，称为电场。电场是统一的电磁场的一个方面，它的表现是对于被引入场中的静止电荷有力的作用。相对于观察者而言是静止的，且电荷量不随时间变化的电荷所引起的电场称为静电场。本节从库仑定律出发，引入静电场的基本场量电场强度 $\boldsymbol{E}$。在应用矢量分析阐明静电场具有无旋特性的基础上，引入静电场的另外一个重要的场量标量电位 $\varphi$，简称电位。

### 2.1.1 电场强度

1785 年，法国学者库仑在做了一系列精巧的静电实验后总结出：在无限大的真空中，当两个静止的小带电体之间的距离远远大于它们本身的几何尺寸时，该两带电体之间的作用力可表示为

$$\boldsymbol{F}_{12} = \frac{q_1 q_2}{4\pi\varepsilon_0} \cdot \frac{\boldsymbol{e}_{21}}{R^2}$$

和

$$\boldsymbol{F}_{21} = \frac{q_1 q_2}{4\pi\varepsilon_0} \cdot \frac{\boldsymbol{e}_{12}}{R^2} \tag{2.1}$$

这一规律称为库仑定律。以上两式中，$q_1$ 和 $q_2$ 分别是两带电体的电荷量。$R$ 是两带电体之间的距离，$\boldsymbol{e}_{21}$ 和 $\boldsymbol{e}_{12}$ 是沿两带电体连线方向的的单位矢量，前者由 $q_2$ 指向 $q_1$，后者由 $q_1$ 指向 $q_2$。$\varepsilon_0$ 是真空的介电常数。$\boldsymbol{F}_{12}$ 是带电体 $q_2$ 对带电体 $q_1$ 的作用力，$\boldsymbol{F}_{21}$ 是带电体 $q_1$ 对带电体 $q_2$ 的作用力。

在库仑定律的表达式中，电荷量的单位是C(库)，距离的单位是m(米)，力的单位是N(牛)。$\varepsilon_0$是真空介电常数，其单位是F/m(法/米)，其值为$8.85\times10^{-12}$F/m。

库仑定律适应的条件是带电体本身的几何尺寸远远小于它们之间的距离。在这样的条件下可以把带电体看成一个几何上的点，称为点电荷。"点"只是相对意义上的概念，物理上并不存在真实的点电荷。

库仑定律给出了两点电荷之间作用力的量值与方向，但并未说明作用力是通过什么途径传递的。历史上，围绕静电力的传递问题有过很多年的争论。现在已经知道，电荷之间的作用力是通过其周围空间存在的一种特殊物质，即电场，以有限速度传递的。任何电荷都在其周围空间产生电场。电场的一个重要特性是对处在其中的任何其他电荷都产生作用力，由此引入电场强度来描述电场的这一重要特性。

设在电场中某$P$点置一带正电，带电量及体积足够小，不足以引起原来电场变化的试验电荷$q_0$，电场对它的作用力为$\boldsymbol{F}$，则电场强度(简称场强)定义为

$$\boldsymbol{E}=\lim_{q_0\to 0}\frac{\boldsymbol{F}}{q_0} \tag{2.2}$$

电场强度$\boldsymbol{E}$是一个随着空间点位置的不同而变化的矢量函数，仅与该点的电场有关，而与试验电荷的电荷量无关。$\boldsymbol{E}$的单位是V/m(伏/米)。

根据电场强度的定义和库仑定律，可以得到位于坐标原点上的点电荷$q$在无限大真空中引起的电场强度为

$$\boldsymbol{E}(r)=\frac{q}{4\pi\varepsilon_0 r^2}\boldsymbol{e}_r \tag{2.3}$$

如果点电荷$q$所在处的坐标为$r'$，则它在$r$处引起的电场强度为

$$\boldsymbol{E}(r)=\frac{q}{4\pi\varepsilon_0|\boldsymbol{r}-\boldsymbol{r}'|^2}\frac{\boldsymbol{r}-\boldsymbol{r}'}{|\boldsymbol{r}-\boldsymbol{r}'|}=\frac{q}{4\pi\varepsilon_0 R^2}\boldsymbol{e}_{\mathrm{R}} \tag{2.4}$$

在(2.4)式中涉及空间的两个点，如图2.1所示。一个事实电荷量为$q$的点电荷所在的位置，其坐标为$(x',y',z')$，简称"源点"；另一个是需要确定场强的点，其坐标为$(x,y,z)$，简称"场点"。一般用加撇的坐标$(x',y',z')$或$\boldsymbol{r}'$表示源点，用不加撇的坐标$(x,y,z)$或$\boldsymbol{r}$表示场点。

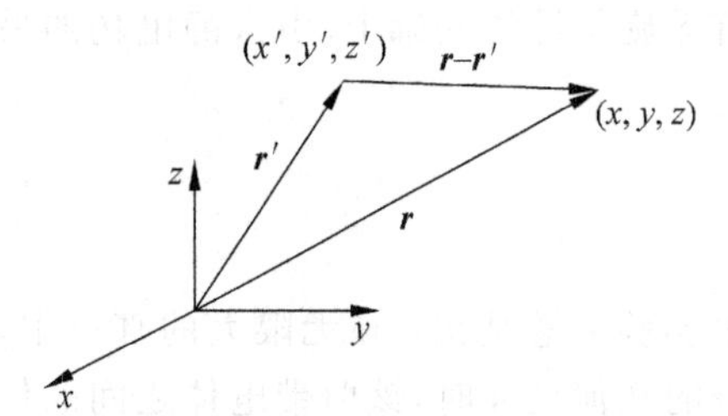

图2.1 源点与场点坐标的矢量表示

式(2.4)还说明，在电场中的任何一个指定点，电场强度与产生电场的点电荷的电荷量成正比。场与源之间的这种线性关系是人们可以利用叠加原理来计算$n$个点电荷所形成场的电场强度，即在电场中某一点的电场强度等于各个电荷单独在该点产生的电场强度的矢量和。它的数学表达式为

$$\boldsymbol{E}(r)=\frac{1}{4\pi\varepsilon_0}\sum_{k=1}^{n}\frac{q_k}{|\boldsymbol{r}-\boldsymbol{r}_k'|^2}\frac{\boldsymbol{r}-\boldsymbol{r}_k'}{|\boldsymbol{r}-\boldsymbol{r}_k'|}=\frac{1}{4\pi\varepsilon_0}\sum_{k=1}^{n}\frac{q_k}{R_k^2}\boldsymbol{e}_{R_k} \tag{2.5}$$

### 2.1.2 分布电场的电场强度

上述分析是假设电荷集中在一个点上，从宏观的角度讲，电荷是连续的分布在一段线上、一个面上或一个体积内，因此，我们先定义电荷分布。

体电荷密度：如果电荷分布在一个体积空间内，定义体电荷密度为单位体积内的电荷

$$\rho_V = \lim_{\Delta V \to 0} \frac{\Delta q}{\Delta V} = \frac{\mathrm{d}q}{\mathrm{d}V} \tag{2.6}$$

式中 $\Delta q$ 是体积元 $\Delta V$ 内所包含的电荷。

面电荷密度：如果电荷分布在一个表面上，定义面电荷密度为单位面积上的电荷

$$\rho_S = \lim_{\Delta S \to 0} \frac{\Delta q}{\Delta S} = \frac{\mathrm{d}q}{\mathrm{d}S} \tag{2.7}$$

式中 $\Delta q$ 是面积元 $\Delta S$ 上的电荷。

线电荷密度：如果电荷分布在一细线上时，定义线电荷密度为单位长度上的电荷

$$\rho_l = \lim_{\Delta l \to 0} \frac{\Delta q}{\Delta l} = \frac{\mathrm{d}q}{\mathrm{d}l} \tag{2.8}$$

式中 $\Delta q$ 是体积元 $\Delta l$ 上的电荷。

因此元电荷可表示为 $\rho_V \mathrm{d}V$、$\rho_S \mathrm{d}S$ 或 $\rho_l \mathrm{d}l$ 三种形式。在计算时，现根据电荷分布将元电荷看作点电荷，代入式(2.4)，再进行积分运算即可。如对于以体密度 $\rho(r')$ 连续分布在 $V$ 中的体积电荷，它所产生的电场强度为

$$\boldsymbol{E}(r) = \frac{1}{4\pi\varepsilon_0}\int_{V'} \frac{\rho(r')}{|\boldsymbol{r}-\boldsymbol{r}'|^2} \frac{\boldsymbol{r}-\boldsymbol{r}'}{|\boldsymbol{r}-\boldsymbol{r}'|}\mathrm{d}V' = \frac{1}{4\pi\varepsilon_0}\int_{V'} \frac{\rho(r')\,\boldsymbol{e}_R}{R^2}\mathrm{d}V' \tag{2.9}$$

同样，对于面积电荷和线电荷，它们所产生的电场强度为

$$\boldsymbol{E}(r) = \frac{1}{4\pi\varepsilon_0}\int_{S'} \frac{\rho_s(r')\,\boldsymbol{e}_R}{R^2}\mathrm{d}S' \tag{2.10}$$

和

$$\boldsymbol{E}(r) = \frac{1}{4\pi\varepsilon_0}\int_{l'} \frac{\rho_l(r')\,\boldsymbol{e}_R}{R^2}\mathrm{d}l' \tag{2.11}$$

**例 2.1** 如图 2.2 所示，真空中有一以线密度 $\rho_l$ 沿 $z$ 轴均匀分布的无限长线电荷，试求离其 $r$ 处的场强。

**解**：如图 2.2 所示，在 $z'$ 处的元电荷 $\rho_l \mathrm{d}z'$ 所产生的电场为 $\frac{\rho_l \mathrm{d}z'}{4\pi\varepsilon_0 R^2}$，方向为 $\mathrm{d}\boldsymbol{E}_1$，而在 $(-z')$ 处对应的元电荷 $\rho_l \mathrm{d}z'$ 产生一大小相等，方向为 $\mathrm{d}\boldsymbol{E}_2$ 的电场，两者合成则得方向为径向的合成场 $\mathrm{d}E_\rho$。故总电场的方向为径向，它是所有元电荷产生电场的矢量和，即

$$\boldsymbol{E}(r) = 2\int_0^\infty \frac{\rho_l \mathrm{d}z' \cos\theta}{4\pi\varepsilon_0 R^2}\boldsymbol{e}_r$$

而 $R=\sqrt{z'^2+r^2}$ 及 $\cos\theta = r/R$，故

$$\boldsymbol{E}(r) = \frac{\rho_l r}{2\pi\varepsilon_0}\int_0^\infty \frac{\mathrm{d}z'}{(z'^2+r^2)^{3/2}}\boldsymbol{e}_\rho = \frac{\rho_l}{2\pi\varepsilon_0 r}\boldsymbol{e}_r$$

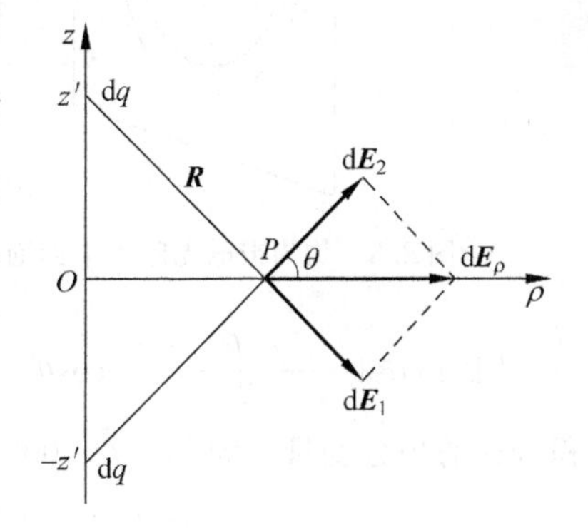


图 2.2 线电荷的电场

这说明：以线密度 $\rho_l$ 均匀分布的无限长线电荷周围的电场垂直于线电荷，场强只与垂直距离 $r$ 成反比。

**例 2.2** 一均匀带电的无限大平面，其电荷面密度为 $\rho_s$，求距该平面前 $x$ 处的场强。

**解**：从观察点向平面做垂线，以垂线与平面的交点为圆心，以半径 $a$ 做一环形元电荷，根据对称性，此环形元电荷的场强方向垂直于带电平面。故总电场的量值为各分量大小投

影到圆环轴线上的叠加(参见图 2.3),其中 $\cos\theta=\dfrac{x}{\sqrt{a^2+x^2}}$

$$\boldsymbol{E}(x)=\int_0^{\infty}\frac{2\pi\rho_s a\,\mathrm{d}a}{4\pi\varepsilon_0 R^2}\cos\theta=\frac{\rho_s a}{2\varepsilon_0}\int_0^{\infty}\frac{a\mathrm{d}a}{(a^2+x^2)^{3/2}}=\frac{\rho_s}{2\varepsilon_0}$$

这说明:均匀带电的无限大平面两边的电场垂直于带电平面,场强为恒值$\dfrac{\rho_s}{2\varepsilon_0}$,平面两侧电场强度的方向相反。

**例 2.3** 一半径为 $a$ 的球面上均匀分布有电荷,其电荷面密度为 $\rho_s$,求此球面电荷的电场。

**解**:(1) 球外电场。

如图 2.4 所示,以 $P$ 点与球心连线为球坐标的 $Z$ 轴($\theta=0$),则 $P$ 点坐标为$(r,0,0)$。

在球面上,$P'$ 的坐标为$(a,\theta',\phi')$,取面元 $a\mathrm{d}\theta' a\sin\theta'\mathrm{d}\phi'$,可把其上的面元电荷 $\mathrm{d}q$ 为 $\rho_s a^2\sin\theta'\mathrm{d}\theta'\mathrm{d}\phi'$看成一个点电荷,与 $P(r,0,0)$点的距离为 $R$,这个面电荷在 $P$ 点建立的电场 $\dfrac{1}{4\pi\varepsilon_0}\dfrac{\rho_s a^2\sin\theta'\mathrm{d}\theta'\mathrm{d}\phi'}{R^2}$方向为 $\mathrm{d}\boldsymbol{E}_1$;而在对称点$(a,\theta',\phi'+180°)$处的元电荷 $\rho_s a^2\sin\theta'\mathrm{d}\theta'\mathrm{d}\phi'$产生一大小相等的场强,方向为 $\mathrm{d}\boldsymbol{E}_2$,两者合成则得径向的和场强 $\mathrm{d}E_r$。故总场强的方向为径向,它是所有元电荷产生场强的矢量和,即

$$E_r(r)=\frac{1}{4\pi\varepsilon_0}\int_0^{2\pi}\int_0^{\pi}\frac{\rho_s a^2\sin\theta'\cos\alpha}{R^2}\mathrm{d}\theta'\mathrm{d}\phi'$$

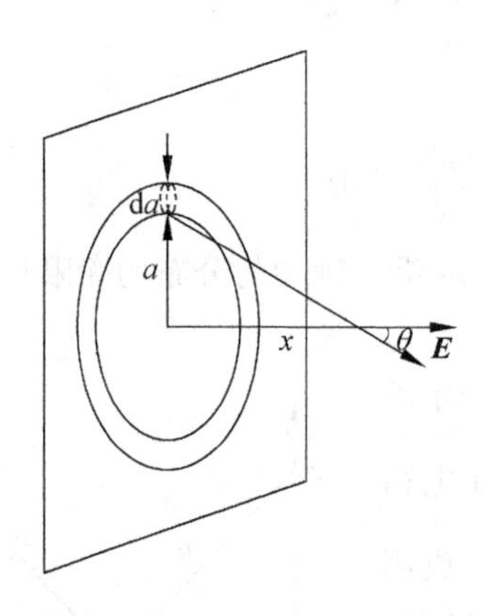


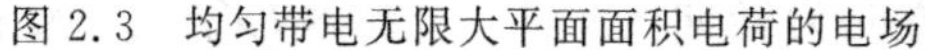

图 2.3 均匀带电无限大平面面积电荷的电场

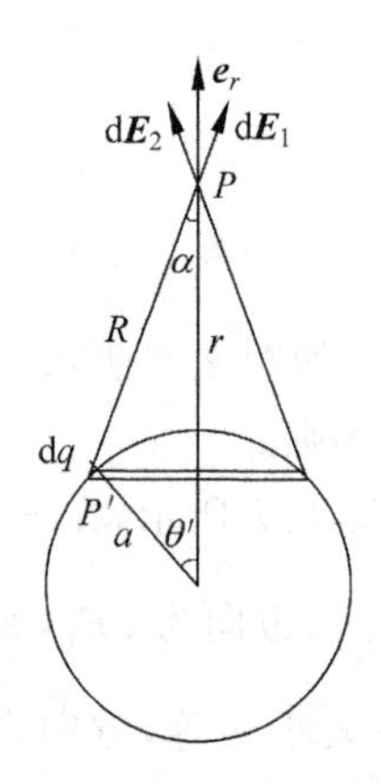


图 2.4 均匀球面电荷外的电场

因为 $\cos\alpha=\dfrac{r^2+R^2-a^2}{2rR}$,$\cos\theta'=\dfrac{r^2+a^2-R^2}{2ra}$,故 $\sin\theta'\mathrm{d}\theta'=-\mathrm{d}\cos\theta'=\dfrac{R\mathrm{d}R}{ra}$。将上述 $E_r$ 积分式的积分变量换为 $\mathrm{d}R$,$\theta'=0$ 时,$R=r-a$;$\theta'=\pi$ 时,$R=r+a$,

$$\begin{aligned}E_r&=\frac{1}{4\pi\varepsilon_0}\int_0^{2\pi}\int_{r-a}^{r+a}\frac{\rho_s a^2R(r^2+R^2-a^2)}{ra\times 2rR\times R^2}\mathrm{d}R\mathrm{d}\phi'\\&=\frac{\rho_s a}{2\varepsilon_0}\int_{r-a}^{r+a}\frac{r^2+R^2-a^2}{2r^2R^2}\mathrm{d}R\\&=\frac{\rho_s}{2\varepsilon_0}\left(\frac{a}{2r^2}\right)\left(R-\frac{r^2-a^2}{R}\right)\Bigg|_{r-a}^{r+a}\\&=\frac{\rho_s a^2}{\varepsilon_0 r^2}\end{aligned}$$

设球面上有电荷总量 $Q$,则 $\rho_s=\dfrac{Q}{4\pi r^2}$,上式可化为

$$E_r=\frac{Q}{4\pi\varepsilon_0 r^2}$$

这说明:均匀球面电荷在球外建立的电场反比于场点与球面距离的平方,相当把球面上的电荷集中在球心所形成的点电荷的电场。

(2) 球内电场。

对于球内电场,上面的积分下限应换成 $a-r$,则

$$E_r=\frac{\rho_s}{2\varepsilon_0}\left(\frac{a}{2r^2}\right)\left(R-\frac{r^2-a^2}{R}\right)\Bigg|_{a-r}^{a+r}=0$$

这说明:均匀球面电荷在球内建立的电场恒为零。

以上关于球内和球外电场的计算结果是在电荷沿球面均匀分布的前提下得到的,即电荷在 $\theta$ 及 $\phi$ 方向均匀分布。由此可得出推论:对于球形体积电荷只要每层的电荷体密度是均匀的,即电荷体密度在 $\theta$ 及 $\phi$ 方向是常数,则在球外建立的电场相当于全部电荷集中在球心所形成的点电荷的电场。而球内的电场应等于场点以内的那部分球体电荷集中在球心时所建立的电场。因为场点以外沿 $\theta$ 及 $\phi$ 方向均匀分布的球壳电荷在该场点建立的电场为零。

## 2.1.3 电位

现在来研究将一个单位正试验电荷 $q_0$ 在静电场中沿某一路径 $\boldsymbol{l}$ 从 $A$ 点移动到 $B$ 点(如图 2.5 所示)时,电场力所做的功,即

$$W=\int_A^B \boldsymbol{E}\cdot \mathrm{d}\boldsymbol{l} \tag{2.12}$$

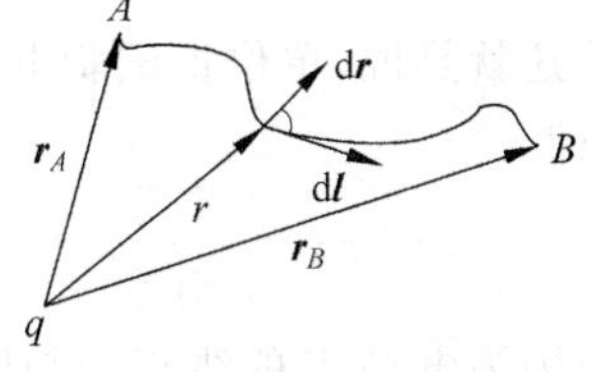


图 2.5 电荷 $q_0$ 沿路径 $\boldsymbol{l}$ 从 $A$ 点移至 $B$ 点

如果电场由点电荷 $q$ 单独产生,则 $\boldsymbol{E}=\dfrac{q}{4\pi\varepsilon_0}\dfrac{\boldsymbol{e}_r}{r^2}$,从而有

$$W=\frac{q}{4\pi\varepsilon_0}\int_A^B\frac{\boldsymbol{e}_r\cdot \mathrm{d}\boldsymbol{l}}{r^2}=\frac{q}{4\pi\varepsilon_0}\int_{r_A}^{r_B}\frac{1}{r^2}\mathrm{d}r=\frac{q}{4\pi\varepsilon_0}\left(\frac{1}{r_A}-\frac{1}{r_B}\right) \tag{2.13}$$

这个功只与两端点有关,而与移动时的具体路径无关。在 $\boldsymbol{E}$ 有许多电荷产生的一般情况下,电场力所做的功也是与路径无关的。

如果试验电荷在静电场中沿一闭合路径 $\boldsymbol{l}$ 从 $A$ 点出发经过 $B$ 点又回到 $A$ 点,则电场力所做的功

$$W=\oint_l \boldsymbol{E}\cdot \mathrm{d}\boldsymbol{l}=\frac{q}{4\pi\varepsilon_0}\int_{r_A}^{r_A}\frac{1}{r^2}\mathrm{d}r=\frac{q}{4\pi\varepsilon_0}\left(\frac{1}{r_A}-\frac{1}{r_A}\right)=0 \tag{2.14}$$

即在静电场中,沿闭合路径移动电荷,电场力所做功恒为零。换句话说,电场强度的环路线积分恒为零,通常写成

$$\oint_l \boldsymbol{E}\cdot \mathrm{d}\boldsymbol{l}=0 \tag{2.15}$$

这是静电场的重要性质。因为任意静电场都可以看作是由许多点电荷的静电场叠加的结果,所以该结论对于任意静电场也是成立的。式(2.15)称为静电场的环路定律。

应用斯托克斯定理于式(2.15),则

$$\oint_l \boldsymbol{E} \cdot \mathrm{d}\boldsymbol{l} = \int_S \nabla \times \boldsymbol{E} \cdot \mathrm{d}\boldsymbol{S} = 0$$

由于上式中的面积分在任何情况下都为零,因此被积函数必处处为零,即

$$\nabla \times \boldsymbol{E} = 0 \tag{2.16}$$

上式表明,静电场的电场强度 $\boldsymbol{E}$ 的旋度到处为零。因此,通常也说静电场是一个无旋场。

由矢量分析可知,任何一个标量函数的梯度的旋度恒等于零。因此,静电场的电场强度 $\boldsymbol{E}$ 可以有一个标量函数 $\varphi$ 的梯度表示,即定义

$$\boldsymbol{E} = -\nabla\varphi \tag{2.17}$$

这个标量函数 $\varphi$ 称为静电场的标量电位函数。它是表征静电场特性的另外一个物理量。电位函数 $\varphi$ 在空间某一点的值称为该点的电位。上式中的负号表示 $\boldsymbol{E}$ 的方向与 $\Delta\boldsymbol{l}$ 的方向相反,即 $\boldsymbol{E}$ 指向电位函数 $\varphi$ 最大减小率的方向。

前面式(2.12)中给出了单位正试验电荷在电场中移动时,电场力对电荷所做的功,将式(2.17)代入该式,有

$$W = \int_A^B \boldsymbol{E} \cdot \mathrm{d}\boldsymbol{l} = -\int_A^B \nabla\varphi \cdot \mathrm{d}\boldsymbol{l}$$

由矢量运算

$$\nabla\varphi \cdot \mathrm{d}\boldsymbol{l} = \mathrm{d}\varphi$$

因此,

$$W = -\int_A^B \nabla\varphi \cdot \mathrm{d}\boldsymbol{l} = -\int_{\varphi_A}^{\varphi_B} \mathrm{d}\varphi = \varphi_A - \varphi_B \tag{2.18}$$

这就是说,单位正试验电荷从 $A$ 点移动到 $B$ 点时,电场力所做的功就是这两点的电位差,即

$$\varphi_A - \varphi_B = \int_A^B \boldsymbol{E} \cdot \mathrm{d}\boldsymbol{l} \tag{2.19}$$

因为电场 $\boldsymbol{E}$ 的线积分与路径无关,所以任意两点间的电位差具有确定的数值。把两点间的电位差定义为此两点间的电压 $U$,即

$$U_{AB} = \varphi_A - \varphi_B = \int_A^B \boldsymbol{E} \cdot \mathrm{d}\boldsymbol{l} \tag{2.20}$$

上式表明,静电场中两点间的电压,也等于由一点到另一点移动单位正电荷时电场力做的功。

虽然两点间的电位差有确定的数值,但适合公式(2.17)的电位函数并不唯一确定。因为如果 $\varphi$ 是静电场 $\boldsymbol{E}$ 的电位函数,取 $\varphi' = \varphi + C$(任意常数),则

$$-\nabla\varphi' = -\nabla(\varphi + C) = -\nabla\varphi = \boldsymbol{E}$$

所以 $\varphi'$ 也是静电场 $\boldsymbol{E}$ 的电位函数。也就是说,$\varphi$ 与 $\varphi + C$ 这两个电位函数代表同样的电场 $\boldsymbol{E}$。这表明电位的值是相对的。因此,为了得到确定的电位值,可以人为地选定空间的某点 $Q$ 作为电位的参考点。不管 $Q$ 点如何选取,一经确定后,空间任一点 $P$ 都有确定的单一确定值 $\varphi_P$,即

$$\varphi_P = \int_P^Q \boldsymbol{E} \cdot \mathrm{d}\boldsymbol{l} \tag{2.21}$$

$\varphi_P$ 也可以称为 $P$ 点相对于 $Q$ 点的电位。参考点不同,电位值也不同。参考点 $Q$ 的电位为零,上式也表明,空间某一点的电位就是将单位正试验电荷从该点移至指定的参考点时,电场力对电荷所做的功。

在工程中,常把大地表面作为电位参考点。而在理论分析时,只要产生电场的全部电荷都处于有限空间内,那么不管电荷如何分布,选取无限远处作为参考点对电位计算将带来很大方便,这时,任一点 $P$ 的电位为

$$\varphi_P = \int_P^{\infty} \boldsymbol{E} \cdot \mathrm{d}\boldsymbol{l} \tag{2.22}$$

将式(2.3)代入上式,即得位于坐标原点的点电荷在无限大真空中引起的点位

$$\varphi(r) = \frac{q}{4\pi\varepsilon_0 r} \tag{2.23}$$

## 2.1.4 叠加积分法计算电位

对于场源既有点电荷又包含体积电荷分布 $\rho(r')$,面积电荷分布 $\rho_s(r')$ 和线电荷分布 $\rho_l(r')$ 的一般情况,由叠加原理可得场点 $P$ 上的电位表达式为

$$\begin{aligned}\varphi(r) = &\frac{1}{4\pi\varepsilon_0}\sum_{k=1}^{n}\frac{q_k}{|\boldsymbol{r}-\boldsymbol{r}'_k|} + \frac{1}{4\pi\varepsilon_0}\int_{V'}\frac{\rho(r')}{|\boldsymbol{r}-\boldsymbol{r}'|}\mathrm{d}V' \\ &+ \frac{1}{4\pi\varepsilon_0}\int_{S'}\frac{\rho_s(r')}{|\boldsymbol{r}-\boldsymbol{r}'|}\mathrm{d}S' + \frac{1}{4\pi\varepsilon_0}\int_{l'}\frac{\rho_l(r')}{|\boldsymbol{r}-\boldsymbol{r}'|}\mathrm{d}l\end{aligned} \tag{2.24}$$

这一积分式基于无限远处电位为零的条件。

标量电位函数的引入,把静电场这样一个矢量场问题转化为一个标量场问题,给分析问题带来了很大方便。

**例 2.4** 求电荷面密度为 $\rho_s$,半径为 $a$ 的均匀带电圆盘轴线上的电位和电场强度。

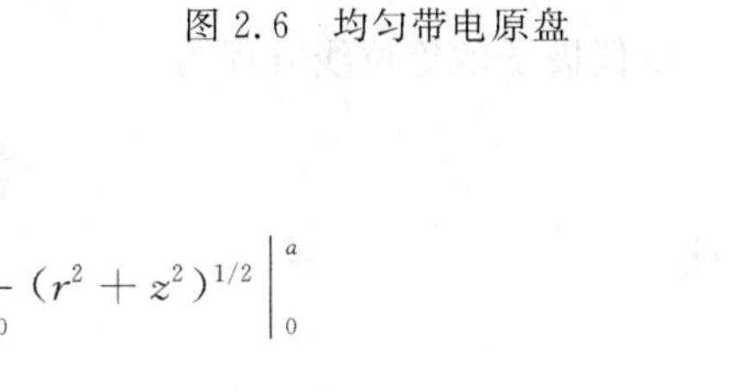

**解**:如图 2.6 所示,在圆盘上取一半径为 $r$ 宽为 $\mathrm{d}r$ 的圆环,环上元电荷 $\mathrm{d}q=\rho_s(2\pi r)\mathrm{d}r$,环上各点至 $P$ 点的距离皆为 $R=\sqrt{r^2+z^2}$,在轴线上 $P$ 点所产生的电位



图 2.6 均匀带电原盘

$$\mathrm{d}\varphi = \frac{\mathrm{d}q}{4\pi\varepsilon_0 (r^2+z^2)^{1/2}} = \frac{\rho_s r\,\mathrm{d}r}{2\varepsilon_0 (r^2+z^2)^{1/2}}$$

整个圆盘上电荷在 $P$ 点所产生的电位

$$\varphi = \int_0^a \frac{\rho_s r\,\mathrm{d}r}{2\varepsilon_0 (r^2+z^2)^{1/2}} = \frac{\rho_s}{2\varepsilon_0}(r^2+z^2)^{1/2}\Big|_0^a$$

$$= \begin{cases}\dfrac{\rho_s}{2\varepsilon_0}[(a^2+z^2)^{1/2}-z] & (z>0)\\[2ex] \dfrac{\rho_s}{2\varepsilon_0}[(a^2+z^2)^{1/2}+z] & (z<0)\end{cases}$$

由电荷分布对称性可知,在轴线上电场强度只有 $z$ 向分量,即

$$\boldsymbol{E} = E_z \boldsymbol{e}_z = -\frac{\partial \varphi}{\partial z}\boldsymbol{e}_z = \begin{cases} \dfrac{\rho_s}{2\varepsilon_0}\left[-\dfrac{z}{\sqrt{a^2+z^2}}+1\right]\boldsymbol{e}_z & (z>0) \\ \dfrac{\rho_s}{2\varepsilon_0}\left[-\dfrac{z}{\sqrt{a^2+z^2}}-1\right]\boldsymbol{e}_z & (z<0) \end{cases}$$

圆盘中心的电位

$$\varphi = \frac{\rho_s}{2\varepsilon_0}a$$

而圆盘中心表面处的电场强度

$$\boldsymbol{E} = \begin{cases} \dfrac{\rho_s}{2\varepsilon_0}\boldsymbol{e}_z & (z=0^+) \\ -\dfrac{\rho_s}{2\varepsilon_0}\boldsymbol{e}_z & (z=0^-) \end{cases}$$

注意圆盘两侧电位 $\varphi$ 连续而电场 $\boldsymbol{E}$ 不连续。

**例 2.5** 如图 2.7 所示，两点电荷 $+q$ 和 $-q$ 相距为 $d$。当 $r \gg d$ 时，这一对等量异号的电荷 $\pm q$ 称为电偶极子。计算任一点 $P$ 处的电位和电场强度。

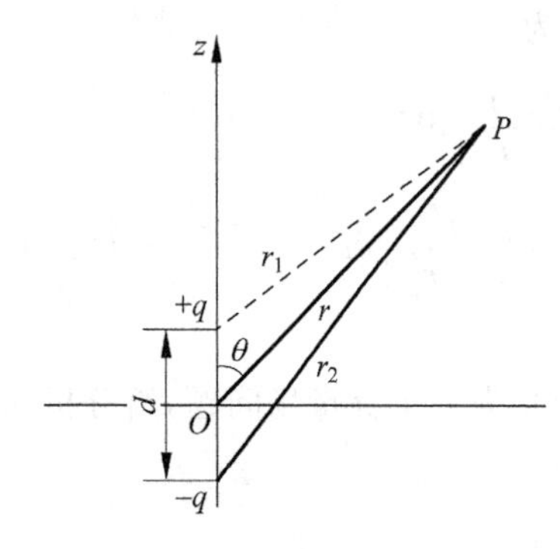


图 2.7 电偶极子

**解**：应用叠加原理，由式(2.23)得场中任意点 $P$ 的电位为

$$\varphi = \frac{q}{4\pi\varepsilon_0}\left(\frac{1}{r_1}-\frac{1}{r_2}\right) = \frac{q}{4\pi\varepsilon_0}\left(\frac{r_2-r_1}{r_2 r_1}\right)$$

因 $r \gg d$，则 $r_1 r_2 \approx r^2$，$r_2 - r_1 \approx d\cos\theta$，所以有

$$\varphi = \frac{qd\cos\theta}{4\pi\varepsilon_0 r^2}$$

上式也可以改写成

$$\varphi = \frac{1}{4\pi\varepsilon_0}\frac{\boldsymbol{p}\cdot\boldsymbol{e}_r}{r^2} \tag{2.25}$$

式中 $\boldsymbol{p} = q\boldsymbol{d}$，称为点偶极子的电偶极矩。$\boldsymbol{p}$ 的方向是由负电荷指向正电荷，单位为 C·m(库·米)。

应用关系式 $\boldsymbol{E} = -\nabla\varphi$，可求得位于原点的电偶极子在离它 $r$ 远处产生的电场强的

$$\boldsymbol{E} = \frac{p}{4\pi\varepsilon_0 r^3}(2\cos\theta\,\boldsymbol{e}_r + \sin\theta\,\boldsymbol{e}_\theta) \tag{2.26}$$

电偶极子的等位线方程为

$$\frac{p\cos\theta}{4\pi\varepsilon_0 r^2} = \text{const}$$

由此

$$r = C\sqrt{\cos\theta}$$

取不同的 $C$ 值，对应不同的电位 $\varphi$，可画出 $r$ 对 $\theta$ 的曲线，如图 2.8 中虚线所示。在球坐标系中，电力线的方向是等位面的法线方向，通过求解可得

$$r = C'\sin^2\theta$$

式中 $C'$ 为一常量。电力线如图 2.8 中实线所示。

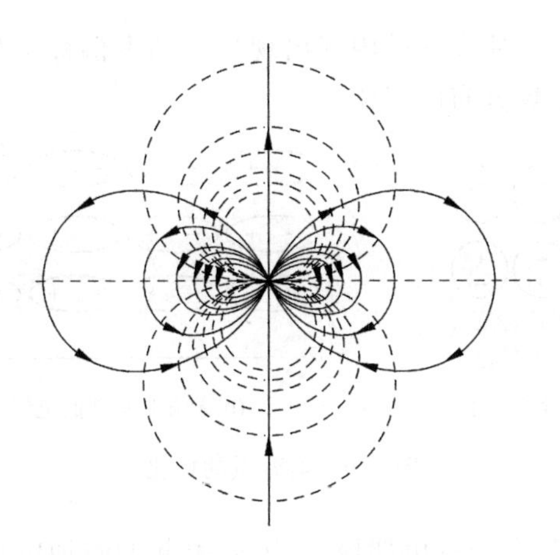

图 2.8 电偶极子的等位线和电力线

## 2.2 静电场的基本方程

根据亥姆霍兹定理,要研究一个矢量场,如果从积分的角度就要研究其通量和环量,从微分的角度就要研究其散度和旋度,从而得到其基本的积分方程和微分方程,下面就静电场的这两个方面进行讨论。

### 2.2.1 静电场中的导体和电介质

根据物体的静电表现,可以把它们分成两大类:导电体(即导体)和绝缘体(也称为电介质)。

导体的特点是其中有大量的自由电子,因此导体为自由电荷可以在其内部自由运动的物质。当将导体引入外电场中以后,其自由电荷将会在导体中移动,原来的静电平衡状态被破坏。自由电荷的移动将使其积累在导体表面,并建立附加电场,直至其表面电荷(这些电荷也称为感应电荷)建立的附加电场与外加电场在导体内部处处相抵消为止,这样才达到一种新的静电平衡状态。这时,将出现下列现象:第一,导体内的电场为零,$\boldsymbol{E}=0$;否则,导体内的自由电荷将受到电场力而移动,就不属于静电问题的范围。第二,静电场中导体必为一等位体,导体表面必为等位面,因为导体中 $\boldsymbol{E}=-\nabla\varphi=0$。第三,导体表面上的 $\boldsymbol{E}$ 必定垂直于表面。第四,导体如带电,则电荷只能分布于其表面。

总之,静电场中导体的特点是:在导体表面形成一定面积的电荷分布,使导体内的电场为零,每个导体都成为等位体,其表面为等位面。

与导体不同,电介质的特点是其中的电子被原子核所束缚而不能自由运动,称为束缚电荷。就物质的分子结构而言,可分为无极分子和有极分子。通常情况下,无极分子正负电荷的作用中心是重合的,有极分子作用中心不重合而形成电偶极子,但由于分子的热运动,就宏观来说,所有分子电偶极距的矢量和为零,因而对外不呈现电性。但在外加电场的作用下,电介质分子中的正负电荷可以有微小的移动,无极分子正负电荷的作用中心不再重合,有极分子的电偶极距发生转向,这时电偶极距的矢量和不再为零,如图 2.9 所示,这种现象称为介质极化。极化的结果，使在介质内部出现连续的电偶极子分布。这些电偶极子形成附加电场，从而引起原来电场分布的变化。

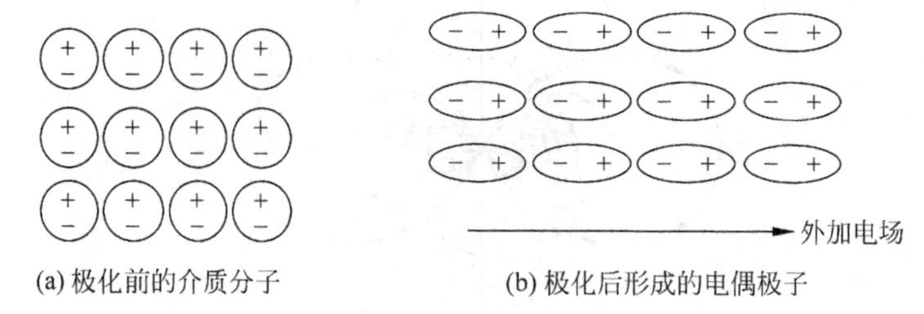

(a) 极化前的介质分子 (b) 极化后形成的电偶极子

图 2.9 电介质的极化

极化的电介质可视为体分布的电偶极子，因此引起的附加电场可视为这些电偶极子的电场的叠加。在介质中取一足够小的体积元 $\Delta V'$，设它到场点 $P$ 的矢径为 $\boldsymbol{R}$，它的总电偶极矩是其中所有电偶极子的电偶极矩的矢量和，用 $\sum \boldsymbol{p}$ 表示，则由式(2.25)得体积元 $\Delta V'$ 所产生的电位为

$$\Delta\varphi(r) = \frac{\sum \boldsymbol{p} \cdot \boldsymbol{e}_R}{4\pi\varepsilon_0 R^2}$$

引入极化强度 $\boldsymbol{P}$

$$\boldsymbol{P} = \lim_{\Delta V' \to 0} \frac{\sum \boldsymbol{p}}{\Delta V'} \tag{2.27}$$

则前一式可写成

$$\Delta\varphi(r) = \frac{\boldsymbol{P} \cdot \boldsymbol{e}_R}{4\pi\varepsilon_0 R^2}\Delta V'$$

整个极化电介质所产生的电位为

$$\varphi(r) = \frac{1}{4\pi\varepsilon_0}\int_{V'} \frac{\boldsymbol{P}(\boldsymbol{r}') \cdot \boldsymbol{e}_R}{R^2}\mathrm{d}V' \tag{2.28}$$

上式应对电介质所在的体积进行积分。

由于 $\frac{\boldsymbol{e}_R}{R^2} = \nabla' \frac{1}{R} = -\nabla \frac{1}{R}$，因此式(2.28)可以改写成

$$\varphi(r) = \frac{1}{4\pi\varepsilon_0}\int_{V'} \boldsymbol{P}(\boldsymbol{r}') \cdot \nabla'\left(\frac{1}{R}\right)\mathrm{d}V'$$

再由矢量恒等式 $\nabla' \cdot \left(\frac{\boldsymbol{P}}{R}\right) = \frac{1}{R}(\nabla' \cdot \boldsymbol{P}) + \boldsymbol{P} \cdot \nabla'\left(\frac{1}{R}\right)$，则上式变为

$$\varphi(r) = \frac{1}{4\pi\varepsilon_0}\left[\int_{V'} \nabla'\left(\frac{\boldsymbol{P}}{R}\right)\mathrm{d}V' - \int_{V'} \frac{1}{R}\nabla' \cdot \boldsymbol{P}\mathrm{d}V'\right] \tag{2.29}$$

对上式应用散度定理，得

$$\varphi(r) = \frac{1}{4\pi\varepsilon_0}\int_{V'} \frac{-\nabla' \cdot \boldsymbol{P}(\boldsymbol{r}')}{R}\mathrm{d}V' + \frac{1}{4\pi\varepsilon_0}\oint_{S'} \frac{\boldsymbol{P}(\boldsymbol{r}') \cdot \boldsymbol{e}_\mathrm{n}}{R}\mathrm{d}S' \tag{2.30}$$

把式(2.30)与体积电荷及面积电荷的电位积分式(2.24)作对比，它可以写成

$$\varphi(r) = \frac{1}{4\pi\varepsilon_0}\int_{V'} \frac{\rho_P(\boldsymbol{r}')}{R}\mathrm{d}V' + \frac{1}{4\pi\varepsilon_0}\oint_{S'} \frac{\rho_{sP}(\boldsymbol{r}')}{R}\mathrm{d}S' \tag{2.31}$$

也就是说,由极化电介质所产生的电位,等于电荷面密度为 $\rho_{sP}$ 的面积电荷与电荷体密度为 $\rho_P$ 的体积电荷共同产生的电位,即

$$\rho_{sP}=\boldsymbol{P}\cdot\boldsymbol{e}_{\mathrm{n}} \tag{2.32}$$

$$\rho_P=-\nabla\cdot\boldsymbol{P} \tag{2.33}$$

把 $\rho_{sP}$ 称为电介质表面上的极化面积电荷的面密度,$\rho_P$ 称为电介质内的极化电荷体密度。这两部分极化电荷的总和

$$(q_P)_t=\int_V-\nabla\cdot\boldsymbol{P}\mathrm{d}V+\oint_S\boldsymbol{P}\cdot\mathrm{d}\boldsymbol{S}$$

应等于零,符合电荷守恒定理。

式(2.27)定义 $\boldsymbol{P}$ 称为电介质的极化强度,单位为 $\mathrm{C/m^2}$(库/米$^2$)。它从宏观上定量的描述了电介质极化的程度,是极化后形成的每单位体积内的电偶极矩。实验表明,在各向同性的线性电介质中,极化强度 $\boldsymbol{P}$ 与电场强度 $\boldsymbol{E}$ 成正比,即

$$\boldsymbol{P}=\chi\varepsilon_0\boldsymbol{E} \tag{2.34}$$

$\chi$ 称为电介质的电极化率。

综上所述,电介质对电场的影响,可归结为极化后极化电荷或电偶极子在真空中所产生的作用。也就是说,电介质极化所产生的电位可由极化电荷观点得出的式(2.31)或者由电偶极子观点得出的式(2.28)来计算,但实际上 $\boldsymbol{P}$ 一般事先是未知的,因而常难以具体计算。下面将引入电通[量]密度 $\boldsymbol{D}$ 来分析有电介质存在时的静电场。

### 2.2.2 高斯定理

根据库仑定律和叠加原理可得出以下重要事实:在无限大真空静电场中的任意闭合曲面 $S$ 上,电场强度 $\boldsymbol{E}$ 的面积分等于曲面内的总电荷 $q$ 的 $\frac{1}{\varepsilon_0}$ 倍($V$ 是 $S$ 限定的体积),而与曲面外电荷无关。其数学表达式为

$$\oint_S\boldsymbol{E}\cdot\mathrm{d}\boldsymbol{S}=\frac{q}{\varepsilon_0}=\frac{1}{\varepsilon_0}\int_V\rho\,\mathrm{d}V \tag{2.35}$$

称为真空中静电场的高斯定律。

当有电介质存在时,电场可以看成是由自由电荷和极化电荷共同在真空中引起的,真空中静电场的高斯定律仍适用,只是总电荷不仅包括自由电荷 $q$,而且包括极化电荷 $q_P$,即

$$\oint_S\boldsymbol{E}\cdot\mathrm{d}\boldsymbol{S}=\frac{\int_V\rho\,\mathrm{d}V+q_P}{\varepsilon_o}=\frac{q+q_P}{\varepsilon_0} \tag{2.36}$$

式中 $q$ 与 $q_P$ 分别为闭合面 $S$ 内的总自由电荷和总极化电荷。由式(2.33),得

$$q_P=\int_V\rho_P\mathrm{d}V=\int_V-\nabla\cdot\boldsymbol{P}\mathrm{d}V=-\oint_S\boldsymbol{P}\cdot\mathrm{d}\boldsymbol{S}$$

代入式(2.36)得

$$\oint_S\boldsymbol{E}\cdot\mathrm{d}\boldsymbol{S}=\frac{1}{\varepsilon_0}\int_V\rho\,\mathrm{d}V-\frac{1}{\varepsilon_0}\oint\boldsymbol{P}\cdot\mathrm{d}\boldsymbol{S}$$

所以

$$\oint_S(\varepsilon_0\boldsymbol{E}+\boldsymbol{P})\cdot\mathrm{d}\boldsymbol{S}=\int_V\rho\,\mathrm{d}V$$

为化简上面的方程，引入一个新的物理量，令

$$\boldsymbol{D}=\varepsilon_0\boldsymbol{E}+\boldsymbol{P} \tag{2.37}$$

称 $\boldsymbol{D}$ 为电通[量]密度，也称电位移，单位是 $\mathrm{C/m^2}$（库/米$^2$）。于是，得

$$\oint_S \boldsymbol{D}\cdot \mathrm{d}\boldsymbol{S}=\int_V \rho\,\mathrm{d}V \tag{2.38}$$

这是一般形式的高斯定律。它指出不管在真空中还是在电介质中，任意闭曲面 $S$ 上的电通密度 $\boldsymbol{D}$ 的面积分，等于该曲面内的总自由电荷，而与一切极化电荷及曲面外的自由电荷无关。与式(2.36)相比，可以看到，引入 $\boldsymbol{D}$ 后，在方程的右端只出现自由电荷，因为由极化而产生的极化电荷的效果已经包含在 $\boldsymbol{P}$ 中，所以也就包含在 $\boldsymbol{D}$ 中了，这样大大有利于电介质中电场的分析和计算。

应用高斯散度定理于式(2.38)，则得

$$\int_V \nabla\cdot \boldsymbol{D}\mathrm{d}V=\int_V \rho\,\mathrm{d}V$$

因此，有

$$\nabla\cdot \boldsymbol{D}=\rho \tag{2.39}$$

这是高斯定律的微分形式。它表明静电场中任意一点上电通密度 $\boldsymbol{D}$ 的散度等于该点的自由电荷体密度。

式(2.37)称为电介质的构成方程。对于各向同性的电介质，将式(2.34)代入，得

$$\boldsymbol{D}=\varepsilon_0\boldsymbol{E}+\boldsymbol{P}=\varepsilon_0(1+\chi)\boldsymbol{E}$$

引入

$$\varepsilon=(1+\chi)\varepsilon_0=\varepsilon_0\varepsilon_r \tag{2.40}$$

则

$$\boldsymbol{D}=\varepsilon\boldsymbol{E}=\varepsilon_0\varepsilon_r\boldsymbol{E} \tag{2.41}$$

此式称为各向同性电介质的构成方程。$\varepsilon$ 称为电介质的介电常数，单位是 F/m；而 $\varepsilon_r=\varepsilon/\varepsilon_0$ 称为相对介电常数，无量纲。

### 2.2.3 用高斯定律计算静电场

高斯定律反映了静电场的一个基本性质。在场的分布具有某种对称性(常见的有面对称，柱对称和球对称)情况下，应用它来求解电场是很直接的。

**例 2.6** 单心电缆的尺寸见图 2.10。设它有两层绝缘体，分界面亦是同轴圆柱面。已知内导体与外壳导体之间的电压为 $U$。求电场分布。

**解**：在绝缘体中取任一点 $P$，设它至 $O$ 点的距离为 $\rho$。过 $P$ 点作同轴圆柱面，高位 $l$。该面再加上上下两底面作为“高斯面 $S$”。由于对称，显然 $\boldsymbol{D}$ 在上下底面没有法向分量，在同轴圆柱面上 $\boldsymbol{D}$ 是均匀的并且沿半径向外取向。引用高斯定律的

$$\oint_S \boldsymbol{D}\cdot \mathrm{d}\boldsymbol{S}=(2\pi\rho l)D=\rho_l l$$

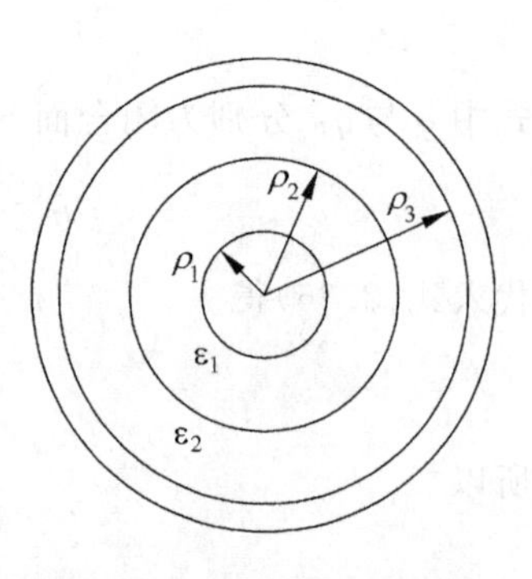


图 2.10 单芯电缆的截面

于是各层绝缘体中电场强度分别为

$$E_1 = \frac{D}{\varepsilon_1} = \frac{\rho_l}{2\pi\varepsilon_1\rho} \text{ 和 } E_2 = \frac{D}{\varepsilon_2} = \frac{\rho_l}{2\pi\varepsilon_2\rho}$$

而电压

$$U = \int_{\rho_1}^{\rho_2} E_1 \mathrm{d}\rho + \int_{\rho_2}^{\rho_3} E_2 \mathrm{d}\rho = \frac{\rho_l}{2\pi\varepsilon_1} \ln\frac{\rho_2}{\rho_1} + \frac{\rho_l}{2\pi\varepsilon_2} \ln\frac{\rho_3}{\rho_2}$$

于是

$$\rho_l = \frac{2\pi U}{\frac{1}{\varepsilon_1}\ln\frac{\rho_2}{\rho_1} + \frac{1}{\varepsilon_2}\ln\frac{\rho_3}{\rho_2}}$$

故

$$E_1 = \frac{U}{\rho\left(\ln\frac{\rho_2}{\rho_1} + \frac{\varepsilon_1}{\varepsilon_2}\ln\frac{\rho_3}{\rho_2}\right)} \quad \text{和} \quad E_2 = \frac{U}{\rho\left(\frac{\varepsilon_1}{\varepsilon_2}\ln\frac{\rho_2}{\rho_1} + \ln\frac{\rho_3}{\rho_2}\right)}$$

在 $\rho=\rho_1$ 处 $E_1$ 最大，在 $\rho=\rho_2$ 处 $E_2$ 最大。选择 $\varepsilon_1\rho_1=\varepsilon_2\rho_2$ 时，这两个最大值相等，而且等于

$$E_{\max} = \frac{U}{\rho_1\ln\frac{\rho_2}{\rho_1} + \rho_2\ln\frac{\rho_3}{\rho_2}}$$

这要比单层绝缘时的最大值 $E'_{\max}$ 为小。这里

$$E'_{\max} = \frac{U}{\rho_1\ln\frac{\rho_3}{\rho_1}}$$

这是多层绝缘的一个优点。

**例 2.7** 真空中有电荷以体密度 $\rho$ 均匀分布于一半径为 $a$ 的球中。试求球内、外的电场强度及电位。

**解**：(1) 先求电场强度。由于电场的球对称性，在与带电球同心、半径为 $r$ 的球面上，$D$ 是常数，方向是径向的。根据式(2.38)，

当 $r\leqslant a$ 时，有

$$4\pi r^2 D = \frac{4}{3}\pi r^3 \rho$$

所以

$$\boldsymbol{D} = \frac{\rho r}{3}\boldsymbol{e}_r \quad \text{和} \quad \boldsymbol{E} = \frac{\rho r}{3\varepsilon_0}\boldsymbol{e}_r$$

当 $r>a$ 时，有

$$4\pi r^2 D = \frac{3}{4}\pi a^3 \rho$$

所以

$$\boldsymbol{D} = \frac{\rho a^3}{3r^2}\boldsymbol{e}_r \quad \text{和} \quad \boldsymbol{E} = \frac{\rho a^3}{3\varepsilon_0 r^2}\boldsymbol{e}_r$$

(2) 求电位。因电荷分布在有限区域，故可选无穷远为点位零点。

当 $r\leqslant a$ 时，有

$$\varphi=\int_r^a \boldsymbol{E}\,\mathrm{d}r+\int_a^\infty \boldsymbol{E}\,\mathrm{d}r=\frac{\rho a^2}{2\varepsilon_0}-\frac{\rho r^2}{6\varepsilon_0}$$

当 $r>a$ 时，有

$$\varphi=\int_r^\infty \boldsymbol{E}\,\mathrm{d}r=\frac{\rho a^3}{3\varepsilon_0}\cdot\frac{1}{r}$$

由例2.7可知，电场强度 $\boldsymbol{E}$ 在球内的分布与距离成正比，球外与距离的平方成反比；而电位 $\varphi$ 在边界处连续。

## 2.2.4 静电场基本方程

静电场是无旋场。同时，静电场又是一个有散场，静止电荷就是静电场的(散度)源。静电场的这些特性都可以概括在静电场的基本方程之中。

前面已经得到以下两组基本方程，现再总结如下：

$$\oint_S \boldsymbol{D}\cdot\mathrm{d}\boldsymbol{S}=\int_V \rho\,\mathrm{d}V \tag{2.42}$$

$$\oint_l \boldsymbol{E}\cdot\mathrm{d}\boldsymbol{l}=0 \tag{2.43}$$

和

$$\nabla\cdot\boldsymbol{D}=\rho \tag{2.44}$$

$$\nabla\times\boldsymbol{E}=0 \tag{2.45}$$

且有构成方程

$$\boldsymbol{D}=\varepsilon\boldsymbol{E}\quad(\text{在各向同性的线性电介质中}) \tag{2.46}$$

式(2.42)和式(2.43)都是用积分形式来表达的，称为积分形式的静电场基本方程；式(2.44)和式(2.45)则称为微分形式的静电场基本方程。

高斯定律的积分形式(2.42)说明，电通[量]密度 $\boldsymbol{D}$ 的闭合曲面积分等于面内所包围的总自由电荷，它表征静电场的一个基本性质。静电场的环路特性式(2.43)说明电场强度 $\boldsymbol{E}$ 的环路线积分恒等于零，即静电场是一个守恒场。虽然式(2.43)是根据真空中的电场得到，但在有电介质存在时，它依然成立。这是因为有介质存在时，可以用极化电荷来考虑其附加作用。就产生电场这一点，极化电荷与自由电荷一样，遵循库仑的平方反比定律，引起的静电场都属于守恒场。高斯定律的微分形式(2.44)表明，静电场是有散场。式(2.45)是静电场环路特性的微分形式，它表明静电场是无旋场。从物理概念上来说，积分形式描述的是每一条回路和每一个闭合面上场量的整体情况；微分形式则描述了各点及其领域的场量情况，也即反映了从一点到另一点的场量变化，从而可以更深刻精细地了解场的分布。从数学角度说，微分形式便于进行分析和计算。

**例 2.8** 在真空中设半径为 $a$ 的球内分布着电荷体密度为 $\rho(r)$ 的电荷。已知球内场强 $\boldsymbol{E}=(r^3+Ar^2)\boldsymbol{e}_r$，式中 $A$ 为常数，求 $\rho(r)$ 及球外的电场强度。

**解**：如采用球坐标系，则电场强度 $\boldsymbol{E}$ 与 $\boldsymbol{r}$ 方向相同，与 $\theta$、$\varphi$ 无关，故

$$\rho=\nabla\cdot\boldsymbol{D}=\nabla\cdot(\varepsilon_0\boldsymbol{E})=\varepsilon_0\frac{1}{r^2}\frac{\partial}{\partial r}(r^2E_r)=\varepsilon_0(5r^2+4Ar)$$

因球内电荷分布具有球对称性，故球外电场必定也是球对称的，因此，可得

$$\oint_S \boldsymbol{D}\cdot\mathrm{d}\boldsymbol{S}=\varepsilon_0\oint_S \boldsymbol{E}\cdot\mathrm{d}\boldsymbol{S}=4\pi\varepsilon_0 r^2E$$

而球内总电荷为

$$\int_V \rho \, \mathrm{d}V = \int_0^a \rho 4\pi r^2 \mathrm{d}r = 4\pi\varepsilon_0 (a^5 + Aa^4)$$

由高斯定律，可得

$$\boldsymbol{E} = \frac{a^5 + Aa^4}{r^2}\boldsymbol{e}_r \quad (r \geqslant a)$$

## 2.3 分界面上的衔接条件

在静电场中，空间往往分区域分布着两种或多种介质(导体和电介质)。对于两种互相密接的介质，分界面两侧的静电场之间存在着一定关系，称为静电场中不同介质分界面上的衔接条件。它反映了从一种介质过渡到另一种介质时分界面上的电场变化规律。

一般而言，由于分界面两侧的物性发生突变，经过分界面时，场量也可能随之突变，故静电场基本方程的微分形式不适用于此，必须回到积分形式的基本方程式(2.42)和式(2.43)。先分析电通[量]密度 $\boldsymbol{D}$ 在两种电介质分界面上必须满足的条件。取分界面上 $P$ 点作为观察点，围绕 $P$ 点邻域做一小扁圆柱体，它的高度为 $\Delta l$，$\Delta l \to 0$，但保持两个端面 $\Delta S$ 在分界面的两侧，如图 2.11 所示。应用式(2.42)于此小扁圆柱体，有

$$-\boldsymbol{D}_1 \cdot \boldsymbol{n}\Delta S + \boldsymbol{D}_2 \cdot \boldsymbol{n}\Delta S = q = \rho_s \Delta S$$

$$-D_{1n}\Delta S + D_{2n}\Delta S = \rho_s \Delta S$$

得

$$\boldsymbol{n} \cdot (\boldsymbol{D}_2 - \boldsymbol{D}_1) = \rho_s \quad 或 \quad D_{2n} - D_{1n} = \rho_s \tag{2.47}$$

其中 $\rho_s$ 是分界面上分布的自由电荷面密度。上式说明，分界面两侧的电通[量]密度 $\boldsymbol{D}$ 的法向量不连续，其中不连续量就等于分界面上的自由电荷面密度。

下一步讨论电场强度 $\boldsymbol{E}$ 必须满足的条件。仍取 $P$ 点为观察点。应用式(2.43)于包围 $P$ 点的狭小矩形环路(与分界面垂直的边长趋于零，如图 2.12 所示)有

$$\oint_l \boldsymbol{E} \cdot \mathrm{d}\boldsymbol{l} = \boldsymbol{E}_1 \cdot \Delta \boldsymbol{l}_1 + \boldsymbol{E}_2 \cdot \Delta \boldsymbol{l}_2 = 0$$

其中 $\Delta \boldsymbol{l}_2 = \Delta l \boldsymbol{l}$，$\Delta \boldsymbol{l}_1 = -\Delta l \boldsymbol{l}$，$\boldsymbol{l}$ 为如图 2.12 所示的切线方向单位矢量，上式变为

$$(\boldsymbol{E}_2 - \boldsymbol{E}_1) \cdot \boldsymbol{l} = 0 \tag{2.48}$$

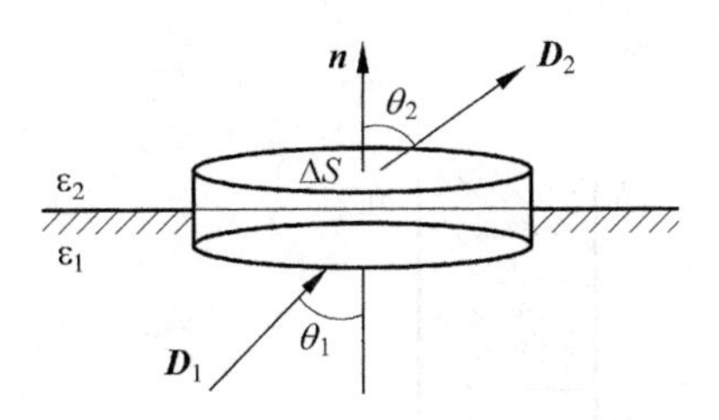


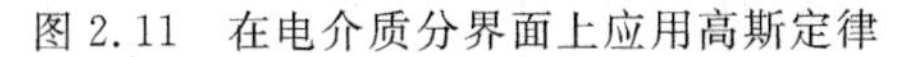

图 2.11 在电介质分界面上应用高斯定律

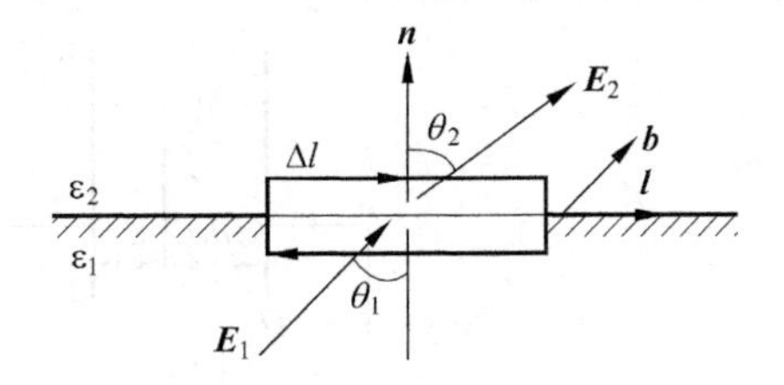


图 2.12 在电介质分界面上应用环路定律

取分界面向内的切线方向为 $\boldsymbol{b}$，使其满足 $\boldsymbol{b} \times \boldsymbol{n} = \boldsymbol{l}$，代入式(2.48)，得

$$(\boldsymbol{E}_2 - \boldsymbol{E}_1) \cdot (\boldsymbol{b} \times \boldsymbol{n}) = 0$$

改写为 $\boldsymbol{b} \cdot [\boldsymbol{n} \times (\boldsymbol{E}_2 - \boldsymbol{E}_1)] = 0$，因回路是任意的，对不同的切线方向 $\boldsymbol{b}$ 总成立，因此有

$$\boldsymbol{n} \times (\boldsymbol{E}_2 - \boldsymbol{E}_1) = 0 \quad 或 \quad E_{1t} = E_{2t} \tag{2.49}$$

即分界面两侧电场强度 $\boldsymbol{E}$ 的切线分量连续。

式(2.47)和式(2.49)称为静电场中分界面上的衔接条件。

设两种电介质皆为线性且各同向性，介电常数分别为 $\varepsilon_1$ 和 $\varepsilon_2$，分界面上自由电荷面密度 $\rho_s=0$，则有 $\boldsymbol{D}_1=\varepsilon_1\boldsymbol{E}_1$ 和 $\boldsymbol{D}_2=\varepsilon_2\boldsymbol{E}_2$，这样在图 2.11 和图 2.12 中，这时分界面上的衔接条件可以分别写成

$$E_1\sin\theta_1 = E_2\sin\theta_2, \quad \varepsilon_1 E_1\cos\theta_1 = \varepsilon_2 E_2\cos\theta_2$$

两式相除，得

$$\frac{\tan\theta_1}{\tan\theta_2} = \frac{\varepsilon_1}{\varepsilon_2} \tag{2.50}$$

这就是静电场中的折射定律。它适用于无自由面电荷分布的两种电介质分界面。

在导体表面，由于导体内的静电场在静电平衡时为零，设导体外部的场为 $\boldsymbol{E}$、$\boldsymbol{D}$，导体外部的法线方向为 $\boldsymbol{n}$，则导体表面的边界条件为

$$E_t = 0$$

$$\boldsymbol{n} \cdot \boldsymbol{D} = \rho_s \quad 或 \quad D_n = \rho_s \tag{2.51}$$

**例 2.9** 设 $y=0$ 平面是两种电介质分界面，在 $y>0$ 区域内，$\varepsilon_1=5\varepsilon_0$；在 $y<0$ 区域内，$\varepsilon_2=3\varepsilon_0$；在此分界面上无自由电荷。已知 $\boldsymbol{E}_2=(10\boldsymbol{e}_x+20\boldsymbol{e}_y)\text{V/m}$。求 $\boldsymbol{D}_2$、$\boldsymbol{D}_1$ 及 $\boldsymbol{E}_1$。

**解**：对于 $\boldsymbol{D}_2$，可以直接得出

$$\boldsymbol{D}_2 = \varepsilon_2\boldsymbol{E}_2 = \varepsilon_0(30\boldsymbol{e}_x + 60\boldsymbol{e}_y)\text{C/m}^2$$

根据分界面上的衔接条件

$$D_{2n} = D_{1n} = 60\varepsilon_0, \quad E_{1t} = E_{2t} = 10\text{V/m}$$

再利用构成方程，可得

$$D_{1t} = \varepsilon_1 E_{1t} = 50\varepsilon_0, \quad E_{1n} = D_{1n}/\varepsilon_1 = 12\text{V/m}$$

最后

$$\boldsymbol{D}_1 = \varepsilon_0(50\boldsymbol{e}_x + 60\boldsymbol{e}_y)\text{C/m}^2$$

$$\boldsymbol{E}_1 = (10\boldsymbol{e}_x + 12\boldsymbol{e}_y)\text{V/m}$$

**例 2.10** 图 2.13 中(a)和(b)所示都为平行板电容器，已知 $d_1$、$d_2$、$S_1$、$S_2$、$\varepsilon_1$ 和 $\varepsilon_2$。图 2.13(a)中还已知电极板间电压 $U_0$；图 2.13(b)中则已知两极板上的总电荷 $\pm q_0$。试分别求出其中的电场强度。

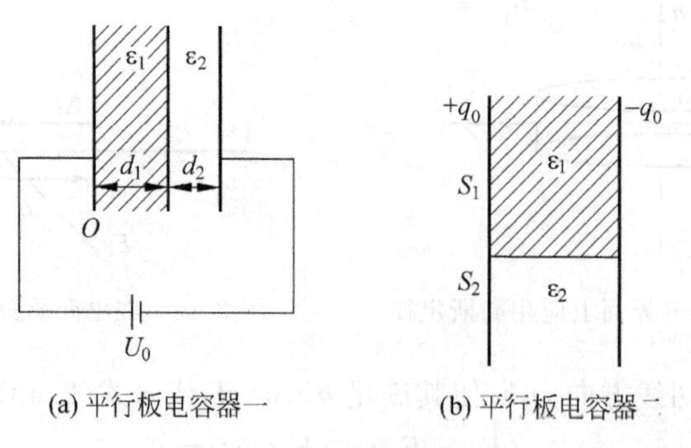


(a) 平行板电容器一　　(b) 平行板电容器一

图 2.13 平行板电容器

**解**：(1) 对于图 2.13(a)中所示的情况，在两种电介质中，$D$ 是相等的，但电场强度不相等，故

$$\begin{cases} \varepsilon_1 E_1 = \varepsilon_2 E_2 \\ E_1 d_1 + E_2 d_2 = U_0 \end{cases}$$

解之，所得结果为

$$E_1 = \frac{\varepsilon_2 U_0}{\varepsilon_1 d_2 + \varepsilon_2 d_1} \quad 和 \quad E_2 = \frac{\varepsilon_1 U_0}{\varepsilon_1 d_2 + \varepsilon_2 d_1}$$

(2) 对于图 2.13(b)所示情况，在两种电介质中，$E$ 是相等的，但每一极板上的两部分 $S_1$ 和 $S_2$ 上电荷面密度不相等。设它们分别是 $\rho_{s1}$ 和 $\rho_{s2}$ 则

$$\begin{cases} \rho_{s1} S_1 + \rho_{s2} S_2 = q_0 \\ \rho_{s1}/\varepsilon_1 = \rho_{s2}/\varepsilon_2 \end{cases}$$

解得待求的电场强度

$$E = \frac{\rho_{s1}}{\varepsilon_1} = \frac{q_0}{\varepsilon_1 S_1 + \varepsilon_2 S_2}$$

下面讨论用电位函数表示的两种介质分界面上的衔接条件。在分界面的两侧取一点 $A$ 和 $B$，其电位分别为 $\varphi_1$ 和 $\varphi_2$，期间距离为 $d$，则分界面两侧的电位差为

$$\varphi_2 - \varphi_1 = \int_A^B \boldsymbol{E} \cdot \mathrm{d}\boldsymbol{l} = E_n d$$

令 $d \to 0$，并保持 $A$、$B$ 在界面的两侧，若分界面上 $E_n$ 不为无穷大，则

$$\varphi_2 - \varphi_1 = 0 \tag{2.52}$$

即分界面两侧电位是连续的，这与 $E_{1t} = E_{2t}$ 是等效的。另外，应用

$$D_n = \varepsilon E_n = -\varepsilon \frac{\partial \varphi}{\partial n}$$

由 $D_{2n} - D_{1n} = \rho_s$，得

$$\varepsilon_1 \frac{\partial \varphi_1}{\partial n} - \varepsilon_2 \frac{\partial \varphi_2}{\partial n} = \rho_s \tag{2.53}$$

式(2.52)和式(2.53)就是用电位函数表示的分界面上的衔接条件。相应地，对于导体与电介质的分界面，衔接条件也可以用电位表示成

$$\varphi_2 = \varphi_1 = 常数 \tag{2.54}$$

$$\rho_s = -\varepsilon_2 \frac{\partial \varphi_2}{\partial n} \tag{2.55}$$

式中，第一种介质为导体，$n$ 为法线向量，且导体指向电介质。

## 2.4 静电场边值问题

静电场问题通常分为分布型问题和边值型问题。前面介绍的基于库仑定律和叠加原理的叠加积分或高斯定律计算电场的方法，由已知场源分布求空间各点场的分布，属于分布型问题，只能适用于已知的电荷分布十分简单的问题。如果给定空间某一区域内的电荷分布(可以是零)，同时给定该区域边界上的电位或电场，求解该区域内的电位函数或电场强度分

布。这类问题称为静电场的边值问题。下面讨论用偏微分方程求解的更一般的方法。

### 2.4.1 泊松方程和拉普拉斯方程

在高斯定律$\nabla\cdot\boldsymbol{D}=\rho$中,代入$\boldsymbol{D}=\varepsilon\boldsymbol{E}$和$\boldsymbol{E}=-\nabla\varphi$关系,可得

$$\nabla\cdot\varepsilon(-\nabla\varphi)=\rho$$

对于均匀电介质,$\varepsilon$为常数,则得

$$\nabla^2\varphi=-\rho/\varepsilon \tag{2.56}$$

这就是电位$\varphi$的泊松方程。在自由电荷体密度$\rho=0$的区域内,式(2.55)变为

$$\nabla^2\varphi=0 \tag{2.57}$$

这就是电位$\varphi$的拉普拉斯方程。泊松方程和拉普拉斯方程表达了场中各点电位的空间变化与该点自由电荷体密度之间的普遍关系,是电位函数应当满足的微分方程。所有静电场问题的求解都可归结为在一定条件下寻求泊松方程或拉普拉斯方程的解的过程。

### 2.4.2 静电场边值问题

寻求泊松方程或拉普拉斯方程的解答是一个积分过程,在所得的通解中,必然出现一些未确定的常数,这说明只由泊松方程或拉普拉斯方程不能唯一地确定静电场的解,还必须利用静电场的边界条件及电位的性质来确定通解中的常数。也就是说,静电问题变为求满足给定边界条件的泊松方程或拉普拉斯方程的解的问题,称之为静电场的边值问题。

在场域的边界$S$上给定边界条件的方式有以下几种类型:

(1) 已知场域边界面$S$上各点的电位值,即给定

$$\varphi|_S=f_1(s) \tag{2.58}$$

称为第一类边界条件。这类问题称为第一类边值问题或狄利赫里问题。

(2) 已知场域边界面$S$上各点的电位法向导数值,即给定

$$\left.\frac{\partial\varphi}{\partial n}\right|_S=f_2(s) \tag{2.59}$$

称为第二类边界条件。这类问题称为第二类边值问题或纽曼问题。

(3) 已知部分场域边界面$S_1$上各点电位,另一部分场域边界面$S_2$上各点的电位法向导数值,即给定

$$\varphi|_{S1}=f_1(s_1)\quad 和\quad \left.\frac{\partial\varphi}{\partial n}\right|_{S2}=f_2(s_2) \tag{2.60}$$

称为第三类边界条件。这类问题称为第三类边值问题或混合边值问题。

因此,静电场边值问题就是在给定第一类、第二类或第三类边界条件下,求电位函数$\varphi$的泊松方程或拉普拉斯方程定解的问题。

如果场域伸展到无限远处,还必须给出无限远处的边界条件。对于电荷分布在有限区域的情况,则在无限远处电位为有限值,即

$$\lim_{r\to\infty}r\varphi=有限值 \tag{2.61}$$

称为自然边界条件。

另外,当边值问题所定义的整个场域中电介质并不是完全均匀的,但能分成几个均匀的电介质子区域时,按各电介质子区域分别写出泊松方程或拉普拉斯方程。作为定解条件,还

必须相应地引入不同介质分界面上的衔接条件。

**例 2.11** 如图 2.14 所示为长直同轴电缆截面。已知缆芯截面是一边长为 $2b$ 的正方形，缆皮半径为 $a$，中间电介质常数是 $\varepsilon$，且在两导体间接以电压为 $U_0$ 的电源。试写出该电缆中静电场的边值问题。

**解**：如果把电缆理想化为无限长的情况，则电位 $\varphi$ 仅随 $x$ 和 $y$ 坐标变化，且满足拉普拉斯方程。由于电场分布具有对 $x$ 轴和 $y$ 轴对称的特点，故对称轴分别与相应的电力线相重合，因此计算场域只需如图 2.14 中阴影所示的 $\frac{1}{4}$ 区域。据此，待求静电场的边值问题为

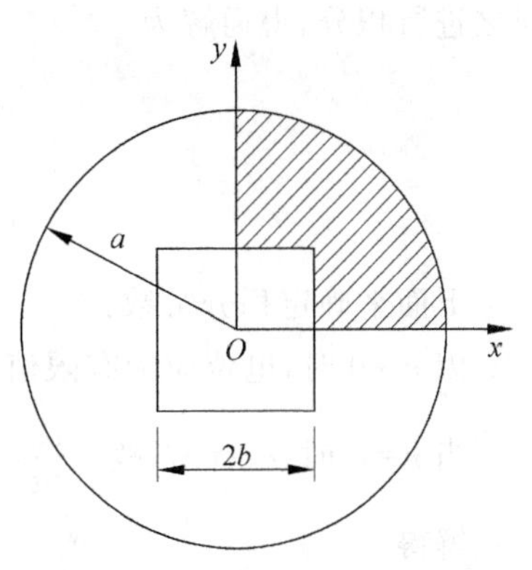

图 2.14 外圆内方同轴电缆

$$\begin{cases} \dfrac{\partial^2 \varphi}{\partial x^2} + \dfrac{\partial^2 \varphi}{\partial y^2} = 0 \text{（图 2.14 中阴影所示的区域）} \\ \varphi \big|_{(x=b,0\leqslant y\leqslant b)\text{及}(y=b,0\leqslant x\leqslant b)} = U_0 \\ \varphi \big|_{(x^2+y^2=a^2,x\geqslant 0,y\geqslant 0)} = 0 \\ \dfrac{\partial \varphi}{\partial x}\Big|_{(x=0,b<y<a)} = 0 \\ \dfrac{\partial \varphi}{\partial y}\Big|_{(y=0,b<x<a)} = 0 \end{cases}$$

**例 2.12** 在如图 2.15 所示的平板空气电容器（板的尺度远大于板间距离）中，有体密度为 $\rho$ 的电荷均匀分布，已知两板间电压值为 $U_0$。忽略边缘效应，求电场的分布。

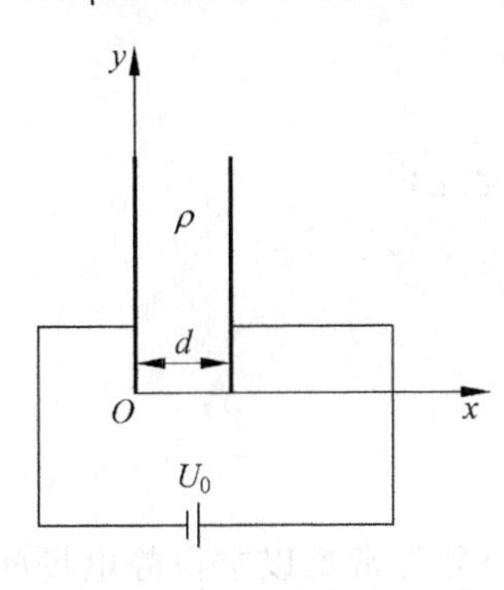

图 2.15 平板空气电容器

**解**：为简化问题，视平行板为无限大平板的情况，则电位 $\varphi$ 仅为 $x$ 坐标的函数。这样，泊松方程就简化成

$$\nabla^2 \varphi = \frac{\mathrm{d}^2 \varphi}{\mathrm{d}x^2} = -\frac{\rho}{\varepsilon_0}$$

积分后，得通解为

$$\varphi = -\frac{\rho}{2\varepsilon_0}x^2 + Bx + C$$

应用给定的边界条件：$x=0,\varphi=0$；$x=d,\varphi=U_0$，故

$$\begin{cases} 0 = C \\ U_0 = -\dfrac{\rho}{2\varepsilon_0}d^2 + Bd + C, B = \dfrac{U_0}{d} + \dfrac{\rho}{2\varepsilon_0}d \end{cases}$$

从而有

$$\varphi(x) = -\frac{\rho}{2\varepsilon_0}x^2 + \left(\frac{U_0}{d} + \frac{\rho}{2\varepsilon_0}d\right)x$$

电场强度为

$$\boldsymbol{E} = -\nabla\varphi = -\frac{\mathrm{d}\varphi}{\mathrm{d}x}\boldsymbol{e}_x = \left(\frac{\rho}{\varepsilon_0}x - \frac{U_0}{d} - \frac{\rho d}{2\varepsilon_0}\right)\boldsymbol{e}_x$$

**例 2.13** 设有电荷均匀分布在半径为 $a$ 的球形区域中，电荷体密度为 $\rho$。试求此球体电荷的电位及电场。

**解**：球内电位应满足泊松方程 $\nabla^2\varphi_1 = -\rho/\varepsilon_0$，而球外电位则应满足拉普拉斯方程 $\nabla^2\varphi_2 = 0$。选用球坐标系，球心与原点重合。由对称性可知，电位 $\varphi$ 仅为坐标 $r$ 的函数，故

$$\frac{1}{r^2}\frac{\mathrm{d}}{\mathrm{d}r}\left(r^2\frac{\mathrm{d}\varphi_1}{\mathrm{d}r}\right)=-\frac{\rho}{\varepsilon_0}\quad 0\leqslant r<a$$

$$\frac{1}{r^2}\frac{\mathrm{d}}{\mathrm{d}r}\left(r^2\frac{\mathrm{d}\varphi_2}{\mathrm{d}r}\right)=0\qquad a<r$$

对之进行积分,得通解为

$$\varphi_1(r)=-\frac{\rho r^2}{6\varepsilon_0}-C_1\frac{1}{r}+C_2$$

$$\varphi_2(r)=-\frac{C_3}{r}+C_4$$

下面来确定积分常数:

因 $r\to 0$ 时,电位应为有限值,故 $C_1=0$;$r\to\infty$时,$\varphi_2(\infty)=0$,故 $C_4=0$。

当 $r=a$ 时,$\varphi_1=\varphi_2$,故$-\frac{\rho a^2}{6\varepsilon_0}+C_2=-\frac{C_3}{a}$; $\varepsilon_0\frac{\partial\varphi_1}{\partial r}\bigg|_{r=a}=\varepsilon_0\frac{\partial\varphi_2}{\partial r}\bigg|_{r=a}$,故$\frac{C_3}{a^2}=-\frac{\rho a}{3\varepsilon_0}$。

解得

$$C_3=-\frac{\rho a^3}{3\varepsilon_0},\quad C_2=\frac{\rho a^2}{2\varepsilon_0}$$

从而

$$\varphi_1(r)=\frac{\rho}{6\varepsilon_0}(3a^2-r^2)\quad(0\leqslant r\leqslant a)$$

$$\varphi_2(r)=\frac{\rho a^3}{3\varepsilon_0 r}\qquad(r>a)$$

电场强度为

$$\boldsymbol{E}=-\nabla\varphi=-\frac{\partial\varphi}{\partial r}\boldsymbol{e}_r=\begin{cases}\dfrac{\rho r}{3\varepsilon_0}\boldsymbol{e}_r & (0\leqslant r\leqslant a)\\[2ex] \dfrac{\rho a^3}{3\varepsilon_0 r^2}\boldsymbol{e}_r & (r>a)\end{cases}$$

### 2.4.3 唯一性定理

一般说来,通过泊松方程或拉普拉斯方程定解问题的直接积分常常难以求得静电场问题圆满的结果。因此,对于某些问题,人们就寻求间接的方法。这就产生了一个问题:用这种或那种方法得到的解答是不是正确的?这便是唯一性定理要回答的问题。

静电场的唯一性定理表明,凡满足下述条件的电位函数,是给定静电场的唯一解:

(1) 在场域 $V$ 中满足电位微分方程$\nabla^2\varphi=-\rho/\varepsilon$(或$\nabla^2\varphi=0$)。对于分区均匀的场域 $V$,应满足每个分区场域中的方程;

(2) 在不同介质的分界面上,符合分界面上的衔接条件;

(3) 在场域边界面 $S$ 上,满足给定的边界条件。

上列各项可简述为:在静电场中凡满足电位微分方程和给定边界条件的解 $\varphi$,是给定静电场的唯一解,称为静电场的唯一性定理。

现在用"反证法"来证明唯一性定理。设有两个电位函数 $\varphi'$和 $\varphi''$在场域 $V$ 中满足泊松方程$\nabla^2\varphi=-\rho/\varepsilon$,则差值 $u=\varphi'-\varphi''$必满足拉普拉斯方程。

$$\nabla^2 u = \nabla^2 \varphi' - \nabla^2 \varphi'' = -\frac{\rho}{\varepsilon} + \frac{\rho}{\varepsilon} = 0$$

由上式及高斯散度定理得

$$\oint_S u \nabla u \cdot d\boldsymbol{S} = \int_V \nabla \cdot (u \nabla u) dV = \int_V [u \nabla^2 u + (\nabla u)^2] dV = \int_V (\nabla u)^2 dV$$

或写成

$$\oint_S u \frac{\partial u}{\partial n} dS = \int_V (\nabla u)^2 dV \tag{2.62}$$

若已知第一类边界条件，则在全部边界面 $S$ 上 $\varphi' = \varphi'' = \varphi|_S$，故 $u|_S = 0$；若已知第二类边界条件，则在全部边界面 $S$ 上，$\frac{\partial \varphi'}{\partial n} = \frac{\partial \varphi''}{\partial n} = \left.\frac{\partial \varphi}{\partial n}\right|_S$，故 $\left.\frac{\partial u}{\partial n}\right|_S = 0$。这样无论是第一类还是第二类边界条件，都将由式(2.62)得到

$$\int_V (\nabla u)^2 dV = \oint_S u \frac{\partial u}{\partial n} dS = 0$$

因 $(\nabla u)^2$ 不为负值，所以要使上式成立，必在 $V$ 内处处有 $\nabla u = \nabla(\varphi' - \varphi'') = 0$，或 $\varphi' - \varphi'' = C$（任意常数）。对于第一类边值问题，因在边界上 $\varphi' = \varphi'' = \varphi|_S$，可解得 $C = 0$；对于第二类边值问题，若 $\varphi'$ 与 $\varphi''$ 取同一参考点，则在参考点出 $\varphi' - \varphi'' = 0$，则常数 $C$ 也为零。由以上分析可见，在场域 $V$ 中各处，恒有 $u = 0$，即 $\varphi' = \varphi''$。也就是说，有两个不同的解都满足微分方程和给定边界条件的假设是不能成立的。唯一性定理得证。

唯一性定理对求静电问题的解具有十分重要的意义，它指出了静电场具有唯一解的充要条件，且可用来判定得到的解的正确性。据此，可以尝试任何一种能找到的最方便的方法求解某一问题，只要这个解满足所有给定条件，那么这个解就是正确的，任何另一种方法求得的同一问题的解与它必然是完全相同的。也就是说，根据唯一性定理，在求解边值问题时，无论采用什么方法，只要求出的位函数既满足相应的泊松方程或拉普拉斯方程，又满足给定的边值条件，则此函数就是所求出的唯一正确解。

## 2.5 镜像法

在静电场中，如果遇到电荷附近存在一定形状的导体，此时导体表面边界会出现感应电荷。这样，导体外部的总电场就等于原电荷与感应电荷产生电场的叠加。一般情况下，直接求解比较困难，这时在所研究的场域边界外适当的点用虚设的称为镜像的电荷分布来代替实际边界上复杂的电荷分布（即导体表面的感应电荷或介质分界面的极化电荷）。根据唯一性定理，只要虚设的电荷分布与边界内的实际电荷一起所产生的电场能满足给定的边界条件，这个结果就是正确的。

### 2.5.1 镜像法

镜像法最简单的例子是：接地无限大导体平面上方一个点电荷的电场，见图 2.16(a)。根据唯一性定理，导体平面上半空间的电位分布应满足如下条件：

(1) 除点电荷 $q$ 所在处外，空间中 $\nabla^2 \varphi = 0$；

(2) 在导体平面及无穷处边界上，电位均为零。

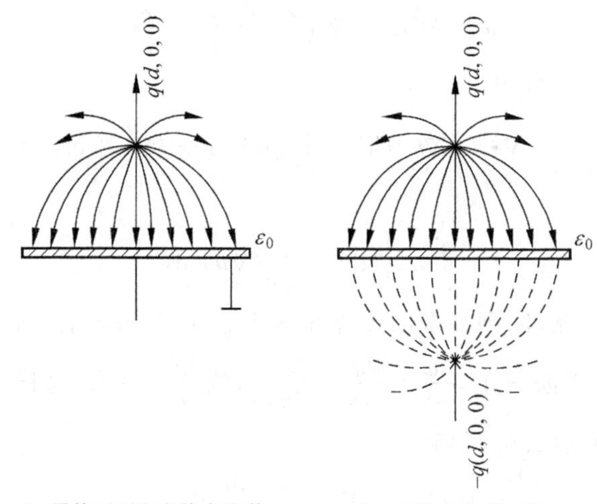


图 2.16 无限大导体平面上方的点电荷

显然，只要在导体平面的下方与点电荷 $q$ 对称的点$(-d,0,0)$处放置一点电荷$(-q)$，并把无限大导体平板撤去，整个空间充满介电常数为 $\varepsilon_0$ 的电介质，则原来电荷 $q$ 和电荷$(-q)$共同在平板上半空间内产生的电位分布满足上述全部条件。故任意点 $P(x,y,z)$的电位为

$$\varphi(x,y,z)=\frac{q}{4\pi\varepsilon_0\sqrt{(x-d)^2+y^2+z^2}}-\frac{q}{4\pi\varepsilon_0\sqrt{(x+d)^2+y^2+z^2}} \tag{2.63}$$

这里的$(-q)$相当于$(+q)$对导体板的“镜像”，故称为镜像法，它代替了分布在导体平板表面上的感应电荷的作用。

用镜像法解题时要注意适用区域。这里，解式(2.63)适用区域为导体平面上半空间内。下半空间内实际上不存在电场。

因此，镜像法的基本思想就是根据唯一性定理，在满足所有边界条件的情况下，在所研究的场域以外，用称为镜像的电荷代替感应电荷或极化电荷，由原电荷及镜像电荷组成的电荷分布来进行求解。应遵循以下两条原则：

(1) 所有镜像电荷必须位于所求场域以外的空间，确保待求场域的方程不发生变化；

(2) 镜像电荷的个数、位置、大小以满足边界条件为准。

## 2.5.2 导体球面的镜像

如图 2.17 所示，在半径为 $R$ 的接地导体球外，距球心为 $d$ 处有一点电荷 $q$。根据唯一性定理，球外电位函数 $\varphi$ 应满足如下条件：

(1) 除 $q$ 所在处外，空间中$\nabla^2\varphi=0$；

(2) 当 $r\to\infty$时，$\varphi\to0$；

(3) 因导体球接地，则在球面上 $\varphi=0$。

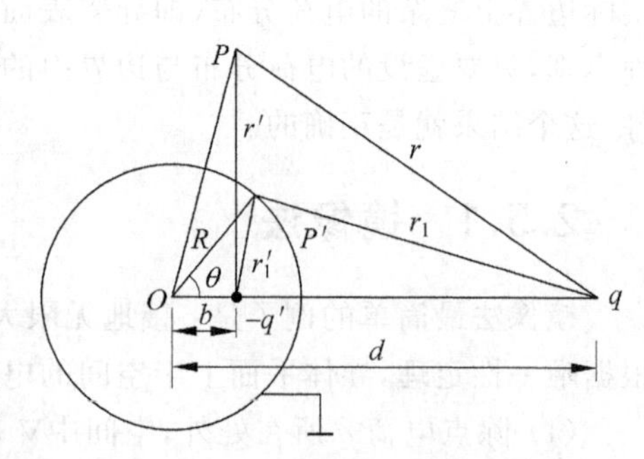


图 2.17 点电荷对导体球的镜像

根据问题的对称性，可设镜像电荷$(-q')$放在球心 $O$ 与点电荷 $q$ 的连线上，且距球心为 $b$。显

然，只要$(-q')$放在球内，不论$(-q')$及$b$数值如何，$(-q')$和$q$在球外产生的电位函数$\varphi$均能满足条件(1)和(2)。因此，若能根据条件(3)确定$-q'$及$b$的数值，即可使上述镜像电荷$(-q')$和$q$在球面上产生的电位也能满足条件(3)，则根据唯一性定理，由设置镜像电荷后的电位函数是唯一的解。为此，在球面上任取一点$P'$，由条件(3)有$\varphi(P')=0$，故得

$$\frac{q}{4\pi\varepsilon_0\sqrt{d^2+R^2-2Rd\cos\theta}}-\frac{q'}{4\pi\varepsilon_0\sqrt{b^2+R^2-2Rb\cos\theta}}=0$$

经过整理，可得

$$[q^2(b^2+R^2)-q'^2(d^2+R^2)]+2R(q'^2d-q^2b)\cos\theta=0$$

因为对任意$\theta$值(即球面上任一点)此式都应成立，所以它的左边两项必须分别为零，即

$$\begin{cases}q^2(b^2+R^2)-q'^2(d^2+R^2)=0\\ q'^2d-q^2b=0\end{cases}$$

解之得

$$b=\frac{R^2}{d}\quad 和\quad q'=\sqrt{\frac{b}{d}}q=\frac{R}{d}q \tag{2.64}$$

于是，球外任意点$P$的电位为

$$\varphi=\frac{q}{4\pi\varepsilon_0}\left(\frac{1}{r}-\frac{R}{d}\frac{1}{r'}\right) \tag{2.65}$$

由此可知，点电荷附近接地导体球的影响，可用位于距球心$b$处的镜像电荷$(-q')$来表示，也即$(-q')$代替金属球面上感应电荷的作用。若假如上述导体球不接地，则导体球面应为等位面，其结果如何？请读者自己考虑。

应该指出，上述球面镜像问题可以反过来求导体球腔内点电荷的电位和电场，不过这时镜像电荷是在球外罢了。

## 2.5.3 介质平面的镜像

现在研究镜像法对点电荷在双层介质中引起的电场的应用。如图2.18(a)所示，平面分界面$S$的下、上半空间分别充满介电常数为$\varepsilon_1$与$\varepsilon_2$的均匀介质，在下半空间距$S$为$d$处有一点电荷$q$，求空间的电场。

设下半空间电位为$\varphi_1$，上半空间电位为$\varphi_2$，根据唯一性定理，$\varphi_1$与$\varphi_2$应满足下列条件：

(1) 除点电荷$q$所在处外，下、上半空间中分别有$\nabla^2\varphi_1=0$，$\nabla^2\varphi_2=0$；

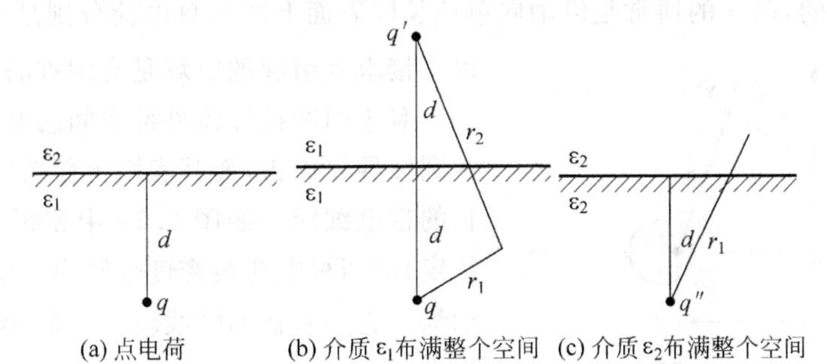


图2.18 点电荷对无限大介质分界平面的镜像

(2) 当 $r\to\infty$ 时，$\varphi_1\to 0$，$\varphi_2\to 0$；

(3) 在分界面 $S$ 上，有衔接条件

$$\begin{cases}\varphi_1=\varphi_2\\ \varepsilon_1\dfrac{\partial\varphi_1}{\partial n}=\varepsilon_2\dfrac{\partial\varphi_2}{\partial n}\end{cases}$$

这里使用这样的镜像系统：即认为下半空间的场由原来电荷 $q$ 和在像点的像电荷 $q'$ 所产生(这时介电常数 $\varepsilon_1$ 的介质布满整个空间)，如图 2.18(b)所示；又认为上半空间的场由位于原来点电荷 $q$ 处的像电荷 $q''$ 单独产生(这时介电常数为 $\varepsilon_2$ 的介质布满整个空间)，如图 2.18(c)所示。

显然，不论 $q'$ 和 $q''$ 的数值多大，条件(1)与条件(2)都能满足，故两介质中的电位表达式为

$$\varphi_1=\frac{1}{4\pi\varepsilon_1}\left(\frac{q}{r_1}+\frac{q'}{r_2}\right) \tag{2.66}$$

$$\varphi_2=\frac{1}{4\pi\varepsilon_2}\frac{q''}{r_1} \tag{2.67}$$

同时还需满足条件(3)。因此，在 $r_1=r_2$ 处，由条件(3)得

$$\begin{cases}\dfrac{q}{\varepsilon_1}+\dfrac{q'}{\varepsilon_1}=\dfrac{q''}{\varepsilon_2}\\ q-q'=q''\end{cases}$$

解之得

$$q'=\frac{\varepsilon_1-\varepsilon_2}{\varepsilon_1+\varepsilon_2}q \tag{2.68}$$

$$q''=\frac{2\varepsilon_2}{\varepsilon_1+\varepsilon_2}q \tag{2.69}$$

以上分析方法可推广应用到线电荷对于一平行于介质分界平面(或导体平面)的镜像问题。实际上，能够用镜像法求解的问题还不止这些。

### 2.5.4 导体圆柱面的镜像

分析长直两平行带电圆柱导体的电场(见图 2.19)具有实际意义，因为这种形式的导体在电力传输和通信等领域有着广泛的应用。但由于两圆柱导体表面上所带电荷的分布并不均匀，且是未知的，已知的通常是沿轴向单位长度表面上所带总电荷分别是 $+\rho_l$ 和 $-\rho_l$。所以直接求其引起的电场是有困难的。

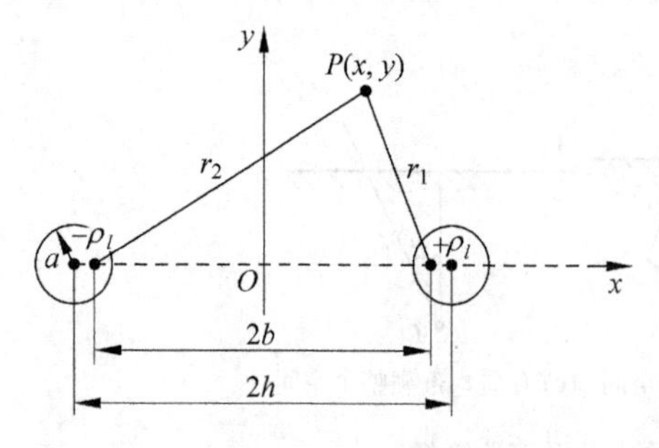


图 2.19 平行圆柱导体传输线

对于两圆柱导体外部空间的电场，可以设想将两圆柱导体撤去，而其表面电荷效应代之以两根很长的带电细线。如图 2.19 中相距为 $2b$($b$ 的数值待定)的两根电荷线密度分别为 $+\rho_l$ 和 $-\rho_l$ 的带电细线。它们所在的轴线就是电轴，所以这种方法称为电轴法。

在两圆柱导体外部任一点上，由 $+\rho_l$ 和 $-\rho_l$ 共

同引起的电位是

$$\varphi = C + \frac{\rho_l}{2\pi\varepsilon_0}\ln\frac{r_2}{r_1} \tag{2.70}$$

式中 $r_2$ 为空间任意点到负电轴的距离，$r_1$ 为空间任意点到正电轴的距离，$C$ 为积分常数，它与参考点 $Q$ 的选取有关。若 $Q$ 点选在对称轴 $y$ 轴上，则 $C=0$。所以

$$\varphi = \frac{\rho_l}{2\pi\varepsilon_0}\ln\frac{r_2}{r_1} = \frac{\rho_l}{2\pi\varepsilon_0}\ln\frac{\sqrt{(x+b)^2+y^2}}{\sqrt{(x-b)^2+y^2}} \tag{2.71}$$

由上式知，当 $r_2/r_1=K$ 时，$\varphi$ 为常数，故该式为等位线的方程式。取平方后得

$$\left(\frac{r_2}{r_1}\right)^2 = \frac{(x+b)^2+y^2}{(x-b)^2+y^2} = K^2$$

经过整理，有

$$\left(x-\frac{K^2+1}{K^2-1}b\right)^2 + y^2 = \left(\frac{2bK}{K^2-1}\right)^2 \tag{2.72}$$

这是圆的方程。可见，在 $xOy$ 平面上，等位线是一族圆，圆心坐标是 $\left(\frac{K^2+1}{K^2-1}b,0\right)$，圆的半径是 $R=\left|\frac{2bK}{K^2-1}\right|$。还可看出，各圆心的 $x$ 坐标 $d$ 是随 $K$ 而变化的，即这些等位线是一族偏心圆；而且每个圆的半径 $R$，圆心到原点的距离 $d$，线电荷所在处到原点的距离 $b$ 三者之间的关系为

$$R^2 + b^2 = d^2 \tag{2.73}$$

根据唯一性定理，若要使两平行线电荷在两圆柱导体外部空间引起的电场与两圆柱导体之间原来的电场完全相同，则从上述等位线圆族中，必能找出两个与两圆柱导体表面圆周相重合的圆周来。也就是说，图 2.19 中圆柱导体的半径 $a$，轴心到原点的距离 $h$，电轴到原点的距离 $b$ 三者之间也应满足式(2.73)表达的关系，即

$$a^2 + b^2 = h^2 \tag{2.74}$$

由上式就可确定出电轴位置 $b$ 的数值。将 $b$ 的数值代入式(2.71)，就可得到两圆柱导体外部空间中的电位分布。

上述分析是在已知两圆柱导体表面上沿轴向单位长度所带总电荷量分别为 $+\rho_l$ 和 $-\rho_l$ 情况下进行的。然而，对于已知两圆柱导体间电压为 $U_0$ 的大多数情况，借助式(2.71)，易得 $\rho_l$ 与 $U_0$ 间的关系为

$$\frac{\rho_l}{2\pi\varepsilon_0} = \frac{U_0}{2\ln\dfrac{b+(h-a)}{b-(h-a)}}$$

于是，两圆柱导体外部空间中的电位又可表示成

$$\varphi = \frac{U_0}{2\ln\dfrac{b+(h-a)}{b-(h-a)}}\ln\frac{r_2}{r_1} \tag{2.75}$$

**例 2.14** 如图 2.20(a)展示了两根不同半径，相互平行，轴线距离为 $d$，单位长度分别带电荷 $+\rho_l$ 和 $-\rho_l$ 的长直圆柱导体。试决定电轴位置。

**解**：参见图 2.20(b)，如能先求得 $h_1$ 和 $h_2$，就可以确定坐标原点 $O$ 及电轴位置。根据式(2.73)，可列出关系式

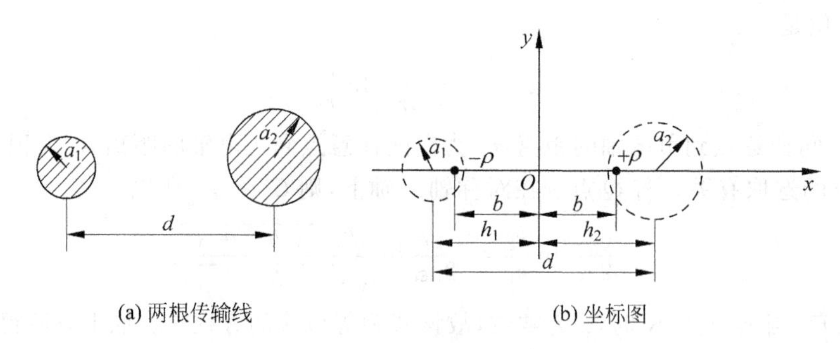


(a) 两根传输线　　(b) 坐标图

图 2.20　非对称传输线

$$\begin{cases} b^2 = h_1^2 - a_1^2 \\ b^2 = h_2^2 - a_2^2 \\ d = h_1 + h_2 \end{cases}$$

这里 $a_1$、$a_2$ 和 $d$ 已知，$h_1$、$h_2$ 和 $b$ 是未知量。联立解之，得

$$h_1 = \frac{d^2 + a_1^2 - a_2^2}{2d} \quad 和 \quad h_2 = \frac{d^2 - a_1^2 + a_2^2}{2d}$$

## 2.6 电容和部分电容

### 2.6.1 电容

电容是导体系统的一种基本属性，是描述导体系统储存电荷能力的物理量。通常，一个电容器是由两个带等量异号电荷的导体组成的。它的电容 $C$ 定义为此电荷与两导体间电压 $U$ 之比，即

$$C = \frac{Q}{U} \tag{2.76}$$

电容 $C$ 是一个重要的电路参数，其单位是 F(法)。它的大小只与两导体的形状、尺寸、相互位置及导体间的介质有关，而与带电的实际情况无关。有时，人们也会遇到计算一个孤立导体的电容，这是指该导体与无限远处另一导体间的电容。设无限远处另一导体电位为零，则孤立导体的电容可表示为导体所带电荷与本身电位的比值 $C=\frac{Q}{\varphi}$。

电容的计算，也就是静电场的计算问题。双导体电容的计算可按以下步骤：

(1) 根据导体的几何形状，选取合适的坐标系；

(2) 假设两导体上分别带电 $+q$ 和 $-q$；

(3) 根据假定的电荷求出 $E$；

(4) 由 $\int_1^2 \boldsymbol{E} \cdot \mathrm{d}\boldsymbol{l}$ 求出电位差，即电压 $U$；

(5) 求出比值 $C = \frac{q}{U}$。

下面研究无限长同轴导体圆柱面，内外圆柱导体半径分别为 $a$、$b$，其内导体每单位长度

带有电荷 $\rho_l$，外导体带有同样多的负电荷。则不难求得两导体柱面间的电压是

$$U = \frac{\rho_l}{2\pi\varepsilon}\ln\frac{b}{a}$$

所以每单位长度的电容是

$$C = \frac{2\pi\varepsilon}{\ln(b/a)}$$

同样，可以求出两同心球面导体间的电容是

$$C = \frac{4\pi\varepsilon_0 ab}{b-a}$$

必须注意，若 $b$ 趋于无限大，此电容仍为有限值，这就是孤立导体球的电容。

**例 2.15** 平行双线传输线的结构如图 2.21 所示，导线的半径为 $a$，两导线轴线距离为 $D$，且 $D \gg a$，设周围介质为空气。试求传输线单位长度的电容。

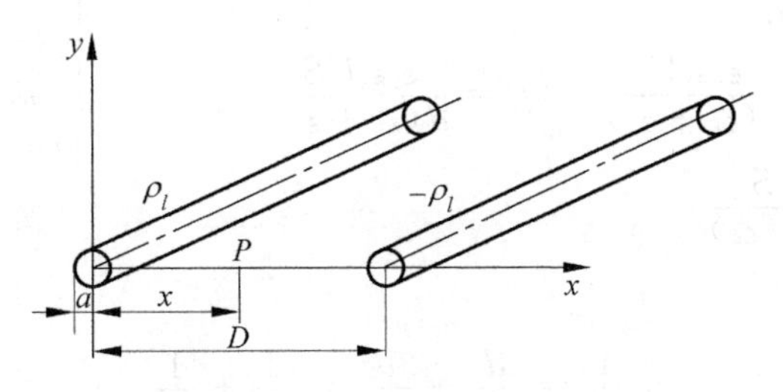


图 2.21 平行双线传输线

**解**：设两导线单位长度带电量分别为 $+\rho_l$ 和 $-\rho_l$。由于 $D \gg a$，故可近似地认为电荷分别均匀分布在两导线的表面上。应用高斯定律和叠加原理，可得到两导线之间的平面上任意点 $P$ 的电场强度为：

$$\boldsymbol{E}(x) = \boldsymbol{e}_x \frac{\rho_l}{2\pi\varepsilon_0}\left(\frac{1}{x} + \frac{1}{D-x}\right)$$

两导体的电位差为

$$\begin{aligned} U &= \int_1^2 \boldsymbol{E} \cdot \mathrm{d}\boldsymbol{l} = \int_a^{D-a} \boldsymbol{E}(x) \cdot \boldsymbol{e}_x \mathrm{d}x = \frac{\rho_l}{2\pi\varepsilon_0}\int_a^{D-a}\left(\frac{1}{x} + \frac{1}{D-x}\right)\mathrm{d}x \\ &= \frac{\rho_l}{\pi\varepsilon_0}\ln\frac{D-a}{a} \end{aligned}$$

故得平行双线传输单位长度的电容为

$$C_1 = \frac{\rho_1}{U} = \frac{\pi\varepsilon_0}{\ln[(D-a)/a]} \approx \frac{\pi\varepsilon_0}{\ln[D/a]}\ \mathrm{F/m}$$

**例 2.16** 如图 2.22 所示的平行板电容器，设两极板面积为 $S$，间距为 $2d$，分别就三种情况——图 2.22(a)极板间填充一种均匀介质($\varepsilon$)；图 2.22(b)极板间上下对称填充两种均匀介质；图 2.22(c)极板间左右对称填充两种均匀介质，求系统的电容。

**解**：设两极板间加电压 $U$($z=0$ 极板接电源正极)。

如图 2.22(a)所示，则有

$$\boldsymbol{E} = \frac{\boldsymbol{e}_z U}{2d},\quad \boldsymbol{D} = \varepsilon\boldsymbol{E} = \boldsymbol{e}_z\frac{\varepsilon U}{2d}$$

$z=0$(正极板)处有

$$\rho_s = \boldsymbol{e}_z \cdot \boldsymbol{D} = \frac{\varepsilon U}{2d}, \quad q_s = \frac{\varepsilon US}{2d}$$

$$C = \frac{qs}{U} = \frac{\varepsilon S}{2d}$$

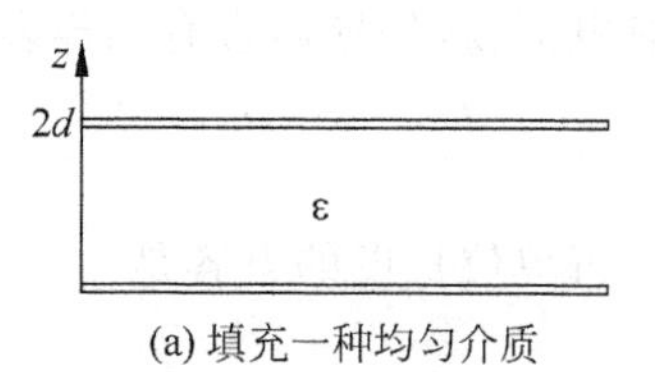

(a) 填充一种均匀介质

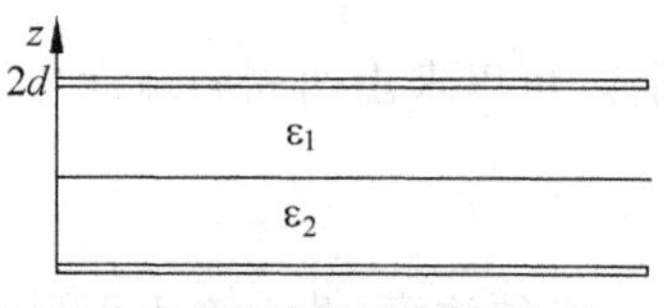

(b) 上下对称填充两种均匀介质

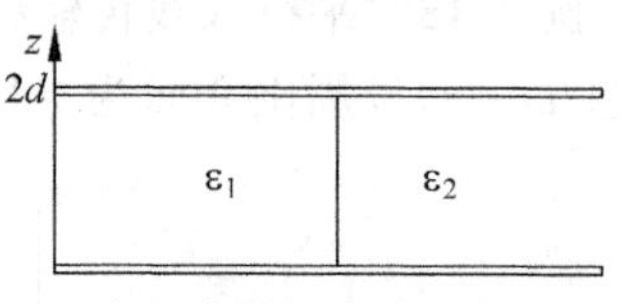

(c) 左右对称填充两种均匀介质

图 2.22　例 2.16 图示

如图 2.22(b)所示，对此情况，在 $z=d$ 界面两侧 $D$ 应连续。即 $\boldsymbol{D}_1=\boldsymbol{D}_2=\boldsymbol{e}_z D$

$$\boldsymbol{E}_1 = \frac{\boldsymbol{D}_1}{\varepsilon_1} \quad \boldsymbol{E}_2 = \frac{\boldsymbol{D}_2}{\varepsilon_2}$$

$$U = \int_0^d \boldsymbol{E}_2 \cdot \boldsymbol{e}_z \mathrm{d}z + \int_d^{2d} \boldsymbol{E}_1 \cdot \boldsymbol{e}_z \mathrm{d}z = Dd\left(\frac{1}{\varepsilon_1} + \frac{1}{\varepsilon_2}\right)$$

$$D = \frac{\varepsilon_1 \varepsilon_2 U}{d(\varepsilon_1 + \varepsilon_2)}$$

$z=0$(正极版)处，有

$$\rho_s = \boldsymbol{e}_z \cdot D\boldsymbol{e}_z = \frac{\varepsilon_1 \varepsilon_2 U}{d(\varepsilon_1 + \varepsilon_2)}, \quad q_s = \frac{\varepsilon_1 \varepsilon_2 US}{d(\varepsilon_1 + \varepsilon_2)}$$

$$C = \frac{q_s}{U} = \frac{\varepsilon_1 \varepsilon_2 S}{d(\varepsilon_1 + \varepsilon_2)}$$

或

$$\frac{1}{C} = \frac{d}{\varepsilon_1 S} + \frac{d}{\varepsilon_2 S} = \frac{1}{C_1} + \frac{1}{C_2}$$

电容 $C$ 可视为 $C_1\left(=\frac{\varepsilon_1 S}{d}\right)$ 与 $C_2\left(=\frac{\varepsilon_2 S}{d}\right)$ 的串联。当 $\varepsilon_1=\varepsilon_2=\varepsilon$ 时即变成(a)的结果。

如图 2.22(c)所示，对此情况，在两种介质分界面两侧 $\boldsymbol{E}$ 应连续。即

$$\boldsymbol{E}_1 = \boldsymbol{E}_2 = \boldsymbol{e}_z \frac{U}{2d}$$

$$\boldsymbol{D}_1 = \boldsymbol{e}_z \frac{\varepsilon_1 U}{2d}, \quad \boldsymbol{D}_2 = \boldsymbol{e}_z \frac{\varepsilon_2 U}{2d}$$

$z=0$(正极版)处有

$$\rho_{s1} = D_1 = \frac{\varepsilon_1 U}{2d} \quad q_{s1} = \frac{S}{2}\rho_{s1} = \frac{\varepsilon_1 US}{4d}$$

$$\rho_{s2} = D_2 = \frac{\varepsilon_2 U}{2d} \quad q_{s2} = \frac{S}{2}\rho_{s2} = \frac{\varepsilon_2 US}{4d}$$

$$q_s = q_{s1} + q_{s2} = \frac{US}{4d}(\varepsilon_1 + \varepsilon_2)$$

$$C = \frac{q_s}{U} = \frac{S}{4d}(\varepsilon_1 + \varepsilon_2) = C_1 + C_2$$

电容 $C$ 可视为 $C_1\left[=\frac{(S/2)}{2d}\right]$ 与 $C_2\left[=\frac{\varepsilon_2(S/2)}{2d}\right]$ 的并联。当 $\varepsilon_1=\varepsilon_2=\varepsilon$ 时，即变成图 2.22(a)的结果。

## 2.6.2　部分电容

对于由三个及三个以上带电导体组成的系统，任意两个导体之间的电压不仅要受到它

们自身电荷还要受到其余导体上电荷的影响。这时,系统中导体间的电压与导体电荷关系一般不能仅用一个电容来表示,需要将电容的概念加以扩充,引入部分电容概念。

如果一个系统,其中电场的分布只与系统内各带电体的形状、尺寸、相互位置及电介质的分布有关,而和系统外的带电体无关,并且所有电通[量]密度全部从系统内的带电体发出,也全部终止于系统内的带电体上,则称为静电独立系统。对于由$(n+1)$个导体构成的静电独立系统,如令各导体按$0\to n$顺序编号,则必有电荷关系

$$q_0+q_1+\cdots+q_k+\cdots+q_n=0 \tag{2.77}$$

进一步,假定该静电独立系统中的电介质是线性的。根据叠加原理,得各带电导体的电位与各导体的电荷之间有下列关系

$$\left.\begin{aligned}\varphi_1&=\alpha_{11}q_1+\alpha_{12}q_2+\cdots+\alpha_{1k}q_k+\cdots+\alpha_{1n}q_n\\&\vdots\\\varphi_k&=\alpha_{k1}q_1+\alpha_{k2}q_2+\cdots+\alpha_{kk}q_k+\cdots+\alpha_{kn}q_n\\&\vdots\\\varphi_n&=\alpha_{n1}q_1+\alpha_{n2}q_2+\cdots+\alpha_{nk}q_k+\cdots+\alpha_{nn}q_n\end{aligned}\right\} \tag{2.78}$$

这里,已把0号导体选作电位参考点,即$\varphi_0=0$。再之,由于受式(2.77)的约束,式(2.78)中没有$q_0$出现。

式(2.78)也可记作如下矩阵形式

$$[\varphi]=[\alpha][q] \tag{2.79}$$

式中,系数$\alpha$称为电位系数。$\alpha_{ii}$称为自有电位系数;$\alpha_{ij}\ (i\neq j)$称为互有电位系数。这些系数的涵义,不难从下列式子得到理解

$$\alpha_{k1}=\left.\frac{\varphi_k}{q_1}\right|_{q_2=q_3=\cdots q_k=\cdots q_n=0}$$

$$\alpha_{kk}=\left.\frac{\varphi_k}{q_k}\right|_{q_1=\cdots=q_{k-1}=q_{k+1}=\cdots=q_n=0}$$

此外,从上述式子也易看出电位系数的性质有:

(1) 电位系数都是正值;

(2) 自有电位系数$\alpha_{ii}$大于与它有关的互有电位系数$\alpha_{ij}$;

(3) 电位系数只与导体的几何形状、尺寸、相互位置和电介质的介电常数有关;

(4) $\alpha_{jk}=\alpha_{kj}$,即$[\alpha]$为对称阵,这是静电场互易原理的表现。

将式(2.79)两边同时左乘电位系数矩阵的逆矩阵$[\alpha]^{-1}$,可得多导体系统中电位、电荷的关系:

$$[q]=[\alpha]^{-1}[\varphi]=[\beta][\varphi] \tag{2.80}$$

即

$$\left.\begin{aligned}q_1&=\beta_{11}\varphi_1+\beta_{12}\varphi_2+\cdots+\beta_{1k}\varphi_k+\cdots+\beta_{1n}\varphi_n\\&\vdots\\q_k&=\beta_{k1}\varphi_1+\beta_{k2}\varphi_2+\cdots+\beta_{kk}\varphi_k+\cdots+\beta_{kn}\varphi_n\\&\vdots\\q_n&=\beta_{n1}\varphi_1+\beta_{n2}\varphi_2+\cdots+\beta_{nk}\varphi_k+\cdots+\beta_{nn}\varphi_n\end{aligned}\right\} \tag{2.81}$$

式中,系数$\beta$称为静电感应系数。$\beta_{ii}$称为自有感应系数;$\beta_{ij}\ (i\neq j)$称为互有感应系数。这些

感应系数也是只和导体的几何形状、尺寸、相互位置及介质的介电常数有关。感应系统的含义，不难从下列关系式看出

$$\beta_{k1} = \frac{q_k}{\varphi_1}\bigg|_{\varphi_2=\varphi_3=\cdots\varphi_k=\cdots\varphi_n=0}$$

$$\beta_{kk} = \frac{q_k}{\varphi_k}\bigg|_{\varphi_1=\cdots=\varphi_{k-1}=\varphi_{k+1}=\cdots=\varphi_n=0}$$

感应系数的性质有：

(1) 自有感应系数都是正值；

(2) 互有感应系数都是负值；

(3) 自有感应系数 $\beta_{ii}$ 大于与它有关的互有感应系数的绝对值 $|\beta_{ij}|$。

必须注意到，式(2.81)中的电位是以 0 号导体为参考点的，即该导体与 0 号导体间的电压。在分析实际问题时，为方便起见，把它改变成用该导体与其他各导体间的电压来表示。为此，可将上述方程中的 $q_1$ 改写如下：

$$q_1 = (\beta_{11} + \beta_{12} + \cdots\beta_{1n})(\varphi_1 - 0) - \beta_{12}(\varphi_1 - \varphi_2)$$
$$- \beta_{13}(\varphi_1 - \varphi_3) - \cdots - \beta_{1n}(\varphi_1 - \varphi_n)$$

令

$$C_{10} = \beta_{11} + \beta_{12} + \cdots\beta_{1n}$$
$$C_{12} = -\beta_{12}, C_{13} = -\beta_{13}, \cdots, C_{1n} = -\beta_{1n}$$

则

$$q_1 = C_{10}U_{10} + C_{12}U_{12} + C_{13}U_{13} + \cdots + C_{1n}U_{1n}$$

这样，方程组(2.81)化为

$$\left.\begin{aligned} q_1 &= C_{10}U_{10} + C_{12}U_{12} + \cdots + C_{1k}U_{1k} + \cdots + C_{1n}U_{1n} \\ &\vdots \\ q_k &= C_{k1}U_{k1} + C_{k2}U_{k2} + \cdots + C_{k0}U_{k0} + \cdots + C_{kn}U_{kn} \\ &\vdots \\ q_n &= C_{n1}U_{n1} + C_{n2}U_{n2} + \cdots + C_{nk}U_{nk} + \cdots + C_{n0}U_{n0} \end{aligned}\right\} \tag{2.82}$$

这表明，每个导体上的电荷均由 $n$ 部分组成。而其中的每一部分，都可以在其他导体上找到与之对应的等值异号电荷。如导体 1 上的 $C_{12}U_{12}$ 这部分电荷，在导体有一部分电荷 $C_{21}U_{21}$ 与之对应。仿照电容器电容的定义，比例系数 $C_{12}$ 即是导体 1 和 2 之间的部分电容。一般而言，在式(2.82)中，系数 $C$ 称为部分电容。$C_{10}, C_{20}, \cdots, C_{k0}, \cdots, C_{n0}$ 称为自有部分电容；$C_{12}, C_{23}, \cdots, C_{kn}, \cdots$ 等称为互有部分电容。所有部分电容都为正值，也仅与导体的形状、尺寸、相互位置及介质的介电常数有关。此外，互有部分电容还具有互易性质，$C_{ij} = C_{ji}$。

顺便指出，在$(n+1)$个导体构成的静电独立系统中，共应有 $n(n+1)/2$ 个部分电容。这些部分电容形成了一个电容网络，这样就把一个静电场的问题变为一个电容电路的问题，把场的概念和路的概念联系起来。三个导体和大地组成的四导体系统，可由六个部分电容表示，如图 2.23 所示。

**例 2.17** 试计算考虑大地影响时的二线传输系统的各个部分电容，及二输电线间的等效电容。设二输电线距地面高度为 $h$，线间距离为 $d$，导线半径为 $a$，且 $a \ll d, a \ll h$，如图 2.24 所示。

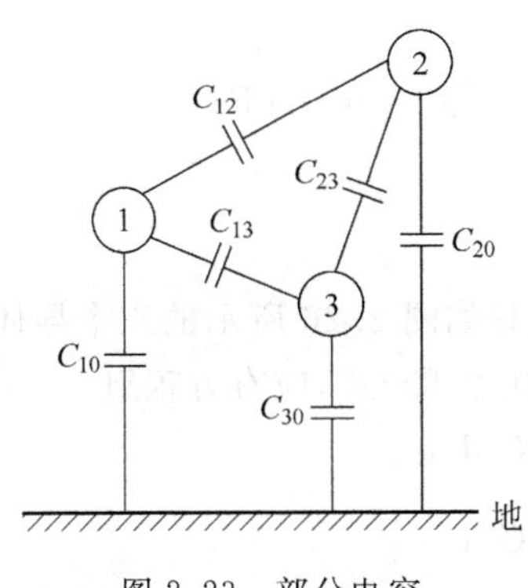

图 2.23　部分电容

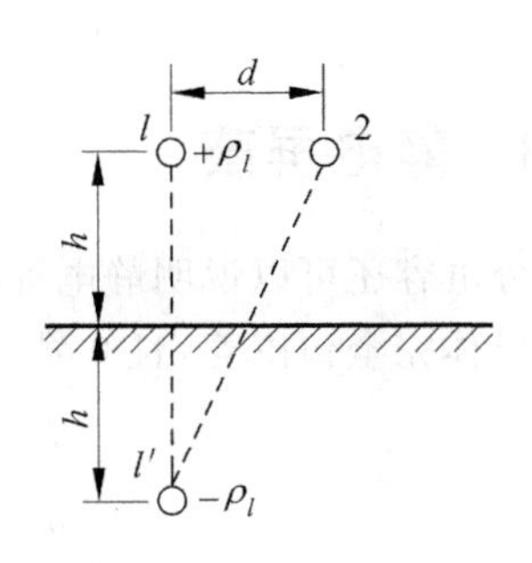

图 2.24　二线输电线

**解**：整个系统是由三个导体组成的静电独立系统，共有三个部分电容。为计算部分电容，先计算电位系数，有

$$\varphi_1 = \alpha_{11}\rho_{l1} + \alpha_{12}\rho_{l2}, \quad \varphi_2 = \alpha_{21}\rho_{l1} + \alpha_{22}\rho_{l2}$$

令 $\rho_{l1}=\rho_l, \rho_{l2}=0$，计算此情况下的 $\varphi_1$、$\varphi_2$。将地面影响用镜像电荷代替，并略去导线 2 上感应电荷的影响，则得

$$\varphi_1 = \frac{\rho_l}{2\pi\varepsilon_0}\ln\frac{2h}{a}$$

$$\varphi_2 = \frac{\rho_l}{2\pi\varepsilon_0}\ln\frac{\sqrt{4h^2+d^2}}{d}$$

所以

$$\alpha_{11} = \frac{1}{2\pi\varepsilon_0}\ln\frac{2h}{a}, \quad \alpha_{21} = \frac{1}{2\pi\varepsilon_0}\ln\frac{\sqrt{4h^2+d^2}}{d}$$

再根据各个系数间的关系，可得

$$C_{10} = C_{20} = \beta_{11} + \beta_{12} = \frac{2\pi\varepsilon_0}{\ln\frac{2h\sqrt{4h^2+d^2}}{ad}}$$

$$C_{12} = C_{21} = -\beta_{12} = \frac{2\pi\varepsilon_0\ln\frac{\sqrt{4h^2+d^2}}{d}}{\left(\ln\frac{2h}{a}\right)^2 - \left(\ln\frac{\sqrt{4h^2+d^2}}{d}\right)^2}$$

二线间的等效电容为

$$C_e = C_{12} + \frac{C_{10}C_{20}}{C_{10}+C_{20}} = \frac{\pi\varepsilon_0}{\left(\ln\frac{2h}{a}\frac{d}{\sqrt{4h^2+d^2}}\right)}$$

**例 2.18**　已知二芯对称的屏蔽电缆如图 2.25 所示，测得导体 1 和导体 2 间的等效电容为 0.018μF，导体 1 和导体 2 相连时和外壳间的等效电容为 0.032μF，求各部分电容。

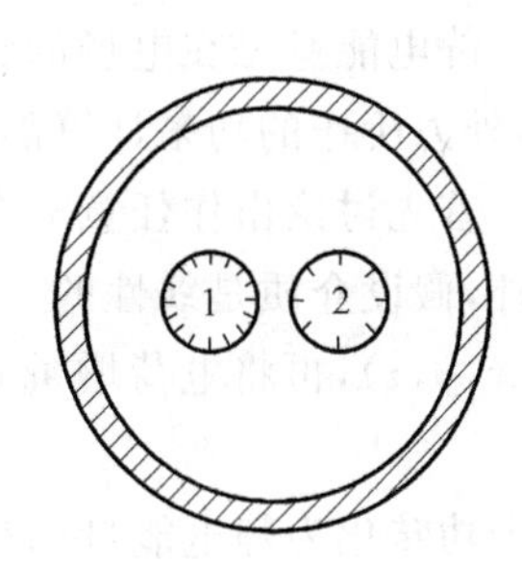

图 2.25　二芯屏蔽电缆

**解**：因二芯对称，故有 $C_{10}=C_{20}$，根据已知条件，有

$$C_{12} + \frac{C_{10}}{2} = 0.018\mu\text{F}, \quad 2C_{10} = 0.032\mu\text{F}$$

解之得

$$C_{10}=C_{20}=0.016\mu\text{F},\quad C_{12}=0.01\mu\text{F}$$

### 2.6.3 静电屏蔽

应用部分电容还可以说明静电屏蔽问题。设有如图 2.26 所示的三个导体的系统，1 号导体被 0 号导体完全包围着，且 0 号导体接地。由(2.82)式，应有方程组

$$\left.\begin{aligned}q_1&=C_{10}U_{10}+C_{12}U_{12}\\q_2&=C_{21}U_{21}+C_{20}U_{20}\end{aligned}\right\}\tag{2.83}$$

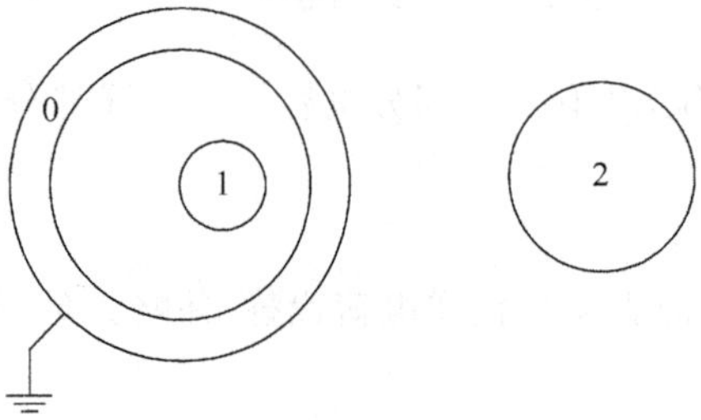

图 2.26 静电屏蔽

令 $q_1=0$，则 0 号导体内无电场，因此 $U_{10}=0$。由式(2.83)中的第一个方程，得

$$C_{12}U_{12}=0$$

但 $U_{12}$ 可有各种数值(由于导体 2 的电荷可取任意值)，故必有 $C_{12}=0$。因此，在 0 号导体接地的情况下，得

$$\left.\begin{aligned}q_1&=C_{10}U_{10}\\q_2&=C_{20}U_{20}\end{aligned}\right\}\tag{2.84}$$

这说明了 $q_1$ 只与 $U_{10}$ 有关，$q_2$ 只与 $U_{20}$ 有关。即 1 号导体与 2 号导体之间无静电联系，达到了静电屏蔽的要求。也就是说，0 号导体的存在，消除了导体 1 和导体 2 间的静电联系。在工程上，常常把不可受外界电场影响的带电体或不希望去影响外界的带电体用一个接地的金属壳罩起来，以隔绝有害的静电影响。例如，高压设备周围的屏蔽网等，就是起静电屏蔽作用的。

## 2.7 静电能量与力

电场对静止电荷有力的作用，对运动的电荷则要作功。可见，静电场中储存着能量。把静电场中的储能称为静电能量。本节介绍静电能量的计算及静电能量的分布方式，并在此基础上介绍计算导体系统中的静电力的虚位移法。

### 2.7.1 带电体系统中的静电能量

静电能量是在电场的建立过程中，由外力作功转化而来的。因此，可以根据建立该电场时，外力所作的功来计算静电能量。

首先讨论由作任意分布的电荷系统所引起的电场中的静电能量。设电荷体密度是 $\rho$，此外，假设介质是线性的。在建立这样的电荷系统过程中的某一瞬时，场中某一点的电位是 $\varphi'(x,y,z)$，再将电荷增量 $\mathrm{d}q$ 从无穷远移至该点，外力需要作功

$$dA=\varphi'(x,y,z)\mathrm{d}q\tag{2.85}$$

这个功转化为静电能量储存在电场中。全部静电能量，可通过上式的积分而得出。

对于线性介质的情况，使电荷达到最后的分布需做的功是一定的，与实现这一分布的过

程无关。因此，可选择这样一种充电方式，使任何瞬间所有带电体的电荷密度都按同样比例增长，令此比值为 $m$，且 $0\leqslant m\leqslant 1$，即 $m$ 是变量，$m=0$ 表示充电开始时各处电荷密度都为零，$m=1$ 时表示充电终了时各处电荷密度都等于最终值。在任何中间瞬时，电荷密度的增量

$$\mathrm{d}\rho=\mathrm{d}[m\rho(x,y,z)]=\rho(x,y,z)\mathrm{d}m$$

则对式(2.85)进行积分得总静电能量为

$$W_e=\int_0^1\mathrm{d}m\int_V\rho(x,y,z)\varphi'(m;x,y,z)\mathrm{d}V$$

由于所有电荷按同一比值 $m$ 增长，故 $\varphi'(m;x,y,z)=m\varphi(x,y,z)$，这里 $\varphi(x,y,z)$ 是 $(x,y,z)$ 点上充电终了时的 $\varphi$ 值。因而

$$W_e=\int_0^1 m\mathrm{d}m\int_V\rho\varphi\mathrm{d}V$$

故

$$W_e=\frac{1}{2}\int_V\rho\varphi\mathrm{d}V \tag{2.86}$$

这就是用电荷和电位表示的连续体电荷系统的静电能量。

类似地，对于面积电荷，有

$$W_e=\frac{1}{2}\int_S\rho_s\varphi\mathrm{d}S \tag{2.87}$$

对于线电荷，有

$$W_e=\frac{1}{2}\int_l\rho_l\varphi\mathrm{d}l \tag{2.88}$$

对于系统中只有带电导体的情况，电荷处于导体表面，则

$$W_e=\frac{1}{2}\int_S\rho_s\varphi\mathrm{d}S=\frac{1}{2}\sum_k\varphi_k\int_{S_k}\rho_{sk}\mathrm{d}S$$

故

$$W_e=\frac{1}{2}\sum_k\varphi_k q_k \tag{2.89}$$

式中，$q_k$ 和 $\varphi_k$ 分别是第 $k$ 号导体表面上分布的总电荷量和其电位值。此式亦可推广为点电荷组成的带电系统。

## 2.7.2 静电能量的分布及其密度

式(2.86)～式(2.89)都是计算总静电能量的，但没有说明能量的分布情况，这些公式还容易给人一种印象：似乎静电能量是集中在电荷上的。其实静电能量是分布于电场存在的整个空间中。应用下面关系式

$$\boldsymbol{E}=-\nabla\varphi \quad 和 \quad \nabla\cdot\boldsymbol{D}=\rho$$

以及矢量恒等式

$$\nabla\cdot(\varphi\boldsymbol{D})=\varphi\nabla\cdot\boldsymbol{D}+\boldsymbol{D}\cdot\nabla\varphi$$

再应用散度定理，则式(2.86)变为

$$W_e=\frac{1}{2}\int_V\boldsymbol{D}\cdot\boldsymbol{E}\mathrm{d}V+\frac{1}{2}\oint_S\varphi\boldsymbol{D}\cdot\mathrm{d}\boldsymbol{S} \tag{2.90}$$

式(2.90)中的积分体积 $V$ 只要包含所有电荷即可，$S$ 是限定 $V$ 的外表面。可以把 $V$ 扩

展到整个无限空间，即 $S$ 为半径取$\infty$的球面。对一大球面积分，由于 $\varphi$ 与$\frac{1}{r}$成正比，$D$ 与$\frac{1}{r^2}$成正比且 $\mathrm{d}S$ 与 $r^2$ 成正比，所以上式右边的第二个积分随$\frac{1}{r}$变化。如果积分遍及无限大的空间（即 $r\to\infty$），则第二项积分为零，故得

$$W_e = \frac{1}{2}\int_V \boldsymbol{D}\cdot\boldsymbol{E}\mathrm{d}V \tag{2.91}$$

这就是用场量 $\boldsymbol{D}$ 和 $\boldsymbol{E}$ 表示的静电能量。式(2.91)的物理概念是：凡是静电场不为零的空间都存储着静电能量，场中任一点的静电能量密度是

$$w_e' = \frac{1}{2}\boldsymbol{D}\cdot\boldsymbol{E} \tag{2.92}$$

到此为止，得到两个静电能量公式，即式(2.86)和式(2.91)。两个都是体积分式，称式(2.86)为电荷积分式，积分区域为有电荷分布的区域；称式(2.91)为电场积分式，积分区域为整个空间，也就是有电场分布的全部区域。

**例 2.19** 真空中一半径为 $a$ 的球体内分布有密度为常量 $\rho$ 的电荷，试求静电能量。

**解**：应用高斯定律，求得电场强度为

$$E_r = \begin{cases} \dfrac{\rho r}{3\varepsilon_0}, & r < a \\ \dfrac{\rho a^3}{3\varepsilon_0 r^2}, & r > a \end{cases}$$

应用式(2.91)，故

$$W_e = \frac{1}{2}\varepsilon_0\left(\int_0^a \frac{\rho^2 r^2}{9\varepsilon_0^2}4\pi r^2\mathrm{d}r + \int_a^\infty \frac{\rho^2 a^6}{9\varepsilon_0^2 r^4}4\pi r^2\mathrm{d}r\right) = \frac{4\pi}{15\varepsilon_0}\rho^2 a^5$$

也可利用式(2.86)计算能量，先求得电位函数的结果是

$$\varphi = \begin{cases} \dfrac{\rho a^3}{3\varepsilon_0 r}, & r > a \\ \dfrac{\rho}{2\varepsilon_0}\left(a^2 - \dfrac{r^2}{3}\right), & r < a \end{cases}$$

故

$$W_e = \frac{1}{2}\frac{\rho^2}{2\varepsilon_0}\int_0^a\left(a^2 - \frac{r^2}{3}\right)4\pi r^2\mathrm{d}r = \frac{4\pi}{15\varepsilon_0}\rho^2 a^5$$

两种方法所得结果相同。

**例 2.20** 一半径为 $a$ 的均匀球面电荷，电荷密度为 $\rho_s$，试求静电能量。

**解**：由式(2.87)，有

$$W_e = \frac{1}{2}\int_S \rho_s\varphi\mathrm{d}S$$

球面上的电位为 $\varphi|_{r=a} = \dfrac{Q}{4\pi\varepsilon_0 a}, \left(Q = \int_S \rho_s\mathrm{d}S\right)$。由于在球面 $S$ 上 $\varphi$ 是常数，故

$$W_e = \left(\frac{1}{2}\int_s \rho_s\mathrm{d}S\right)\varphi = \frac{Q^2}{8\pi\varepsilon_0 a}$$

另一种计算方法，根据式(2.91)，有

$$W_e = \frac{1}{2}\varepsilon_0\int_V E^2\mathrm{d}V$$

应用高斯定理，得 $E=\dfrac{Q}{4\pi\varepsilon_0 r^2}, r\geqslant a$；$E=0, r<a$。因此

$$W_e = \frac{\varepsilon_0}{2}\int_a^\infty\left(\frac{Q}{4\pi\varepsilon_0 r^2}\right)^2 4\pi r^2\mathrm{d}r = \frac{Q^2}{8\pi\varepsilon_0 a}$$

二者结果相同。

**例 2.21**　一个原子可以看成是由一个带正电荷 $q$ 的原子核被总电荷量等于 $(-q)$ 且均匀分布于球形体积内的负电荷云包围。试求原子的结合能。

**解**：原子的结合能应由两部分组成：一部分是均匀分布于球形体积内的负电荷的自有能量 $\left(=\dfrac{4\pi}{15\varepsilon_0}\rho^2a^5\right)$；另一部分是正的点电荷与负电荷云间的互有能量，等于 $q\varphi_-(0)$。这里 $\varphi_-(0)$ 是负电荷云在 $r=0$ 处，即正点电荷所在位置引起的电位，其值等于 $-\dfrac{3q}{8\pi\varepsilon_0 a}$。因此，$q\varphi_-(0)=-\dfrac{3q^2}{8\pi\varepsilon_0 a}$。从而得到所求能量

$$W = \frac{4\pi}{15\varepsilon_0}\rho^2a^5 + \left(\frac{-3q^2}{8\pi\varepsilon_0 a}\right) = -\frac{9q^2}{40\pi\varepsilon_0 a}$$

这一能量等于把两份电荷从无穷远处移来置于原子中的位置时必须做的功。

### 2.7.3　静电力

在静电场中，各个带电体都要受到电场力。这个力可直接根据电场强度的定义来计算

$$\boldsymbol{F} = q\boldsymbol{E} \tag{2.93}$$

这里的 $\boldsymbol{E}$ 应理解为除 $q$ 以外其他电荷在 $q$ 处引起的电场强度。对于连续分布的电荷 $q$，若应用式(2.93)，一般计算是相当复杂的。由于力和能量之间是有密切联系的，所以根据能量求力往往要方便得多。下面介绍的虚位移法就是一种基于虚功原理计算静电力的方法。

采用虚位移法计算静电力，要用到广义坐标和广义力的概念。广义坐标是指确定系统中各导体形状、尺寸与位置的一组独立几何量，如距离、面积、体积或角度等。企图改变某一广义坐标的力，就称为对应于该广义坐标的广义力。广义力乘上由它引起的广义坐标的改变量，应等于功。

下面研究由 $(n+1)$ 个导体组成的系统。假定除了 $p$ 号导体外其余的导体都不动，且 $p$ 号导体也只有一个广义坐标 $g$ 发生变化。这时，该系统所发生的功能过程为

$$\mathrm{d}W = \mathrm{d}W_e + f\mathrm{d}g \tag{2.94}$$

式中，$\mathrm{d}W\left(=\sum\varphi_k\mathrm{d}q_k\right)$ 表示与各带电体相联结的外电源提供的能量；$\mathrm{d}W_e$ 和 $f\mathrm{d}g$ 分别表示静电能量的增量和电场力所做的功。以下分别讨论两种情况：

(1) 虚位移时，假定各带电体的总电荷维持不变。也就是当 $p$ 号导体位移时，所有带电体都不和外电源相联，因而 $\mathrm{d}q_k=0$，即 $\mathrm{d}W=0$。功能关系写成

$$0 = \mathrm{d}W_e + f\mathrm{d}g$$

或

$$f\mathrm{d}g = -\mathrm{d}W_e\big|_{q_k=\text{常量}}$$

从而得

$$f = -\frac{\partial W_e}{\partial g}\bigg|_{q_k=\text{常量}} \tag{2.95}$$

这时,外源被隔绝,电场力要做功只有靠减少电场中的静电能量来实现。

(2) 虚位移时,假定各带电的电位维持不变。当 $p$ 号导体位移时,所有导体都接电源即可。$\varphi_k$ 为常量。于是,由式(2.89),有

$$\mathrm{d}W_e = \mathrm{d}\left(\frac{1}{2}\sum q_k\varphi_k\right) = \frac{1}{2}\sum \varphi_k \mathrm{d}q_k = \frac{1}{2}\mathrm{d}W$$

表明外电源提供的能量有一半用于静电能量的增量,另一半用于电场力做功。也就是电场力做功等于静电能量的增量

$$f\mathrm{d}g = \mathrm{d}W_e\big|_{\varphi_k=\text{常量}}$$

从而得

$$f = \frac{\partial W_e}{\partial g}\bigg|_{\varphi_k=\text{常量}} \tag{2.96}$$

以上两种情况所得结果应该是相等的。事实上,带电体并没有移动(即虚位移),电场力的分布当然没有改变,求得的是在当时的电荷和电位情况下的力。

下面以平板电容器中的电场力为例来说明上述结论。此时,电场能量 $W_e=\frac{1}{2}CU^2$ 或 $W_e=\frac{q^2}{2C}$。分别用两个公式求力,得

$$\left.\begin{aligned} f &= \frac{-\partial W_e}{\partial g}\bigg|_{q_k=\text{常量}} = -\frac{\partial}{\partial g}\left(\frac{q^2}{2C}\right) = -\frac{q^2}{2}\frac{\partial}{\partial g}\left(\frac{1}{C}\right) \\ &= \frac{q^2}{2C^2}\frac{\partial C}{\partial g} = \frac{U^2}{2}\frac{\partial C}{\partial g} \\ f &= \frac{\partial W_e}{\partial g}\bigg|_{\varphi_k=\text{常量}} = \frac{\partial}{\partial g}\left(\frac{1}{2}CU^2\right) = \frac{U^2}{2}\frac{\partial C}{\partial g} \end{aligned}\right\} \tag{2.97}$$

**例 2.22** 平板电容器的极板面积为 $S$,板间距离为 $d$,所加电压为 $U$,介质的介电常数为 $\varepsilon$。求作用于每个极板上的电场力以及任一极板上单位面积所受的力。

**解**:已知平板电容器的电容为 $C=\varepsilon S/d$,如取 $d$ 为广义坐标,则作用在极板上的力为

$$f = \frac{U^2}{2}\frac{\partial C}{\partial d} = -\frac{U^2\varepsilon S}{2d^2}$$

式中的负号表示力的方向与 $d$ 增大的方向相反。也就是电场力 $f$ 有使 $d$ 缩短的趋势。如图 2.27 所示,正极板所受的力 $f_1=\frac{U^2\varepsilon S}{2d^2}e_x$,负极板所受的力 $f_2=\frac{U^2\varepsilon S}{2d^2}(-e_x)$。

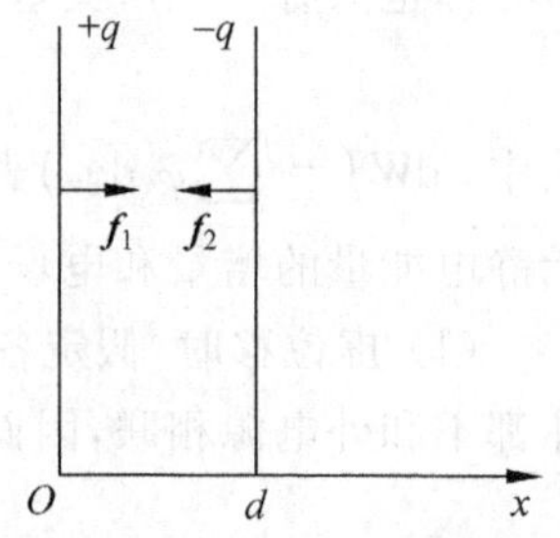

图 2.27 平板电容器

作用在任一极板单位面积上的力为

$$f' = \frac{f}{S} = \frac{U^2\varepsilon}{2d^2} = \frac{1}{2}\varepsilon E^2 = \frac{1}{2}\boldsymbol{D}\cdot\boldsymbol{E}$$

或引入极板上面积电荷密度 $\rho_s$,则可表示为

$$f' = \frac{1}{2}\rho_s E$$

值得注意的是，这里有系数 1/2，而不能简单地使用 $\rho_s E$。

**例 2.23** 今有一球形薄膜带电表面，半径为 $a$，其上带电荷 $q$。求薄膜单位面积上所受的膨胀力。

**解**：孤立导体球的电容 $C=4\pi\varepsilon_0 a$。采用球坐标，原点置于球心，选广义坐标 $g$ 为 $a$，则

$$f_r = \frac{q^2}{2C^2}\frac{\partial C}{\partial a} = \frac{q^2}{2C^2}4\pi\varepsilon_0 = \frac{q^2}{8\pi\varepsilon_0 a^2}$$

$f_r$ 的方向与 $a$ 增大的方向相同，为膨胀力。单位面积上的力

$$f'_r = \frac{q^2}{2\varepsilon_0\ (4\pi a^2)^2} = \frac{\rho_s}{2\varepsilon_0} = \frac{1}{2}\rho_s E = \frac{1}{2}\boldsymbol{D}\cdot\boldsymbol{E}$$

该膨胀力是由于电荷同号相斥而产生的。

## 提要

1. 静电场的基础是库仑定律。静电场的基本场量是电场强度

$$\boldsymbol{E} = \lim_{q_0\to 0}\frac{\boldsymbol{f}}{q_0}$$

真空中位于原点的点电荷 $q$ 在 $r$ 处引起的电场强度

$$\boldsymbol{E}(\boldsymbol{r}) = \frac{1}{4\pi\varepsilon_0}\frac{q}{r^2}\boldsymbol{e}_r$$

连续分布的电荷引起的电场可表示为

$$\boldsymbol{E}(\boldsymbol{r}) = \frac{1}{4\pi\varepsilon_0}\int\frac{\boldsymbol{r}-\boldsymbol{r}'}{|\boldsymbol{r}-\boldsymbol{r}'|^3}\mathrm{d}q$$

式中的 $\mathrm{d}q$ 可以是 $\rho(\boldsymbol{r}')\mathrm{d}V'$、$\rho_s(\boldsymbol{r}')\mathrm{d}S'$、$\rho_l(\boldsymbol{r}')\mathrm{d}l'$ 或它们的组合。

2. 电介质对电场的影响可以归结为极化后极化电荷所产生的影响。介质极化的程度用电极化强度 $\boldsymbol{P}$ 表示

$$P = \lim_{\Delta V\to 0}\frac{\sum \boldsymbol{p}}{\Delta V}$$

极化电荷的体密度 $\rho_P$ 和面密度 $\rho_{sP}$ 与电极化强度 $\boldsymbol{P}$ 间的关系分别为

$$\rho_P = -\nabla\cdot\boldsymbol{P} \quad 和 \quad \rho_{sP} = \boldsymbol{P}\cdot\boldsymbol{e}_n$$

3. 静电场基本方程的积分和微分形式分别是

$$\oint_l \boldsymbol{E}\cdot\mathrm{d}\boldsymbol{l} = 0,\quad \nabla\times\boldsymbol{E} = 0$$

$$\oint_S \boldsymbol{D}\cdot\mathrm{d}\boldsymbol{S} = q,\quad \nabla\cdot\boldsymbol{D} = \rho$$

电通[量]密度 $\boldsymbol{D}=\varepsilon_0\boldsymbol{E}+\boldsymbol{P}$。在各向同性的线性介质中，

$$\boldsymbol{P} = \chi\varepsilon_0\boldsymbol{E},$$

$$\boldsymbol{D} = \varepsilon\boldsymbol{E}$$

4. 由静电场的无旋性,引入标量电位

$$\varphi = \int_P^Q \boldsymbol{E} \cdot \mathrm{d}\boldsymbol{l}$$

或

$$\boldsymbol{E} = -\nabla\varphi$$

在各向同性的线性均匀电介质中,电位满足泊松方程或拉普拉斯方程

$$\nabla^2\varphi = -\rho/\varepsilon, \quad \nabla^2\varphi = 0$$

5. 在不同介质的分界面上,静电场场量的衔接条件为

$$D_{2n} - D_{1n} = \rho_s, \quad E_{2t} = E_{1t}$$

或者

$$\varepsilon_2 \frac{\partial\varphi_2}{\partial n} - \varepsilon_1 \frac{\partial\varphi_1}{\partial n} = -\rho_s, \quad \varphi_1 = \varphi_2$$

只要满足给定的边界条件,泊松方程或拉普拉斯方程的解是唯一的。

6. 在静电场边值问题的分析中,常采用镜像法进行求解。

点电荷对于无限大接地导体平面的镜像特点是:等量异号、位置对称,镜像电荷位于边界外。点电荷对两种无限大电介质分界平面的镜像计算如下:

$$q' = \frac{\varepsilon_1 - \varepsilon_2}{\varepsilon_1 + \varepsilon_2} q \quad (\text{适用区域 } \varepsilon_1)$$

$$q'' = \frac{2\varepsilon_2}{\varepsilon_1 + \varepsilon_2} q \quad (\text{适用区域 } \varepsilon_2)$$

位置对称。

在点电荷对接地金属球问题中,如点电荷在球外,则镜像电荷 $q' = \frac{R}{d}q$,它与球心相距 $b = R^2/d$。

带等量异号电荷的两平行圆柱导体间的静电场问题,可通过

$$h^2 - a^2 = b^2$$

确定电轴的位置。

7. 在线性介质内多个导体组成的静电独立系统中,必须应用"部分电容"来代替电容器的"电容"概念。这时,电位与电荷有关系:$[\varphi]=[a][q]$;电荷与电位有关系:$[q]=[\beta][\varphi]$;电荷与电压有关系:$[q]=[C][U]$。部分电容 $C$ 组成电容网络,它只与各导体的几何形状、大小、相互位置及介质分布有关,而与导体的电荷量无关。

8. 静电能量的计算,可应用

$$W_e = \frac{1}{2}\int_V \rho\varphi \mathrm{d}V + \frac{1}{2}\int_S \rho_s\varphi \mathrm{d}S$$

或

$$W_e = \frac{1}{2}\int_V \boldsymbol{E} \cdot \boldsymbol{D} \mathrm{d}V$$

或

$$W_e = \frac{1}{2}\sum \varphi_k q_k$$

静电能量的体密度为

$$w'_e = \frac{1}{2}\boldsymbol{E} \cdot \boldsymbol{D}$$

9. 静电力的计算,可应用

$$\boldsymbol{F} = \boldsymbol{E}q$$

或应用虚位移法

$$f_g = \left.\frac{\partial W_e}{\partial g}\right|_{\varphi_k=\text{常量}} = -\left.\frac{\partial W_e}{\partial g}\right|_{q_k=\text{常量}}$$

利用法拉第对静电力的观点亦可以分析带电体受力的情况。

## 思考题

2.1 试回答下列各问题:

(1) 等位面上的电位处处一样,因此面上各处的电场强度的数值也一样。这句话对吗?试举例说明。

(2) 某处电位 $\varphi=0$,因此那里的电场 $\boldsymbol{E}=-\nabla\varphi=-\nabla 0=0$。对吗?

(3) 甲处电位是 10 000V,乙处电位是 10V,故甲处的电场强度大于乙处的电场强度。对吗?

2.2 电力线是不是点电荷在电场中的运动轨迹?(设此点电荷除电场力外不受其他力的作用)

2.3 证明:等位区的充要条件是该区域内场强处处为零。

2.4 下列说法是否正确?如不正确,请举一反例加以论述。

(1) 场强相等的区域,电位亦处处相等。

(2) 电位相等处,场强也相等。

(3) 场强大处,电位一定高。

(4) 电场为零处,电位一定为零。

(5) 电位为零处,场强一定等于零。

2.5 两条电力线能否相切?同一条电力线上任意两点的电位能否相等?为什么?

2.6 不同电位的两个等位面能否相交或相切?同一等位面内任意两点的场强是否一定相等?场强在等位面上的切向分量是否一定等于零?电位在带电两侧会不会突变?

2.7 下列叙述是否正确?在什么情况下正确?什么情况下不正确?试举例说明之。

(1) 接地的导体都不带电。

(2) 一导体的电位为零,则该导体不带电。

(3) 任何导体,只要它所带的电荷量不变,则其电位也是不变的。

2.8 在一不带电的导体球内,挖出一偏心的球形空腔,如图 2.28 所示。

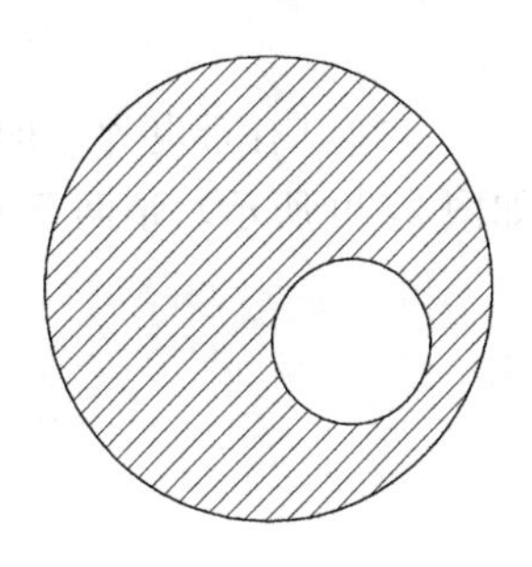

图 2.28 思考题 2.8 图

(1) 若在空腔中心放一点电荷,试问腔表面和球的外表面上电荷及腔内、腔外各处的场强分布如何?

(2) 若 $q$ 不在空腔的中心,则腔表面和球的外表面上电荷怎样分布？球外的场强怎样分布？

(3) 若点电荷 $q$ 放在空腔中心，但在球外也放一点电荷，则腔表面和球表面上电荷怎样分布？

2.9　将一接地的导体B移近一点正电的孤立导体A时，A的电位升高还是降低？(从能量观点分析)

2.10　两绝缘导体A和B，带等量异号电荷，现把第三个不带电的导体C插入A、B之间(不与它们接触)，试问电位差 $\varphi_A-\varphi_B$ 是增加还是减少？(从能量观点分析)

2.11　若把一个带电体放在一个金属壳附近，这带电体在金属壳内单独产生的场强是否为零？金属壳的静电屏蔽作用是怎样产生的？

2.12　若把一个带正电的导体A移到一个中性导体B附近，导体B的电位是升高还是降低？A的电位是升高还是降低？为什么？

2.13　一圆形气球，电荷均匀分布在其表面上，在此气球被吹大的过程中，球内外的场强如何变化？

2.14　在一个中性导体球壳的中心放一电荷量为 $q$ 的点电荷，这时球壳内外表面各带多少电荷量？若把点电荷从球壳中心移到壳内其他点，球壳内外表面上的电荷分布变不变？球壳内外的场强分布变不变？

2.15　电介质的极化和导体的静电感应有何不同？如何考虑电介质和导体在静电场中的效应？自由电荷与束缚电荷的区别是什么？

2.16　说明 $\boldsymbol{E}$、$\boldsymbol{D}$、$\boldsymbol{P}$ 三矢量的物理意义。$\boldsymbol{E}$ 与介质有关，$\boldsymbol{D}$ 与介质无关的说法对吗？

2.17　若电场中放入电介质后，自由电荷分布未变，电介质中的场强大小是否一定比真空中的场强小？

2.18　有人说，均匀介质极化后不会产生体分布的极化电荷，只是在介质的表面上才出现分布的极化电荷，若均匀介质是无限的，那么它的表面在无限远处，那里的极化电荷对考察点的场无影响，因此均匀的无限大的电介质与真空完全相同。你是否同意这种看法？

2.19　均匀介质的极化与均匀极化的介质这两个概念是否有区别？哪种情况(如果有的话)可能出现体分布的极化电荷？

2.20　证明：任何形状的导体空腔当其内部无电荷时，腔内场强处处为零。

2.21　以下各式哪些是普遍成立的？哪些是有条件的？

$$\oint_S \boldsymbol{D}\cdot \mathrm{d}\boldsymbol{S}=q,\quad -\oint_S \boldsymbol{P}\cdot \mathrm{d}\boldsymbol{S}=q_p$$

$$\boldsymbol{D}=\varepsilon_0\boldsymbol{E}+\boldsymbol{P}\quad \boldsymbol{P}=\varepsilon_0\chi\boldsymbol{E}$$

$$\boldsymbol{D}=\varepsilon_0\boldsymbol{\varepsilon}_r\boldsymbol{E}\quad \rho_{sP}=\boldsymbol{P}\cdot\boldsymbol{e}_n$$

2.22　有带电为 $q$ 的球体，附近有一块介电常数 $\varepsilon$ 的介质，如图2.29所示。请问下列公式成立否？

$$\oiint_{S_1}\boldsymbol{D}\cdot \mathrm{d}\boldsymbol{S}=q$$

$$\oiint_{S_2}\boldsymbol{D}\cdot \mathrm{d}\boldsymbol{S}=q$$

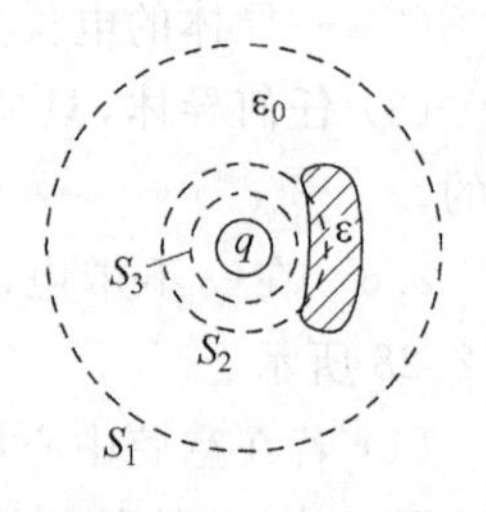

图2.29　思考题2.22图

$$\oint_{S_3} \boldsymbol{D} \cdot \mathrm{d}\boldsymbol{S} = q$$

$$\boldsymbol{D} = \frac{q}{4\pi r^2}\boldsymbol{e}_r$$

$$\oint_{S_1} \boldsymbol{E} \cdot \mathrm{d}\boldsymbol{S} = \frac{q}{\varepsilon_0}$$

$$\oint_{S_2} \boldsymbol{E} \cdot \mathrm{d}\boldsymbol{S} = \frac{q}{\varepsilon_0}$$

2.23　已证明，在两种不同的电介质的分界面上，电场强度的法向分量不连续，即$E_{1n} \neq E_{2n}$，能求出 $E_{2n} - E_{1n}$ 的值吗？并由此说明在两种介质的分界面上，电场强度产生突变的原因。

2.24　试说明：满足拉普拉斯方程$\nabla^2\varphi = 0$ 的电位函数 $\varphi$ 无极值。

2.25　举例说明边界条件和分界面上的衔接条件在静电场分析计算中的作用。

2.26　举例说明叠加原理在静电场分析计算中的应用。

2.27　唯一性定理在静电场的分析计算中起什么作用？试举例说明。

2.28　请归纳静电场的分析计算中存在哪些基本问题？可能碰到的边界条件有几种？解决静电场问题有哪些基本方法？

2.29　电缆为什么要制成多层绝缘的结构(即在内、外导体间用介电常数各不相同的多层介质)？各层介质的介电常数的选取遵循什么原则？为什么？

2.30　确定镜像电荷的分布主要有哪两点？已学过的有哪几种典型的镜像问题？请总结并说明镜像电荷是代替哪些实际存在的电荷分布。

2.31　以下各小题(见图 2.30)能否用镜像法求解？如能，画出其镜像电荷的位置并标明数值；如不能，说明理由。

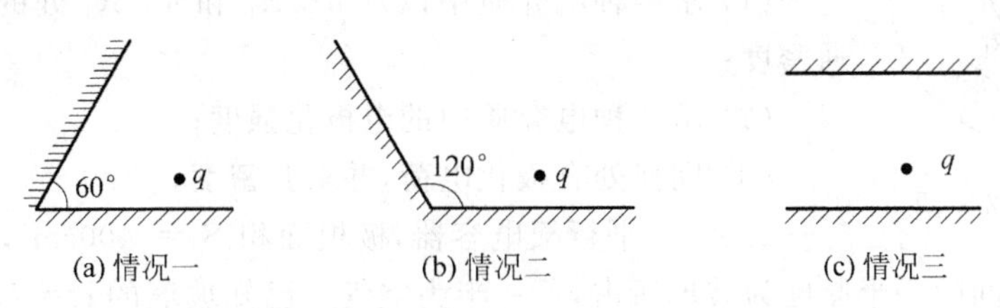


图 2.30　思考题 2.31 图

2.32　电容量一定的电容器，它存储的电能有无上限？为什么？

2.33　说明多导体系统中部分电容与等值电容的含义，并以计及地面影响的二线输电线为例说明两者的区别。

2.34　静电场中存储的能量可从哪几个方面来计算，它们各适用于什么情况？是否因为 $w_e' = \frac{1}{2}\varepsilon E^2$，而当电容器中的介电常数 $\varepsilon$ 增加后，电场能量也增加？

2.35　能否把$\frac{1}{2}\rho\varphi$ 当作电场能量的体密度？为什么？

2.36　静电能量计算公式 $W_e = \frac{1}{2}\int_V \rho\varphi \mathrm{d}V$ 和 $W_e = \frac{1}{2}\int_V \boldsymbol{E} \cdot \boldsymbol{D}\mathrm{d}V$ 之间有怎样的联系？两

者是否一致?

2.37 有人说,介质存在时的静电能量等于没有介质的情况下,把自由电荷和极化电荷(也看作自由电荷)从无穷远搬到场中原来位置的过程中外力所做的功。这种说法对吗?为什么?

2.38 设平行板电容器始终和电源相连。今把其中一块极板相对另一块极板向外平移一事实上距离,在这个过程中电场力做正功还是负功?电场能量是增加还是减少?以电容器为系统,这系统的能量是否守恒?能量变化的部分到哪儿去了?

2.39 应用法拉第的观点说明静电力,并举例说明。将一不带电的导体球放入不均匀的电场中,试问该球受力方向如何?为什么?

## 习题 2

2.1 由方程 $x^2+y^2+z^2=1000$(其中 $x,y$ 和 $z$ 皆为正值)决定的曲面是一个电位为 200V 的等位面。如果已知曲面上 $P$ 点(7m,25m,32m)的 $|\boldsymbol{E}|=50\text{V/m}$,求该点上的 $\boldsymbol{E}$。

2.2 两半径为 $a$ 和 $b(a<b)$ 的同心导体球面间电位差为 $V_0$,问:若 $b$ 固定,要使半径为 $a$ 的球面上场强最小,$a$ 与 $b$ 的比值应是多少?

2.3 具有两层同轴介质的圆柱形电容器,内导体的直径为 2cm,内层介质的相对介电常数 $\varepsilon_{r1}=3$,外层介质的相对介电常数 $\varepsilon_{r2}=2$,要使两层介质中的最大场强相等,并且内层介质所承受的电压和外层介质相等,问两层介质的厚度各为多少?

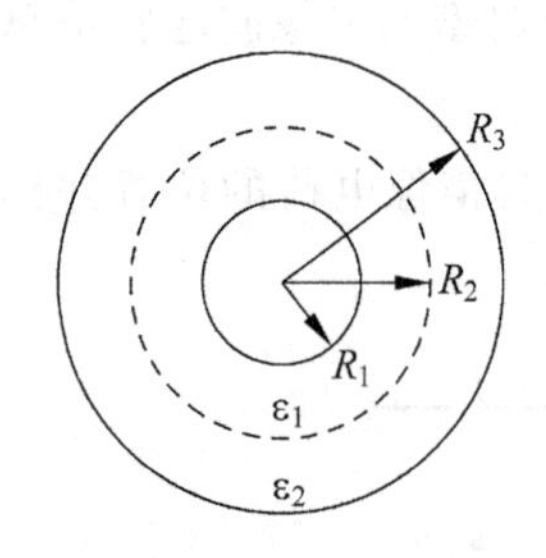

图 2.31 题 2.4 图

2.4 用双层电介质制成的同轴电缆如图 2.31 所示;介电常数 $\varepsilon_1=4\varepsilon_0,\varepsilon_2=2\varepsilon_0$;内、外导体单位长度上所带电荷分别为 $\rho_l$ 和 $-\rho_l$。

(1) 求两种电介质中以及 $\rho<R_1$ 和 $\rho>R_3$ 处的电场强度与电通密度;

(2) 求两种电介质中的电极化强度;

(3) 问何处有极化电荷,并求其密度。

2.5 一平行板电容器,极板面积 $S=400\text{cm}^2$,两板相距 $d=0.5\text{cm}$,两板中间的一半厚度为玻璃所占,另一半为空气。已知玻璃的 $\varepsilon_r=7$,其击穿场强为 60kV/cm,空气的击穿场强为 30kV/cm。当电容接到 10kV 的电源上时,会不会被击穿?

2.6 有一平行板电容器,两极板距离 $AB=d$,中间平行地放入两块薄金属片 $C$、$D$,且 $AC=CD=DB=d/3$(见图 2.32),如将 $AB$ 两板充电到电压 $U_0$ 后,拆去电源,问:

(1) $AC$、$CD$、$BC$ 间电压各为多少?$C$、$D$ 片上有无电荷?$AC$、$CD$、$DB$ 间电场强度各为多少?

(2) 若将 $C$、$D$ 两片用导线联结,再断开,重答(1)问;

(3) 若充电前先联结 $C$、$D$,然后依次拆去电源和 $C$、$D$ 的联结线,再答(1)问;

(4) 若继(2)之后,又将 $A$、$B$ 两板用导线短接,再断开,重新回答(1)中所问。

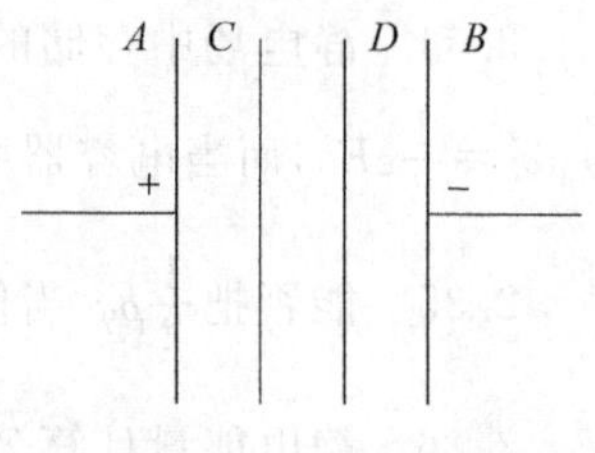

图 2.32 题 2.6 图

2.7 半径为 $b$ 的无限长圆柱中,有体密度为 $\rho_0$ 的电荷,与它偏轴地放有一半径为 $a$ 的无限长圆柱空洞,两者轴线距离为 $d$,如图 2.33 所示。求空洞内的电场强度(设在真空中)。(提示:可应用叠加原理)

2.8 对于空气中的下列各种电位分布,分别求电场强度和电荷密度:

(1) $\varphi = Ax^2$

(2) $\varphi = Axyz$

(3) $\varphi = A\rho^2\sin\phi + B\rho z$

(4) $\varphi = Ar^2\sin\theta\cos\phi$

其中 $A$ 和 $B$ 为常数。

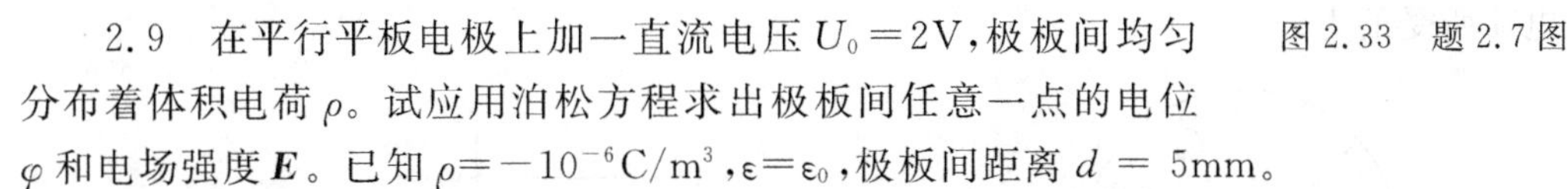

图 2.33 题 2.7 图

2.9 在平行平板电极上加一直流电压 $U_0 = 2\text{V}$,极板间均匀分布着体积电荷 $\rho$。试应用泊松方程求出极板间任意一点的电位 $\varphi$ 和电场强度 $\boldsymbol{E}$。已知 $\rho = -10^{-6}\text{C/m}^3$,$\varepsilon = \varepsilon_0$,极板间距离 $d = 5\text{mm}$。

若已知正极板内表面上电荷密度为 $\rho_s$($U_0$ 未知),又该如何求解?

2.10 半径为 $a$ 的圆柱形导体管,管壁由互相绝缘的两个半圆柱面合并而成。设上半个圆柱面的电位是 $V_0$,下半个圆柱面的电位是零。求导体管内的电位函数。

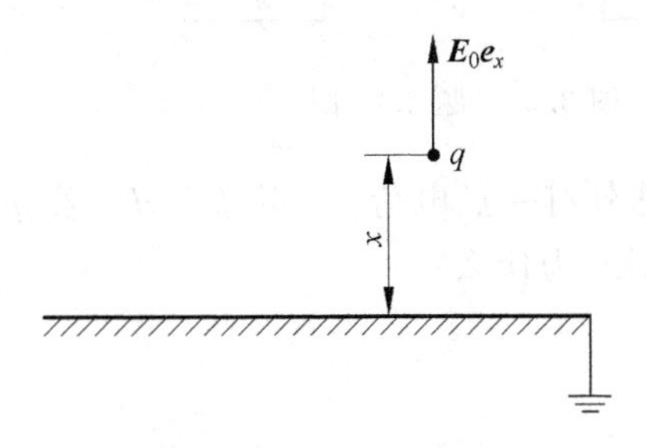


图 2.34 题 2.11 图

2.11 在真空的均匀电场($E_0 e_x$)中,离接地的导电平面 $x$ 远处有一正点电荷 $q_0$ 如图 2.34 所示。问:

(1) 要使该点电荷所受之力为零,$x$ 应为何值?

(2) 如点电荷原先置于(1)所得 $x$ 值一半处,要使该电荷向 $x = +\infty$ 运动,所需最小初速为多少?

2.12 在离半径为 $R$ 的导体球心为 $d$ 处($d > R$)有一电荷 $q$。问要在球上加多少电荷才能使作用在电荷 $q$ 上的力为零。

2.13 一点电荷 $q$ 放置在内表面半径为 $b$,厚度为 $c$ 的导体球壳内,点电荷与球心的距离为 $a$。分别求在球壳接地和不接地的两种情况下点电荷所受的力。

2.14 在一半径为 $a$ 的空心导体圆柱中(无限长、接地)放一线电荷(线电荷密度为 $\rho_l$)。此线电荷与圆柱轴线平行相距为 $d$。求圆柱内任意点的电位。

2.15 一半径为 $a$ 的球壳,同心地置于半径为 $b$ 的球壳内,外壳接地。一点电荷放在内球距其球心为 $d$ 处。问大球内各点的电位为多少?

2.16 空气中平行地放置两根长直导线,半径都是 6cm,轴线间距离为 20cm,若导线间加电压 1000V,求:

(1) 电场中的电位分布;

(2) 导线表面电荷密度的最大值及最小值。

2.17 三条输电线位于同一水平面上,导体半径皆为 $r_0 = 4\text{mm}$,距地面高度 $h = 14\text{m}$,线间距离 $d = 2\text{m}$。其中导线 1 接电源,对地电压为 $U_1 = 110\text{kV}$,如图 2.35 所示:

(1) 导线 2 和导线 3 未接至电源,但它们由于静电感应作用也有电压。问其电压各为多少?

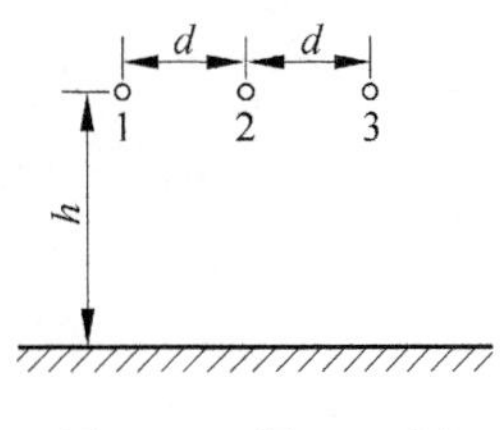


图 2.35 题 2.17 图

(2) 若将导线 2 接地,问导线 2 上的电荷与导线 3 对地电压分别为多少?

(3) 此时,若切断接地线,然后断开电源,问三根线对地的电压为多少。

2.18 空气中,相隔 1cm 的两块平行导电平板充电到 100V 后脱离电源,然后将一厚度为 1mm 的绝缘导电片插入两板间,问:

(1) 忽略边缘效应,导电片吸收了多少能量? 这部分能量起到了什么作用? 两板间的电压和电荷的改变量各为多少? 存储在其中的能量多大?

(2) 如果电压源一直与两平行导电平板相联,重答前问。

2.19 求如图 2.36 所示带等量异号电荷的偏心圆柱导体间的电场,已知其间电介质的介电常数为 $\varepsilon$,尺寸如图所示。

2.20 点电荷 $q$ 置于导体 $A$ 附近,导体有半球形凸起,如图 2.37 所示。已知 $q$、$h$、$R$。求此电荷所受的力。

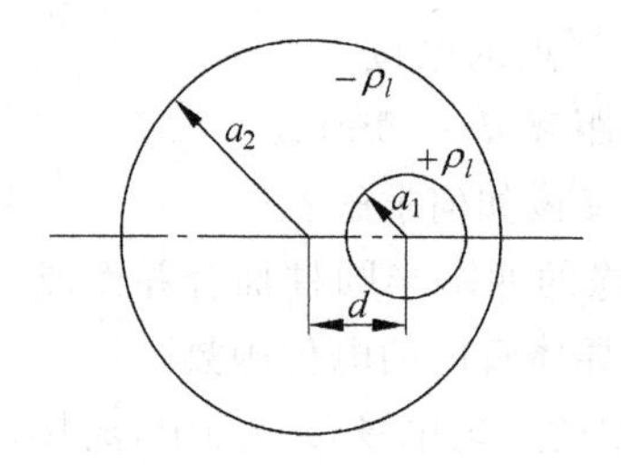


图 2.36 题 2.19 图

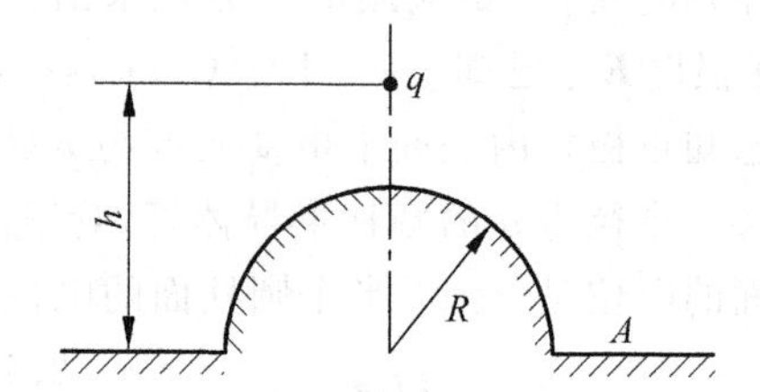


图 2.37 题 2.20 图

2.21 真空中半径为 $R$ 的的导体球带有电荷 $q_1$;球外有一点电荷 $q_2$,距球心 $d$。若 $q_1$ 与 $q_2$ 均为正电荷,问导体球与点电荷 $q_2$ 是否可能相吸引? 为什么?

# 第3章 恒定电场

本章主要讨论由运动电荷产生的场的性质，电荷在电场作用下产生定向运动形成电流，当电荷的移动处于不随时间变化的一种动态平衡，即每一瞬间电荷周围的电场是恒定的，通常又称恒定电流场。

首先介绍各种形式的电流密度及其相应的元电流段。随后讨论欧姆定律的微分形式，焦耳定律的微分形式及其维持恒定电流所需的电源。根据积分形式的基本方程，导得不同介质分界面上的衔接条件。在微分形式基本方程的基础上，导得拉普拉斯方程。

最后介绍电导与接地电阻、跨步电压和危险区半径的计算。

## 3.1 导电介质中的电流

对于观察者而言，电荷大小不变，没有相对运动所引起的电场为静电场。在静电场中，导体内电场强度为零，导体内部也没有电荷的运动。若在外电场的作用下，自由电荷定向运动则形成电流。在如在导体、电解液等的导电介质中，电荷的运动形成的电流称为传导电流。在如真空等的自由空间中，电荷的运动形成的电流称为运流电流。本节主要讨论导电介质中的电流。

单位时间内通过某一横截面的电荷量，称为电流强度(简称电流)，记作 $I$

$$I=\frac{\mathrm{d}q}{\mathrm{d}t} \tag{3.1}$$

电流的单位是A(安)。它描述了每秒通过某一面积的电荷总量。从场的观点来看，电流强度是一个通量概念的量，并没有说明电荷在导体截面上每一点流动的情况。为了描述导体中每一点处的电荷流动情况，引入电流密度这个物理量。

### 3.1.1 电流密度和元电流

电流按分布的情况可分为体电流、面电流和线电流。电荷在空间某一体积内流动形成体电流。在某个面积上流动形成面电流。当电荷沿一横截面积趋于零的几何曲线流动时，形成线电流。

电流强度描述一根导线上总电流的强弱。为了描述电荷在空间的流动情况(即计及导体截面的大小)，需要引入电流密度的概念。电流密度是一个矢量，它的方向与导体中某点的正电荷运动方向相同，大小等于与正电荷运动方向垂直的单位面积上的电流强度。若用

$\boldsymbol{n}$ 表示某点处的正电荷运动方向，取与 $\boldsymbol{n}$ 相互垂直的面积元 $\Delta S$，设通过 $\Delta S$ 的电流为 $\Delta I$，则该点处的电流密度，如图 3.1。

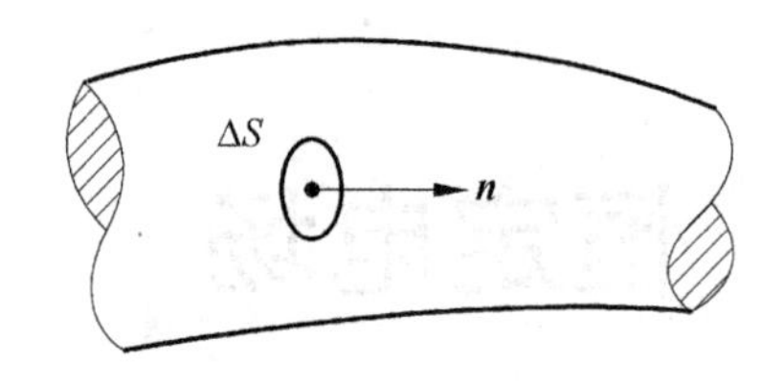


图 3.1 电流密度

根据上述电流密度的概念，当按体密度 $\rho$ 分布的电荷，以速度 $\boldsymbol{v}$ 作匀速运动时，形成电流为 $\Delta I=\frac{\rho\Delta V}{\Delta t}=\frac{\rho\Delta \boldsymbol{S}\cdot\boldsymbol{v}\Delta t}{\Delta t}$，电流密度矢量 $\boldsymbol{J}$，且表示为

$$\boldsymbol{J}=\lim_{\Delta S\to 0}\frac{\Delta I}{\Delta S}\boldsymbol{n}=\rho\boldsymbol{v} \tag{3.2}$$

电流密度的单位是 $\mathrm{A/m^2}$。导体内每一点都有一个电流密度，因而构成一个矢量场。我们称这一矢量场为电流场。电流场的矢量线叫作电流线。它描述了某点处通过垂直于电流方向的单位面积上的电流。故此可知，通过任一面积元 $\mathrm{d}\boldsymbol{S}$ 的电流为

$$\mathrm{d}I=\boldsymbol{J}\cdot\mathrm{d}\boldsymbol{S} \tag{3.3}$$

流过任意面积 $S$ 的电流为

$$I=\int_S\boldsymbol{J}\cdot\mathrm{d}\boldsymbol{S} \tag{3.4}$$

有时电流仅仅分布在导体表面的一个薄层内。为此需要引入面电流密度的概念。任一点面电流密度的方向是该点正电荷运动的方向，大小等于通过垂直于电流方向的单位长度上的电流。若用 $\boldsymbol{n}$ 表示某点处的正电荷运动方向，取与 $\boldsymbol{n}$ 相互垂直的线元 $\Delta l$，设通过 $\Delta l$ 的电流为 $\Delta I$，则该点处的面电流密度（见图 3.2）

$$\boldsymbol{J}_s=\lim_{\Delta l\to 0}\frac{\Delta I}{\Delta l}\boldsymbol{n}=\frac{\mathrm{d}I}{\mathrm{d}l}\boldsymbol{n}=\rho_s\boldsymbol{v} \tag{3.5}$$

式(3.5)中为垂直于元线段 $\mathrm{d}l$ 的方向上的单位矢量。这样，流过任意线段 $l$ 电流为

$$I=\int_l(\boldsymbol{J}_s\cdot\boldsymbol{e}_\mathrm{n})\mathrm{d}l \tag{3.6}$$

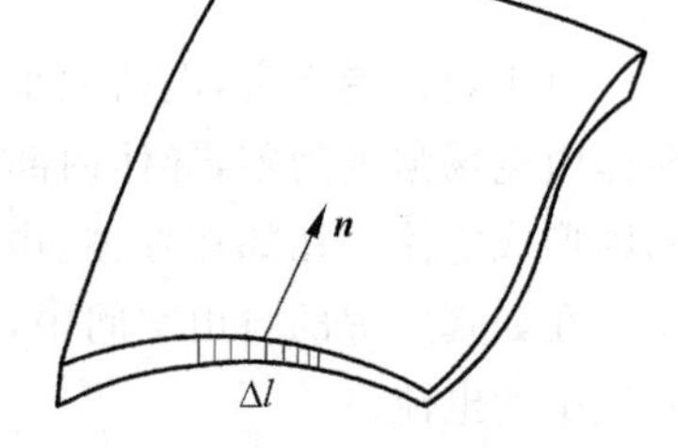


图 3.2 面电流密度

若线密度 $\rho_l$ 分布的电荷，以速度 $\boldsymbol{v}$ 运动（设线电荷沿其所分布的线上运动），类似就形成线电流密度 $\boldsymbol{J}_l=\rho_l\boldsymbol{v}$，不过不具有物理含义。

由此可见，电流密度的概念应用得更为广泛。一般把电流密度矢量在各处都不随时间而变化的电流称为恒定电流。

如有元电荷 $\mathrm{d}q$ 以速度 $\boldsymbol{v}$ 运动，则 $\boldsymbol{v}\mathrm{d}q$ 这一个量称为元电流段。因此，可以得到作不同分布的元电荷运动后形成的元电流段。例如，与作体分布的元电荷 $\rho\mathrm{d}V$ 相应的元电流段为 $\boldsymbol{J}\mathrm{d}V$（$\mathrm{d}q\boldsymbol{v}=\rho\boldsymbol{v}\mathrm{d}V$）。与作面分布的元电流段为 $\boldsymbol{J}_s\mathrm{d}S$，与作线分布的元电荷相应的元电流段为 $I\mathrm{d}\boldsymbol{l}$（$\mathrm{d}q\boldsymbol{v}=\mathrm{d}q\frac{\mathrm{d}\boldsymbol{l}}{\mathrm{d}t}=I\mathrm{d}\boldsymbol{l}$）。综上所述，元电流段有下列不同形式：

$$\boldsymbol{v}\mathrm{d}q \qquad \boldsymbol{J}\mathrm{d}V \qquad \boldsymbol{J}_s\mathrm{d}S \qquad I\mathrm{d}\boldsymbol{l} \tag{3.7}$$

### 3.1.2 欧姆定律的微分形式

要在导电介质中维持恒定电流，必须存在一个恒定电场。因此，电流密度矢量与电场强

度矢量一定存在某种函数关系。由电路理论知,导体两端的电压与流过它的电流成正比

$$U = IR \tag{3.8}$$

上式称为欧姆定律,其中 $R$ 是导体的电阻。对于均匀截面的导体有

$$R = \frac{l}{\sigma S} \tag{3.9}$$

式中 $\sigma$ 为电导率,单位是 S/m(西/米)。$\sigma$ 的倒数称为电阻率,用 $\rho$ 表示,单位是 Ω·m(欧·米)。

在场论中,对各向同性导电介质中任意点,选一段元电流管,其长度为 $\mathrm{d}l$,管的横截面积 $\mathrm{d}S$ 在此长度上可认为是均匀的,如图 3.3 所示。流过该管的电流为

$$\mathrm{d}I = \boldsymbol{J} \cdot \mathrm{d}\boldsymbol{S}$$

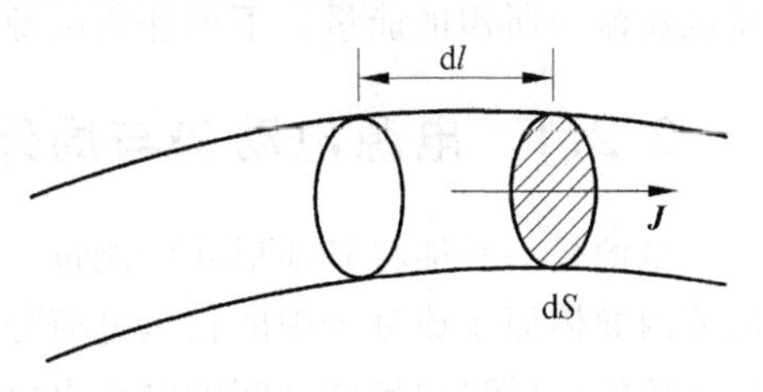

图 3.3 元电流管

$\mathrm{d}\boldsymbol{l}$ 段两端的电压为 $\mathrm{d}U$,$\mathrm{d}U=\boldsymbol{E}\cdot\mathrm{d}\boldsymbol{l}$。利用欧姆定律见式(3.8)有

$$\boldsymbol{E} \cdot \mathrm{d}\boldsymbol{l} = \boldsymbol{J} \cdot \mathrm{d}S \frac{\mathrm{d}\boldsymbol{l}}{\sigma \mathrm{d}S}$$

因为 $\mathrm{d}l$ 的方向就是 $\mathrm{d}S$ 的法线方向,所以得

$$\boldsymbol{J} = \sigma \boldsymbol{E} \tag{3.10}$$

这就是欧姆定律的微分形式。它给出了导电介质中任一点的电流密度与电场强度间的关系。此式虽是从恒定情况下导出的,但对非恒定情况也适用。

### 3.1.3 焦耳定律的微分形式

自由电荷在导电介质内移动时,不可避免地会与其他质点发生碰撞。如金属导体中自由电子在电场力作用下定向运动时,会不断与原子晶格发生碰撞,将动能转变为原子的热振动,造成能量损耗。因此,如果要在导体内维持恒定电流,必须持续地对电荷提供能量,这些能量最终都转化热能。下面介绍功率密度的表达式。

设导体每单位体积内有 $N$ 个自由电子 $e$,它们的平均速度为 $\boldsymbol{v}$,则式(3.2)可写成

$$\boldsymbol{J} = N(-e)\boldsymbol{v} \tag{3.11}$$

如导体中存在电场强度 $\boldsymbol{E}$,则每一电子所受的电场作用力是 $\boldsymbol{f}=-e\boldsymbol{E}$。在 $\mathrm{d}t$ 时间内,电场力对每一电子所做的功是

$$\mathrm{d}A_e = \boldsymbol{f} \cdot \mathrm{d}\boldsymbol{l} = -e\boldsymbol{E} \cdot \boldsymbol{v}\mathrm{d}t$$

移动元体积 $\mathrm{d}V$ 内的所有电子,需要做功

$$\mathrm{d}A = (N\mathrm{d}V)\mathrm{d}A_e = N(-e)\boldsymbol{v} \cdot \boldsymbol{E}\mathrm{d}V\mathrm{d}t$$

考虑到式(3.11),上式又可以写成

$$\mathrm{d}A = \boldsymbol{J} \cdot \boldsymbol{E}\mathrm{d}V\mathrm{d}t \tag{3.12}$$

式(3.12)给出了在 $\mathrm{d}t$ 时间内,导体每一元体积 $\mathrm{d}V$ 内,由于电子运动而转换成的热能,从而可得到功率密度

$$p = \frac{\mathrm{d}P}{\mathrm{d}V} = \frac{\mathrm{d}A/\mathrm{d}t}{\mathrm{d}V} = \boldsymbol{J} \cdot \boldsymbol{E} \tag{3.13}$$

式(3.13)即焦耳定律的微分形式。$p$ 的单位是 $\mathrm{W/m^3}$(瓦/米$^3$),表示导体内任一点单位体积的功率损耗与该点的电流密度和电场强度间的关系。电场理论中的焦耳定律(积分形式为 $P=I^2R$)可由它积分而得。此焦耳定律的微分形式在恒定电流和时变电流的情况下

都成立，但对运流电流不适用，因为运流电流中电场力对电荷所做的功不变成热量，而变成电荷的动能。

## 3.2 电源电动势与局外场强

焦耳定律说明恒定电流通过导电介质，将电能转化为热能而损耗。所以，要在导电介质中维持一恒定电场从而维持一恒定电流，必须将导电介质与电源相接，由电源不断地提供维持电流流动所需的能量。下面介绍电源的电动势与局外场强概念。

### 3.2.1 电源电动势与局外场强

电源是一种能将其他形式的能量，如机械能、化学能、热能等转换为电能的装置，它能把电源内导体原子或分子中的正负电荷分开，使正负电极之间的电压维持恒定，从而使与它们相连接的（电源外）导体之间的电压也恒定，并在其周围维持一恒定电场。电源中能将正负电荷分离开来的力 $\boldsymbol{f}_e$ 称为局外力，把作用于单位正电荷上的局外力 $\boldsymbol{f}_e/q$ 设想为一等效场强，称为局外场强，并用 $\boldsymbol{E}_e$ 表示。其方向由电源的负极指向正极。这样，从场的角度，可用局外场强来描述电源的特性，电源的电动势 ε 与局外场强的关系为

$$\varepsilon = \int_l \boldsymbol{E}_e \cdot \mathrm{d}\boldsymbol{l} \tag{3.14}$$

在电源内部，除了由两极上电荷所引起的库仑电场强度 $\boldsymbol{E}$ 以外，还有局外场强 $\boldsymbol{E}_e$，因此其中的合成场强应为两者之和即 $\boldsymbol{E}+\boldsymbol{E}_e$。应该注意，$\boldsymbol{E}$ 与 $\boldsymbol{E}_e$ 是反向的，前者由正极指向负极，后者则由负极指向正极，如图 3.4 所示。因此，通过含源导电介质的电流为

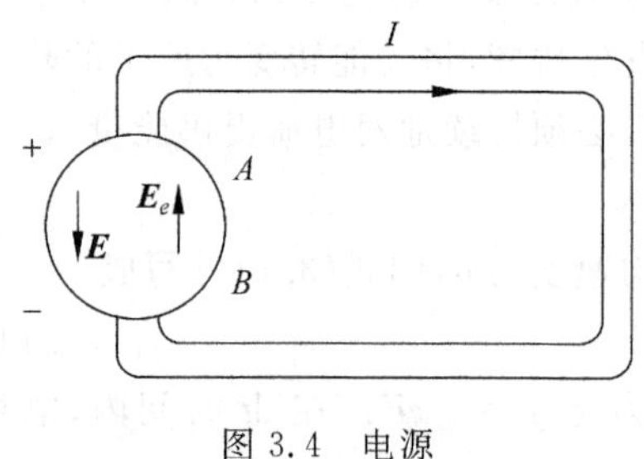

图 3.4 电源

$$\boldsymbol{J} = \sigma(\boldsymbol{E} + \boldsymbol{E}_e) \tag{3.15}$$

在电流以外区域中，则只存在库仑电场。产生库仑场强 $\boldsymbol{E}$ 的不是静止电荷，而是处于动态平衡下的恒定电荷。

### 3.2.2 恒定电场

对于恒定电场应分别考虑两种情况：一种是导电介质中的恒定电场，另一种是通有恒定电流的导体周围电介质或空气中的恒定电场。由于电介质中的恒定电场是由其分布不随时间变化的导体上的电荷引起的，因此这类电场也是保守场，可以用电位函数表征其特性，用解静电场问题相同的方法处理。虽然严格地说，导体中如通有电流，导体就不是等位体，它的表面也就不是等位面。可是在很多实际问题中，紧挨导体表面的电介质内电场强度 $\boldsymbol{E}$ 的切线分量，较其法线分量小得多，往往可以忽略不计。这样一来，导体表面上的边界条件就可以认为与静电场中的相同。因此，在研究有恒定电流通过的导体周围电介质中的恒定电场时，就可以应用相应的静电场问题的解答。所以，这里将着重讨论电源以外导电介质内的恒定电场。

## 3.3 恒定电场基本方程及边界条件

本节介绍恒定电场的基本方程，并在积分形式的基本方程基础上研究不同介质分界面两侧场量间的关系，导出分界面上的衔接条件。

### 3.3.1 电流连续性方程

根据电荷守恒定律，由任一闭合面流出的传导电流，应等于该面内自由电荷的减少率。如式(3.16)所示

$$\oint_s \boldsymbol{J} \cdot \mathrm{d}\boldsymbol{S} = -\frac{\partial q}{\partial t} \tag{3.16}$$

这就是电流连续性方程的一般形式。

要确保导电介质中的电场恒定，任意闭合面内不能有电荷的增减，否则就会导致电场的变化。也就是说，要在导电介质中维持一恒定电场，由任一闭合面(净)流出的传导电流应为零。这样，式(3.16)就变成

$$\oint_s \boldsymbol{J} \cdot \mathrm{d}\boldsymbol{S} = 0 \tag{3.17}$$

上式即恒定电场中的传导电流连续性方程。

### 3.3.2 电场强度的环路线积分

先设所取积分路线经过电源。考虑到在电源内的合成场强为 $\boldsymbol{E}+\boldsymbol{E}_e$，因此电场强度矢量的环路线积分为

$$\oint_l (\boldsymbol{E}+\boldsymbol{E}_e) \cdot \mathrm{d}\boldsymbol{l} = \oint_l \boldsymbol{E} \cdot \mathrm{d}\boldsymbol{l} + \oint_l \boldsymbol{E}_e \cdot \mathrm{d}\boldsymbol{l} = 0 + \varepsilon$$

可见

$$\oint_l (\boldsymbol{E}+\boldsymbol{E}_e) \cdot \mathrm{d}\boldsymbol{l} = \varepsilon \tag{3.18}$$

如果所取积分路线不经过电源，由于整个积分路线上只存在库仑场强，故有

$$\oint_l \boldsymbol{E} \cdot \mathrm{d}\boldsymbol{l} = 0 \tag{3.19}$$

### 3.3.3 恒定电场的基本方程

电源外导电介质中积分形式的恒定电场基本方程是上面所得式(3.17)和式(3.19)，即

$$\oint_s \boldsymbol{J} \cdot \mathrm{d}\boldsymbol{S} = 0$$

$$\oint_l \boldsymbol{E} \cdot \mathrm{d}\boldsymbol{l} = 0$$

它们表征导电介质中恒定电场的基本性质。

由高斯散度定理和斯托克斯定理，以上两式可以写成

$$\nabla \cdot \boldsymbol{J} = 0 \tag{3.20}$$

$$\nabla\times \boldsymbol{E} = 0 \tag{3.21}$$

这是导电介质中微分形式的恒定电场基本方程。它说明电场强度 $\boldsymbol{E}$ 的旋度等于零,恒定电场仍为一个保守场。同时说明 $\boldsymbol{J}$ 线是无头无尾的闭合曲线,因此恒定电流只能在闭合电路中流动。电路中只要有一处断开,电流就不能存在。

电流密度 $\boldsymbol{J}$ 与电场强度 $\boldsymbol{E}$ 间的关系为

$$\boldsymbol{J} = \sigma\boldsymbol{E} \tag{3.22}$$

## 3.3.4 分界面上的边界条件

在两种不同导电介质分界面上,由于物性发生突变,场量也会随之突变,故必须补充适合于分界面上的衔接条件。由于电源以外区域的恒定电场与无体积电荷分布区域的静电场的基本方程的相似性,恒定电场分界面上的衔接条件的推导也与静电场相似。

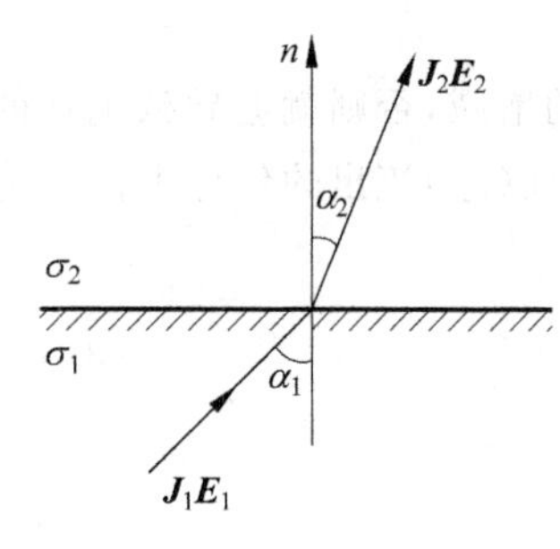

图 3.5 边界条件

设在分界面上无局外场存在,两分界面如图 3.5 所示,则根据 $\oint_l \boldsymbol{E}\cdot \mathrm{d}\boldsymbol{l} = 0$,可以得到

$$\boldsymbol{n}\times(\boldsymbol{E}_2-\boldsymbol{E}_1) = 0 \quad E_{1t} = E_{2t} \tag{3.23}$$

说明电场强度在分界面上的切线分量是连续的。

再根据 $\oint_s \boldsymbol{J}\cdot \mathrm{d}\boldsymbol{S} = 0$,可以得到

$$\boldsymbol{n}\cdot(\boldsymbol{J}_2-\boldsymbol{J}_1) = 0 \quad J_{1n} = J_{2n} \tag{3.24}$$

说明电流密度 $\boldsymbol{J}$ 在分界面上的法线分量是连续的。

如果介质是各向同性的,即 $\boldsymbol{J}$ 与 $\boldsymbol{E}$ 的方向一致,则式(3.23)和式(3.24)可分别写成

$$E_1\sin\alpha_1 = E_2\sin\alpha_2$$

$$\sigma_1E_1\cos\alpha_1 = \sigma_2E_2\cos\alpha_2$$

两式相除即得

$$\frac{\tan\alpha_1}{\tan\alpha_2} = \frac{\sigma_1}{\sigma_2} \tag{3.25}$$

这就是恒定电场中电场强度矢量线和电流密度矢量线的折射定律。如图 3.5 所示。若第一种介质是良导体,第二种介质是不良导体,即 $\sigma_1\gg\sigma_2$。除 $\alpha_1=90°$外,在其他情况下,不论 $\alpha_1$ 大小如何,即不论良导体中电流密度线与导体表面成什么角度,$\alpha_2$ 一定很小。也就是说,在靠近分界面处,不良导体内的电流密度线可近似看成与分界面的法线平行。例如,钢($\sigma_1=5\times10^6\,\mathrm{S/m}$)与土壤($\sigma_2=10^{-2}\,\mathrm{S/m}$)的分界面上,当 $\alpha_1=89°59'50''$ 时,$\alpha_2=8''$。这说明电流由良导体进入不良导体内,电流密度线是与良导体表面相垂直的,如图 3.6 所示,可近似地将分界面视为等位面。

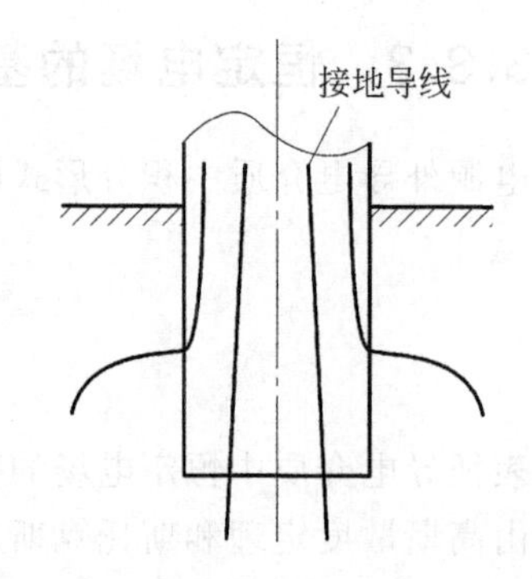

图 3.6 接地导体附近电流线分布

在被理想介质包围的载流导体表面上,由于理想介质的电导率为零($\sigma_2=0$),理想介质中不存在恒定电流,即 $\boldsymbol{J}_2=0$,由式(3.24)可知。$\boldsymbol{J}_{1n}=\boldsymbol{J}_{2n}=0$,又因为

$\boldsymbol{J}_{1n}=\sigma_1\boldsymbol{E}_{1n}$，则 $\boldsymbol{E}_{1n}=0$。说明导体一侧只能存在切线分量的电流和切线分量的电场强度，即 $\boldsymbol{E}_1=\boldsymbol{E}_{1t}=\dfrac{\boldsymbol{J}_{1t}}{\sigma_1}=\dfrac{\boldsymbol{J}_1}{\sigma_1}$。因此一根细导线上通有恒定电流时，不论导线如何弯曲，导线内的电流线也将是同样的弯曲。

进一步分析可以得知，理想介质中 $\boldsymbol{J}_2=0$，但在理想介质中电场强度 $\boldsymbol{E}_2$ 并不为零。因为 $\boldsymbol{J}_2=\sigma_2\boldsymbol{E}_2$，$\sigma_2=0$，$\boldsymbol{J}_2=0$，所以 $\boldsymbol{E}_2$ 不一定等于零。如前所述，导体周围电介质中的恒定电场可以应用相应的静电场问题的推导结果，分界面上应满足 $\boldsymbol{D}_{2n}-\boldsymbol{D}_{1n}=\rho_s$，$\boldsymbol{D}_{1n}=\varepsilon_1\boldsymbol{E}_{1n}=0$，所以 $\rho_s=\boldsymbol{D}_{2n}=\varepsilon_2\boldsymbol{E}_{2n}$。这说明在导体与理想介质分界面有面积电荷分布。现在通过一个简单的例子，利用场图给出定性分析。设有一段长直圆柱导线，两端与电源相连接。在圆柱导线内，电流应该均匀分布即电流密度 $\boldsymbol{J}$ 应该与坐标无关，在电源的作用下，两端面上有正负面积电荷产生。由它们单独在导体内所引起的电场不可能是均匀的，如图 3.7(a)所示。要在导体内得到均匀电场，必须抵消导体截面内电场的径向分量，即在导体的侧面应另有电荷分布。这部分电荷单独产生的电场如图 3.7(b)所示。上述两部分电荷在导线内部所引起的电场的轴线方向分量互相增强，而其径向分量互相抵消。两者叠加使导线内得到一个均匀的合成电场，如图 3.7(c)所示。

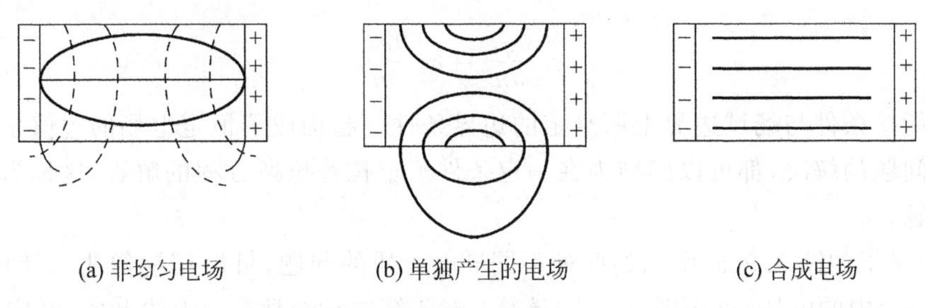


(a) 非均匀电场　　(b) 单独产生的电场　　(c) 合成电场

图 3.7　载流导体表面的电荷分布

在导线外理想介质中不仅电场强度的法线分量存在，而且由式(3.23) $\boldsymbol{E}_{2t}=\boldsymbol{E}_{1t}\neq 0$，即电场强度的切线分量也存在。因此在电介质中紧挨导体表面处的电场强度 $\boldsymbol{E}_2$ 与导体表面不垂直，如图 3.8 所示。

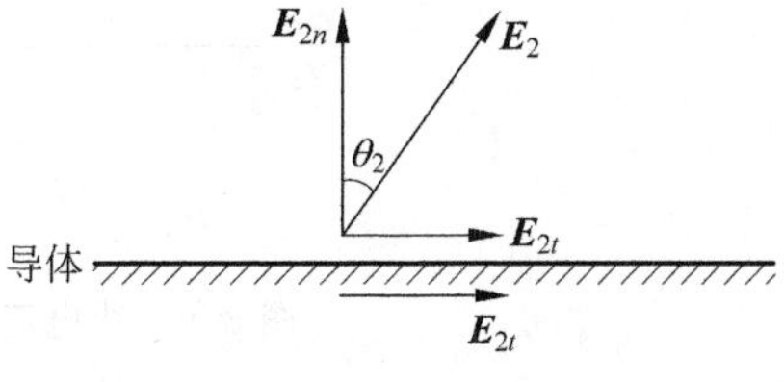

在两种不同导电介质的分界面处，设区域 1 的电导率为 $\sigma_1$，介电常数为 $\varepsilon_1$，区域 2 的电导率为 $\sigma_2$，介电常数为 $\varepsilon_2$，则电位移和电流密度的法线分量的衔接条件分别为

$$\boldsymbol{D}_{2n}-\boldsymbol{D}_{1n}=\rho_s\quad 或\quad \varepsilon_2\boldsymbol{E}_{2n}-\varepsilon_1\boldsymbol{E}_{1n}=\rho_s$$

和

$$\boldsymbol{J}_{2n}=\boldsymbol{J}_{1n}=\boldsymbol{J}_n\quad 或\quad \sigma_2\boldsymbol{E}_{2n}-\sigma_1\boldsymbol{E}_{1n}=0$$

图 3.8　载流导体表面的电场

由此得出，分界面上的电荷密度为

$$\rho_s=\left(\varepsilon_2-\varepsilon_1\frac{\sigma_2}{\sigma_1}\right)\boldsymbol{E}_{2n}=\left(\varepsilon_2\frac{\sigma_1}{\sigma_2}-\varepsilon_1\right)\boldsymbol{E}_{1n}=\left(\frac{\varepsilon_2}{\sigma_2}-\frac{\varepsilon_1}{\sigma_1}\right)\boldsymbol{J}_n\tag{3.26}$$

若 $\dfrac{\sigma_2}{\sigma_1}=\dfrac{\varepsilon_1}{\varepsilon_2}$，则 $\rho_s=0$。

根据经典电子理论，在恒定场情况下，可以近似地认为金属导体的介电常数 $\varepsilon\approx\varepsilon_0$。因

此,两种不同金属导体分界面上的电荷面密度为

$$\rho_s = \left(1 - \frac{\sigma_2}{\sigma_1}\right)\varepsilon_0 \boldsymbol{E}_{2n} = \left(\frac{\sigma_1}{\sigma_2} - 1\right)\varepsilon_0 \boldsymbol{E}_{1n} = \left(\frac{1}{\sigma_2} - \frac{1}{\sigma_1}\right)\varepsilon_0 \boldsymbol{J}_n \tag{3.27}$$

## 3.3.5 恒定电场的边值问题

在恒定电场中,由于$\nabla \times \boldsymbol{E} = 0$,因此电场强度$\boldsymbol{E}$与标量电位函数$\varphi$的关系仍然是

$$\boldsymbol{E} = -\nabla\varphi \tag{3.28}$$

由式(3.20)和式(3.22),可得到

$$\nabla \cdot \boldsymbol{J} = \nabla \cdot (\sigma \boldsymbol{E}) = \sigma \nabla \cdot \boldsymbol{E} + \boldsymbol{E} \cdot \nabla\sigma = 0$$

对于均匀介质,应有$\nabla\sigma = 0$,再将式(3.28)代入,从而得

$$\nabla^2 \varphi = 0 \tag{3.29}$$

即恒定电场的电位函数也满足拉普拉斯方程。

在两种不同导电介质分界面上,由电位函数$\varphi$表示衔接条件为

$$\varphi_1 = \varphi_2 \tag{3.30}$$

和

$$\sigma_1 \frac{\partial \varphi_1}{\partial n} = \sigma_2 \frac{\partial \varphi_2}{\partial n} \tag{3.31}$$

上述衔接条件与场域边界上所给定的边界条件一起构成了恒定电场的边值条件。很多恒定电场问题的解决,都可以归结为在一定条件下求拉普拉斯方程的解答,这称为恒定电场的边值问题。

例如,对于如图3.9(a)所示的两种不同导电介质的问题,可以用镜像法来计算,对于第一种介质($\sigma_1$)中的电场,可按图3.9(b)计算;对于第二种介质($\sigma_2$)中的电场,可按图3.9(c)计算。其中镜像电流$I'$与$I''$由边界条件关系,可知为

$$I' = \frac{\sigma_1 - \sigma_2}{\sigma_1 + \sigma_2} I, \quad I'' = \frac{2\sigma_2}{\sigma_1 + \sigma_2} I \tag{3.32}$$

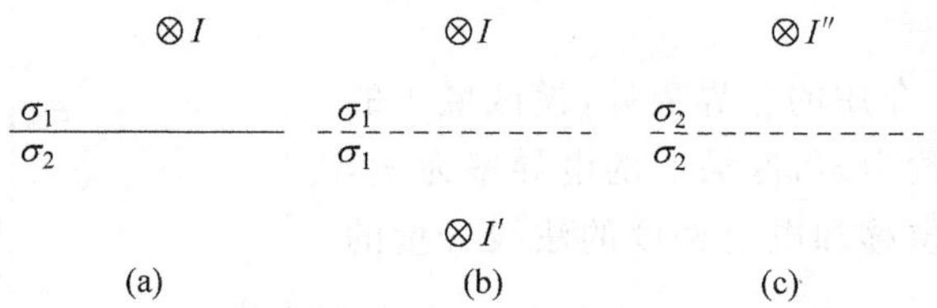

$\otimes I$ $\sigma_1$ $\sigma_2$ (a)

$\otimes I$ $\sigma_1$ $\sigma_1$ $\otimes I'$ (b)

$\otimes I''$ $\sigma_2$ $\sigma_2$ (c)

图3.9 线电流对无限大导电介质分界平面的镜像

如第一种介质是土壤,第二种介质是空气,即$\sigma_2 = 0$,则由上式可得

$$I' = I \quad I'' = 0 \tag{3.33}$$

在工程实际中,为了避免发生击穿事故,往往需要了解绝缘介质中的电场分布。有些情况下,还必须了解高压电气设备附近的电场强度分布,以确保运行人员的人身安全,这时往往借助于场的模拟实验来解决这些问题。将模型置于注有高电阻率导电溶液的槽中,对其中的恒定电流场进行电位或电场强度的测定,称为电解槽模拟。它多用于轴对称场的模拟,如高压套管电场、电缆头电场、棒子式绝缘子电场等。

# 3.4 电导

工程上常常需要计算两电极之间填充的导电介质或有损耗绝缘材料的电导或漏电导，其倒数又称绝缘电阻，这也是恒定电场中的一个重要问题。

## 3.4.1 电导

电导的定义是流经导电介质的电流与导电介质两端电压之比，即

$$G=\frac{I}{U} \tag{3.34}$$

当导体形状较规则或有某种对称关系时，可先假设一电流，然后按 $I\to\boldsymbol{J}\to\boldsymbol{E}\to U\to G$ 的步骤求得电导。当然也可以假设一电压，然后按 $U\to\boldsymbol{E}\to\boldsymbol{J}\to I\to G$ 的步骤求得电导。一般情况下，则需结合边界条件，从解拉普拉斯方程入手来计算电导。

**例 3.1**　求同轴电缆的绝缘电阻。设内外导体的半径分别为 $a$、$b$，长度为 $l$，中间介质的电导率为 $\sigma$，介电常数为 $\varepsilon$（见图 3.10）。

**解**：设电缆的长度 $l$ 远大于截面半径，忽略其端部边缘效应，并设漏电流为 $I$，则两电极（即内外导体）间任意点 $M$ 的漏电流密度为

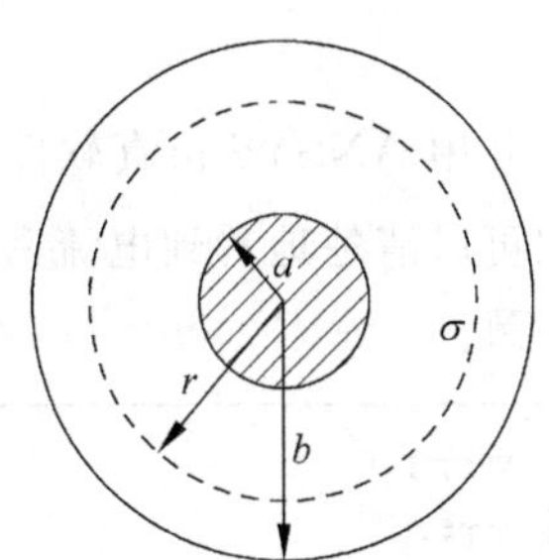


图 3.10　同轴电缆的绝缘电阻

$$J=\frac{I}{2\pi rl}$$

故电场强度为

$$E=\frac{J}{\sigma}=\frac{I}{2\pi rl\sigma}$$

内外两导体间的电压

$$U=\int_a^b\frac{I}{2\pi rl\sigma}\mathrm{d}r=\frac{I}{2\pi l\sigma}\ln\frac{b}{a}$$

从而得漏电导

$$G=\frac{I}{U}=\frac{2\pi l\sigma}{\ln\dfrac{b}{a}}$$

相应的绝缘电阻为

$$R=\frac{1}{G}=\frac{1}{2\pi\sigma l}\ln\frac{b}{a}$$

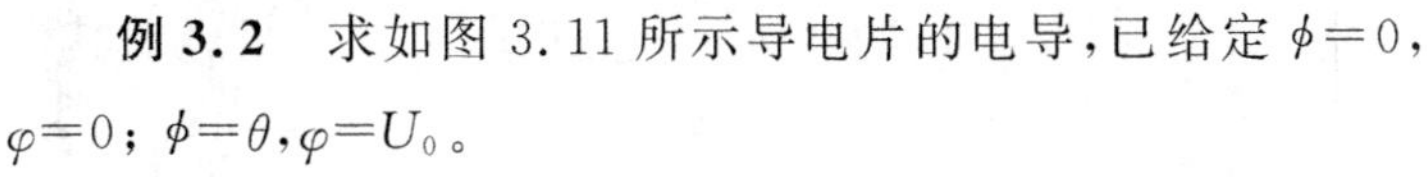

**例 3.2**　求如图 3.11 所示导电片的电导，已给定 $\phi=0$，$\varphi=0$；$\phi=\theta$，$\varphi=U_0$。

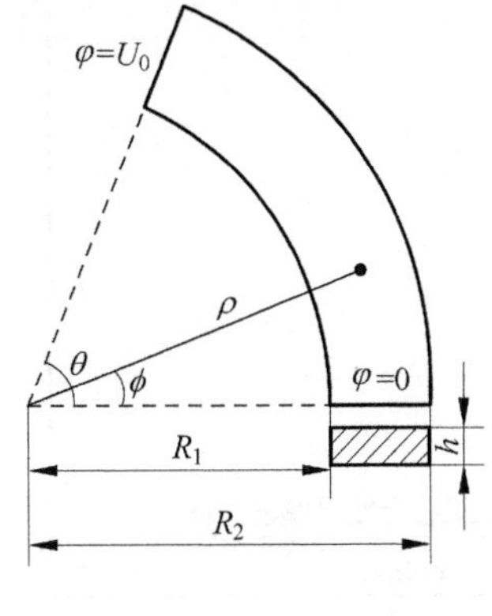


图 3.11　弧形导片

**解**：由于电流分布不对称，因此需从解拉普拉斯方程入手。如图 3.11 所示，取圆柱坐标系，可以判定电位函数 $\varphi$ 与 $\rho$ 及 $z$ 无关，这样该导电片内恒定电场的边值问题可写为

$$\frac{1}{\rho^2}\frac{\partial^2\varphi}{\partial\phi^2}=0\quad \varphi\Big|_{\phi=0}=0\quad \varphi\Big|_{\phi=\theta}=U_0$$

方程的通解为

$$\varphi = C_1\phi + C_2$$

将给定的边界条件代入，可以得到

$$\varphi = \left(\frac{U_0}{\theta}\right)\phi$$

电场强度为

$$\boldsymbol{E} = -\nabla\varphi = -\frac{1}{\rho}\frac{\partial\varphi}{\partial\phi}e_{\phi} = -\frac{U_0}{\rho\theta}\boldsymbol{e}_{\phi}$$

电流密度为

$$\boldsymbol{J} = \sigma\boldsymbol{E} = -\frac{\sigma U_0}{\rho\theta}e_{\phi}$$

电流为

$$I = \int_S \boldsymbol{J}\cdot\mathrm{d}\boldsymbol{S} = \int_{R_1}^{R_2}\frac{\sigma U_0}{\rho\theta}\boldsymbol{e}_{\phi}\cdot hd\rho(-\boldsymbol{e}_{\phi}) = \frac{\sigma h U_0}{\theta}\ln\frac{R_2}{R_1}$$

最后得导电片的电导

$$G = \frac{I}{U_0} = \frac{\sigma h}{\theta}\ln\frac{R_2}{R_1}$$

利用ANSYS仿真软件对例3.2进行仿真，可得图3.12所示的电流密度矢量场图，由此图可以清楚地看到电流密度在$\phi$角一定处的截面上不均匀，而与$\rho$成反比，这与计算结果相一致。

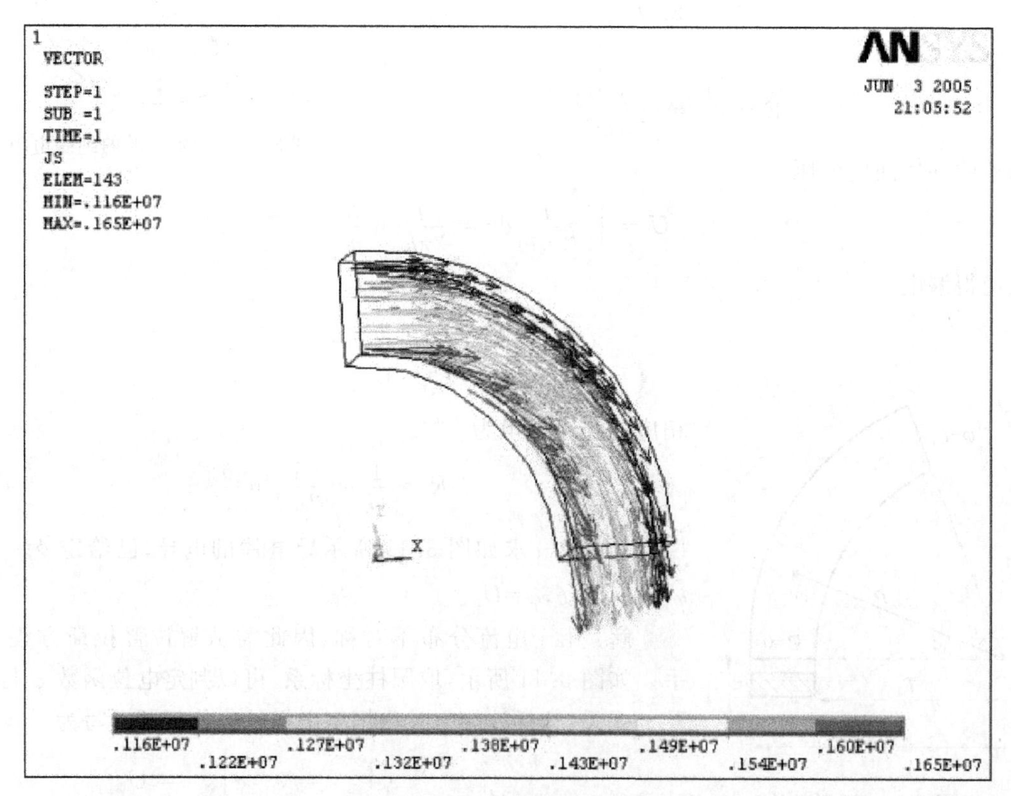


图3.12 例3.2ANSYS仿真结果

### 3.4.2 接地电阻

工程上常将电气设备的一部分和大地联接，这就叫接地。如果是为了保护工作人员及电气设备的安全而接地，则称为保护接地。如果是以大地为导线或为消除电气设备的导电部分对地电压的升高而接地，则称为工作接地。为了接地，将金属导体埋入地内，再将设备中需要接地的部分与该导体连接，这种埋在地内的导体或导体系统称为接地体。连接电力设备与接地体的导线称为接地线。接地体与接地线总称接地装置。

接地电阻就是电流由接地装置流入大地再经大地流向另一接地体或向远处扩散所遇到的电阻，它包括接地线和接地体本身的电阻、接地体与大地之间的接触电阻以及两接地体之间大地的电阻或接地体到无限远处的大地电阻。其中前三部分电阻值比最后部分要小得多，因此，接地电阻主要是指后者，即大地的电阻。

计算接地电阻，必须研究地中电流的分布。在分析时，可把接地体看作电极，并以离它足够远处作为零电位点。地中电流的电流线不是散发到无限远，而是汇聚在另一电极上或绝缘遭到破坏之处。但是这一情况，对于电极附近的电流分布影响不大，因此对于相应的接地电阻影响很小。这是因为电流流散时，在电极附近电流密度最大，所遇到的电阻也就主要集中在电极附近。

深埋地中半径为 $a$ 的接地导体球，此时可以不考虑地面的影响，其 $\boldsymbol{J}$ 线的分布如图 3.13 所示。设电流 $I$ 进入土壤到达无限远处，则该点的 $J=\dfrac{I}{4\pi r^2}$，$E=\dfrac{J}{\sigma}=\dfrac{I}{4\pi\sigma r^2}$，$U=\displaystyle\int_a^{\infty}\dfrac{I}{4\pi\sigma r^2}\mathrm{d}r=\dfrac{I}{4\pi\sigma a}$。接地电阻 $R=\dfrac{U}{I}=\dfrac{1}{4\pi\sigma a}$。

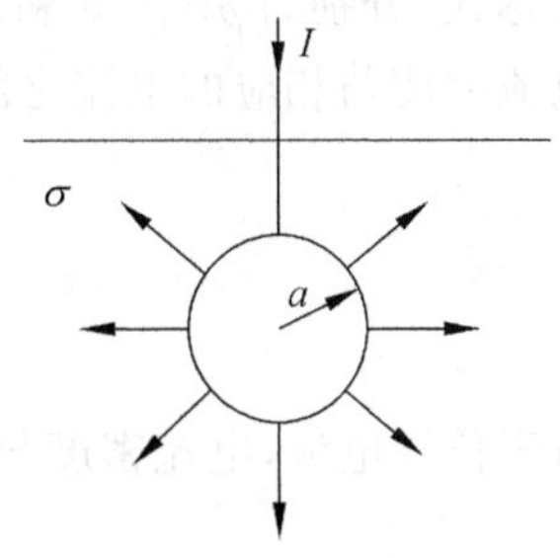

图 3.13 深埋接地导体球的线分布

### 3.4.3 跨步电压

在电力系统中的接地体附近，由于接地电阻的存在，当有大电流在土壤中流动时，就可能使地面上行走的人的两足间的电压(跨步电压)很高，超过安全值达到对人致命的程度。我们将跨步电压超过安全值达到对生命产生危险程度的范围称为危险区。

这里，先讨论半球形接地体附近地面上的电位分布，然后确定危险区的半径。半球的半径为 $a$，如图 3.14 所示。如果由接地体流入大地的电流为 $I$，则在距球心 $x$ 处的电流密度 $J=\dfrac{I}{2\pi x^2}$，场强 $E=\dfrac{J}{\sigma}=\dfrac{I}{2\pi\sigma x^2}$。电位 $\varphi(a)=\displaystyle\int_a^{\infty}\dfrac{I}{2\pi\sigma x^2}\mathrm{d}x=\dfrac{I}{2\pi\sigma a}$。电位分布曲线如图 3.14 所示。

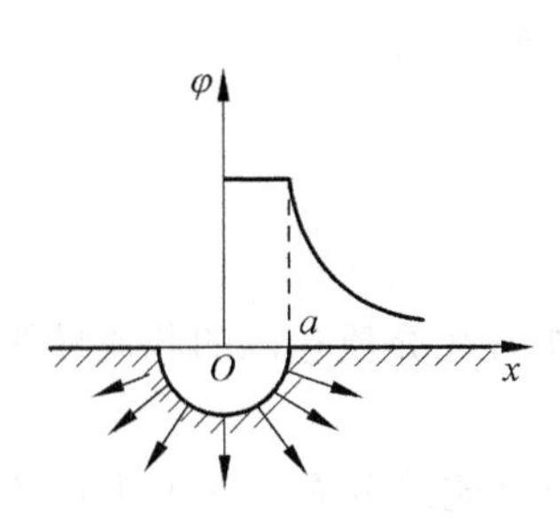

图 3.14 跨步电压

设地面上 $A$、$B$ 两点之间的距离为 $b$，等于人的两脚的跨步距离。令 $A$ 点与接地体中心的距离为 $l$。接地体中心与 $B$ 点相距 $(l-b)$，则跨步电压为

$$U_{BA}=\int_{l-b}^{l}\frac{I}{2\pi\sigma x^2}\mathrm{d}x=\frac{I}{2\pi\sigma}\left(\frac{1}{l-b}-\frac{1}{l}\right)$$

若对人体有危险的临界电压为 $U_0$，当 $U_{BA}=U_0$ 时，$A$ 点就成为危险区的边界，即危险区是以 $O$ 为中心，以 $l$ 为半径的圆面积。

由

$$U_0=\frac{I}{2\pi\sigma}\left(\frac{1}{l-b}-\frac{1}{l}\right)\approx\frac{Ib}{2\pi\sigma l^2}$$

即可得

$$l=\sqrt{\frac{Ib}{2\pi\sigma U_0}} \tag{3.35}$$

上式表明了与危险区半径 $l$ 有关的量。

应该指出，实际上直接危及生命的不是电压，而是通过人体的电流。当通过人体的工频电流超过 8mA 时，有可能发生危险，超过 30mA 时将危及生命。

## 提要

电流是由电荷的有规则运动形成的，不同的电荷分布运动时所形成的电流密度，具有不同的表达式，分别为 $\rho\boldsymbol{v}$、$\rho_s\boldsymbol{v}$ 和 $\rho_l\boldsymbol{v}$。与它们相应的元电流段的表达式为 $\boldsymbol{J}\mathrm{d}V$、$\boldsymbol{J}_S\mathrm{d}S$ 和 $I\mathrm{d}\boldsymbol{l}$。

电流密度与相应的电流之间，有下列关系

$$I=\int_l(\boldsymbol{J}_s\cdot\boldsymbol{e}_\mathrm{n})\mathrm{d}\boldsymbol{l}$$

$$I=\int_S\boldsymbol{J}\cdot\mathrm{d}\boldsymbol{S}$$

对于传导电流，电流密度与电场强度间的关系为

$$\boldsymbol{J}=\sigma\boldsymbol{E}$$

导电介质中有电流时，必伴随有功率损耗，其体密度为

$$p=\boldsymbol{J}\cdot\boldsymbol{E}$$

因此要在导电介质中维持一恒定电流，必须与电源相联。电源的特性可用它的局外场强表示，与电源的电动势间的关系为

$$\varepsilon=\int\boldsymbol{E}_e\cdot\mathrm{d}\boldsymbol{l}$$

导电介质中的恒定电场（电源外）基本方程的积分形式和微分形式分别为

$$\oint_S\boldsymbol{J}\cdot\mathrm{d}\boldsymbol{S}=0,\quad\oint_l\boldsymbol{E}\cdot\mathrm{d}\boldsymbol{l}=0$$

和

$$\nabla\cdot\boldsymbol{J}=0\quad\nabla\times\boldsymbol{E}=0$$

由微分形式的基本方程可以导得拉普拉斯方程

$$\nabla^2\varphi=0$$

两种不同介质分界面上的边界条件是 $\boldsymbol{J}_{1n}=\boldsymbol{J}_{2n}$ 和 $\boldsymbol{E}_{1t}=\boldsymbol{E}_{2t}$，被理想介质包围的载流导体表面有面积电荷存在。

电导的计算原则与电容相仿。接地电阻的计算，要分析地中电流的分布。在电力系统的接地体附近，要注意危险区。

## 思考题

3.1　在恒定电场中，局外场强 $\boldsymbol{E}_e$ 和库仑场强 $\boldsymbol{E}$ 是否都满足保守场的条件？

3.2　恒定电场中的导体，其表面存在自由电荷分布，这些自由电荷是否都是静止不动的？其电荷面密度是否随时间变化？

3.3　恒定电场基本方程的微分形式，表明恒定电场的性质是什么？

3.4　静电比拟的理论依据是什么？静电比拟的条件是什么？

3.5　如果导电介质不均匀，介质中的电位是否满足方程 $\nabla^2\varphi=0$？

3.6　在两种导电介质的分界面两侧，在什么条件下 $\boldsymbol{E}$ 和 $\boldsymbol{J}$ 具有同一个入射角、折射角？

3.7　当导电介质中有恒定电流时，导电介质外部的电介质中的电场应遵循什么规律？

3.8　由钢（$\sigma=0.6\times10^7$ S/m）和铜（$\sigma=5.8\times10^7$ S/m）分别制成形状和尺寸都相同的两个接地体，当埋入地中时它们的接地电阻是否相同？

3.9　加有恒定电压的输电线有电流通过与没有电流通过情况下，导线周围介质中的电场有哪些相似与不同？

3.10　在恒定电场中，有下列几种不同情况的边界条件：

(1) 电导率相差极大的两导电介质的分界面；

(2) 导电介质与理想介质的分界面；

(3) 两种非理想介质的分界面。

试问在什么情况下，在分界面哪一侧，电场强度线近似垂直于分界面？什么情况下平行于分界面？

3.11　接地电阻是怎样形成的？何谓接地装置附近的危险区？跨步电压与哪些量有关？

3.12　在电流密度 $\boldsymbol{J}\neq0$ 的地方，电荷体密度是否可能等于零。

## 习题 3

3.1　电导率为 $\sigma$ 的均匀。各向同性的导体球，其表面上的电位为 $\varphi_0\cos\theta$，其中 $\theta$ 是球坐标 $(r,\theta,\phi)$ 的一个变量。试决定表面上各点的电流密度 $\boldsymbol{J}$。

3.2　一半径为 $a$ 的均匀带电球，带电总量为 $Q$，该球绕直径以角速度旋转，求：

(1) 球内各处的电流密度 $\boldsymbol{J}$；

(2) 通过半径为 $a$ 的半圆的总电流。

3.3　已知某一区域中在给定瞬间的电流密度 $\boldsymbol{J}=A(x^3\boldsymbol{e}_x+y^3\boldsymbol{e}_y+z^3\boldsymbol{e}_z)$，其中 $A$ 为常数。求：

(1) 此瞬间点 $(1,-1,2)$ 处电荷密度的变化率 $\frac{\partial\rho}{\partial t}$；

(2) 求此时以原点为球心，$a$ 为半径的球内总电荷的变化率 $\frac{\mathrm{d}Q}{\mathrm{d}t}$。

3.4　同轴线内外导体半径分别为 $a$ 和 $b$，其间填充介质的电导率为 $\sigma$，内外导体间的电压为 $U_0$。求此同轴线单位长度的功率损耗。

3.5　内外导体的半径分别为 $R_1$、$R_2$ 的圆柱形电容器，中间的非理想介质的电导率为 $\sigma$。若在内外导体间加电压 $U_0$，求非理想介质中各点的电位和电场强度。

3.6　球形电容器的内外半径分别为 $R_1$、$R_2$，中间的非理想介质的电导率为 $\sigma$。已知内外导体间电压为 $U_0$，求介质中各点的电位和电场强度。

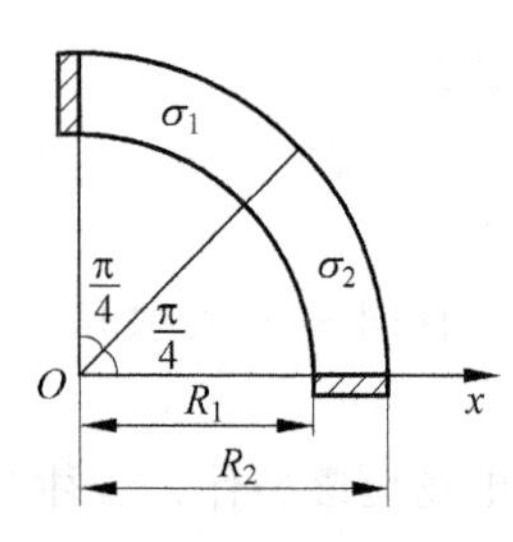


图 3.15　题 3.7 图

3.7　有两块不同电导率的薄钢片构成一导电弧片。如图 3.15 所示。若 $\sigma_1=6.5\times10^7\text{S/m}$，$\sigma_2=1.2\times10^7\text{S/m}$，$R_1=30\text{cm}$，$R_2=45\text{cm}$，厚度为 2mm。电极间电压 $U=30\text{V}$ 且 $\sigma\gg\sigma_1$，求：

(1) 弧片内的电位分布(设 $x$ 轴上的电极为零电位)；

(2) 总电流 $I$ 和弧片电阻 $R$；

(3) 在分界面上，$\boldsymbol{D}$、$\boldsymbol{J}$、$\boldsymbol{E}$ 是否突变？

(4) 分界面上的电荷密度 $\rho_s$。

3.8　如将电极改置于钢片的弧边，重求上题的解。

3.9　两无限大平行金属板，相距 $d$，板间置有两种导电介质，分界面亦为平面。第一种介质(电导率 $\sigma_1$，介电常数 $\varepsilon_1$)厚度为 $a$，第二种介质(电导率 $\sigma_2$，介电常数 $\varepsilon_2$)厚度为$(d-a)$。已知金属板的电位分别为 $\varphi_1$ 和 $\varphi_2$，试求达到稳定状态时分界面上的电位及电荷密度。

3.10　球形电容器的内半径 $R_1=5\text{cm}$，外半径 $R_2=10\text{cm}$，其中设有两层电介质，其分界面亦为球面，半径 $R_0=8\text{cm}$。若 $\sigma_1=10^{-10}\text{S/m}$，$\sigma_2=10^{-9}\text{S/m}$。若内外导体间施加电压 1kV，求：

(1) 球面之间的 $\boldsymbol{E}$、$\boldsymbol{J}$ 和 $\varphi$；

(2) 漏电导。

3.11　以橡胶作为绝缘的电缆漏电阻是通过下述方法测定的：把长度为 $l$ 的电缆浸入盐水溶液中，然后在电缆导体和溶液之间加电压，从而可测得电流。有一段 3m 长的电缆，浸入溶液后加电压 200V，测得电流为 $2\times10^{-9}\text{A}$。已知绝缘层的厚度与中心导体的半径相等，求绝缘层的电阻率。

3.12　半球形的电极置于一个直而深的陡壁附近(见图 3.16)。已知 $R=0.3\text{m}$，半球中心距陡壁的距离 $h=10\text{m}$，土壤的电导率 $\sigma=10^{-2}\text{S/m}$，求接地电阻。

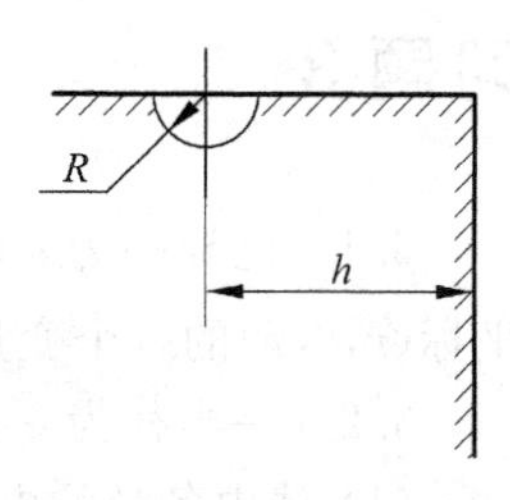


图 3.16　题 3.12 图

3.13　一个由钢条组成的接地体系统，已知其接地电阻为 100Ω，土壤的电导率 $\sigma=10^{-2}\text{S/m}$。设有短路电流 500A 从钢条流入地中，有人正以 0.6m 的步距向此接地系统前进，前足距钢条中心 2m，求跨步电压。(解题时，可将接地系统用一等效的半球形接地体代替之。)

# 第4章 恒定磁场

恒定磁场是由恒定电流引起的。描述恒定磁场最主要的场矢量是磁感应强度 $\boldsymbol{B}$。本章分析真空中的磁场；引入磁化强度矢量 $\boldsymbol{M}$ 讨论导磁介质在恒定磁场中的表现，引入磁场强度矢量 $\boldsymbol{H}$，导得安培环路定律及磁通连续性原理；介绍不同介质分界面上的衔接条件及磁矢位 $\boldsymbol{A}$ 和磁位 $\varphi_m$，并推导泊松方程和拉普拉斯方程；介绍计算电感的方法；讨论磁场能量、磁能密度以及磁场力的计算公式；最后，简要介绍磁路的基本定律和恒定磁通磁路的计算。

## 4.1 磁感应强度

1802 年丹麦科学家奥斯特发现了通有电流的导线能使附近的磁针发生偏转，即电流的磁效应。说明当导体通有电流时，在其内外还存在着一种称为磁场的特殊形式的物质，这个不随时间变化的磁场即恒定磁场。磁场是电磁场的又一个种重要和特殊的形式，它的表现是对于引入其中的运动电荷有力相的作用。

恒定磁场的重要定律是安培定律，如图 4.1 所示。是法国物理学家安培通过实验测得结果总结出来的一个基本定律，安培定律指出：真空中由细导线组成的两个回路 $l'$、$l$，分别通以恒定电流 $I'$、$I$。在两回路上选元电流 $I'\mathrm{d}\boldsymbol{l}'$、$I\mathrm{d}\boldsymbol{l}$，$\mathrm{d}\boldsymbol{l}$ 的方向分别对应于 $I'$ 和 $I$ 流动的方向，$\boldsymbol{r}'$、$\boldsymbol{r}$ 是元电流的位置矢量，$\boldsymbol{R}=\boldsymbol{r}-\boldsymbol{r}'$ 是它们的相对位置矢量。电流回路 $l'$ 对电流回路 $l$ 的作用力为

$$\boldsymbol{F}=\frac{\mu_0}{4\pi}\oint_l\oint_{l'}\frac{I\mathrm{d}\boldsymbol{l}\times(I'\mathrm{d}\boldsymbol{l}'\times\boldsymbol{e}_R)}{R^2} \tag{4.1}$$

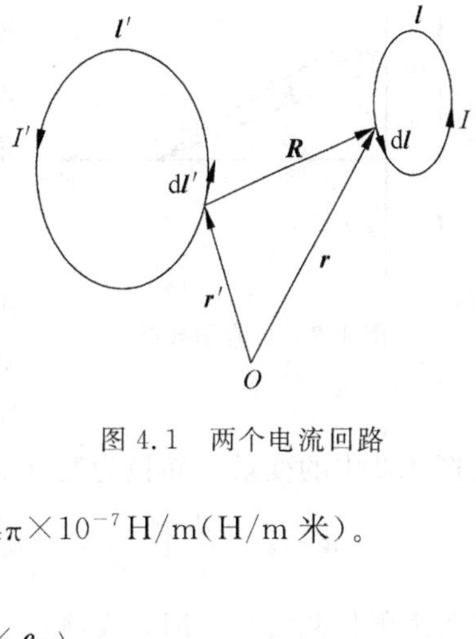

图 4.1 两个电流回路

上式就是真空中的安培力定律，它给出两个电流回路之间的作用力。式中 $\mu_0$ 是真空中的磁导率，在 SI 中，$\mu_0=4\pi\times10^{-7}$ H/m(H/m 米)。

式(4.1)可改为

$$\boldsymbol{F}=\oint_l I\mathrm{d}\boldsymbol{l}\times\left(\frac{\mu_0}{4\pi}\oint_{l'}\frac{I'\mathrm{d}\boldsymbol{l}'\times\boldsymbol{e}_R}{R^2}\right) \tag{4.2}$$

从场的观点考虑，式(4.2)括号中的量代表电流 $I'$ 在 $I\mathrm{d}\boldsymbol{l}$ 处产生的效应，用 $\boldsymbol{B}$ 表示

$$\boldsymbol{B}=\frac{\mu_0}{4\pi}\oint_{l'}\frac{I'\mathrm{d}\boldsymbol{l}'\times\boldsymbol{e}_R}{R^2} \tag{4.3}$$

上式称为毕奥-萨伐尔定律。$\boldsymbol{B}$ 称为磁感应强度(又称磁通密度)，它是表征磁场特性的

基本场量，其单位是 T(特斯拉)。在第 3 章中，曾提到过几种元电流段，除了 $I\mathrm{d}\boldsymbol{l}$，还有 $\boldsymbol{J}\mathrm{d}V$ 和 $\boldsymbol{J}_s\mathrm{d}S$ 等，相应地，毕奥-萨伐尔定律还可以分别写为

$$\boldsymbol{B}(x,y,z)=\frac{\mu_0}{4\pi}\int_{V'}\frac{\boldsymbol{J}(x',y',z')\times\boldsymbol{e}_R}{R^2}\mathrm{d}V' \tag{4.4}$$

和

$$\boldsymbol{B}(x,y,z)=\frac{\mu_0}{4\pi}\int_{S'}\frac{\boldsymbol{J}_s(x',y',z')\times\boldsymbol{e}_R}{R^2}\mathrm{d}S' \tag{4.5}$$

若在磁场中有电流强度为 $I$ 的线电流回路，则磁场对该电流回路的作用力可以写为

$$\boldsymbol{F}=\oint_l I\mathrm{d}\boldsymbol{l}\times\boldsymbol{B} \tag{4.6}$$

这就是一般形式的安培力定律。若有电荷 $q$，在磁场中以速度 $\boldsymbol{v}$ 运动，则磁场对它的作用力为磁场作用于运动电荷的力，又称洛仑兹力。

$$\boldsymbol{F}=q\boldsymbol{v}\times\boldsymbol{B} \tag{4.7}$$

由上式看出，静止的电荷在磁场中不会受到磁场的作用力，运动的电荷所受到的力总与运动的速度相垂直，因此与库仑力不同，洛仑兹力不做功。它只能改变速度的方向，不能改变速度的量值。

仿照静电场的 $\boldsymbol{E}$ 线，在恒定磁场中也可以作 $\boldsymbol{B}$ 线。$\boldsymbol{B}$ 线的微分方程应为

$$\boldsymbol{B}\times\mathrm{d}\boldsymbol{l}=0 \tag{4.8}$$

**例 4.1** 计算真空中载电流 $I$ 的长为 $L$ 的长直导线在导线外任一点 $P$ 处所引起的磁感应强度。

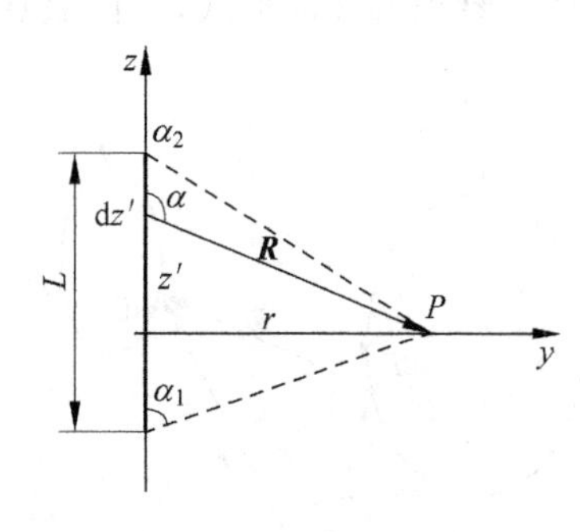


图 4.2 长直细导线

**解**：导线上恒定电流为 $I$，考虑到对称性，选择圆柱坐标系，参见图 4.2，导线与 $z$ 轴重合，$r$ 是场点到直导线的垂直距离，任取一元电流段 $I\mathrm{d}z'$，则源点坐标为 $(0,0,z')$，场点 $P$ 处于 $y$ 轴上，坐标为 $(0,r,0)$，直导线产生的磁场与 $\phi$ 角无关。$P$ 点由元电流段产生的磁感应强度可写为

$$\mathrm{d}\boldsymbol{B}=\frac{\mu_0}{4\pi}\frac{I\mathrm{d}\boldsymbol{l}'\times\boldsymbol{e}_R}{R^2}=\frac{\mu_0}{4\pi}\frac{I\mathrm{d}z'\boldsymbol{e}_z\times\boldsymbol{e}_R}{R^2}$$

由图 4.2 可知，$I'\mathrm{d}\boldsymbol{l}'=I\mathrm{d}z'\boldsymbol{e}_z$，$R=\sqrt{r^2+z'^2}$，$\boldsymbol{e}_R=\dfrac{r\boldsymbol{e}_y-z'\boldsymbol{e}_z}{\sqrt{r^2+z'^2}}$，$I\mathrm{d}\boldsymbol{l}'\times\boldsymbol{e}_R=I\mathrm{d}z'\boldsymbol{e}_z\times\boldsymbol{e}_R=I\mathrm{d}z'\dfrac{r}{R}\boldsymbol{e}_\phi$

将图 4.2 中的变量 $z'$ 转换为变量 $\alpha$，$z'=-r\mathrm{ctg}\alpha$，$\mathrm{d}z'=r\csc^2\alpha\mathrm{d}\alpha$，$R=r\csc\alpha$，则

$$\boldsymbol{B}=\boldsymbol{e}_\phi\frac{\mu_0 Ir}{4\pi}\int_{\alpha1}^{\alpha2}\frac{r\csc^2\alpha}{r^3\csc^3\alpha}\mathrm{d}\alpha=\boldsymbol{e}_\phi\frac{\mu_0 Ir}{4\pi}\int_{\alpha1}^{\alpha2}\sin\alpha\mathrm{d}\alpha=\boldsymbol{e}_\phi\frac{\mu_0 Ir}{4\pi}(\cos\alpha_1-\cos\alpha_2)$$

若为无限长载流长直细导线，则 $\alpha_1\to0°$，$\alpha_2\to180°$，则通过上式可得

$$\boldsymbol{B}=\frac{\mu_0 I}{2\pi\rho}\boldsymbol{e}_\phi$$

在无限长载流直导线所产生的磁场中，容易看出，磁感应强度线是中心在导线轴上而与导线垂直的一些圆。

**例 4.2** 如图 4.3(a)所示，$y=0$ 平面上有恒定电流线密度 $J_s\boldsymbol{e}_z$，求其所产生的磁感应

强度。

**解**：在电流片上取宽为 $\mathrm{d}x$ 的一条，就可以看成是无限长线电流。它引起的磁感应强度已在例 4.1 中讨论过。由于无限大的电流平面，所以选 $P$ 点在 $y$ 轴上，这样在对称地离 $P$ 为 $|x|$ 处取两无限长线电流，它们引起的磁感应强度的 $y$ 分量抵消，而 $x$ 分量互相增强。因此，整个面电流分布所产生的合成磁感应强度为

$$\boldsymbol{B} = B_x \boldsymbol{e}_x = \left[-\int_{-\infty}^{\infty} \frac{\mu_0 J_s \sin\alpha}{2\pi(x^2+y^2)^{1/2}}\mathrm{d}x\right]\boldsymbol{e}_x$$

$$= \left(-\frac{\mu_0 J_s y}{2\pi}\int_{-\infty}^{+\infty}\frac{\mathrm{d}x}{x^2+y^2}\right)\boldsymbol{e}_x = \left(-\frac{\mu_0 J_s}{2\pi}\arctan\frac{x}{y}\bigg|_{-\infty}^{+\infty}\right)\boldsymbol{e}_x$$

$$\boldsymbol{B} = \begin{cases} -\dfrac{\mu_0 J_s}{2}\boldsymbol{e}_x, & y > 0 \\ +\dfrac{\mu_0 J_s}{2}\boldsymbol{e}_x, & y < 0 \end{cases}$$

**B** 的分布如图 4.3(b)所示。

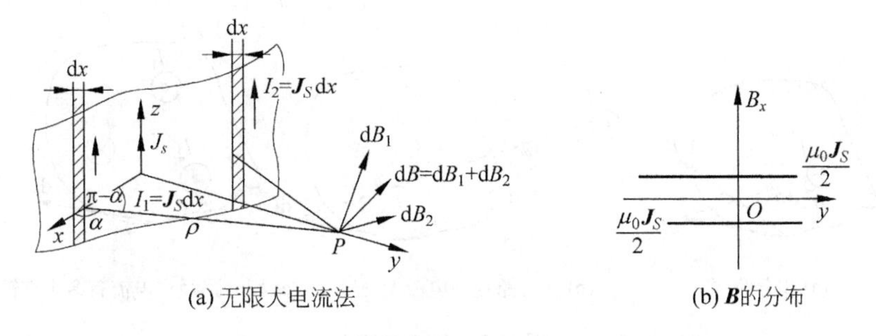


(a) 无限大电流法　　(b) **B**的分布

图 4.3　无限大电流片及其 **B** 的分布

**例 4.3**　例 3.2 真空中有一载电流 $I$、半径为 $R$ 的圆形回路，求其轴线上 $P$ 点的磁感应强度。参见图 4.4。

**解**：圆形回路的元电流段 $I\mathrm{d}\boldsymbol{l}$，在回路轴线上离回路平面 $x$ 处的 $P$ 点所引起的元电磁感应强度

$$\mathrm{d}\boldsymbol{B} = \frac{\mu_0 I\mathrm{d}\boldsymbol{l}\sin\frac{\pi}{2}}{4\pi(R^2+x^2)}$$

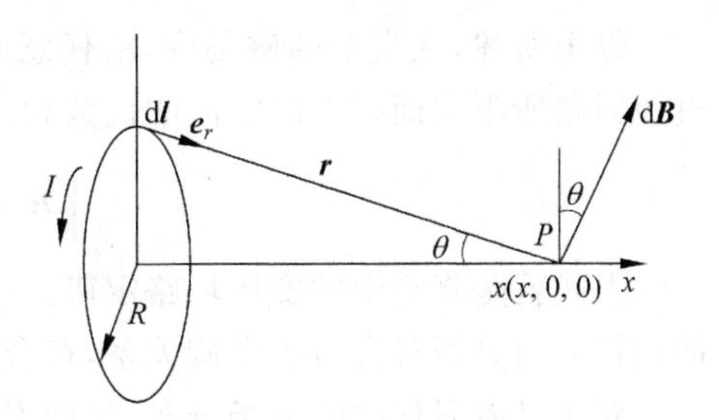


图 4.4　例 4.3 图

其方向如图 4.4 所示。$\mathrm{d}\boldsymbol{B}$ 的 $x$ 分量为 $\mathrm{d}B_x = \mathrm{d}\boldsymbol{B}\sin\theta$，由于圆环回路对 $P$ 点的对称性，因此在 $P$ 点，由整的电流回路所引起的磁感应强度 **B** 的方向是沿 $x$ 轴正方向的，它的量值可求得为

$$B = B_x = \frac{\mu_0 I}{4\pi(R^2+x^2)}\sin\theta\oint\mathrm{d}l = \frac{\mu_0 I}{4\pi(R^2+x^2)}\frac{R}{\sqrt{R^2+x^2}}\cdot 2\pi R$$

$$= \frac{\mu_0 IR^2}{2(R^2+x^2)^{3/2}} = \frac{\mu_0 IR^2}{2r^3}$$

写成向量形式

$$\boldsymbol{B} = \frac{\mu_0 IR^2}{2(R^2+x^2)^{3/2}}\boldsymbol{e}_x$$

在回路中心点 $O$，即 $x=0$ 处，$\boldsymbol{B}=\dfrac{\mu_0 I}{2R}$。

## 4.2 真空中的安培环路定律

在真空中，若磁场是一根无限长载流 $I$ 的直导线引起的，根据例 4.1 可知，距离导线 $\rho$ 远处的磁感应强度 $\boldsymbol{B}=\dfrac{\mu_0 I}{2\pi\rho}$。在垂直于导线的任一平面内取一闭合回路 $\boldsymbol{l}$ 作为积分路径，如图 4.5(a)所示。积分路径上的元长度 $\mathrm{d}\boldsymbol{l}$，到导线的距离为 $\rho$，对轴线所张的角是 $\mathrm{d}\phi$，且与 $\boldsymbol{B}$ 的夹角为 $\alpha$，则 $\boldsymbol{e}_\phi\cdot\mathrm{d}\boldsymbol{l}=\mathrm{d}l\cos\alpha=\rho\mathrm{d}\phi$。这样

$$\oint_l \boldsymbol{B}\cdot\mathrm{d}\boldsymbol{l}=\oint_l \frac{\mu_0 I}{2\pi\rho}\boldsymbol{e}_\phi\cdot\mathrm{d}\boldsymbol{l}=\oint_l \frac{\mu_0 I}{2\pi\rho}\rho\,\mathrm{d}\phi=\frac{\mu_0 I}{2\pi}\int_0^{2\pi}\mathrm{d}\phi=\mu_0 I \tag{4.9}$$

如果积分回路没有与电流交链，如图 4.2.1(b)所示，则因 $\int_0^{2\pi}\mathrm{d}\phi=0$，从而 $\oint_l \boldsymbol{B}\cdot\mathrm{d}\boldsymbol{l}=0$。

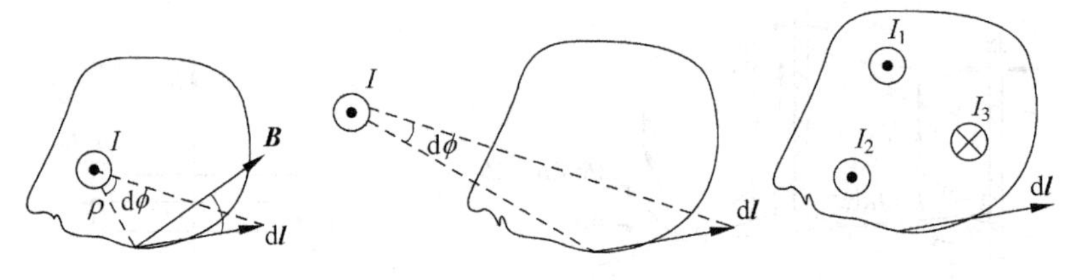


(a) 积分路径　(b) 积分路径与电流无交链　(c) 积分路径与电流有多个交链

图 4.5 $\boldsymbol{B}$ 的线积分

如果积分路径所交链的电流不止一个，如图 4.5(c)所示，显然应有

$$\oint_l \boldsymbol{B}\cdot\mathrm{d}\boldsymbol{l}=\mu_0(I_1+I_2-I_3)$$

综上所述，在真空的磁场中，沿任意回路取 $\boldsymbol{B}$ 的线积分，其值等于真空的磁导率乘以穿过该回路所限定面积上的电流的代数和。即

$$\oint_l \boldsymbol{B}\cdot\mathrm{d}\boldsymbol{l}=\mu_0\sum_{k=1}^{n} I_k \tag{4.10}$$

上式就是真空中的安培环路定律。式中电流 $I_k$ 的正负，决定于电流的方向与积分回路的绕行方向是否符合右手螺旋关系，符合时为正，否则即为负。

对于具有对称性的磁场分布，应用安培环路定律可以使 $\boldsymbol{B}$ 的计算变得很简单。此时应恰当地选择积分路径，使积分路径上每一点的 $\boldsymbol{B}$ 与 $\mathrm{d}\boldsymbol{l}$ 方向间具有同一夹角，且与 $\boldsymbol{B}$ 的量值相等。下面举例说明安培环路定律的应用。

**例 4.4**　图 4.6 是一根无限长同轴电缆的截面，芯线通有均匀分布的电流 $I$，外皮通有量值相同但方向相反的电流，试求各部分的磁感应强度。

**解**：这是一个平行平面磁场，磁场的分布与电缆的长度无关，也和 $\phi$ 角无关。根据图中给定的电流方向，用右手螺旋法则判断 $\boldsymbol{B}$ 线应是反时针方向的同心圆。

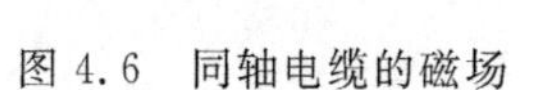

图 4.6 同轴电缆的磁场

当 $\rho<R_1$ 时，内导体中的电流密度 $J=\dfrac{I}{\pi R_1^2}$，取一圆周为积分回路，则穿过圆面积的电流 $I'$ 为

$$I'=\frac{I}{\pi R_1^2}\pi\rho^2=I\frac{\rho^2}{R_1^2}$$

根据式(4.10)，有

$$\oint_l \boldsymbol{B}\cdot \mathrm{d}\boldsymbol{l}=\mu_0 I'$$

$$\int_0^{2\pi} B\rho\,\mathrm{d}\varphi=\mu_0\frac{I\rho^2}{R_1^2}$$

由于此闭合路径上，电流分布对称，$B$ 处处相等，因此可得

$$B=\frac{\mu_0 I\rho}{2\pi R_1^2}$$

写成矢量形式为

$$\boldsymbol{B}=\frac{\mu_0 I\rho}{2\pi R_1^2}\boldsymbol{e}_\phi$$

当 $R_1<\rho<R_2$ 时，再以 $\rho$ 为半径取一圆周为积分回路，应用式(4.10)，得

$$\int_0^{2\pi} B_\phi\rho\,\mathrm{d}\phi=\mu_0 I$$

$$\boldsymbol{B}=\frac{\mu_0 I}{2\pi\rho}\boldsymbol{e}_\phi$$

当 $R_2<\rho<R_3$ 时，采用同样的方法，这时穿过半径为 $\rho$ 的圆面积的电流为

$$I'=I-I\frac{\rho^2-R_2^2}{R_3^2-R_2^2}=I\frac{R_3^2-\rho^2}{R_3^2-R_2^2}$$

应用式(4.10)，可得

$$\boldsymbol{B}=\frac{\mu_0 I}{2\pi\rho}\frac{R_3^2-\rho^2}{R_3^2-R_2^2}\boldsymbol{e}_\phi$$

对于电缆外($\rho>R_3$ 处)，$\sum I=0$，则 $\boldsymbol{B}=0$。

**例 4.5** 求具有恒定电流线密度 $\boldsymbol{J}_S$ 的无限大电流片所产生的磁感应强度。

**解**：如图 4.7 所示，设无限大电流片在 $xOz$ 平面上，电流沿正 $z$ 方向，则电流线密度 $\boldsymbol{J}_S$ 所产生的磁感应强度方向将平行于 $x$ 轴，且在 $y<0$ 处 $\boldsymbol{B}$ 沿 $+\boldsymbol{e}_x$ 方向；$y>0$ 处，$\boldsymbol{B}$ 沿 $-\boldsymbol{e}_x$ 方向。现在 $z=0$ 平面上取一矩形回路，使它平行于 $x$ 轴的两条边，对称于 $x$ 轴。则矩形回路中，平行与 $y$ 轴的两条线段的方向与 $\boldsymbol{B}$ 的方向相垂直，则 $\boldsymbol{B}\cdot\mathrm{d}\boldsymbol{l}=0$，对闭合路径为无效积分，应用式(4.10)，有

$$\begin{aligned}\oint_l \boldsymbol{B}\mathrm{d}\boldsymbol{l}&=\int_{x_0}^{x_0+c}B\boldsymbol{e}_x\cdot\boldsymbol{e}_x\mathrm{d}x+\int_{-a}^{a}0\mathrm{d}y+\int_{x_0+c}^{x_0}(-B\boldsymbol{e}_x\cdot\boldsymbol{e}_x)\mathrm{d}x+\int_{-a}^{a}0\mathrm{d}y\\&=B(x_0+c-x_0)-B(x_0-x_0-c)\\&=2Bc=\mu_0 J_S c\end{aligned}$$

从而得

$$B=\frac{\mu_0 J_S}{2}$$

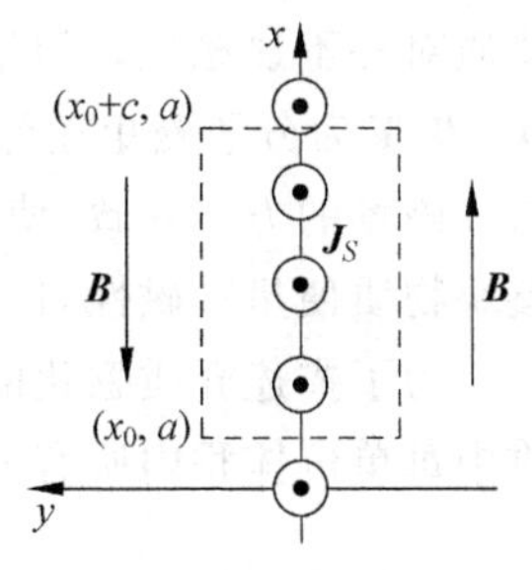


图 4.7 无限大电流片

$$B=\begin{cases}-\dfrac{\mu_0 J_S}{2}\boldsymbol{e}_x, & y>0\\ +\dfrac{\mu_0 J_S}{2}\boldsymbol{e}_x, & y<0\end{cases}$$

这一结果与例 4.2 中所得结果相同。

# 4.3 介质的磁化

## 4.3.1 磁偶极子

磁偶极子是指一个很小的面积为 $S$ 的载流回路，如图 4.8 所示。$\boldsymbol{S}$ 的方向和回路电流的正方向成右螺旋关系。场中任一点到回路中心的距离，都比回路的线性尺寸大很多，并且在磁偶极子所在的范围内，外磁场认为是均匀的。把这样的电流回路称为磁偶极子，是由于回路所限定的面积 $S$ 的正面上，可以看成有许多北极(N 极)，在它的反面，则可以看成有许多南极($S$ 极)。磁偶极子能在它的周围引起磁场。另一方面，它在外磁场中要受到转矩作用。磁偶极子的性质，常常通过它的磁偶极矩(磁矩)表示。磁偶极矩用相量 $\boldsymbol{m}$ 表示，它被定义为 $\boldsymbol{m}=I\boldsymbol{S}$，单位是 $\mathrm{A\cdot m^2}$，其中 $I$ 是分子电流强度，$\boldsymbol{S}$ 是分子电流围成的面积，$\boldsymbol{S}$ 的方向与电流环绕方向服从右手螺旋关系。

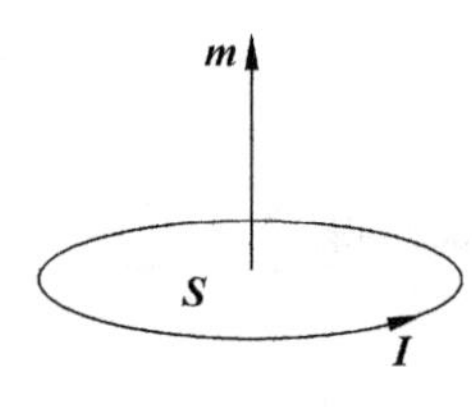

图 4.8 磁偶极子

根据后面的分析，真空中离磁偶极子 $\boldsymbol{r}$ 的磁感应强度应为

$$\boldsymbol{B}=\frac{\mu_0 m}{4\pi r^3}(2\cos\theta\boldsymbol{e}_r+\sin\theta\boldsymbol{e}_\theta) \tag{4.11}$$

## 4.3.2 磁化强度

一切物质都由分子或原子组成，每一个分子或原子中都有运动的电子，电子不仅绕其自身轴线转动，同时还在一定的轨道上绕原子核运动，把分子或原子看成一个整体，分子或原子中各个电子对外所产生的磁效应的总和，可用一个等效的环形电流来表示，称为分子电流，又称束缚电流或安培电流。此电流可看作磁偶极子。它们不引起电荷的迁移，但它和发生电荷迁移的自由电流一样能产生磁感应强度。

在没有外磁场作用时，由于热运动，分子磁矩排列是随机的，因此总的磁矩等于零，整块物质对外不显磁性。但是，若把物体放入外磁场中，外磁场将对分子磁矩有转矩的作用 $\boldsymbol{T}=\boldsymbol{m}\times\boldsymbol{B}$($\boldsymbol{T}$ 为分子磁矩在外磁场 $\boldsymbol{B}$ 作用下受到的转矩)，可见分子磁矩总是力图使自己的方向与外磁场的方向一致，使得分子磁矩的排列比较有序化。这样，总的磁矩不再等于零，因而整块物质便呈现磁性，这种现象称为物质的磁化，亦称为介质的磁化。

为了描述介质磁化的状态，定义一个称为磁化强度的矢量，并用 $\boldsymbol{M}$ 表示之。它表示介质中每单位体积内所有分子磁矩的矢量和，即

$$\boldsymbol{M}=\lim_{\Delta V\to 0}\frac{\sum \boldsymbol{m}_i}{\Delta V} \tag{4.12}$$

$\boldsymbol{M}$ 的单位是 A/m(安/米)。

### 4.3.3 磁化电流

介质的磁化，使介质中出现了宏观的附加电流，称为磁化电流。为了计算磁化电流，在介质内任取一块面积 $S$，其周界为 $l$，如图 4.9(a)所示。可以看出，只有分子电流与 $S$ 面相交链时，对 $S$ 面的电流才有贡献。与 $S$ 面相交链的分子电流有两种情况：一种是在面内相交链，分子电流穿入穿出 $S$ 面各一次，它对 $S$ 面的总电流没有贡献；另一种情况是与 $S$ 面的边界线 $\boldsymbol{l}$ 交链的分子电流，它们只通过 $S$ 面一次，因而对总电流有贡献。在 $S$ 的边界线 $l$ 上取元长度 $\mathrm{d}\boldsymbol{l}$，$\mathrm{d}\boldsymbol{l}$ 的方向沿边界线 $l$ 的环绕方向，如图 4.9(b)所示。在 $\mathrm{d}\boldsymbol{l}$ 附近磁化可看作是均匀的。设分子电流的面积为 $\boldsymbol{a}$，则选以 $\boldsymbol{a}$ 为底，$\mathrm{d}\boldsymbol{l}$ 为轴的圆柱体，柱内的分子均与 $\mathrm{d}\boldsymbol{l}$ 交链，且通过 $S$ 面一次。柱中的分子数为 $N\boldsymbol{a}\cdot\mathrm{d}\boldsymbol{l}$，$N$ 为单位体积内的分子数。当 $\boldsymbol{a}$ 与 $\mathrm{d}\boldsymbol{l}$ 的夹角为锐角时，电流沿 $S$ 面的法线流出；当 $\boldsymbol{a}$ 与 $\mathrm{d}\boldsymbol{l}$ 的夹角为钝角时，电流逆 $S$ 面的法线流入，因此圆柱内的分子对 $S$ 面贡献的磁化电流为

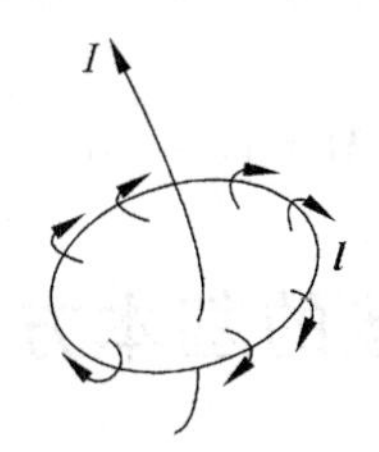

(a) 在介质内任取一块面积

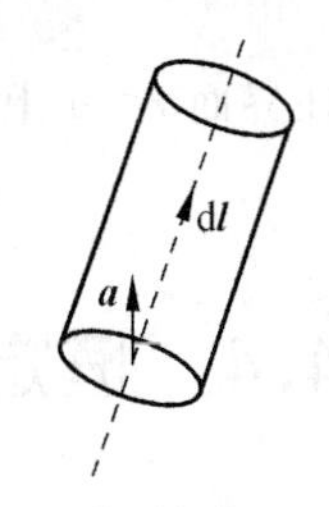

(b) 取无长度dl

图 4.9 磁化电流

$$\mathrm{d}I_m = IN\boldsymbol{a}\cdot\mathrm{d}\boldsymbol{l} = N\boldsymbol{m}\cdot\mathrm{d}\boldsymbol{l} = \boldsymbol{M}\cdot\mathrm{d}\boldsymbol{l} \tag{4.13}$$

穿过 $S$ 面的总磁化电流为

$$I_m = \oint_l \boldsymbol{M}\cdot\mathrm{d}\boldsymbol{l} \tag{4.14}$$

将 $S$ 面的磁化电流用磁化电流密度 $\boldsymbol{J}_m$ 表示，则

$$\int_s \boldsymbol{J}_m\cdot\mathrm{d}\boldsymbol{S} = \oint_l \boldsymbol{M}\cdot\mathrm{d}\boldsymbol{l}$$

利用斯托克斯定理，则

$$\int_s \boldsymbol{J}_m\cdot\mathrm{d}\boldsymbol{S} = \int_s \nabla\times\boldsymbol{M}\cdot\mathrm{d}\boldsymbol{S}$$

由于 $S$ 面是任取的，所以上式要成立，只有被积函数相等，即

$$\boldsymbol{J}_m = \nabla\times\boldsymbol{M} \tag{4.15}$$

式(4.14)表示介质内通过任意面 $S$ 的磁化电流时磁化强度沿该面周界的线积分。式(4.15)表示介质内任一点的磁化电流密度是该点磁化强度的旋度。

考察两种不同导磁介质的分界面，由于磁化强度不同，分界面上存在面磁化电流。为此，用 $\boldsymbol{J}_{ms}$ 表示分界面上垂直于电流方向的单位长度横截线上流过的磁化电流。则

$$\boldsymbol{J}_{ms} = \boldsymbol{M}\times\boldsymbol{e}_\mathrm{n} \tag{4.16}$$

式中 $\boldsymbol{e}_\mathrm{n}$ 为磁介质外法线方向单位矢量。这样，要计算有导磁介质存在时的磁感应强度，只需把磁化电流考虑进去，与通常所称自由电流一起计算它们在真空中所产生的磁感应强度即可。

**例 4.6** 半径为 $a$ 高为 $L$ 的磁化介质柱，磁化强度为常矢量 $\boldsymbol{M}_0$，且与圆柱的轴线平行)，求磁化电流密度 $\boldsymbol{J}_m$ 和磁化面电流密度 $\boldsymbol{J}_{ms}$，如图 4.10 所示。

**解**：取圆柱坐标系的 $z$ 轴和磁介质柱的中轴线重合，磁介质的下底面位于 $z=0$，上底面

位于 $z=L$。此时，$\boldsymbol{M}=M_0\boldsymbol{e}_z$，由式(4.3.5)得磁化体电流密度为

$$\boldsymbol{J}_m = \nabla\times\boldsymbol{M} = \nabla\times(M_0\boldsymbol{e}_z) = 0$$

在界面 $z=0$ 上，

$$\boldsymbol{J}_{ms} = \boldsymbol{M}\times\boldsymbol{e}_{\text{n}} = M_0\boldsymbol{e}_z\times(-\boldsymbol{e}_z) = 0$$

在界面 $z=L$ 上，

$$\boldsymbol{J}_{ms} = \boldsymbol{M}\times\boldsymbol{e}_{\text{n}} = M_0\boldsymbol{e}_z\times(\boldsymbol{e}_z) = 0$$

在界面 $r=a$ 上，

$$\boldsymbol{J}_{ms} = \boldsymbol{M}\times\boldsymbol{e}_{\text{n}} = M_0\boldsymbol{e}_z\times(\boldsymbol{e}_r) = M_0\boldsymbol{e}_\phi$$

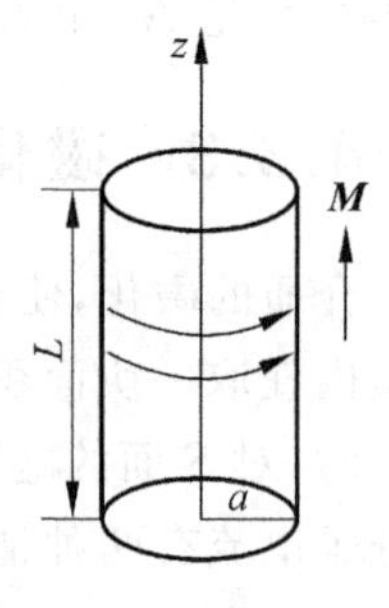


图 4.10　　例 4.6 图

# 4.4 恒定磁场的基本方程

## 4.4.1 一般形式的安培环路定律

如果在具有导磁介质的磁场中，任意地取一闭合路径 $l$，则磁感应强度沿此回路的线积分应为

$$\oint_l \boldsymbol{B}\cdot \mathrm{d}\boldsymbol{l} = \mu_0(I+I_{\text{m}})$$

式中的 $I$ 表示自由电流，$I_{\text{m}}$ 表示磁化电流。将式(4.14)代入，则可写成

$$\oint_l \boldsymbol{B}\cdot \mathrm{d}\boldsymbol{l} = \mu_0(I+\oint_l \boldsymbol{M}\cdot \mathrm{d}\boldsymbol{l})$$

经过移项整理后，上式可改写为

$$\oint_l \left(\frac{\boldsymbol{B}}{\mu_0}-\boldsymbol{M}\right)\cdot \mathrm{d}\boldsymbol{l} = I \tag{4.17}$$

令

$$\boldsymbol{H} = \frac{\boldsymbol{B}}{\mu_0}-\boldsymbol{M} \tag{4.18}$$

并称 $\boldsymbol{H}$ 为磁场强度，磁场强度的单位是 A/m(安/米)。则式(4.17)成为

$$\oint_l \boldsymbol{H}\cdot \mathrm{d}\boldsymbol{l} = I \tag{4.19}$$

应注意到上式中等号右边的 $I$，是穿过回路 $l$ 所包围面积的自由电流，而不包括磁化电流。

如果穿过回路 $l$ 所限定面积的自由电流不止一个，则

$$\oint_l \boldsymbol{H}\cdot \mathrm{d}\boldsymbol{l} = \sum I_k \tag{4.20}$$

式(4.19)和式(4.20)就是一般形式的安培环路定律的表达式。它说明：在磁场中，磁场强度 $\boldsymbol{H}$ 沿任一闭合路径的线积分等于穿过该回路所包围面积的自由电流(不包括磁化电流)的代数和。如电流的方向和积分回路的绕行方向符合右手螺旋关系，式中的电流取正号。式(4.20)表明 $\boldsymbol{H}$ 的环路线积分只与自由电流有关，而与磁化电流无关，也就是与导磁介质的分布无关，但是不能理解为 $\boldsymbol{H}$ 的分布与导磁介质分布无关。

对于各向同性的线性介质，磁化强度与磁场强度间有正比关系，即

$$\boldsymbol{M} = \chi_{\mathrm{m}} \boldsymbol{H} \tag{4.21}$$

式中 $\chi_{\mathrm{m}}$ 称为介质的磁化率，是一个无量纲的纯数。

根据式(4.18)和式(4.21)，可以得到

$$\boldsymbol{B} = \mu_0(\boldsymbol{H} + \boldsymbol{M}) = \mu_0(1 + \chi_{\mathrm{m}})\boldsymbol{H} = \mu_0 \mu_{\mathrm{r}} \boldsymbol{H}$$

或

$$\boldsymbol{B} = \mu \boldsymbol{H} \tag{4.22}$$

式(4.22)中的 $\mu$ 是介质的磁导率。$\mu$ 的单位是 H/m(亨/米)，$\mu_{\mathrm{r}}\left(=\dfrac{\mu}{\mu_0}\right)$ 称为相对磁导率，是一个纯数。

值得注意的是，如式(4.22)所示的关系，仅适用于各向同性的线性导磁介质，而式(4.18)则无此限制。

如果产生磁场的电流周围，无限地充满均匀各向同性的导磁介质，则磁场中各点的磁感应强度 $\boldsymbol{B}$ 的方向将与同一电流置于无限大真空中同一位置时所产生的一致，而各点的 $\boldsymbol{B}$ 的量值，则增大同一倍数，即增大 $\mu_{\mathrm{r}}$ 倍。因此，对于这种特殊情况下磁感应强度的计算，用该导磁介质的磁导率 $\mu$ 去代替 $\mu_0$ 即可。

**例 4.7**　磁导率为 $\mu$，半径为 $a$ 的无限长导磁介质圆柱，其中心有无限长的线电流 $I$，圆柱外是空气。求圆柱内外的磁感应强度、磁场强度和磁化强度。

**解**：先利用安培环路定律求磁场强度。以线电流 $I$ 为轴线，作半径是 $\rho$ 的圆周为安培环路，当 $\rho > 0$ 时，

$$\oint_l \boldsymbol{H} \cdot \mathrm{d}\boldsymbol{l} = 2\pi\rho H_\phi = I$$

$$\boldsymbol{H} = \frac{I}{2\pi\rho}\boldsymbol{e}_\phi$$

当 $0 < \rho < a$ 时，

$$\boldsymbol{B} = \mu \boldsymbol{H} = \frac{\mu I}{2\pi\rho}\boldsymbol{e}_\phi$$

$$\boldsymbol{M} = \frac{\mu}{\mu_0}\boldsymbol{H} - \boldsymbol{H} = \left(\frac{\mu}{\mu_0} - 1\right)\frac{I}{2\pi\rho}\boldsymbol{e}_\phi$$

当 $\rho > a$ 时，

$$\boldsymbol{B} = \mu_0 \boldsymbol{H} = \frac{\mu_0 I}{2\pi\rho}\boldsymbol{e}_\phi, \quad \boldsymbol{M} = 0$$

### 4.4.2　磁通连续性原理

在磁场中，穿过任一面积 $S$ 的 $\boldsymbol{B}$ 的通量称为磁通量 $\Phi_{\mathrm{m}}$。因此

$$\Phi_{\mathrm{m}} = \int_S \boldsymbol{B} \cdot \mathrm{d}\boldsymbol{S} \tag{4.23}$$

磁通量 $\Phi_{\mathrm{m}}$ 的单位是 Wb(韦[伯])。

实验表明磁感应线是闭合的，既无始端也无终端。这说明自然界中不存在像电荷那样供 $\boldsymbol{E}$ 线发出或终止的磁荷，因此也就没有供 $\boldsymbol{B}$ 线发出或终止的源或沟。这样，对于任意闭合面，都有

$$\oint_S \boldsymbol{B} \cdot \mathrm{d}\boldsymbol{S} = 0 \tag{4.24}$$

上式所表示的磁场性质，又称为磁通连续性原理。

利用高斯散度定理可得

$$\oint_S \boldsymbol{B} \cdot \mathrm{d}\boldsymbol{S} = \int_V \nabla \cdot \boldsymbol{B} \mathrm{d}V = 0$$

从而有

$$\nabla \cdot \boldsymbol{B} = 0 \tag{4.25}$$

这就是磁通连续性原理的微分形式，它表明恒定磁场是一个无散场。如果这一个场的散度恒等于零，则它可能是恒定磁场。

### 4.4.3 恒定磁场的基本方程

磁通连续性原理和安培环路定律表征了恒定磁场的基本性质。不论导磁介质分布情况如何，凡是恒定磁场，都具备着两个特性。这里把它们的表达式重新列出

$$\oint_S \boldsymbol{B} \cdot \mathrm{d}\boldsymbol{S} = 0 \tag{4.26}$$

$$\oint_l \boldsymbol{H} \cdot \mathrm{d}\boldsymbol{l} = I \tag{4.27}$$

并称它们为恒定磁场积分形式的基本方程。

应用斯托克斯定理于式(4.27)，并用 $\boldsymbol{J}$ 的面积分表示自由电流，得

$$\oint_l \boldsymbol{H} \cdot \mathrm{d}\boldsymbol{l} = \int_S (\nabla \times \boldsymbol{H}) \cdot \mathrm{d}\boldsymbol{S} = \int_S \boldsymbol{J} \cdot \mathrm{d}\boldsymbol{S}$$

对以 $l$ 为周界的任何面积上式均成立，因此

$$\nabla \times \boldsymbol{H} = \boldsymbol{J} \tag{4.28}$$

这就是安培环路定律的微分形式，可见磁场是有旋场。

式(4.25)和式(4.28)一起并称为恒定磁场基本方程的微分形式。可见恒定磁场是无源有旋场。

$\boldsymbol{B}$ 和 $\boldsymbol{H}$ 这两个场量，一般可由式(4.18)相联系，即

$$\boldsymbol{B} = \mu_0 \boldsymbol{H} + \mu_0 \boldsymbol{M}$$

对于各向同性的线性介质，它们有如式(4.22)所示的关系，即

$$\boldsymbol{B} = \mu \boldsymbol{H}$$

## 4.5 分界面上的边界条件

在不同磁介质的分界面上，磁场是不连续的，可以用基本方程的积分形式推导磁场强度和磁感应强度在两种不同介质分界面上必须满足的衔接条件。

先分析磁感应强度 $\boldsymbol{B}$ 在两种磁介质分界面上必须满足的条件。取分界面上 $P$ 点作为观察点，包围某点 $P$ 作一扁小圆柱体，如图 4.11 所示，且令 $\Delta l \to 0$，但保持两个端面 $\Delta S$ 在分界面的两侧，则根据 $\oint_S \boldsymbol{B} \cdot \mathrm{d}\boldsymbol{S} = 0$，可以得到，如图 4.11 所示。其中 $\boldsymbol{n}$ 为分界面上从介质 1

指向介质 2 的法线方向单位矢量。

$$-\boldsymbol{B}_1 \cdot \boldsymbol{n}\Delta S + \boldsymbol{B}_2 \cdot \boldsymbol{n}\Delta S = 0$$

得在介质分界面上，

$$\boldsymbol{n} \cdot (\boldsymbol{B}_2 - \boldsymbol{B}_1) = 0 \quad \text{或} \quad B_{1n} = B_{2n} \tag{4.29}$$

还可以写成

$$\mu_1 H_{1n} = \mu_2 H_{2n}$$

可见，磁感应强度的法线方向分量是连续的，而磁场强度的法线方向分量则不连续。在介质分界面上，围绕任一点 $P$ 取一矩形回路，如图 4.12 所示。令宽度→0，根据 $\oint_l \boldsymbol{H} \cdot \mathrm{d}\boldsymbol{l} = I$，如果分界面上存在面自由电流，则有

$$\oint_l \boldsymbol{H} \cdot \mathrm{d}l = \boldsymbol{H}_1 \cdot \Delta \boldsymbol{l}_1 + \boldsymbol{H}_2 \cdot \Delta \boldsymbol{l}_2 = \boldsymbol{I} = \oint_l \boldsymbol{J}_S \cdot \mathrm{d}S\boldsymbol{b}$$

其中 $\Delta \boldsymbol{l}_2 = \Delta l\boldsymbol{l}, \Delta \boldsymbol{l}_1 = -\Delta l\boldsymbol{l}$，$\boldsymbol{l}$、$\boldsymbol{b}$ 为如图 4.12 所示的切线方向单位矢量，使其满足 $\boldsymbol{b} \times \boldsymbol{n} = \boldsymbol{l}$ 上式变为

$$(\boldsymbol{H}_2 - \boldsymbol{H}_1) \cdot \boldsymbol{l}\Delta l = \boldsymbol{J}_S \cdot \boldsymbol{b}\Delta l$$

代入 $\boldsymbol{b} \times \boldsymbol{n} = \boldsymbol{l}$，得

$$(\boldsymbol{b} \times \boldsymbol{n}) \cdot (\boldsymbol{H}_2 - \boldsymbol{H}_1) = \boldsymbol{J}_S \cdot \boldsymbol{b}$$

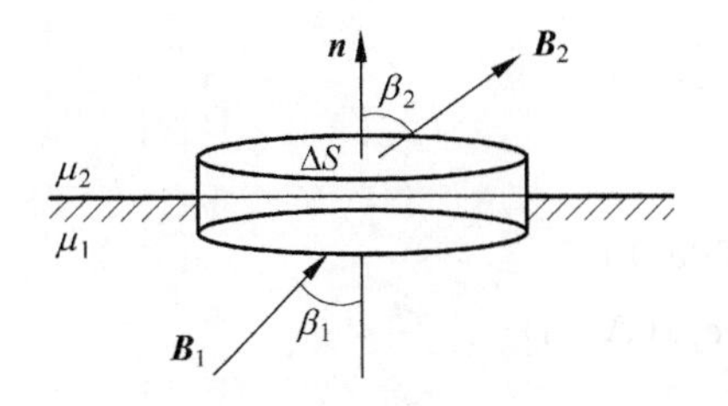


图 4.11 在介质分界面上应用磁通连续性原理

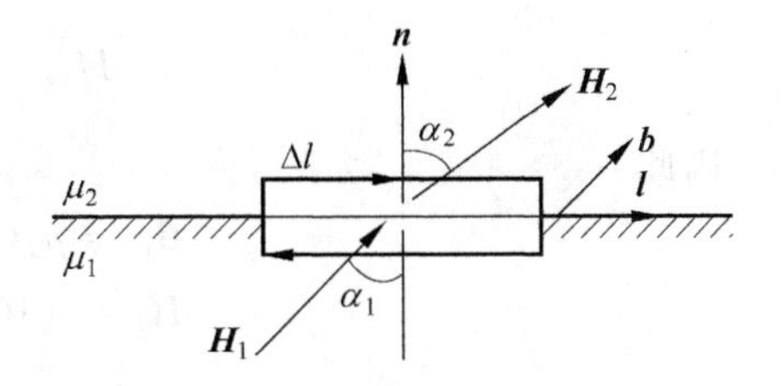


图 4.12 在介质分界面上应用安培环路定律

利用恒等式 $(\boldsymbol{A} \times \boldsymbol{B}) \cdot \boldsymbol{C} = (\boldsymbol{B} \times \boldsymbol{C}) \cdot \boldsymbol{A}$，改写为 $[\boldsymbol{n} \times (\boldsymbol{H}_2 - \boldsymbol{H}_1)] \cdot \boldsymbol{b} = \boldsymbol{J}_S \cdot \boldsymbol{b}$，因回路是任意的，对不同的切线方向 $\boldsymbol{b}$ 总成立，因此有

$$\boldsymbol{n} \times (\boldsymbol{H}_2 - \boldsymbol{H}_1) = \boldsymbol{J}_s \quad \text{或} \quad H_{2t} - H_{1t} = J_S \tag{4.30}$$

还可以写成

$$\frac{B_{2t}}{\mu_1} - \frac{B_{1t}}{\mu_2} = J_S$$

电流线密度 $J_S$ 的正负，要看它的方向是否与绕行方向是否符合右手螺旋关系而定。

如果分界面上无面电流，则

$$H_{1t} = H_{2t} \tag{4.31}$$

说明在这种条件下，磁场强度的切线分量是连续的，但磁感应强度的切线分量是不连续的。

根据式(4.29)和式(4.31)，并考虑到 $\boldsymbol{B} = \mu \boldsymbol{H}$ 所示的关系，可以得出如下结论：如两种介质均为各向同性，这样，图 4.11 和图 4.12 中有 $\alpha_1 = \beta_1, \alpha_2 = \beta_2$，则在它们的分界面上(设无电流密度) $\boldsymbol{B}$ 线和 $\boldsymbol{H}$ 线的折射规律为

$$\frac{\tan\alpha_1}{\tan\alpha_2} = \frac{\mu_1}{\mu_2} \tag{4.32}$$

上式表明，磁场从第一种介质进入到第二种介质时，它的方向要发生折射。例如，当磁

感应强度线由铁磁质进入非铁磁质时，由于铁磁质的磁导率较非铁磁质的磁导率大得多，故无论磁感应线在铁磁质中与分界面的法线成什么角度（只要不是 90°），它在紧挨着分界面的非铁磁质中，都可以认为是与分界面相垂直的。如设 $\mu_1=3\,000\mu_0$，当 $\alpha_1=88°$时，在真空中磁感应线与法线的夹角

$$\alpha_2=\arctan\left(\frac{\mu_0}{3\,000\mu_0}\tan 88°\right)=\arctan 0.009\,55=33'$$

**例 4.8** 设 $y=0$ 平面是两种介质的分界面。在 $y>0$ 处介质的磁导率 $\mu_1=5\mu_0$；在 $y<0$ 处，介质的磁导率 $\mu_2=3\mu_0$。设已知分界面上无电流分布，且 $\boldsymbol{H}_2=(10\boldsymbol{e}_x+20\boldsymbol{e}_y)$ A/m，求 $\boldsymbol{B}_2$、$\boldsymbol{B}_1$ 和 $\boldsymbol{H}_1$。

**解**：对于 $\boldsymbol{B}_2$，可以直接写出

$$\boldsymbol{B}_2=\mu_2\boldsymbol{H}_2=3\mu_0\boldsymbol{H}_2=\mu_0(30\boldsymbol{e}_x+60\boldsymbol{e}_y)\text{T}$$

由于分界面上无电流密度($J_S=0$)，因此

$$H_{1x}=H_{1t}=H_{2t}=10$$

$$B_{1y}=B_{1n}=B_{2n}=60\mu_0$$

可求得

$$B_{1x}=\frac{\mu_1}{\mu_2}B_{2x}=50\mu_0$$

$$H_{1y}=\frac{\mu_2}{\mu_1}H_{2y}=12$$

因此

$$\boldsymbol{B}_1=\mu_0(50\boldsymbol{e}_x+60\boldsymbol{e}_y)\text{T}$$

$$\boldsymbol{H}_1=(10\boldsymbol{e}_x+12\boldsymbol{e}_y)(\text{A/m})$$

## 4.6 矢量磁位和标量磁位

### 4.6.1 矢量磁位

在静电场中，由于$\nabla\times\boldsymbol{E}=0$，曾经引入电位函数来表征静电场的特性，从而使电场的分析计算得到简化。对于恒定磁场，由于磁场的无散性($\nabla\cdot\boldsymbol{B}=0$)，根据恒等式$\nabla\cdot(\nabla\times\boldsymbol{A})=0$，可以引入一个矢量函数 $\boldsymbol{A}$ 使

$$\boldsymbol{B}=\nabla\times\boldsymbol{A}\tag{4.33}$$

这个矢量函数 $\boldsymbol{A}$ 称为恒定磁场的磁矢位，亦称矢量磁位。它的单位是 Wb/m(韦/米)。

由安培环路定律的微分形式

$$\nabla\times\boldsymbol{H}=\boldsymbol{J}$$

同时考虑到各向同性的线性导磁介质中 $\boldsymbol{B}=\mu\boldsymbol{H}$，因此有

$$\nabla\times\boldsymbol{B}=\mu\boldsymbol{J}\tag{4.34}$$

再把式(4.33)代入上式，可得

$$\nabla\times\nabla\times\boldsymbol{A}=\mu\boldsymbol{J}$$

应用矢量恒等式

$$\nabla\times\nabla\times\boldsymbol{A}=\nabla(\nabla\cdot\boldsymbol{A})-\nabla^2\boldsymbol{A}$$

则有

$$\nabla(\nabla\cdot\boldsymbol{A})-\nabla^2\boldsymbol{A}=\mu\boldsymbol{J} \tag{4.35}$$

在矢量场中,要确定一个矢量,必须同时知道它的散度与旋度。因此现在必须规定 $\boldsymbol{A}$ 的散度。为了简便,令

$$\nabla\cdot\boldsymbol{A}=0 \tag{4.36}$$

上式称为库仑规范条件。这样式(4.35)可写为

$$\nabla^2\boldsymbol{A}=-\mu\boldsymbol{J} \tag{4.37}$$

表明矢量磁位 $\boldsymbol{A}$ 满足矢量形式的泊松方程。相当于三个标量形式的泊松方程。

在直角坐标系中,它们是

$$\left.\begin{aligned}\nabla^2 A_x&=-\mu J_x\\ \nabla^2 A_y&=-\mu J_y\\ \nabla^2 A_z&=-\mu J_z\end{aligned}\right\} \tag{4.38}$$

这三个方程的形式和静电场电位的泊松方程完全一样。参照静电场中泊松方程的解答形式,当电流分布在有限空间,且规定无限远处矢量磁位的量值为零时,式(4.38)中各式的解答分别是

$$\left.\begin{aligned}A_x&=\frac{\mu}{4\pi}\int_{V'}\frac{J_x\mathrm{d}V'}{R}\\ A_y&=\frac{\mu}{4\pi}\int_{V'}\frac{J_y\mathrm{d}V'}{R}\\ A_z&=\frac{\mu}{4\pi}\int_{V'}\frac{J_z\mathrm{d}V'}{R}\end{aligned}\right\} \tag{4.39}$$

将以上三式合并,即得

$$\boldsymbol{A}=\frac{\mu}{4\pi}\int_{V'}\frac{\boldsymbol{J}\mathrm{d}V'}{R} \tag{4.40}$$

前面曾指出,元电流段还有 $I\mathrm{d}\boldsymbol{l}$ 和 $\boldsymbol{J}_s\mathrm{d}S$ 形式,因此由这两种电流分布的整个电流引起的矢量磁位应为

$$\left.\begin{aligned}\boldsymbol{A}&=\frac{\mu}{4\pi}\oint_{l'}\frac{I\mathrm{d}\boldsymbol{l}'}{R}\\ \boldsymbol{A}&=\frac{\mu}{4\pi}\int_{S'}\frac{\boldsymbol{J}_S\mathrm{d}S'}{R}\end{aligned}\right\} \tag{4.41}$$

由式(4.40)和式(4.41)可知,每个元电流产生的矢量磁位与此元电流有相同的方向。

**例 4.9**　应用矢量磁位分析真空中磁偶极子的磁场。

磁偶极子是指一个面积 $\mathrm{d}\boldsymbol{S}$ 很小的任意形状的平面载流回路。$\mathrm{d}\boldsymbol{S}$ 的正方向和回路电流的正方向应符合右手螺旋关系。场中任一点到回路中心的距离,都比回路的线性尺度大得多。设半径为 $a$ 的磁偶极子被置于 $xOy$ 平面上,如图 4.13 所示。根据式(4.41),任一点的矢量磁位可写成

$$\boldsymbol{A}=\frac{\mu}{4\pi}\oint_{l'}\frac{I\mathrm{d}\boldsymbol{l}'}{R}$$

由于场具有对称性,取 $xz$ 平面内的一点 $P(r,\theta,0)$ 作为场点不失一般性。$\boldsymbol{A}$ 只有 $A_\varphi$ 分

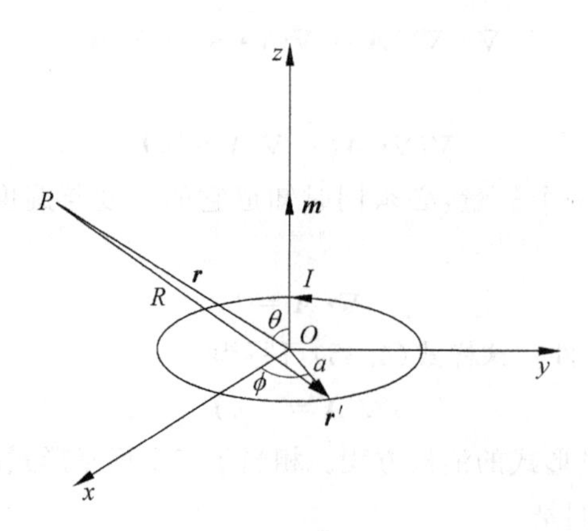


图 4.13 磁偶极子的磁场

量，此题场点处亦为 $y$ 方向。$Idl'_y = Ia\mathrm{d}\varphi\cos\varphi$，因此

$$A_\phi = \frac{\mu}{4\pi}\int_0^{2\pi}\frac{Ia\cos\phi}{R}\mathrm{d}\phi$$

由图 4.13 可知，

$$\frac{1}{R} \approx \frac{1}{r}\left(1 + \frac{a}{r}\sin\theta\cos\phi\right)$$

$$R = (r^2 + a^2 - 2\boldsymbol{r}\cdot\boldsymbol{r}')^{\frac{1}{2}}$$

$$= r\left[1 + \left(\frac{a}{r}\right)^2 - \frac{2\boldsymbol{r}\cdot\boldsymbol{r}}{r^2}\right]\frac{1}{2}$$

$$|\ r'\ | = a$$

若 $r \gg a$，则

$$\frac{1}{R} = \frac{1}{r}\left[^1 + \left(\frac{a}{r}\right)^2 - \frac{2\boldsymbol{r}\cdot\boldsymbol{r}'}{r^2}\right]^{-\frac{1}{2}} \approx \frac{1}{r}\left(1 + \frac{\boldsymbol{r}\cdot\boldsymbol{r}'}{r^2}\right)$$

$$\boldsymbol{r} = r(\sin\theta\boldsymbol{e}_x + \cos\theta\boldsymbol{e}_z),\quad \boldsymbol{r}' = a(\cos\phi\boldsymbol{e}_x + \sin\phi\boldsymbol{e}_y),\quad \boldsymbol{r}\cdot\boldsymbol{r}' = ar\sin\theta\cos\phi$$

所以

$$\boldsymbol{A} = A_\phi\boldsymbol{e}_\phi = \frac{\mu I\pi a^2}{4\pi r^2}\sin\theta\boldsymbol{e}_\phi = \frac{\mu IS}{4\pi r^2}\sin\theta\boldsymbol{e}_\phi$$

$$\boldsymbol{B} = \nabla\times\boldsymbol{A} = \frac{\mu IS}{4\pi r^3}(\boldsymbol{e}_r 2\cos\theta + \boldsymbol{e}_\theta\sin\theta)$$

如令 $\boldsymbol{m} = I\boldsymbol{S}$ 为磁偶极子的磁矩，可将上面的矢量磁位 $\boldsymbol{A}$ 和磁感应强度 $\boldsymbol{B}$ 两式写为

$$\boldsymbol{A} = \frac{\mu}{4\pi}\frac{\boldsymbol{m}\times\boldsymbol{e}_r}{r^2}$$

$$\boldsymbol{B} = \frac{\mu m}{4\pi r^3}(2\cos\theta\boldsymbol{e}_r + \sin\theta\boldsymbol{e}_\theta)$$

**例 4.10** 空气中有一长度为 $l$、截面积为 $S$。位于 $z$ 轴上的短铜线。电流密度 $\boldsymbol{J}$ 沿 $\boldsymbol{e}_z$ 方向。设电流是均匀分布的，求离铜线较远处($r \gg l$)的磁感应强度。

**解**：应用矢量磁位来计算，可令 $\boldsymbol{J} = J\boldsymbol{e}_z$，则

$$\boldsymbol{A} = \frac{\mu_0}{4\pi}\int\frac{\boldsymbol{J}}{R}\mathrm{d}V' \approx \frac{\mu_0}{4\pi r}\boldsymbol{e}_z\int_{-l/2}^{l/2}\int_S \boldsymbol{J}\,\mathrm{d}S'\mathrm{d}l'$$

$$=\frac{\mu_0 \boldsymbol{e}_z}{4\pi r}\int_{-l/2}^{l/2} I\mathrm{d}l$$

式中 $I=JS$，继续进行积分，得

$$\boldsymbol{A}=\frac{\mu_0 Il}{4\pi r}\boldsymbol{e}_z=A_z\boldsymbol{e}_z$$

对上式进行旋度运算

$$\nabla\times\boldsymbol{A}=\frac{\mu_0 Il}{4\pi r^2}\left(-\boldsymbol{e}_x\frac{y}{r}+\boldsymbol{e}_y\frac{x}{r}\right)=\frac{\mu_0 Il}{4\pi r^2}\sqrt{\frac{x^2+y^2}{r}}\boldsymbol{e}_\phi$$

或

$$\boldsymbol{B}=\nabla\times\mathrm{A}=\frac{\mu_0 Il}{4\pi r^2}\sin\theta\boldsymbol{e}_\phi$$

矢量磁位除用于计算 $\boldsymbol{B}$ 外，还可由它直接计算磁通量。因为 $\Phi_\mathrm{m}=\int_S\boldsymbol{B}\cdot\mathrm{d}\boldsymbol{S}$，利用斯托克斯定理，可得

$$\Phi_\mathrm{m}=\int_S\boldsymbol{B}\cdot\mathrm{d}\boldsymbol{S}=\int_S\nabla\times\boldsymbol{A}\cdot\mathrm{d}\boldsymbol{S}=\oint_l\boldsymbol{A}\cdot\mathrm{d}\boldsymbol{l}\tag{4.42}$$

上式表明，$\boldsymbol{A}$ 沿任一闭合路径 $\boldsymbol{l}$ 的环量，等于穿过以此路径为周界的任一曲面的磁通量。

矢量磁位满足泊松方程或拉普拉斯方程。与前两章中的介绍一样，当场中电流分布已知时可以建立微分方程 $\nabla^2\boldsymbol{A}=-\mu\boldsymbol{J}$，在介质分界面上所满足的边界条件是

$$\left.\begin{aligned}&A_1=A_2\\&\frac{1}{\mu_1}\frac{\partial A_1}{\partial n}-\frac{1}{\mu_2}\frac{\partial A_2}{\partial n}=J_S\end{aligned}\right\}\tag{4.43}$$

### 4.6.2 标量磁位

恒定磁场的基本方程之一 $\nabla\times\boldsymbol{H}=\boldsymbol{J}$ 说明恒定磁场不是一个无旋场。不过，在没有电流分布的区域内，传导电流密度 $\boldsymbol{J}=0$，则

$$\nabla\times\boldsymbol{H}=0$$

因此在传导电流为零的区域内，可假设

$$\boldsymbol{H}=-\nabla\varphi_\mathrm{m}\tag{4.44}$$

式中 $\varphi_\mathrm{m}$ 表示磁位，亦称标量磁位。$\varphi_\mathrm{m}$ 的单位是 A(安)。引入磁位的概念完全是为了使某些情况下的计算简化，它并无物理意义。

磁位相等的各点形成的曲面称为等磁位面，其方程是 $\varphi_\mathrm{m}=$常数。等磁位面与磁场强度 $H$ 线相互垂直，因此磁导率很大的材料表面是近似的等磁位面。

磁场中，两点间的磁压定义为

$$U_{\mathrm{m}AB}=\int_A^B\boldsymbol{H}\cdot\mathrm{d}\boldsymbol{l}=-\int_{\varphi_A}^{\varphi_B}\mathrm{d}\varphi_\mathrm{m}=\varphi_{\mathrm{m}A}-\varphi_{\mathrm{m}B}\tag{4.45}$$

在静电场中，两点间的电压只与在该两点的位置有关，而与积分路径无关，也就是说，只要选定参考点，场中各点都有确定的电位值。但在磁场中，情况就不同了。如图 4.14 所示，取一围绕电流的闭合路径 $AlBmA$ 来求 $\boldsymbol{H}$ 的线积分，则根据安培环路定律，应有 $\oint_{AlBmA}\boldsymbol{H}\cdot\mathrm{d}\boldsymbol{l}=I$ 可以写成

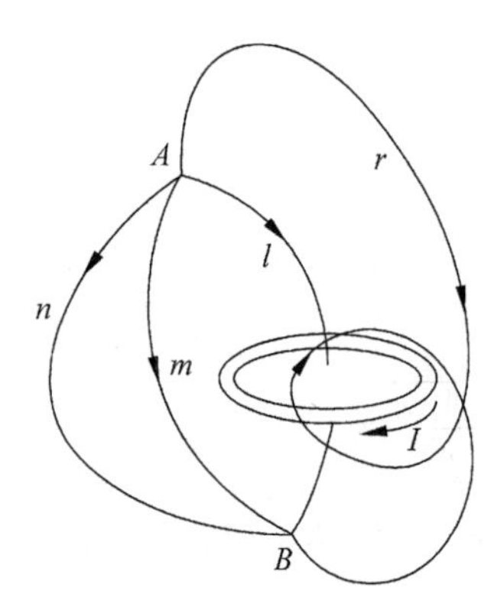

图 4.14　磁位 $\varphi_{\mathrm{m}}$ 与积分路径的关系

$$\int_{AlB} \boldsymbol{H} \cdot \mathrm{d}\boldsymbol{l} = \int_{AmB} \boldsymbol{H} \cdot \mathrm{d}\boldsymbol{l} + I$$

如果取积分回路围绕电流 $k$($k$ 是任意整数)次,则

$$\oint_{ArBnA} \boldsymbol{H} \cdot \mathrm{d}\boldsymbol{l} = kI$$

则

$$\int_{ArB} \boldsymbol{H} \cdot \mathrm{d}\boldsymbol{l} = \int_{AnB} \boldsymbol{H} \cdot \mathrm{d}\boldsymbol{l} + kI$$

这说明在磁场中,$A$、$B$ 两点间的磁压,要随积分路径而变。这样,对于磁场中任意一点来说,即使参考点已选定,其磁位仍是一个多值函数。磁位的多值性,对于计算磁感应强度和磁场强度并没有影响。另外还可以作一些规定来消除多值性。例如,在电流回路引起的磁场中,可以规定积分路线不准穿过电流回路所限定的面,即所谓磁屏障面。使磁场中各点的磁位成为单值函数,两点间的磁压也就与积分路径无关了。

在均匀介质中,磁位也满足拉普拉斯方程。在基本方程之一

$$\nabla \cdot \boldsymbol{B} = 0$$

中,代入 $\boldsymbol{B}=\mu\boldsymbol{H}$,并考虑到 $\boldsymbol{H}=-\nabla\varphi_{\mathrm{m}}$,则有

$$\nabla \cdot (-\mu \nabla\varphi_{\mathrm{m}}) = -\nabla\varphi_{\mathrm{m}} \cdot \nabla\mu - \mu \nabla \cdot \nabla\varphi_{\mathrm{m}} = 0$$

由于介质是均匀的,$\nabla\mu=0$,因此上式称为

$$\nabla^2 \varphi_{\mathrm{m}} = 0 \tag{4.46}$$

这就是磁位的拉普拉斯方程。

在所研究的空间不存在自由电流的两种不同介质分界面上,边界条件也可以用磁位表示,它们是

$$\varphi_{\mathrm{m1}} = \varphi_{\mathrm{m2}} \tag{4.47}$$

和

$$\mu_1 \frac{\partial \varphi_{\mathrm{m1}}}{\partial n} = \mu_2 \frac{\partial \varphi_{\mathrm{m2}}}{\partial n} \tag{4.48}$$

式(4.46)、式(4.47)和式(4.48)式与场域边界条件一起就构成了用磁位描述恒定磁场的边值问题。

## 4.7 镜像法

在磁场计算中,对于给定了电流的分布计算磁场这类问题,如果介质是均匀的,则可通过毕奥-萨伐尔定律进行计算,也可以先计算出磁位 $\boldsymbol{A}$,再通过 $\boldsymbol{B}=\nabla\times\boldsymbol{A}$ 计算;若知道磁场,计算电流分布,可通过 $\boldsymbol{J}=\nabla\times\boldsymbol{H}$ 计算。

对于比较复杂的恒定磁场问题求解,通常可归结为求解满足给定边值条件的泊松方程或拉普拉斯方程的问题。根据磁场问题解答的唯一性,可以应用于静电场相似的镜像法来求解恒定磁场的问题。

例如,恒定磁场有两种介质,磁导率分别为 $\mu_1$ 和 $\mu_2$,在介质 1 内置有电流为 $I$ 的无限长

直导线，且平行于分界面，如图 4.15(a)所示。求解两种介质内的磁场。

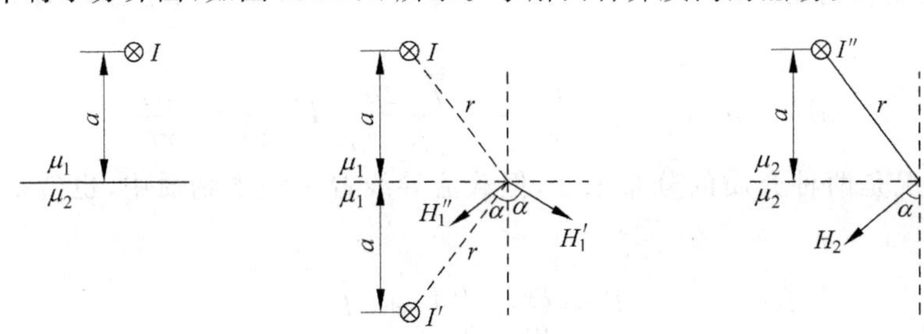


(a) 恒定磁场有两种介质　(b) 整个场充满介质$\mu_1$的情况　(c) 整个场充满介质$\mu_2$的情况

图 4.15　线电流对无限大介质分界面的镜像

对照静电场的镜像法，要求解介质 1 中的场，可考虑整个场都充满导磁介质 $\mu_1$，而其中的场是由线电流 $I$ 和像电流 $I'$ 共同产生的，如图 4.15(b)所示。同样，对于介质 2 中的场，则可考虑整个场都充满导磁介质 $\mu_2$，其中的场由像电流 $I''$ 所产生，如图 4.15(c)所示。这样不论对介质 1 区域还是介质 2 区域，位函数所满足的方程都没有改变。如果在两种介质分界面上满足衔接条件，则原来场中的一切条件都得到满足。下面利用衔接条件来确定 $I'$、$I''$。

根据 $H_{2t}=H_{1t}$，可以求得

$$\frac{I}{2\pi r}\sin\alpha-\frac{I'}{2\pi r}\sin\alpha=\frac{I''}{2\pi r}\sin\alpha$$

或

$$I-I'=I'' \tag{4.49}$$

再由 $B_{1n}=B_{2n}$，可得

$$\mu_1\frac{I_1}{2\pi r}\cos\alpha+\mu_1\frac{I'}{2\pi r}\cos\alpha=\mu_2\frac{I''}{2\pi r}\cos\alpha$$

或

$$\mu_1(I+I')=\mu_2 I'' \tag{4.50}$$

联立解式(4.49)和式(4.50)，即得

$$I'=\frac{\mu_2-\mu_1}{\mu_2+\mu_1}I \tag{4.51}$$

$$I''=\frac{2\mu_1}{\mu_2+\mu_1}I \tag{4.52}$$

这里要注意，在式(4.51)和式(4.52)中，$I'$和 $I''$的参考方向都规定和 $I$ 的参考方向一致。可以看出，$I''$总是正的，即它的方向总是和 $I$ 的参考方向一致；但 $I'$的方向要看($\mu_2-\mu_1$)的正负而定。下面分别讨论两种特殊情况。

若第一种介质是空气($\mu_1=\mu_0$)，第二种介质是铁磁物质($\mu_2\to\infty$)，载流导线置于空气中，则根据式(4.51)和式(4.52)式，得

$$I'=\frac{\mu_2-\mu_0}{\mu_2+\mu_0}I\approx I$$

$$I''=\frac{2\mu_1}{\mu_2+\mu_0}I\approx 0$$

这时，铁磁物质内的磁场强度 $H_2$ 将处处为零，但不要认为磁感应强度 $B_2$ 也处处为零。实际上

$$B_2 = \mu_2 H_2 = \mu_2 \frac{I''}{2\pi r} = \mu_2 \left(\frac{2\mu_1}{\mu_2 + \mu_0} I\right)\frac{1}{2\pi r} = \frac{\mu_0 I}{\pi r}$$

另一种情况是两种介质的分布未变，但载流导线置于铁磁物质中，也就是 $\mu_1 \to \infty$，而 $\mu_2 = \mu_0$，这时

$$I' = \frac{\mu_0 - \mu_1}{\mu_1 + \mu_0} I \approx -I$$

$$I'' = \frac{2\mu_1}{\mu_1 + \mu_0} I \approx 2I$$

可见空气中的磁感应强度与整个空间都充满空气时相比较增大了一倍。

图 4.16 和图 4.17 分别表示 $\mu_1 = \mu_0$，$\mu_2 = 9\mu_0$ 和 $\mu_1 = 9\mu_0$，$\mu_2 = \mu_0$ 时场中的磁感应线。

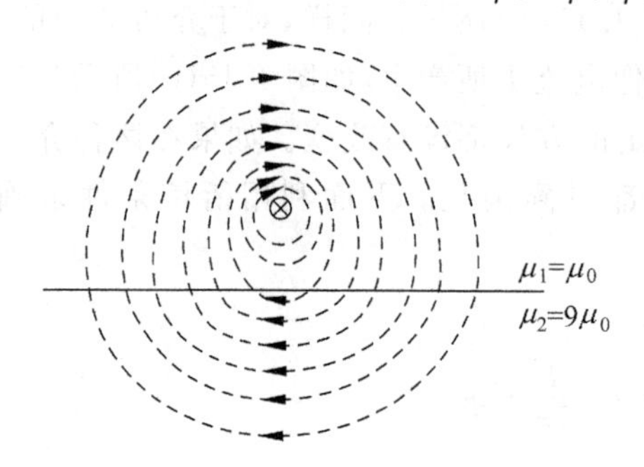


图 4.16 $\mu_1 = \mu_0$，$\mu_2 = 9\mu_0$ 时场中的磁感应线

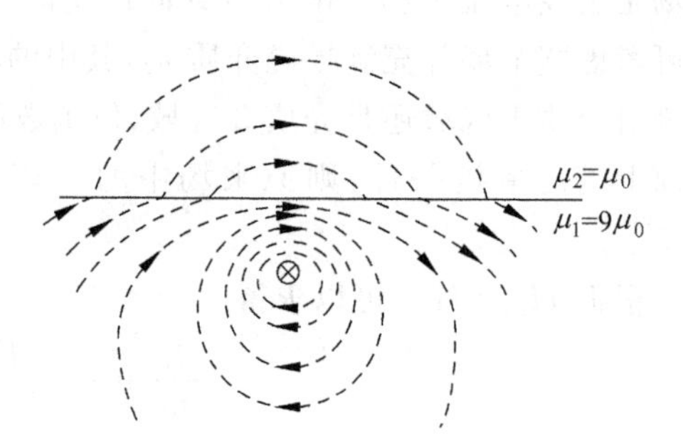


图 4.17 $\mu_1 = 9\mu_0$，$\mu_2 = \mu_0$ 时场中的磁感应线

## 4.8 电感

电感器的电感是电路理论中的基本参数之一，它有自感和互感之分。本节将通过磁链来定义自感和互感，并介绍它们的计算方法。

### 4.8.1 自感

在各向同性的线性介质中，如磁场由某一电流回路产生，则穿过磁回路所限定面积的磁通，与回路中的电流有正比关系，也就是与回路相交链的磁链 $\Psi_L$ 和电流成正比，即

$$L = \frac{\Psi_L}{I} \tag{4.53}$$

式中的 $\Psi_L$ 为自感磁链，$L$ 为自感系数，简称自感。自感的单位是 H(亨)。自感仅与回路的尺寸、几何形状及介质的分布有关，而与通过回路的电流及磁链的具体量值无关。下面讨论自感 $L$ 的计算问题。

在计算自感时，常用到内磁链和内自感的概念。在导线内部，仅与部分电流相交链的磁通称为内磁通，相应的磁链称为内磁链，用 $\Psi_i$ 表示，则内自感

$$L_i = \frac{\Psi_i}{I} \tag{4.54}$$

同样，完全在导线外部闭合的磁通称为外磁通，相应的磁链称为外磁链，用 $\Psi_o$ 表示。则外自感

$$L_o = \frac{\Psi_o}{I} \tag{4.55}$$

因而自感为内自感与外自感之和，即

$$L = L_i + L_o \tag{4.56}$$

**例 4.11**　计算如图 4.18 所示长为 $l$ 的同轴电缆的自感。

**解**：设构成电缆的所有材料的磁导率均为 $\mu_0$，若 $R_3 \approx R_2$，即外壳的厚度可以忽略不计。假设通过的电流为 $I$，如图 4.18 所示。

内导体中电流密度 $\boldsymbol{J} = \frac{I}{\pi R_1^2}\boldsymbol{e}_z$。先求内磁链，由安培环路定律，可求出在内导体中，即 $\rho < R_1$ 处

$$B_1 = \frac{\mu_0 I \rho}{2\pi R_1^2}$$

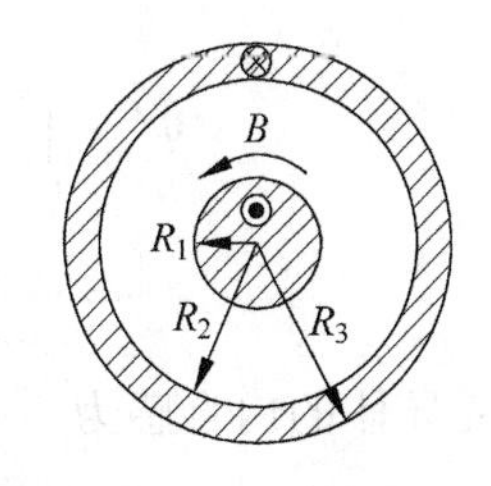


图 4.18　同轴电缆的自感

穿过由轴向长度 $l$ 宽为 $\mathrm{d}\rho$ 构成的矩形元面积上的元磁通为

$$\mathrm{d}\Phi_i = B_1 \mathrm{d}S = \frac{\mu_0 I \rho}{2\pi R_1^2} l \mathrm{d}\rho$$

求磁链时，必须注意，与 $\mathrm{d}\Phi_i$ 相交链的电流不是 $I$，仅是它的一部分 $I'$，且

$$I' = \frac{\pi\rho^2}{\pi R_1^2} I = \frac{\rho^2}{R_1^2} I$$

因此，与 $\mathrm{d}\Phi_i$ 相应的元磁链为

$$\mathrm{d}\Psi_i = \frac{I'}{I}\mathrm{d}\Phi_i = \frac{\mu_0 I \rho^3}{2\pi R_1^4} l \mathrm{d}\rho$$

内导体中的自感磁链总量为

$$\Psi_i = \int \mathrm{d}\Psi_i = \int_0^{R_1} \frac{\mu_0 I \rho^3}{2\pi R_1^4} l \mathrm{d}\rho = \frac{\mu_0 I l}{8\pi}$$

由此可得内自感

$$L_i = \frac{\Psi_i}{I} = \frac{\mu_0 l}{8\pi}$$

值得注意的是，内自感的值仅与圆导线的长度有关，而与半径无关。

当 $R_1 \leqslant \rho \leqslant R_2$ 时，由安培环路定律，可得

$$B_2 = \frac{\mu_0 l}{2\pi\rho}$$

此时，

$$\mathrm{d}\Psi_o = \frac{\mu_0 I l}{2\pi\rho}\mathrm{d}\rho$$

$$\Psi_o = \int \mathrm{d}\Psi_o = \int_{R_1}^{R_2} \frac{\mu_0 I l}{2\pi\rho}\mathrm{d}\rho = \frac{\mu_0 I l}{2\pi}\ln\frac{R_2}{R_1}$$

故外自感

$$L_o = \frac{\Psi_o}{I} = \frac{\mu_0 l}{2\pi}\ln\frac{R_2}{R_1}$$

当 $\rho>R_2$ 时，$B_3=0$，无磁场。故总电感

$$L=L_i+L_o=\frac{\mu_0 l}{2\pi}\left(\frac{1}{4}+\ln\frac{R_2}{R_1}\right)$$

若外壳厚度不能忽略，即 $R_3\neq R_2$ 时，只要再计算出外壳层的内自感，与前面所计算出的电感相加即可。

当 $R_2\leqslant\rho\leqslant R_3$ 时，$B_3=\frac{\mu_0 l}{2\pi\rho}\cdot\frac{R_3^2-\rho^2}{R_3^2-R_2^2}$，$\mathrm{d}\Phi_i'=B_3 l\mathrm{d}\rho$，这时与电流交链的磁链

$$\mathrm{d}\Psi_i'=\frac{R_3^2-\rho^2}{R_3^2-R_2^2}\cdot\frac{\mu_0 Il}{2\pi\rho}\frac{R_3^2-\rho^2}{R_3^2-R_2^2}\mathrm{d}\rho$$

则

$$\begin{aligned}\Psi_i'&=\int_{R_2}^{R_3}\frac{\mu_0 Il}{2\pi}\left(\frac{R_3^2-\rho^2}{R_3^2-R_2^2}\right)^2\frac{1}{\rho}\mathrm{d}\rho\\&=\frac{\mu_0 Il}{2\pi}\left[\left(\frac{R_3^2}{R_3^2-R_2^2}\right)^2\ln\frac{R_3}{R_2}-\frac{R_3^2}{R_3^2-R_2^2}+\frac{1}{4}\frac{R_3^2+R_2^2}{R_3^2-R_2^2}\right]\end{aligned}$$

则外壳导体的内自感为

$$L_i'=\frac{\mu_0 l}{2\pi}\left[\left(\frac{R_3^2}{R_3^2-R_2^2}\right)^2\ln\frac{R_3}{R_2}-\frac{R_3^2}{R_3^2-R_2^2}+\frac{1}{4}\frac{R_3^2+R_2^2}{R_3^2-R_2^2}\right]$$

此时电缆的总电感

$$\begin{aligned}L&=L_i+L_o+L_i'\\&=\frac{\mu_0 l}{8\pi}+\frac{\mu_0 l}{2\pi}\ln\frac{R_2}{R_1}+\frac{\mu_0 l}{2\pi}\left[\left(\frac{R_3^2}{R_3^2-R_2^2}\right)^2\ln\frac{R_3}{R_2}-\frac{R_3^2}{R_3^2-R_2^2}+\frac{1}{4}\frac{R_3^2+R_2^2}{R_3^2-R_2^2}\right]\end{aligned}$$

**例 4.12** 求如图 4.19 所示二线传输线的自感。

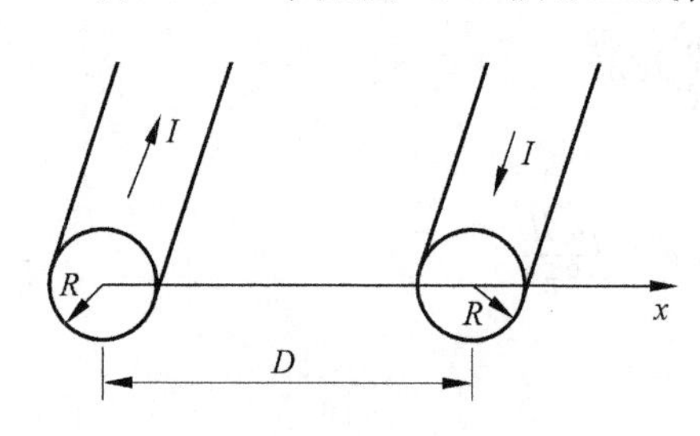


图 4.19 二线传输线的自感

**解**：两导线的几何尺寸如图 4.19 所示，由于电流均匀分布，在计算外磁链时，可认为电流集中在几何线上，在距左轴线 $x$ 处的磁场强度

$$H=\frac{I}{2\pi x}+\frac{I}{2\pi(D-x)}$$

磁场的方向与导线回路平面垂直。单位长度上的外磁链为

$$\Psi_o=\int\mathrm{d}\Phi_m=\int_R^{D-R}B\mathrm{d}x=\frac{\mu_0 I}{\pi}\ln\frac{D-R}{R}$$

因而单位长度外自感

$$L_o=\frac{\Psi_o}{I}=\frac{\mu_0}{\pi}\ln\frac{D-R}{R}$$

一般情况下，$D\gg R$，故

$$L_o\approx\frac{\mu_0}{\pi}\ln\frac{D}{R}$$

二根导线的单位长度内自感为

$$L_i=2\times\frac{\mu_0}{8\pi}=\frac{\mu_0}{4\pi}$$

由此得二线传输线单位长度的自感为

$$L=\frac{\mu_0}{4\pi}+\frac{\mu_0}{\pi}\ln\frac{D}{R}=\frac{\mu_0}{\pi}\left(\frac{1}{4}+\ln\frac{D}{R}\right)$$

### 4.8.2 互感

在线性介质中，由回路 $C_1$ 的电流 $I_1$ 所产生而与回路 $C_2$ 相交链的磁链 $\Psi_{21}$ 和 $I_1$ 成正比，即

$$M_{21}=\frac{\Psi_{21}}{I_1} \tag{4.57}$$

式中 $M_{21}$ 即回路 $C_1$ 对回路 $C_2$ 的互感。同理，回路 $C_2$ 对回路 $C_1$ 的互感可表示为

$$M_{12}=\frac{\Psi_{12}}{I_2} \tag{4.58}$$

以上两个式子中的 $\Psi_{21}$ 和 $\Psi_{12}$ 都表示互感磁链，它们下标的第一个数字表示与磁通交链的回路，第二个数字表示引起磁通的电流回路。可以证明

$$M_{21}=M_{12} \tag{4.59}$$

互感不仅和线圈及导线形状、尺寸和周围介质及导线材料的磁导率有关，还和两回路的相互位置有关。

### 4.8.3 纽曼公式

在计算自感和互感时还可以应用磁矢位的线积分来计算磁通，从而求磁链。这里介绍应用磁矢位 $\boldsymbol{A}$ 计算互感和自感的一般公式，即纽曼公式。

如图 4.20 所示为两个由细导线构成的回路。

设导线及周围介质的磁导率都为 $\mu_0$。令回路 $C_1$ 中通有电流 $I_1$，因导线是线形的，故电流的对外作用中心可看作集中在导线的几何轴线上。因此，回路 1 中电流 $I_1$ 在 $\mathrm{d}l_2$ 处产生的磁矢位为

$$\boldsymbol{A}_1=\frac{\mu_0 I_1}{4\pi}\oint_{l_1}\frac{\mathrm{d}\boldsymbol{l}_1}{R}$$

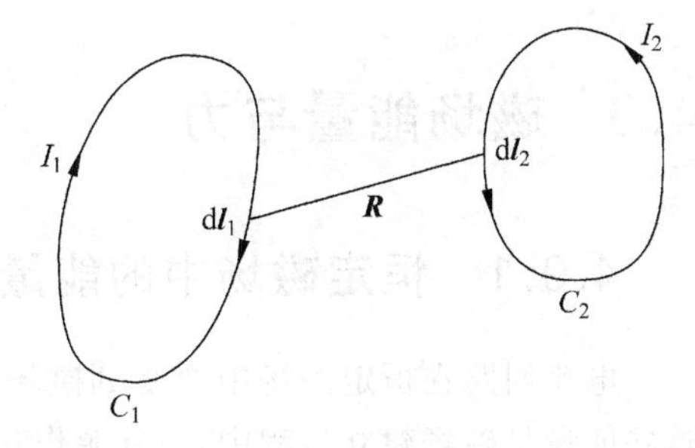

图 4.20 互感

由回路 $C_1$ 中电流 $I_1$ 产生而和回路 2 相交链的互感磁链为

$$\Psi_{21}=\Phi_{\mathrm{m}21}=\oint_{l_2}\boldsymbol{A}_1\cdot\mathrm{d}\boldsymbol{l}_2=\frac{\mu_0 I_1}{4\pi}\oint_{l_2}\oint_{l_1}\frac{\mathrm{d}\boldsymbol{l}_2\cdot\mathrm{d}\boldsymbol{l}_1}{R} \tag{4.60}$$

可见，两细导线回路间的互感为

$$M_{21}=\frac{\Psi_{21}}{I_1}=M_{12}=\frac{\mu_0}{4\pi}\oint_{l_2}\oint_{l_1}\frac{\mathrm{d}\boldsymbol{l}_1\cdot\mathrm{d}\boldsymbol{l}_2}{R} \tag{4.61}$$

若回路 $C_1$、$C_2$ 分别由 $N_1$ 和 $N_2$ 匝的细导线紧密绕制而成，则互感为

$$M_{21}=M_{12}=\frac{N_1 N_2\mu_0}{4\pi}\oint_{l_2}\oint_{l_1}\frac{\mathrm{d}\boldsymbol{l}_1\cdot\mathrm{d}\boldsymbol{l}_2}{R} \tag{4.62}$$

式中 $l_1$、$l_2$ 分别表示一匝的长度。式(4.62)就是通过磁矢位来计算电感的一般公式，称为纽曼公式。

应用纽曼公式也可以计算线圈的自感。设图 4.20 中的两个细导线回路的形状和尺寸

相同，将它们重叠起来，便成为如图4.21所示的导线回路了。

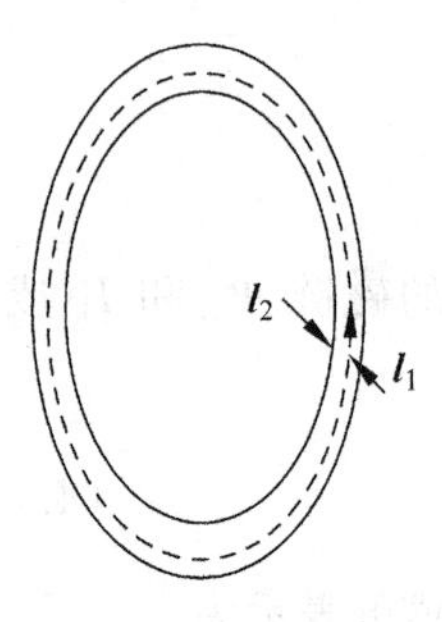


图4.21 纽曼公式

仍然研究匝数等于1的情况。应该指出，现在计算自感不能直接套用式(4.62)的右边部分，因为这里的 $\boldsymbol{l}_1$、$\boldsymbol{l}_2$ 已重合在一起，积分式中的 $\boldsymbol{R}$ 有可能等于零，因而将使积分值趋于无限大。这个困难可通过下面的办法来克服：导线回路的自感一般仍可分为外自感及内自感两部分。和外自感相应的那部分外磁通和电流相交链的次数是整数，因而在计算外磁通时，应以导线内侧边线 $\boldsymbol{l}_2$ 作为回路的边界，但对于其中流过的电流的对外作用中心线仍然应看作集中在几何轴线上，如图4.21中虚线 $\boldsymbol{l}_1$ 所示。这样一来计算细导线回路的外自感就相当于计算由 $\boldsymbol{l}_1$、$\boldsymbol{l}_2$ 所构成的两回路的互感了，因而可以直接应用式(4.61)，从而

$$L_o = \frac{\mu_0}{4\pi}\oint_{l_2}\oint_{l_1}\frac{\mathrm{d}\boldsymbol{l}_1 \cdot \mathrm{d}\boldsymbol{l}_2}{R} \tag{4.63}$$

对于匝数等于 $N$ 的紧密绕制的导线回路来说，其外自感应等于

$$L_o = \frac{N^2\mu_0}{4\pi}\oint_{l_2}\oint_{l_1}\frac{\mathrm{d}\boldsymbol{l}_1 \cdot \mathrm{d}\boldsymbol{l}_2}{R} \tag{4.64}$$

因为构成细导线回路的导线横截面的半径远小于该回路的曲率半径，所以导线内的电流可近似地认为作均匀分布，因而匝数等于1的导线回路的内自感 $L_i$ 可认为等于$\frac{\mu_0 l_1}{8\pi}$。通常导线回路的内自感远小于外自感，所以它的自感为

$$L = L_i + L_o \approx L_o$$

# 4.9 磁场能量与力

## 4.9.1 恒定磁场中的能量

电流回路在恒定磁场中要受到磁场力的作用而发生运动，表明恒定磁场储存着能量。这些能量是磁场建立过程中，由外源作功转换而来的。假设磁场和电流的建立过程都缓慢进行，周围均为线性介质，且没有电磁能量辐射及其他损耗。这样，外源所做的功都转变为磁场中储存的能量。为简单起见，下面先讨论单个电流回路的情况。

假设有一个回路 $l$，通入电流时，由于电流的变化，穿过回路的磁通发生变化，会在回路中产生感应电动势。感应电动势在回路中产生感应电流，感应电流产生的磁通要阻碍原磁通的变化，因此电流从零变化到 $I$ 的过程中，外源要克服感应电动势作功。在 $\mathrm{d}t$ 时间间隔中，外源所做的功 $\mathrm{d}A = ui\mathrm{d}t$。因为电压 $u = \frac{\mathrm{d}\Psi}{\mathrm{d}t} = L\frac{\mathrm{d}i}{\mathrm{d}t}$，所以 $\mathrm{d}A = Li\mathrm{d}i$，整个过程中外源所做的功全部转化为磁场中存储的能量，故

$$W_m = \int \mathrm{d}A = \int_0^I Li\,\mathrm{d}i = \frac{1}{2}LI^2 \tag{4.65}$$

上式表明磁场能量只与回路电流最终状态有关，与电流建立的过程无关。

若线性介质中只有两个回路 $l_1$、$l_2$，它们的终值电流分别为 $I_1$、$I_2$。这时，可以选择一个

便于计算的电流建立过程。让两回路电流都按同一比例增长，即在磁场建立过程的某一瞬间，两回路瞬时电流分别为 $i_1=mI_1$、$i_2=mI_2$，如图 4.22 所示。

其中 $m$ 是一个变量($0\leqslant m\leqslant 1$)。也就是在磁场建立之初，$m=0$；磁场建成时，$m=1$。由于回路中的磁链和电流有线性关系，此间，穿过两回路的磁链分别为 $m\Psi_1$ 和 $m\Psi_2$。$\Psi_1$、$\Psi_2$ 为两回路电流分布达到最终值 $I_1$、$I_2$ 时的磁链，即磁场能量增量为

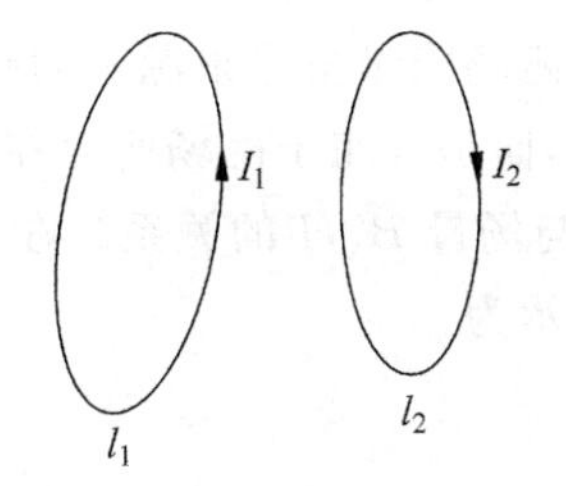

图 4.22 两个回路电流的建立

$$\mathrm{d}A=\mathrm{d}A_1+\mathrm{d}A_2$$

其中 $\mathrm{d}A_1=\mu_1 i_1\mathrm{d}t=\dfrac{\mathrm{d}(m\Psi_1)}{\mathrm{d}t}mI_1\mathrm{d}t=mI_1\mathrm{d}(m\Psi_1)$，$\mathrm{d}A_2=mI_2\mathrm{d}(m\Psi_2)$。整个过程中外源对回路电流所做的功都转变成磁场中存储的能量，故

$$\begin{aligned}W_{\mathrm{m}}&=\int\mathrm{d}A=\int mI_1\mathrm{d}(m\Psi_1)+\int mI_2\mathrm{d}(m\Psi_2)=(I_1\Psi_1+I_2\Psi_2)\int_0^1 m\mathrm{d}m\\&=\frac{1}{2}(I_1\Psi_1+I_2\Psi_2)=\frac{1}{2}\sum_{k=1}^{2}I_k\Psi_k\end{aligned}\tag{4.66}$$

式(4.66)就是两个电流回路系统存储的磁场能量。它等于各回路电流与磁链乘积的代数和的一半，式中的 $I_k$、$\Psi_k$ 都是建立过程的最终值。达到稳定后，磁链与电流有下列关系，即

$$\begin{aligned}\Psi_1&=L_1I_1+M_{12}I_2\\\Psi_2&=L_2I_2+M_{21}I_1\end{aligned}\tag{4.67}$$

因为 $M_{12}=M_{21}=M$。将式(4.67)代入式(4.66)，得

$$W_{\mathrm{m}}=\frac{1}{2}(L_1I_1^2+L_2I_2^2+2MI_1I_2)\tag{4.68}$$

顺便指出，式(4.68)中的 $\frac{1}{2}L_1I_1^2$ 和 $\frac{1}{2}L_2I_2^2$ 分别仅与 1 号和 2 号回路各自的电流和自感系数有关，故称自有能。$MI_1I_2$ 是两个电流回路间的相互作用能，它与两回路电流及互感系数有关，称为互有能。自有能恒为正，互有能则可正可负，随电流流向而定。如同在电路理论中规定的方法，当两回路电流同时自回路(线圈)同名端流入(出)时，互有能为正，否则为负。

对于 $n$ 个电流回路组成的系统，不难推知磁场能量的表达式为

$$W_{\mathrm{m}}=\frac{1}{2}\sum_{k=1}^{n}I_k\Psi_k\tag{4.69}$$

其中

$$\Psi_k=M_{k1}I_1+M_{k2}I_2+\cdots+L_kI_k+\cdots+M_{kn}I_n\quad(k=1,2,\cdots,n)\tag{4.70}$$

将式(4.70)代入式(4.69)，得

$$\begin{aligned}W_{\mathrm{m}}=&\frac{1}{2}L_1I_1^2+\frac{1}{2}L_2I_2^2+\cdots+\frac{1}{2}L_nI_n^2+M_{12}I_1I_2\\&+M_{13}I_1I_3+\cdots+M_{(n-1)}I_{n-1}I_n\end{aligned}\tag{4.71}$$

上式中已应用了 $M_{kj}=M_{jk}$ 这一关系。

### 4.9.2 磁场能量的分布及其密度

磁场能量虽然来源于回路电流建立过程中外源所做的功，但它并不是只存在于电流回路内，而是分布于磁场所存在的整个空间中。为了更清楚地表明这一点，下面寻求磁场能量 $W_m$ 与场量 $B$、$H$ 的关系。在 $n$ 个电流回路(设它们都是单匝)的磁场中，第 $k$ 号回路的磁链可表示为

$$\Psi_k = \int_{S_k} \boldsymbol{B} \cdot d\boldsymbol{S} = \oint_{l_k} \boldsymbol{A} \cdot d\boldsymbol{l}$$

代入式(4.69)，可得

$$W_m = \frac{1}{2}\sum_{k=1}^{n}\oint_{l_k} I_k \boldsymbol{A} \cdot d\boldsymbol{l} \tag{4.72}$$

对更普遍的情况，电流不是限制在线性导体内，而是分布在导电介质内，即用 $\boldsymbol{J}dV$ 代替 $Id\boldsymbol{l}$，用体积分代替线积分，并将体积积分范围扩大到包含所有载流回路，这样式(4.69)即可写成

$$W_m = \frac{1}{2}\int_V \boldsymbol{A} \cdot \boldsymbol{J}dV \tag{4.73}$$

利用 $\boldsymbol{J}=\nabla\times\boldsymbol{H}$ 的关系，上式还可写为

$$W_m = \frac{1}{2}\int_V \boldsymbol{A} \cdot \nabla\times \boldsymbol{H}dV \tag{4.74}$$

利用矢量恒等式 $\nabla\cdot(\boldsymbol{H}\times\boldsymbol{A})=\boldsymbol{A}\cdot\nabla\times\boldsymbol{H}-\boldsymbol{H}\cdot\nabla\times\boldsymbol{A}$，式(4.74)成为

$$W_m = \frac{1}{2}\int_V \nabla\cdot(\boldsymbol{H}\times\boldsymbol{A})dV + \frac{1}{2}\int_V \boldsymbol{H}\cdot\nabla\times\boldsymbol{A}dV$$

再应用散度定理以及 $\boldsymbol{B}=\nabla\times\boldsymbol{A}$ 的关系，得

$$W_m = \frac{1}{2}\oint_S \boldsymbol{H}\times\boldsymbol{A}\cdot d\boldsymbol{S} + \frac{1}{2}\int_V \boldsymbol{H}\cdot\boldsymbol{B}dV$$

式中等号右端第一项中的闭合面 $S$ 是包围整个体积 $V$ 的。假设所有电流回路都为有限分布，而把 $S$ 面取得离电流回路很远。这样 $H$ 随 $\frac{1}{r^2}$ 变化，$A$ 随 $\frac{1}{r}$ 变化，面积 $S$ 随 $r^2$ 变化，故 $r\to\infty$ 时，第一项的闭合面积分应等于零。因而

$$W_m = \frac{1}{2}\int_V \boldsymbol{H}\cdot\boldsymbol{B}dV \tag{4.75}$$

这一结果与静电能量的表示式完全类似。对比静电能量体密度同样的讨论，由式(4.75)可以推出磁场能量的体密度为

$$\omega'_m = \frac{1}{2}\boldsymbol{H}\cdot\boldsymbol{B} \tag{4.76}$$

对于各向同性的线性导磁介质，还可以写成

$$\omega'_m = \frac{1}{2}\mu H^2 = \frac{1}{2}\frac{B^2}{\mu} \tag{4.77}$$

**例 4.13** 求长度为 $l$，内外导体半径分别为 $R_1$ 和 $R_2$(外导体很薄)的同轴电缆，通有电流 $I$ 时，电缆所具有的磁场能量(两导体间介质的磁导率为 $\mu_0$)。

**解**：当 $\rho<R_1$ 时，

$$H_1 = \frac{I'}{2\pi\rho} = \frac{\rho I}{2\pi R_1^2}, \quad B_1 = \frac{\mu_0 \rho I}{2\pi R_1^2}$$

$$R_1 < \rho < R_2, \quad H_2 = \frac{I}{2\pi\rho}, \quad B_2 = \frac{\mu_0 I}{2\pi\rho}$$

当 $\rho > R_2$ 时，

$$H_2 = 0, \quad B_2 = 0$$

$$\begin{aligned} W_m &= \frac{1}{2}\int_V \boldsymbol{H} \cdot \boldsymbol{B}\,\mathrm{d}V = \frac{1}{2}\left(\int_0^{R_1} \frac{\rho I}{2\pi R_1^2} \cdot \frac{\mu_0 \rho I}{2\pi R_1^2} \cdot l2\pi\rho\,\mathrm{d}\rho + \int_{R_1}^{R_2} \frac{I}{2\pi\rho} \cdot \frac{\mu_0 I}{2\pi\rho} l2\pi\rho\,\mathrm{d}\rho\right) \\ &= \frac{\mu_0}{2}\frac{I^2 l}{4\pi^2}\left(\int_0^{R_1} \frac{\rho^3}{R_1^4} 2\pi\mathrm{d}\rho + \int_{R_1}^{R_2} 2\pi\frac{\mathrm{d}\rho}{\rho}\right) \\ &= \frac{I^2 \mu_0 l}{4\pi}\left(\frac{1}{4} + \ln\frac{R_2}{R_1}\right) \end{aligned}$$

利用单一载流回路情况下，磁场能量 $W_m = \frac{1}{2}LI^2$ 的关系，即式(4.65)，可通过磁场能量求自感，即

$$L = \frac{2W_m}{I^2} \tag{4.78}$$

由此得上面例题中同轴电缆的自感 $L = \frac{2W_m}{I^2} = \frac{\mu_0 l}{2\pi}\left(\frac{1}{4} + \ln\frac{R_2}{R_1}\right)$。显然，利用磁场能量计算电感也是很方便的。许多工程实际问题中常用数值计算方法求出场量 $\boldsymbol{B}$ 和 $\boldsymbol{H}$，据以计算磁场能量，然后利用式(4.78)来确定单个载流系统的电感值。

## 4.9.3 磁场力

载流导体或运动电荷在磁场中所受的力叫磁场力或电磁力，工程中许多仪表就是利用电磁力进行设计的。

磁场对运动电荷的作用力可用式(4.7)进行计算。磁场作用于元电流段 $I\mathrm{d}\boldsymbol{l}$ 的力为 $\mathrm{d}\boldsymbol{f} = I\mathrm{d}\boldsymbol{l} \times \boldsymbol{B}$，磁场作用于载流回路的力为 $\boldsymbol{F} = \oint_l I\,\mathrm{d}\boldsymbol{l} \times \boldsymbol{B}$。原则上，磁场力都可归结为磁场作用于元电流段的力，但这样需用矢量积分形式来计算，通常是很繁复的。如能像静电场中讨论过的那样，应用虚位移法来求磁场力，则在很多问题中都可以简化计算。

设有 $n$ 个载流回路所构成的系统，它们分别与电压为 $U_1, U_2, \cdots, U_n$ 的外源相联，且分别通有 $I_1, I_2, \cdots, I_n$，假设除了第 $P$ 号回路外，其余都固定不动，且回路 $P$ 也只能这样运动，即仅有一个广义坐标 $g$ 发生变化，这时在该系统中发生的功能过程是

$$\mathrm{d}W = \mathrm{d}W_m + f\mathrm{d}g \tag{4.79}$$

即所有电源提供的能量等于磁场能量的增量加上磁场力所做的功。式(4.79)中的 $\mathrm{d}W$ 可表示成

$$\mathrm{d}W = \sum_{k=1}^{n} I_k \mathrm{d}\Psi_k \tag{4.80}$$

下面分别讨论两种情况：

(1) 假定各回路中的电流保持不变，即 $I_k =$ 常量，这时根据式(4.79)，有

$$\mathrm{d}W_{\mathrm{m}}\Big|_{I_k=\text{常量}} = \frac{1}{2}\sum_{k=1}^{n} I_k \mathrm{d}\Psi_k$$

可见 $\mathrm{d}W_{\mathrm{m}}\Big|_{I_k=\text{常量}}=\frac{1}{2}\mathrm{d}W$，即外源提供的能量，有一半作为磁场能量的增量，另一半用于做机械功，即

$$f\mathrm{d}g = \mathrm{d}W_{\mathrm{m}}\Big|_{I_k=\text{常量}}$$

由此可得广义力

$$f = \frac{\mathrm{d}W_{\mathrm{m}}}{\mathrm{d}g}\Bigg|_{I_k=\text{常量}} = + \frac{\partial W_{\mathrm{m}}}{\partial g}\Bigg|_{I_k=\text{常量}} \tag{4.81}$$

(2) 假定与各回路相交链的磁链保持不变，即 $\Psi_k=$常量，$\mathrm{d}\Psi_k=0$。这时 $\mathrm{d}W$ 也为零，即外源提供的能量为零。根据式(4.79)，有

$$f\mathrm{d}g = - \mathrm{d}W_{\mathrm{m}}\Big|_{\Psi_k=\text{常量}}$$

从而得广义力

$$f = - \frac{\mathrm{d}W_{\mathrm{m}}}{\mathrm{d}g}\Bigg|_{\Psi_k=\text{常量}} = - \frac{\partial W_{\mathrm{m}}}{\partial g}\Bigg|_{\Psi_k=\text{常量}} \tag{4.82}$$

此时，磁场力做功只有靠系统内磁场能量的减少来完成。

式(4.81)与式(4.82)所得的都是在当时的电流和磁链情况下的力，因此，两者是相等的，即

$$f = \frac{\partial W_{\mathrm{m}}}{\partial g}\Bigg|_{I_k=\text{常量}} = - \frac{\partial W_{\mathrm{m}}}{\partial g}\Bigg|_{\Psi_k=\text{常量}}$$

在实际问题中，有时只要求计算某一系统中的相互作用力，这时，只要写出它们相互作用能的表达式，然后求偏导数即可。

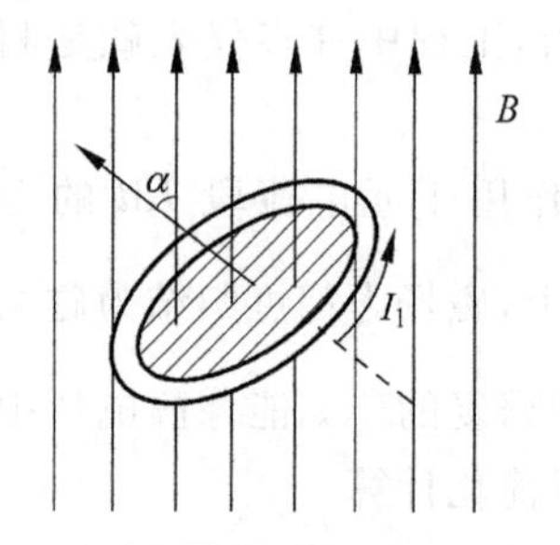

图 4.23 外磁场中的电流回路

**例 4.14** 求如图 4.23 所示载流平面线圈在均匀外磁场中受到的力矩。设线圈中的电流为 $I_1$，线圈的面积为 $S$，其法线方向与外磁场 $B$ 的夹角为 $\alpha$。

**解**：这一系统的相互作用能为

$$W_{\mathrm{m}M} = MI_1I_2 = I_1\Psi_{12} = I_1BS\cos\alpha$$

选 $\alpha$ 为广义坐标，对应的广义力是力矩，为

$$T = \frac{\partial W_{\mathrm{m}M}}{\partial \alpha}\Bigg|_{I_1=\text{常量}} = - I_1BS\sin\alpha = - Bm\sin\alpha$$

式中 $\boldsymbol{m}=I_1\boldsymbol{S}$ 为载流回路的磁矩；$T<0$ 表示力矩企图使广义坐标 $\alpha$ 减小。如用矢量表示，应为

$$\boldsymbol{T} = \boldsymbol{m} \times \boldsymbol{B}$$

可见，载流回路所受的力矩的作用趋势是要使该回路包围尽可能多的磁通。本例的结果完全适用于磁偶极子，也是电磁式电表的工作原理。

**例 4.15** 求如图 4.24 所示空气隙中的磁场均匀分布时电磁铁的起重力。

**解**：由于电磁铁的钢心内部磁场强度很小，故存储在铁磁介质中的磁场能量远小于存储于空气隙中的部分，因而，前者可以忽略不计。存储在每个空气隙中的磁场能量为

$$W_m = \frac{B^2}{2\mu_0}Sl = \frac{\Phi_m^2}{2\mu_0 S}l$$

作用在每个磁极上的总力为

$$f = \frac{\partial W_m}{\partial l}\bigg|_{\Phi_m = 常量} = -\frac{\Phi_m^2}{2\mu_0 S} \tag{4.83}$$

式中，$f<0$，表示该力要使广义坐标 $l$ 减小，即有使气隙缩短的趋势。这样电磁铁的起重力应为

$$F = 2f = \frac{\Phi_m^2}{\mu_0 S} = \frac{B^2 S}{\mu_0} \tag{4.84}$$

每单位面积的力

$$f_0 = \frac{1}{2}\frac{B^2}{\mu_0} = \frac{1}{2}\mu_0 H^2 \tag{4.85}$$

即磁场力面密度等于该处磁场能量体密度。

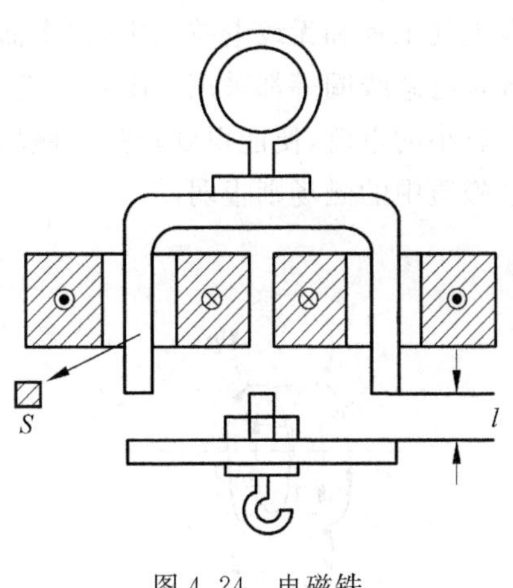


图 4.24　电磁铁

## 4.10　磁路及其计算

当磁场中存在有磁导率极高的材料，例如铁磁材料，又称铁磁质。它的 $\mu \gg \mu_0$，甚至大到几千、几万倍时，将显著地影响并改变磁场的分布。在工程应用上，常可作近似计算，把磁场简化为磁路来处理。

### 4.10.1　铁磁质和非铁磁质的分界面

由前面分界面边界条件的分析可知磁场分布的特征。若介质 2 为铁磁质，介质 1 为真空或非铁磁质。由磁场的折射规律，分界面两侧处磁感应强度的方向满足

$$\frac{\tan\alpha_2}{\tan\alpha_1} = \frac{\mu_2}{\mu_1} = \frac{\mu_{r2}}{\mu_{r1}}$$

由于两种介质磁导率相差悬殊，$\mu_{r1} \approx 1$，而 $\mu_{r2}$ 可达数千甚至数十万，因而除 $\alpha_1 = \alpha_2 = 0$ 的特殊情况外，一般总有 $\alpha_1 \ll \alpha_2$，且常常是 $\alpha_2 \approx 90°$，$\alpha_1 \approx 0°$。这样铁磁质内 $\boldsymbol{B}$ 线几乎与分界面平行，而且也非常密集，$\mu_2$ 越大，$\alpha_2$ 越接近于 90°，$\boldsymbol{B}$ 线就越接近表面平行，从而漏到外面的磁通越小，即 $\boldsymbol{B}$ 在铁磁质内远大于其外，如图 4.25 所示。这种磁感应线分布的特征可以形象地比喻为"$\boldsymbol{B}$ 线沿铁走"，或定性地说：铁磁质具有把 $\boldsymbol{B}$ 线聚集于自己内部的性质。

利用上述铁磁质与非铁磁质分界面处磁场分布的特征，如果铁磁质为闭合或基本闭合的形状，就会使 $\boldsymbol{B}$ 线基本上聚集在铁心内部，这一情况与电流几乎全部集中在导体内部相似。由于电流流经的区域称为电路，故把能使磁通集中通过的区域称为磁路。如图 4.26(a)所示为一个没有铁心的载流线圈产生的 $\boldsymbol{B}$ 线是弥散在整个空间的，若把同样的载流线圈绕在一个闭合或基本闭合的铁心上，图 4.26(b)或(c)则反映出不仅磁通量大大增加，而且这时绝大部分 $\boldsymbol{B}$ 线都集中于铁心内部且沿着铁心走向分布。这样，闭合的铁心或开有狭窄空气隙的铁心成为 $\boldsymbol{B}$ 线的主要通路，也就是所称的磁路。

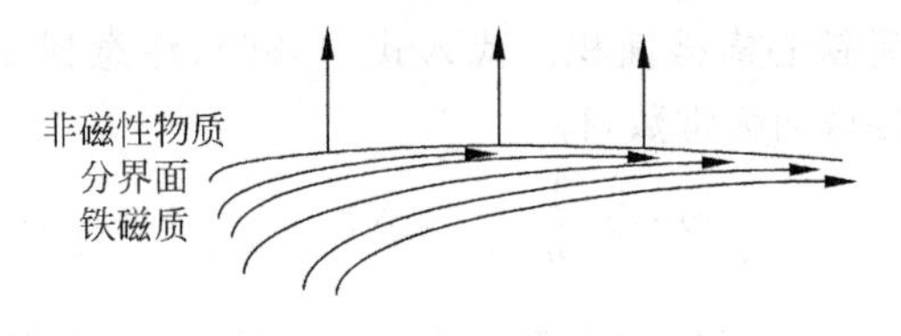


图 4.25　$\boldsymbol{B}$ 线集中在铁磁体内部

在电气工程和无线电技术中，很多需要较强磁场或较大磁通的设备，例如电机、变压器以及各种电感线圈等都采用了闭合或近似闭合的铁磁材料，即所谓铁心。绕在铁心上的线圈通以较小的电流，便能得到较强的磁场，且磁场差不多约束在由铁磁质组成的磁路内，周围非铁磁质中的磁场则很弱。

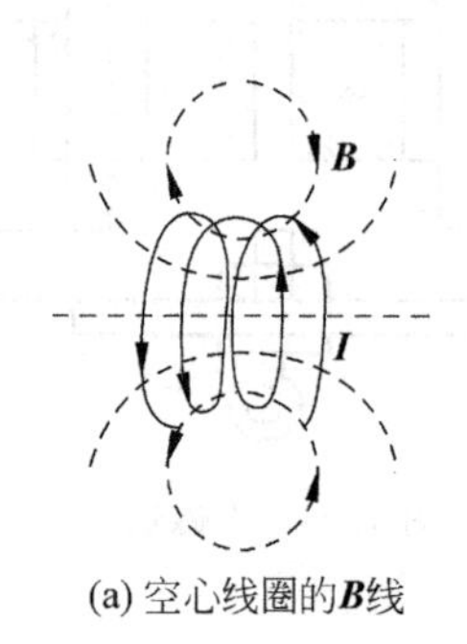

(a) 空心线圈的$\boldsymbol{B}$线

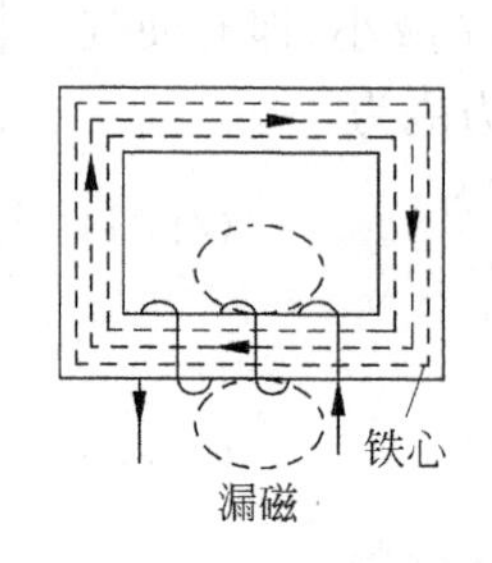

(b) 闭合铁心线圈的$\boldsymbol{B}$线

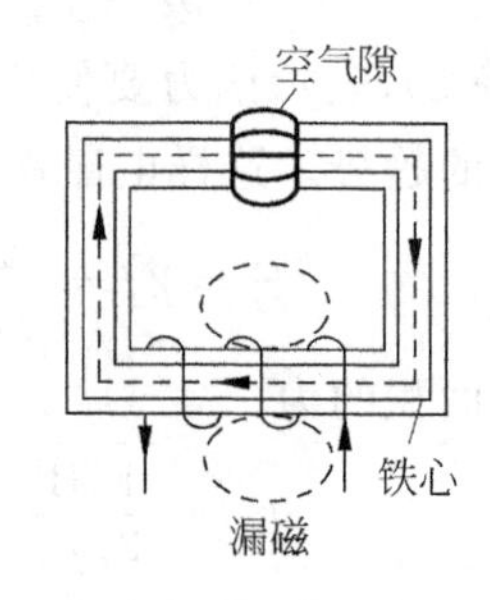

(c) 带气隙铁心线圈的$\boldsymbol{B}$线

图 4.26 整集在铁心内部的 $\boldsymbol{B}$ 线

磁路与电路有一系列对应的概念。磁路中的磁通 $\Phi$ 对应于电路中的电流，因为前者是 $\boldsymbol{B}$ 的通量而后者是 $\boldsymbol{J}$ 的通量，而 $\boldsymbol{B}$ 线和恒定电流的 $\boldsymbol{J}$ 线又都是连续曲线。当然，与传导电流只在电路中流动不同，在磁路的情况下，绝大部分 $\boldsymbol{B}$ 线是通过磁路（包括气隙）闭合的，称为主磁通，用 $\Phi$ 表示；磁路外部也有 $\boldsymbol{B}$ 线，即穿出铁心经过磁路周围非铁磁质（包括空气）而闭合的磁通，通常称为漏磁通。

## 4.10.2 磁路定律

在许多实际问题中，计算铁心内的主磁通或 $\boldsymbol{B}$ 是很重要的。但在一般情况下，要精确地求得铁心的磁场分布比较困难，因为磁场的分布与线圈和铁心的形状密切相关。所以工程上一般都是利用磁路的方法近似地计算主磁通。磁场的基本方程用于给定的磁路时，在合理的近似下可以方便地求得磁场，并可以得出磁路近似计算的定律，其形式与电路的电路定律相同。

先讨论简单的无分支闭合铁心的磁路，如图 4.27 所示。把安培环路定律用于铁心中的一条闭合磁力线，有

$$\oint_l \boldsymbol{H} \cdot \mathrm{d}\boldsymbol{l} = NI \tag{4.86}$$

其中 $I$ 及 $N$ 分别是线圈中的电流及匝数。因积分路径上各点的 $\boldsymbol{H}$（及 $\boldsymbol{B}$）与 $\mathrm{d}\boldsymbol{l}$ 平行，故被积函数

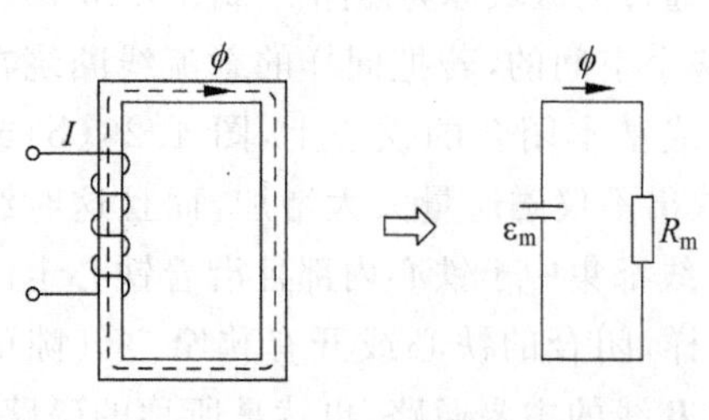

图 4.27 无分支闭合磁路

$$\boldsymbol{H} \cdot \mathrm{d}\boldsymbol{l} = \frac{\boldsymbol{B}}{\mu} \cdot \mathrm{d}\boldsymbol{l} = \frac{B}{\mu}\mathrm{d}l = \Phi \frac{1}{\mu} \frac{\mathrm{d}l}{S}$$

其中 $S$ 是铁心横截面积。代入式(4.86)，注意到 $\Phi$ 对铁心各截面为常数，得

$$\Phi \cdot \oint_l \frac{1}{\mu} \frac{\mathrm{d}l}{S} = NI \tag{4.87}$$

对比一般导体的电阻公式 $R = \int_l \frac{1}{\sigma} \frac{\mathrm{d}l}{S}$，自然把

$\oint_l \frac{1}{\mu}\frac{dl}{S}$ 叫做这个无分支闭合磁路的磁阻，记作

$$R_m = \oint_l \frac{1}{\mu}\frac{dl}{S} \tag{4.88}$$

其中磁导率 $\mu$ 与电导率 $\sigma$ 对应。把上式代入式(4.87)，得

$$\Phi R_m = NI$$

与全电路欧姆定律 $IR=\varepsilon$ 对比，自然把 $NI$ 叫做磁路的磁动势，记作

$$\varepsilon_m = NI \tag{4.89}$$

于是

$$\Phi R_m = \varepsilon_m = NI \tag{4.90}$$

上式称为无分支闭合磁路的欧姆定律，即引入磁动势和磁阻之后，磁路中的磁通、磁动势和磁阻三者之间的关系与电路中的欧姆定律完全相似。图 4.27 中的铁心电感线圈的磁路对应于最简单的电路——无分支闭合电路。通电流的线圈对应于电路的电源，正是它激发起磁路中的磁通。

当磁路存在分支时，一般说来各分支的磁通不相同。图 4.28 是一个有分支的磁路，对应于一个两节点、三支路的电路。

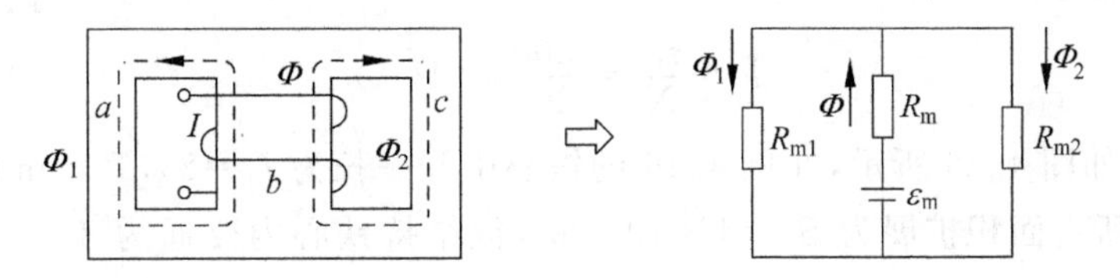


图 4.28　磁路的并联

如果忽略从铁心侧面漏出的 $\boldsymbol{B}$ 线，由磁通连续性原理 $\oint_S \boldsymbol{B}\cdot d\boldsymbol{S}=0$ 不难知道联结同一节点的各支路的磁通代数和为零，这里就是

$$\Phi = \Phi_1 + \Phi_2 \tag{4.91}$$

这一关系正与电路中基尔霍夫的节点电流方程相对应。

不但如此，对于任意复杂的磁路有：在磁路的每一个分支点上所连各支路的磁通代数和等于零，即

$$\sum \Phi_i = 0 \tag{4.92}$$

而对于每一个闭合回路，则有

$$\sum \Phi_i R_{mi} = \sum \varepsilon_{mi} \tag{4.93}$$

其内容是：在磁路的任意闭合回路中，各段磁路上的乘积值 $\Phi_i R_{mi}$（称作磁压）的代数和等于闭合回路中磁动势的代数和。

式(4.92)和式(4.93)分别相应于电路的基尔霍夫第一定律和第二定律，总称磁路定律。这种磁路与电路的对应，可使我们将熟悉的电路计算方法移植过来计算磁路。为明了起见，常画出简化磁路图。例如，对于如图 4.28 所示的磁路就可以看作是二段磁阻并联后再与中间段磁阻及磁动势串联而成。

上述磁路定律是从磁场的基本方程，即安培环路定律和磁通连续性原理出发，作了许多

近似，例如不计漏磁，认为 **B** 线沿着铁心周线走向以及铁心截面上各处 **B** 均匀等而得出的，因此实际上只是一种估算。这种估算对有关的工程技术问题是十分必要的。磁路的计算在电机、变压器、电磁铁和仪表设计中都有广泛的应用。

以上讨论的是不含磁体的磁路。当磁路中有永磁体时，问题要复杂一些，因为永磁体本身也能激发磁场，本身也相当于一个磁动势，这个磁动势显然不能归结为 $N$。

磁路的计算一般分为两类问题：一类是已知磁通求磁动势；另一类是已知磁动势求磁通。

**例 4.16** 已知图 4.27 中线圈的匝数 $N=300$，铁心的横截面积 $S=3\times10^{-3}\,\text{m}^2$，平均长度 $l=1\text{cm}$，铁磁质的 $\mu_r=2\,600$，欲在铁心中激发 $3\times10^{-3}\,\text{Wb}$ 的磁通，线圈应通过多大的电流？

**解**：磁路的总磁阻

$$R_m=\frac{1}{\mu}\frac{l}{S}=\frac{1}{2\,600\times(4\pi\times10^{-7})}\cdot\frac{1}{3\times10^{-3}}=10^5(1/\text{H})$$

磁路的磁动势

$$\varepsilon_m=\Phi R_m=(3\times10^{-3})\times10^5=300$$

故线圈应通过的电流

$$I=\frac{\varepsilon_m}{N}=\frac{300}{300}=1(\text{A})$$

**例 4.17** 如图 4.29 所示，在例 4.16 的铁心中开一长为 $l_g=2\times10^{-3}\,\text{m}$ 的气隙，假定 B 线穿过气隙时所占面积扩展为 $S_2=4\times10^{-3}\,\text{m}^2$，欲维持铁心内磁通为 $3\times10^{-3}\,\text{Wb}$，线圈电流应为多少？

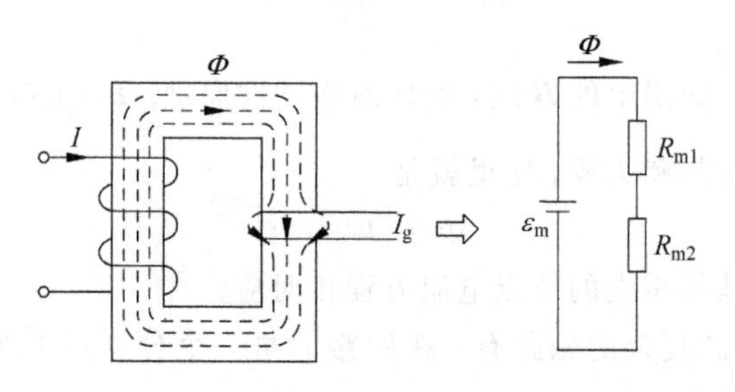


图 4.29 铁心中开一气隙——磁阻的串联

**解**：以 $R_{m1}$ 和 $R_{m2}$ 分别表示铁心及气隙的磁阻。开气隙后铁心长度变化很小，可以认为 $R_{m1}$ 等于上例的 $R_m$，即

$$R_{m1}=10^5\,1/\text{H}$$

而

$$R_{m2}=\frac{1}{\mu_0}\frac{l_g}{S}=\frac{1}{4\pi\times10^{-7}}\frac{2\times10^{-3}}{4\times10^{-3}}=4\times10^5(1/\text{H})$$

总磁阻

$$R_m=R_{m1}+R_{m2}=5\times10^5\,1/\text{H}$$

磁动势

$$\varepsilon_m=\Phi R_m=(3\times10^{-3})\times(5\times10^5)=1\,500$$

故线圈电流应为

$$I=\frac{\varepsilon_m}{N}=\frac{1\,500}{300}=5\text{A}$$

上例说明，虽然气隙很小(只占铁心长度的0.2%)，但对总磁阻却有很大影响，这显然是由于空气磁导率比铁心磁导率小很多所致。由此可见，即使一个很小的气隙，它对器件的影响也是很大的。这里高磁阻的气隙起着主要的作用，整个磁路的磁通$\Phi$受着它的限制，正如同在串联电路中高电阻起主要作用一样。如果气隙再大，磁阻必将再高，为激发同一磁通所需电流必将更大。因此，变压器及一般铁心线圈都使用闭合铁心。电机中由于必须有转动部分(转子)和不动部分(定子)，不可能使用完全闭合的铁心，为了减少磁阻，一般都把转子铁心和定子铁心之间的气隙做得很小。

以上两例的已知条件中都包含了铁磁质的$\mu$值，但在实际工程问题中，因为铁磁质的非线性使得无法在确定其工作状态($H$或$B$)之前确定其$\mu$值。磁路计算的困难一般恰恰在于$B$与$H$不成线性关系，$\mu$随$H$值的不同而异。知道$B$要求$\mu$或$H$需查$B$-$H$曲线或表格。求出各段磁路的磁压($\Phi R_m$或$Hl$)便可求出$NI$。如果给出$NI$，要求磁通$\Phi$时，则需按实际情况估算磁通，例如把回路的全部磁动势看成只等于气隙的磁压，进行估算，然后做些修改，寻求一个能满足式(4.93)的磁通。一般常需计算若干次才能得到满意的结果。显然，这是一种试探法，实质上是已知磁路磁通求磁动势的多次计算方法。

# 提要

1. 安培定律表明，真空中两个电流回路之间的相互作用力

$$\boldsymbol{F}=\frac{\mu_0}{4\pi}\oint_l\oint_{l'}\frac{I\,\mathrm{d}\boldsymbol{l}\times(I'\mathrm{d}\boldsymbol{l}'\times\boldsymbol{e}_R)}{R^2}$$

式中，$\mu_0=4\pi\times10^{-7}\,\text{H/m}$。

2. 磁场的基本物理量是磁感应强度，由毕奥-萨伐尔定律可知，真空中线电流回路$l'$引起的磁感应强度

$$\boldsymbol{B}=\frac{\mu_0}{4\pi}\oint_{l'}\frac{I'\mathrm{d}\boldsymbol{l}'\times\boldsymbol{e}_R}{R^2}$$

体分布及面分布引起的磁感应强度分别为

$$\boldsymbol{B}=\frac{\mu_0}{4\pi}\int_{V'}\frac{\boldsymbol{J}(x',y',z')\times\boldsymbol{e}_R}{R^2}\mathrm{d}V'$$

$$\boldsymbol{B}=\frac{\mu_0}{4\pi}\int_{S'}\frac{\boldsymbol{J}_s(x',y',z')\times\boldsymbol{e}_R}{R^2}\mathrm{d}S'$$

3. 导磁介质的磁化程度，可用磁化程度$\boldsymbol{M}$表示

$$\boldsymbol{M}=\lim_{\Delta V\to0}\frac{\sum\boldsymbol{m}_i}{\Delta V}$$

导磁介质对磁场的作用，可看作是由磁化电流产生的磁感应强度所致。磁化电流的电流密度与磁化强度的关系分别是

$$\boldsymbol{J}=\nabla\times\boldsymbol{M}\quad J_{ms}=\boldsymbol{M}\times\boldsymbol{e}_n$$

4. 安培环路定律在真空及其一般形式是

$$\oint_l \boldsymbol{B}\cdot \mathrm{d}\boldsymbol{l}=\mu_0 I \quad \oint_l \boldsymbol{H}\cdot \mathrm{d}\boldsymbol{l}=I$$

式中 $I$ 是穿过回路 $l$ 所限定面积的自由电流，并引入磁场强度 $\boldsymbol{H}=\dfrac{\boldsymbol{B}}{\mu_0}-\boldsymbol{M}$。

5. 对于线性介质，磁感应强度则等于 $\boldsymbol{B}=\mu\boldsymbol{H}$，式中磁导率 $\mu=\mu_r\mu_0=(1+\chi_m)\mu_0$，磁化强度与磁场强度之间有 $\boldsymbol{M}=\chi_m\boldsymbol{H}$，式中 $\chi_m$ 为磁化率。

6. 恒定磁场基本方程的积分形式和微分形式分别是

$$\oint_S \boldsymbol{B}\cdot \mathrm{d}\boldsymbol{S}=0 \quad \nabla\cdot\boldsymbol{B}=0$$

$$\oint_l \boldsymbol{H}\cdot \mathrm{d}\boldsymbol{l}=I \quad \nabla\times\boldsymbol{H}=\boldsymbol{J}$$

在两种不同介质分界面上，衔接条件为

$$B_{2n}-B_{1n}=0$$

$$H_{1t}-H_{2t}=J_s$$

7. 根据磁通的连续性，即 $\nabla\cdot\boldsymbol{B}=0$，可以引入磁矢位 $\boldsymbol{A}$

$$\nabla\times\boldsymbol{A}=\boldsymbol{B} \quad \nabla\cdot\boldsymbol{A}=0$$

对于不同形式的元电流段，当电流分布在有限空间，磁矢位的计算式为

$$\boldsymbol{A}=\frac{\mu}{4\pi}\int_{l'}\frac{I\,\mathrm{d}\boldsymbol{l}'}{R}$$

$$\boldsymbol{A}=\frac{\mu}{4\pi}\int_{V'}\frac{\boldsymbol{J}(x',y',z')\mathrm{d}V'}{R}$$

$$\boldsymbol{A}=\frac{\mu}{4\pi}\int_{S'}\frac{\boldsymbol{J}_s(x',y',z')\mathrm{d}\boldsymbol{S}'}{R}$$

磁矢位满足泊松方程

$$\nabla^2\boldsymbol{A}=-\mu\boldsymbol{J}$$

8. 在无电流($\boldsymbol{J}=0$)区域，可以定义磁位 $\varphi_m$，使

$$\boldsymbol{H}=-\nabla\varphi_m$$

和静电场中电位相仿，磁位也满足拉普拉斯方程

$$\nabla^2\varphi_m=0$$

9. 在磁场中也可以用镜像法，即用镜像电流代替分布在分界面的磁化电流的影响，以求得满足给定边界条件的解答。

10. 电感有自感和互感之分，它们分别定义为

$$L=\frac{\Psi_L}{I} \quad M_{21}=\frac{\Psi_{21}}{I_1}$$

计算电感应先求磁通。磁通可以通过下列关系式之一求得

$$\Phi_m=\int_S \boldsymbol{B}\cdot \mathrm{d}\boldsymbol{S} \quad \Phi_m=\oint_l \boldsymbol{A}\cdot \mathrm{d}\boldsymbol{l}$$

11. 一个电流回路系统的磁场改变时，与它们相联的外电源所做的功为

$$\mathrm{d}W=\sum_{k=1}^{n} I_k\Psi_k$$

其中不包括供给回路电阻的焦耳热。

在线性介质中，电流回路系统的能量为

$$W_{\mathrm{m}}=\frac{1}{2}\sum_{k=1}^{n}I_k\Psi_k$$

对于连续的电流分布，磁场能量可写成

$$W_{\mathrm{m}}=\frac{1}{2}\int_V \boldsymbol{J}\cdot\boldsymbol{A}\mathrm{d}V$$

磁场能量还可表示成

$$W_{\mathrm{m}}=\frac{1}{2}\int_V \boldsymbol{H}\cdot\boldsymbol{B}\mathrm{d}V$$

式中

$$\omega_{\mathrm{m}}'=\frac{1}{2}\boldsymbol{H}\cdot\boldsymbol{B}$$

为磁场能量的体密度。

12. 运动电荷在磁场中的受力可用 $\boldsymbol{F}=q\boldsymbol{v}\times\boldsymbol{B}$ 计算。载流导体在磁场中受力可用 $\boldsymbol{F}=\oint_l I\mathrm{d}\boldsymbol{l}\times\boldsymbol{B}$ 计算。

磁场力也可以应用虚功原理计算

$$f=-\left.\frac{\partial W_{\mathrm{m}}}{\partial g}\right|_{\Psi=\text{常量}}\qquad f=+\left.\frac{\partial W_{\mathrm{m}}}{\partial g}\right|_{I=\text{常量}}$$

13. 铁磁物质具有高磁导率及非线性和磁滞性。由铁磁物质所组成的，能使磁通集中通过的整体称为磁路。

磁路的三个基本定律反映磁动势、磁通和磁路结构三者之间的关系，它们分别为

$$\varepsilon_{\mathrm{m}}=R_{\mathrm{m}}\Phi\qquad \sum\Phi_i=0\qquad \sum H_k l_k=\sum N_k I_k$$

利用磁路定律，可对恒定磁通磁路进行计算。

## 思考题

4.1　在均匀磁场中，能否证明通电流 $I$ 的闭合线圈所受合力为零。

4.2　静电场中由 $\nabla\times\boldsymbol{E}=0$ 引入了电位 $\varphi$，而恒定磁场中引入了 $\varphi_{\mathrm{m}}$，所以恒定磁场必有 $\nabla\times\boldsymbol{H}=0$ 吗？

4.3　在什么条件下，两种不同介质分界面一侧的 $\boldsymbol{B}$ 线垂直于分界面？

4.4　解决磁位多值性的方法是什么？磁位的适用条件是什么？

4.5　平行平面磁场中 $\boldsymbol{B}$ 线即为等 $A$ 线的含义是什么？

4.6　两线圈 $L_1$、$L_2$ 的形状、尺寸和相互间距离不改变，当

(1) 两线圈处在铁板同一侧时，

(2) 铁板放在两线圈之间时，

请回答，两线圈的自感、互感将如何发生变化？

4.7　在无限大被均匀磁化的导磁介质中，有一圆柱形空腔，其轴线平行于磁化强度 $\boldsymbol{M}$，则空腔中一点 $P$ 的磁场强度 $\boldsymbol{H}_P$ 与导磁介质中的磁场强度 $\boldsymbol{H}$ 满足什么关系？

4.8　磁矢位在 $\mu\to\infty$ 的铁磁质与空气分界面上满足的衔接条件是什么？

4.9　载流回路 $l_1$ 单独作用时，在空间产生 $\boldsymbol{B}_1$ 和 $\boldsymbol{H}_1$，载流回路 $l_2$ 单独作用时在空间产生 $\boldsymbol{B}_2$ 和 $\boldsymbol{H}_2$，当两者同时作用时，在空间总的能量密度 $\omega_m'$ 等于什么？

4.10　由自由电荷激发的磁场中，存在有导磁介质时，磁场仅由自由电流产生吗？还应考虑什么的共同作用？

4.11　何谓介质的磁化？表征磁化程度的物理量是什么？它是如何定义的？如何考虑介质在磁场中的效应？

4.12　在二维场中，$\boldsymbol{B}$ 线即等 $A$ 线、能否说等 $A$ 线上各点的 $\boldsymbol{B}$ 值都相等？为什么？

4.13　列出自感计算的步骤，自感、互感与哪些因素有关？现有一个线圈置于空气中，其周围放入一块铁磁物质，此线圈的自感有何变化？如果放入一块铜，自感有何变化？

4.14　总结磁场能量的计算方法。何谓自有能和互有能？现有的磁场能量计算公式能否适用于非线性介质？试解释之。

## 习题 4

4.1　四条平行的载流 $I$ 无限长直导线垂直地通过一边长为 $a$ 的正方形顶点，求正方形中心点 $P$ 处的磁感应强度值。

4.2　真空中，在 $z=0$ 平面上的 $0<x<10$ 和 $y>0$ 范围内，有以线密度 $\boldsymbol{J}_s=500\boldsymbol{e}_y A/m$ 均匀分布的电流，求在点(0,0,5)产生的磁感应强度。

4.3　真空中，一通有电流(密度 $\boldsymbol{J}=J_0\boldsymbol{e}_z$)，半径为 $b$ 的无限长圆柱内，有一半径为 $a$ 不同轴圆柱形空洞，两轴线之间相距 $d$，如图 4.30 所示，求空洞内的 $\boldsymbol{B}$。

4.4　真空中，有一厚度为 $d$，无限大载流(均匀密度 $J_0\boldsymbol{e}_z$)平板，在其中心位置有一半径等于 $a$ 的圆柱形空洞，如图 4.31 所示。求各处的磁感应强度。

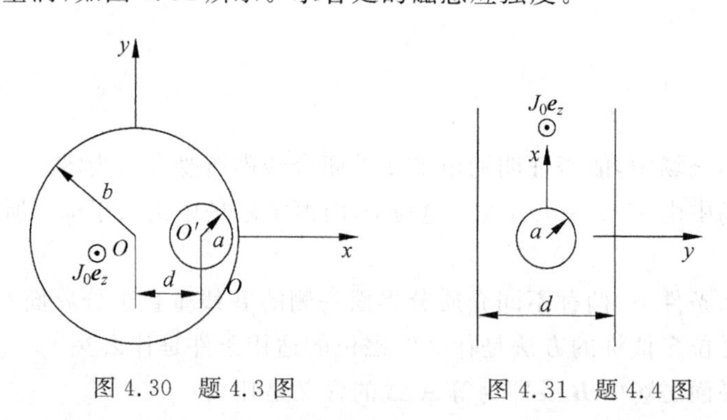


图 4.30　题 4.3 图　　　图 4.31　题 4.4 图

4.5　一电流线密度为 $\boldsymbol{J}_s=J_s\boldsymbol{e}_z$ 的无限大电流片置于 $x=0$ 平面，如取 $z=0$ 平面上半径为 $a$ 的一个圆为积分回路，求 $\oint_l \boldsymbol{H}\cdot \mathrm{d}\boldsymbol{l}$。

4.6　对于如图 4.32 所示的两无限大电流片，试分别确定区域①、②和③中的 $\boldsymbol{B}$、$\boldsymbol{H}$ 及 $\boldsymbol{M}$。设已知：

(1) 所有区域 $\mu_r=0.998$；

(2) 区域 2 中 $\mu_r=1\,000$，区域 1 及 3 中 $\mu_r=\mu_0$。

4.7 半径为 $a$，长度为 $l$ 的圆柱，被永久磁化到磁化强度为 $M_0\boldsymbol{e}_z$（$z$ 轴就是圆柱的轴线）。

(1) 求沿轴各处的 $\boldsymbol{B}$ 及 $\boldsymbol{H}$；

(2) 求远离圆柱（$\rho\gg a,\rho\gg l$）处的磁场。

4.8 有一圆柱截面铁环，环的内外半径分别为 10cm 与 12cm，铁环的 $\mu_r=500$，环上绕有 50 匝通有 2A 电流的线圈，求环的圆截面内外的磁场强度与磁感应强度（忽略漏磁，且环外磁导率为 $\mu_0$）。

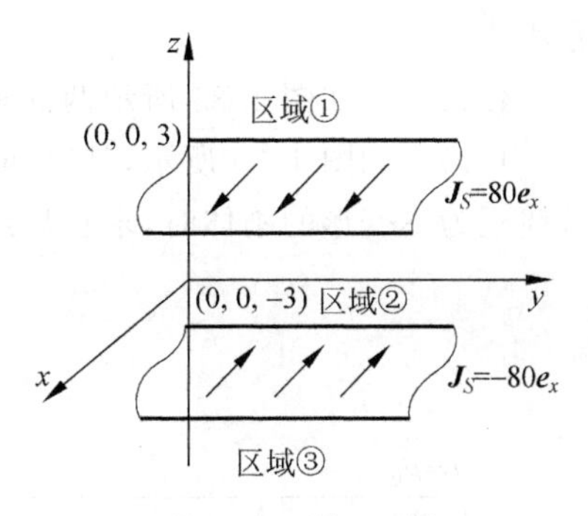

图 4.32 题 4.6 图

4.9 已知在 $z>0$ 区域中 $\mu_{r1}=4$，在 $z<0$ 区域中，$\mu_{r2}=1$。设在 $z>0$ 处 $\boldsymbol{B}$ 是均匀的，其方向为 $\theta=60^\circ,\phi=45^\circ$，量值为 $1\text{Wb/m}^2$，试求 $z<0$ 处的 $\boldsymbol{B}$ 和 $\boldsymbol{H}$。

4.10 对真空中下列电流分布，求 $\boldsymbol{B}$：

(1) $\boldsymbol{J}=J_0\dfrac{y}{a}\boldsymbol{e}_z,-a<y<a$；

(2) $\boldsymbol{J}=J_0\dfrac{\rho}{a}\boldsymbol{e}_z,\rho<a$。

4.11 对于真空中下列电流分布求磁矢位及磁感应强度：

(1) 半径为 $a$ 的无限长圆柱，带有面电流，电流线密度 $\boldsymbol{J}_s=J_{s0}\boldsymbol{e}_z$；

(2) 厚度为 $d$ 的无限长电流片，通有电流，电流面密度 $\boldsymbol{J}=J_0\boldsymbol{e}_z$。

4.12 画出如图 4.33 所示各种情况下的镜像电流，注明电流的方向、量值及有效的计算区域。

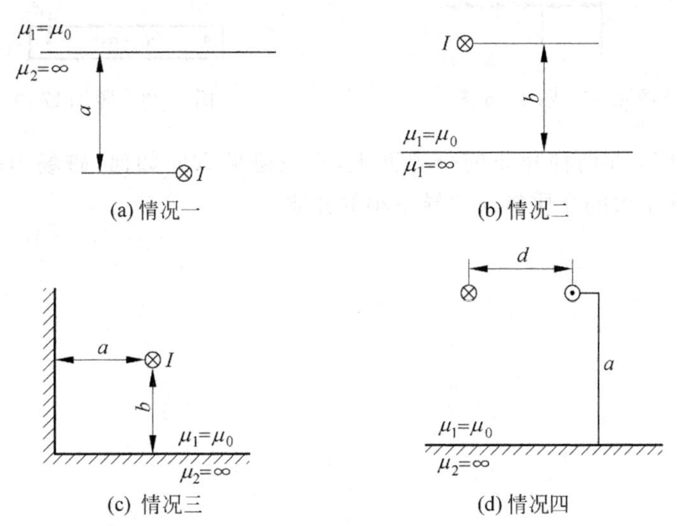

图 4.33 题 4.12 图

4.13 在磁导率为 $\mu_1$ 的介质 1 中，有载流直导线与两介质分界面平行，垂直距离为 $a$。设 $\mu_2=\mu_0,\mu_1=9\mu_0$。参见图 4.34，求两种介质中的磁场强度和载流导线每单位长度所受的力。并回答对于 $\mu_2$ 介质中的磁场，由于 $\mu_1$ 的存在，磁场强度比全部为介质（$\mu_2$）时大还是小。

4.14　求如图 4.35 所示两同轴导体壳系统中存储的磁场能量及自感。

4.15　如图 4.36 所示，计算两平行长直导线对中间线框的互感；当线框通有电流 $I_2$，且线框为不变形的刚体时，求长导线对它的作用力。

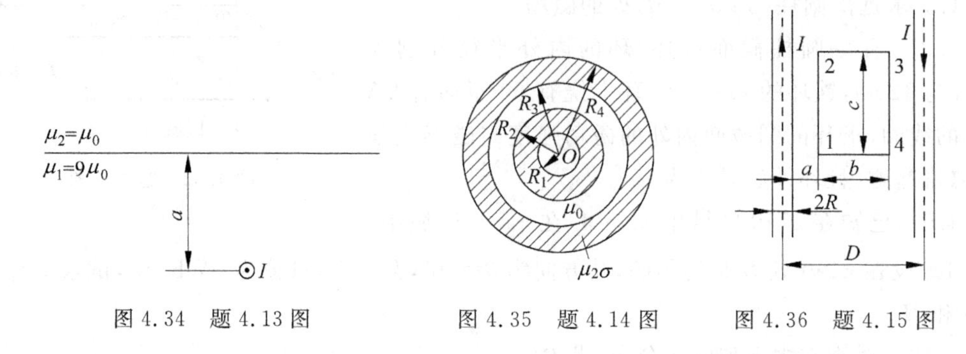


图 4.34　题 4.13 图　　图 4.35　题 4.14 图　　图 4.36　题 4.15 图

4.16　若要计算图 4.37 中导线与线框之间的互感，请给出所需镜像电流的大小、方向及位置，并给出此时导线与线框的互感。

4.17　对于图 4.38 所示厚度为 $D$(垂直于线面方向)的磁路，求：

(1) 线圈的自感；

(2) 可动部件所受的力。

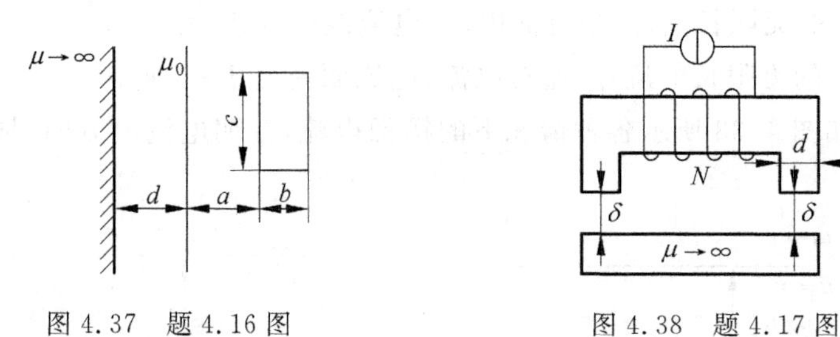


图 4.37　题 4.16 图　　图 4.38　题 4.17 图

4.18　试证明：在两种介质的分界面上，不论磁场方向如何，磁场力总是垂直于分界面，且总是由磁导率大的介质指向磁导率小的介质。

# 第5章 时变电磁场

前面各章分别讨论了静止电荷的电场和恒定电流的电场和磁场。它们都不随时间变化,而且彼此独立无关。从本章开始,将讨论随时间变化的电场和磁场。随时间变化的电场和磁场统称为时变电磁场。在时变电磁场中,电场和磁场不仅是空间坐标的函数,还是时间的函数。它们不再彼此独立,而是构成统一的电磁场的两个方面。变化的电场会产生磁场,变化的磁场也会产生电场。它们两者互为因果关系。麦克斯韦用最简洁的数学公式概括了电磁场的基本特性,成为研究电磁现象的理论基础。

本章首先从法拉第电磁感应定律引出感应电场的概念,然后介绍麦克斯韦关于位移电流的假设以及表征时变电磁场特性的电磁场基本方程组,并由此导出时变电磁场的能量守恒的玻印廷定理,同时介绍表征功率流密度的玻印廷矢量。为了便于计算电磁场,引入位函数及其方程,最后对正弦电磁场展开讨论。

## 5.1 电磁感应定律

### 5.1.1 电磁感应定律

英国物理学家法拉第等人通过大量实验证实存在着如下的普遍规律:当穿过一闭合导体回路的磁通量(无论由于什么原因)发生变化时,在导体回路中就会出现电流,这种现象称为电磁感应现象,出现的电流称为感应电流。

导体回路中出现感应电流是导体回路中必然存在着某种电动势的反映,这种由电磁感应引起的电动势叫做感应电动势。法拉第对电磁感应现象作了精心的研究,总结出电磁感应定律如下:闭合回路中的感应电动势 $\varepsilon_{in}$ 与穿过此回路的磁通量 $\phi$ 随时间的变化率 $\frac{d\phi}{dt}$ 成正比。规定感应电动势的参考方向与穿过该回路磁通 $\phi$ 的参考方向符合右手螺旋关系。如图 5.1 所示,则感应电动势的数学形式为

$$\varepsilon_{in} = -\frac{d\phi}{dt} = -\frac{d}{dt}\int_S \boldsymbol{B} \cdot d\boldsymbol{S} \tag{5.1}$$

式中的 $S$ 是由于闭合回路的边界 $l$ 所限定的面积,面积的正法线方向和 $l$ 的绕向应符合右手螺旋关系。

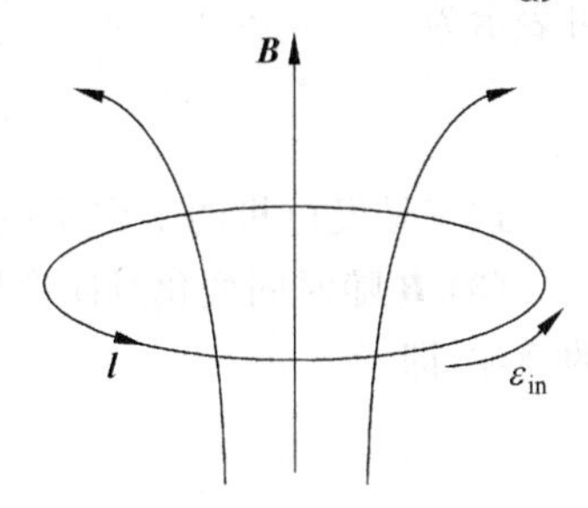

图 5.1 感应电动势

电磁感应定律使人们能够根据磁通的变化率直接确定

感应电动势。至于感应电流，则还要知道闭合回路的电阻才能求得。对于给定的导体回路，感应电流与感应电动势成正比。如果回路并不闭合(或者说电阻为无限大)，则虽有感应电动势却没有感应电流。因此，在理解电磁感应现象时，感应电动势是比感应电流更为本质的物理量。感应电动势的大小只与穿过回路磁通随时间的变化率有关，而与构成回路的材料的特性无关。因此，电磁感应定律可以推广到任意介质内的假想回路中。

### 5.1.2 感应电场

导体内存在感应电流表明导体内必然存在感应电场 $\boldsymbol{E}_{\text{in}}$，因此感应电动势可以表示为感应电场的积分，即

$$\varepsilon_{\text{in}}=\oint_l \boldsymbol{E}_{\text{in}}\cdot \mathrm{d}\boldsymbol{l} \tag{5.2}$$

则式(5.1)可表示为

$$\oint_l \boldsymbol{E}_{\text{in}}\cdot \mathrm{d}\boldsymbol{l}=-\frac{\mathrm{d}}{\mathrm{d}t}\int_S \boldsymbol{B}\cdot \mathrm{d}\boldsymbol{S} \tag{5.3}$$

上式就是感应电场与变化磁场的定量关系。它表明，感应电场的环量不等于零，与静电场不同，感应电场是非保守场，它的力线是一些无头无尾的闭合线，所以感应电场又称涡旋电场。一般情况下，空间中既存在电荷产生的电场 $\boldsymbol{E}_{\text{c}}$ 也存在感应电场 $\boldsymbol{E}_{\text{in}}$。总电场为 $\boldsymbol{E}=\boldsymbol{E}_{\text{in}}+\boldsymbol{E}_{\text{c}}$，由于 $\oint_l \boldsymbol{E}_{\text{c}}\cdot \mathrm{d}\boldsymbol{l}=0$，故有

$$\oint_l \boldsymbol{E}\cdot \mathrm{d}\boldsymbol{l}=-\frac{\mathrm{d}}{\mathrm{d}t}\int_S \boldsymbol{B}\cdot \mathrm{d}\boldsymbol{S} \tag{5.4}$$

从式(5.4)可以看出，闭合回路磁通变化是产生感应电动势的唯一条件，产生的原因不外有下面三种。

(1) $\boldsymbol{B}$ 随时间变化而闭合回路任一部分对介质没有相对运动。这样产生的感应电动势叫做感生电动势。这时，式(5.4)可表示为

$$\oint_l \boldsymbol{E}\cdot \mathrm{d}\boldsymbol{l}=-\int \frac{\partial \boldsymbol{B}}{\partial t}\cdot \mathrm{d}\boldsymbol{S} \tag{5.5}$$

变压器就是利用这一原理制成的，所以也称这一感应电动势为变压器电动势。

(2) $\boldsymbol{B}$ 不随时间变化而闭合回路的整体或局部相对于介质在运动。磁场力 $\boldsymbol{F}_{\text{m}}=q\boldsymbol{v}\times\boldsymbol{B}$ 将使导体中的自由电荷朝一端移动，则作用在单位电荷上的磁场力为 $\dfrac{\boldsymbol{F}_{\text{m}}}{q}=\boldsymbol{v}\times\boldsymbol{B}$，可看成作用于导体的感应电场，这样因回路运动产生的感应电动势叫做动生电动势。这时，式(5.4)可表示为

$$\varepsilon_{\text{in}}=\oint_l (\boldsymbol{v}\times\boldsymbol{B})\cdot \mathrm{d}\boldsymbol{l} \tag{5.6}$$

这正是发电机的工作原理，故称为发电机电动势。

(3) $\boldsymbol{B}$ 随时间变化且闭合回路也有运动，这时感应电动势是感生电动势和动生电动势的叠加，即

$$\varepsilon_{\text{in}}=-\int_S \frac{\partial \boldsymbol{B}}{\partial t}\cdot \mathrm{d}\boldsymbol{S}+\oint_l (\boldsymbol{v}\times\boldsymbol{B})\cdot \mathrm{d}\boldsymbol{l} \tag{5.7}$$

一般情况下，麦克斯韦将上述关系推广，对任何电磁场都有：

$$\oint_l \boldsymbol{E}\cdot \mathrm{d}\boldsymbol{l} = -\int \frac{\partial \boldsymbol{B}}{\partial t}\cdot \mathrm{d}\boldsymbol{S} + \oint_l (\boldsymbol{v}\times \boldsymbol{B})\cdot \mathrm{d}\boldsymbol{l} \tag{5.8}$$

这里 $\boldsymbol{E}$ 表示空间的总场强。

应用斯托克定理，可得对应上式的微分形式为

$$\nabla\times \boldsymbol{E} = -\frac{\partial \boldsymbol{B}}{\partial t} + \nabla\times(\boldsymbol{v}\times \boldsymbol{B}) \tag{5.9}$$

这是电磁感应定律的微分形式。在静止介质中，则有

$$\nabla\times \boldsymbol{E} = -\frac{\partial \boldsymbol{B}}{\partial t} \tag{5.10}$$

麦克斯韦将上述关系作为电磁场的基本方程之一。它揭示了变化磁场产生电场这一重要的物理本质，从而把电场与磁场更紧密的联系在一起。

**例 5.1**　长为 $a$、宽为 $b$ 的矩形环中有均匀磁场 $\boldsymbol{B}$ 垂直穿过，如图 5.2 所示。在以下三种情况下，求矩形环内的电动势。

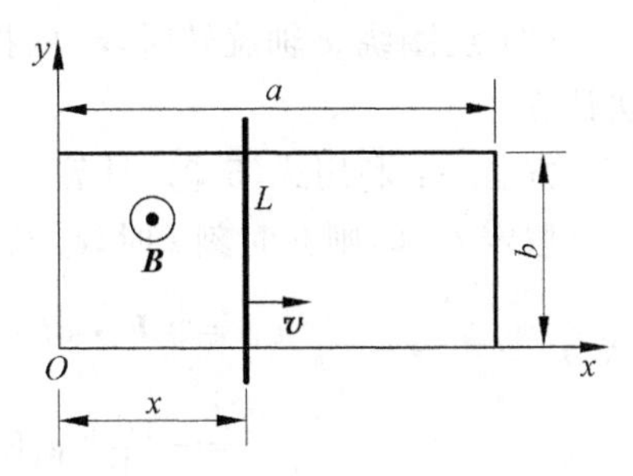

图 5.2　例 5.1 图

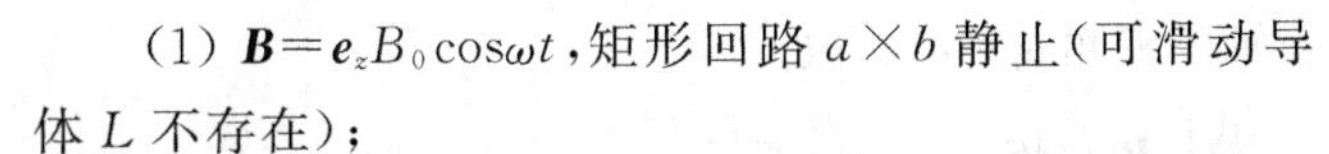

(1) $\boldsymbol{B}=\boldsymbol{e}_z B_0\cos\omega t$，矩形回路 $a\times b$ 静止(可滑动导体 $L$ 不存在)；

(2) $\boldsymbol{B}=\boldsymbol{e}_z B_0$，矩形回路的宽边 $b=$常数，但其长边因可滑动导体 $L$ 以匀速 $\boldsymbol{v}=\boldsymbol{e}_x v$ 运动而随时间增大；

(3) $\boldsymbol{B}=\boldsymbol{e}_z B_0\cos\omega t$，且矩形回路上的可滑动导体 $L$ 以匀速 $\boldsymbol{v}=\boldsymbol{e}_x v$ 运动。

**解**：(1) 均匀磁场 $\boldsymbol{B}$ 随时间做简谐变化，而回路静止，因而回路内的感应电动势是由磁场变化产生的。根据式(5.5)，得

$$\begin{aligned}\varepsilon_{\mathrm{in}} &= \oint_C \boldsymbol{E}\cdot \mathrm{d}\boldsymbol{l} = -\int_S \frac{\partial \boldsymbol{B}}{\partial t}\cdot \mathrm{d}\boldsymbol{S} = -\int_S \frac{\partial}{\partial t}(\boldsymbol{e}_z B_0\cos\omega t)\cdot \boldsymbol{e}_z \mathrm{d}S \\ &= \omega B_0 ab\sin\omega t\end{aligned}$$

(2) 均匀磁场 $\boldsymbol{B}$ 为静态场，而回路上的可滑动导体以匀速运动，因而回路内的感应电动势全部是由导体 $L$ 在磁场中运动产生的。根据式(5.6)，得

$$\varepsilon_{\mathrm{in}} = \oint_C \boldsymbol{E}\cdot \mathrm{d}\boldsymbol{l} = \oint_C (\boldsymbol{v}\times \boldsymbol{B})\cdot \mathrm{d}\boldsymbol{l} = \oint_C (\boldsymbol{e}_x v\times \boldsymbol{e}_z \boldsymbol{B}_0)\cdot(\boldsymbol{e}_y \mathrm{d}l) = -vB_0 b$$

也可由式(5.3)计算

$$\varepsilon_{\mathrm{in}} = \oint_C \boldsymbol{E}\cdot \mathrm{d}\boldsymbol{l} = -\frac{\mathrm{d}}{\mathrm{d}t}\int \boldsymbol{B}\cdot \mathrm{d}\boldsymbol{S} = -\frac{\mathrm{d}}{\mathrm{d}t}(\boldsymbol{e}_z B_0\cdot \boldsymbol{e}_z bx) = -\frac{\mathrm{d}}{\mathrm{d}t}(B_0 bvt) = -B_0 vb$$

(3) 矩形回路中的感应电动势是由磁场变化以及可滑动导体 $L$ 在磁场中运动产生的，根据式(5.8)，得

$$\begin{aligned}\varepsilon_{\mathrm{in}} &= \oint_C \boldsymbol{E}\cdot \mathrm{d}\boldsymbol{l} = -\int_S \frac{\partial \boldsymbol{B}}{\partial t}\cdot \mathrm{d}\boldsymbol{S} + \oint_C (\boldsymbol{v}\times \boldsymbol{B})\cdot \mathrm{d}\boldsymbol{l} \\ &= -\int_S \frac{\partial}{\partial t}(\boldsymbol{e}_z B_0\cos\omega t)\cdot \boldsymbol{e}_z \mathrm{d}\boldsymbol{S} + \oint_C (\boldsymbol{e}_x v\times \boldsymbol{e}_z B_0\cos\omega t)\cdot(\boldsymbol{e}_y \mathrm{d}l) \\ &= B_0\omega bvt\sin\omega t - B_0 bv\cos\omega t\end{aligned}$$

**例 5.2**　有一个 $a\times b$ 的矩形线圈放置在时变磁场 $\boldsymbol{B}=\boldsymbol{e}_y B_0\sin\omega t$ 中，在初始时刻，线圈平面的法向单位 $\boldsymbol{e}_{\mathrm{n}}$ 与 $\boldsymbol{e}_y$ 成 $\alpha$ 角，如图 5.3 所示。试求：

(1) 线圈静止时的感应电动势；

(2) 线圈以角速度 $\omega$ 绕 $x$ 轴旋转时的感应电动势。

**解**：(1) 线圈静止时，感应电动势是由时变磁场引起，用式(5.5)计算

$$\begin{aligned}\varepsilon_{in} &= \int_C E \cdot d\boldsymbol{l} = -\int \frac{\partial \boldsymbol{B}}{\partial t} \cdot d\boldsymbol{S} \\ &= -\int_S \frac{\partial}{\partial t}(\boldsymbol{e}_y B_0 \sin\omega t \cdot \boldsymbol{e}_n dS) \\ &= -\int_S B_0 \omega \cos\omega t \cos\alpha dS \\ &= -B_0 ab\omega \cos\omega t \cos\alpha\end{aligned}$$

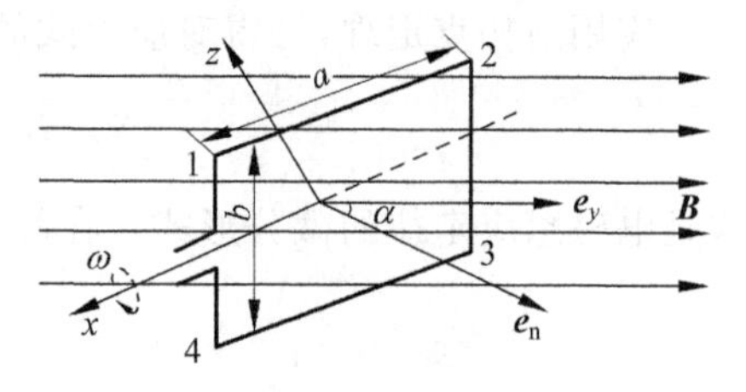


图 5.3 时变磁场中的矩形线圈

(2) 线圈绕 $x$ 轴旋转时，$\boldsymbol{e}_n$ 的指向将随时间变化。线圈内的感应电动势可以用两种方法计算。

方法一：利用式(5.3)，计算

假定 $t=0$，则在时刻 $t$ 时，$\boldsymbol{e}_n$ 与 $y$ 轴的夹角 $\alpha=\omega t$。故

$$\begin{aligned}\varepsilon_{in} &= \oint_C \boldsymbol{E} \cdot d\boldsymbol{l} = -\frac{d}{dt}\int_S \boldsymbol{B} \cdot d\boldsymbol{S} \\ &= -\frac{d}{dt}\int_S \boldsymbol{e}_y B_0 \sin\omega t \cdot \boldsymbol{e}_n dS = -\frac{d}{dt}(B_0 \sin\omega t \times ab) \\ &= -\frac{d}{dt}\left(\frac{1}{2}B_0 ab \sin 2\omega t\right) = -B_0 ab\omega \cos 2\omega t\end{aligned}$$

方法二：利用式(5.7)，计算

$$\varepsilon_{in} = \oint_C \boldsymbol{E} \cdot d\boldsymbol{l} = -\int_S \frac{\partial \boldsymbol{B}}{\partial t} \cdot d\boldsymbol{S} + \oint_C (\boldsymbol{v} \times \boldsymbol{B}) \cdot d\boldsymbol{l}$$

上式右端第一项与(1)相同，第二项为

$$\begin{aligned}\oint_C (\boldsymbol{v} \times \boldsymbol{B}) \cdot d\boldsymbol{l} &= \int_2^1 \left[\left(\boldsymbol{e}_n \frac{b}{2}\omega\right) \times \boldsymbol{e}_y B_0 \sin\omega t\right] \cdot \boldsymbol{e}_x dx \\ &\quad + \int_4^3 \left[\left(-\boldsymbol{e}_n \frac{b}{2}\omega\right) \times \boldsymbol{e}_y B_0 \sin\omega t\right] \cdot \boldsymbol{e}_x dx \\ &= \omega B_0 ab \sin\omega t \sin\alpha\end{aligned}$$

故有

$$\begin{aligned}\varepsilon_{in} &= -ab\omega B_0 \cos\alpha + \omega B_0 ab \sin\omega t \sin\alpha \\ &= -B_0 ab\omega \cos^2\omega t + B_0 \omega ab \sin^2\omega t \\ &= -B_0 ab\omega \cos 2\omega t\end{aligned}$$

## 5.2 全电流定律

感应电场的概念揭示了电场与磁场联系的一个方面，即变化的磁场要产生电场。在研究从库仑到法拉第等前人成果的基础上，麦克斯韦深信电场和磁场有着密切的关系且具有对称性，为解决把安培环路定理应用到非恒定电流电路时所遇到的矛盾，又提出了“位移电流”的假说，即随时间变化的电场将激发磁场，从而揭示了电场与磁场联系的另一个方面。

麦克斯韦对电磁场理论的重大贡献的核心是位移电流假说。

恒定磁场的安培环路定律具有如下形式：

$$\oint_l \boldsymbol{H} \cdot \mathrm{d}\boldsymbol{l} = \int_S \boldsymbol{J} \cdot \mathrm{d}\boldsymbol{S} = I \tag{5.11}$$

现在研究如图5.4所示含有电容 $C$ 的交变电流电路。将安培环路定律应用于闭合曲线 $\boldsymbol{l}$，显然，对于 $S_1$ 面有

$$\oint_l \boldsymbol{H} \cdot \mathrm{d}\boldsymbol{l} = \int_{S1} \boldsymbol{J} \cdot \mathrm{d}\boldsymbol{S} = i$$

而对 $S_2$ 面有

$$\oint_l \boldsymbol{H} \cdot \mathrm{d}\boldsymbol{l} - \int_{S2} \boldsymbol{J} \cdot \mathrm{d}\boldsymbol{S} = 0$$

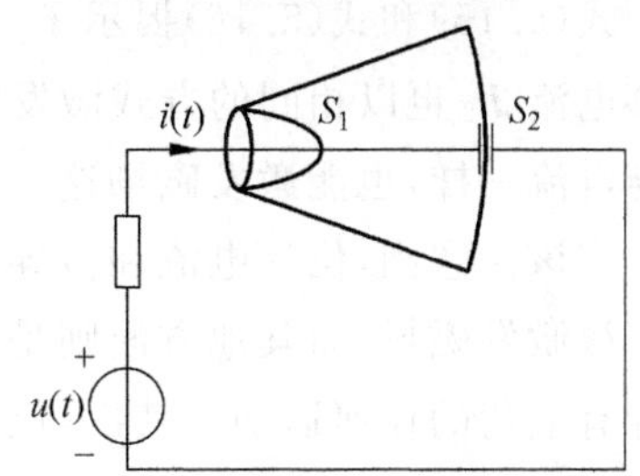

图5.4　非恒定情况下的安培环路定律

上面两式是互相矛盾的，这个矛盾的直接原因是传导电流不连续。这样看来，在恒定情况下得到的安培环路定律见式(5.11)，一般说来，不能直接应用到时变电流(非恒定)情况，必须加以修正。

麦克斯韦注意到电容器极板处传导电流的不连续引起极板上电荷量的变化，因而产生变化的电场，存在$\frac{\partial \boldsymbol{D}}{\partial t}$。设想在电容器极板间有种“电流”通过，它与电场的变化率$\frac{\partial \boldsymbol{D}}{\partial t}$相联系，且在量值上与同时刻电路中的传导电流相等，即保持“电流”闭合，那么这个开口就被“连上”，形式上这个矛盾就可以得到解决。麦克斯韦把电位移(电通密度)$\boldsymbol{D}$的变化率看作是一种等效电流密度，称为位移电流密度。这样，在传导电流中断的地方，就有位移电流接上去。传导电流与位移电流的总和，称为全电流，则是连续的。如果用 $\boldsymbol{J}_\mathrm{d}$ 表示位移电流密度，则

$$\oint_S (\boldsymbol{J} + \boldsymbol{J}_\mathrm{d}) \cdot \mathrm{d}S = 0 \tag{5.12}$$

这就是麦克斯韦关于位移电流的假设。麦克斯韦认为，磁场对任意闭合曲线的积分取决于通过该路径所包围面积的全电流，即

$$\oint_l \boldsymbol{H} \cdot \mathrm{d}\boldsymbol{l} = \int_S (\boldsymbol{J} + \boldsymbol{J}_\mathrm{d}) \cdot \mathrm{d}\boldsymbol{S} \tag{5.13}$$

从引入位移电流的过程看，位移电流这一概念似乎只有形式上的意义，但是通过以后的讨论就会看到，它非常深刻地反映了电磁现象的物理实质。根据式(5.12)，全电流具有闭合性，因此有

$$\oint_S \boldsymbol{J} \cdot \mathrm{d}\boldsymbol{S} = -\oint_S \boldsymbol{J}_\mathrm{d} \cdot \mathrm{d}\boldsymbol{S}$$

由守恒定律$\oint_S \boldsymbol{J} \cdot \mathrm{d}S = -\frac{\mathrm{d}q}{\mathrm{d}t}$，以及高斯定律$\oint_S \boldsymbol{D} \cdot \mathrm{d}\boldsymbol{S} = q$，可得

$$\oint_S \boldsymbol{J}_\mathrm{d} \cdot \mathrm{d}\boldsymbol{S} = \frac{\mathrm{d}q}{\mathrm{d}t} = \frac{\mathrm{d}}{\mathrm{d}t}\oint_S \boldsymbol{D} \cdot \mathrm{d}\boldsymbol{S} = \oint_S \frac{\partial \boldsymbol{D}}{\partial t} \cdot \mathrm{d}\boldsymbol{S}$$

因为 $S$ 为任意形状的封闭曲面，因此被积函数相等

$$\boldsymbol{J}_\mathrm{d} = \frac{\partial \boldsymbol{D}}{\partial t} \tag{5.14}$$

即位移电流密度等于电位移(电通密度)的变化率，这与上面定性分析的结果一致。这样，对于非恒定的电流，安培环路定律修改为

$$\oint_l \boldsymbol{H} \cdot \mathrm{d}\boldsymbol{l} = \int_S \boldsymbol{J} \cdot \mathrm{d}\boldsymbol{S} + \int_S \frac{\partial \boldsymbol{D}}{\partial t} \cdot \mathrm{d}\boldsymbol{S} \tag{5.15}$$

上式称为全电流定律。与它相应的微分形式是

$$\nabla \times \boldsymbol{H} = \boldsymbol{J} + \frac{\partial \boldsymbol{D}}{\partial t} \tag{5.16}$$

式(5.15)和式(5.16)揭示了一个新的物理内容：不但传导电流 $\boldsymbol{J}$ 能够激发磁场，而且位移电流 $\boldsymbol{J}_\mathrm{d}$ 也以相同的方式激发磁场。位移电流这一所谓形式上的概念反映了变化的电场与电流一样，也能激发磁场这一物理实质。

应该注意到，位移电流和传导电流是两个不同的物理概念，它们的共同性质是按照相同的规律激发磁场，而其他方面则是截然不同的。真空中的位移电流仅对应于电场的变化，而不伴有电荷的任何运动。其次，位移电流不产生焦耳热，在真空中这是很明显的。在电介质中由于$\frac{\partial \boldsymbol{P}}{\partial t}$项的存在，位移电流会产生热效应，然而这和传导电流通过导体产生焦耳热不同，它遵从完全不同的规律。

按照位移电流的概念，任何随时间而变化的电场，都要在邻近空间激发磁场。一般来说，随时间变化的电场所激发的磁场也随时间变化。概括地讲，在充满变化电场的空间，同时也充满变化的磁场。

按照感应电场的概念，任何随时间而变化的磁场，都要在邻近空间激发感应电场，一般来说，随时间变化的磁场所激发的电场也随时间变化。因而，在充满变化磁场的空间，同时充满变化的电场。

这两种变化的场——电场和磁场，永远互相联系着，形成了统一的电磁场。在此基础上，麦克斯韦又预言了电磁波的存在，且算出电磁波的传播速度与光速一样。这些预言于1888年由赫兹用实验得到证实。从此，电磁感应定律和全电流定律便被确认为反映普遍的电磁规律的客观真理。

**例 5.3** 计算铜中的位移电流密度和传导电流密度的比值。设铜中的电场为 $E_0 \sin\omega t$，铜的电导率 $\sigma = 5.8\times10^7\,\mathrm{S/m}$，$\varepsilon \approx \varepsilon_0$。

**解**：铜中的传导电流大小为

$$J_\mathrm{c} = \sigma E = \sigma E_0 \sin\omega t$$

铜中的位移电流大小为

$$J_\mathrm{d} = \frac{\partial D}{\partial t} = \varepsilon \frac{\partial E}{\partial t} = \varepsilon_0 E_0 \omega \cos\omega t$$

因此，位移电流密度与传导电流密度的振幅比值为

$$\frac{J_\mathrm{dm}}{J_\mathrm{cm}} = \frac{\omega\varepsilon_0}{\sigma} = \frac{2\pi f \times 8.85\times10^{-12}}{5.8\times10^7} = 9.6\times10^{-19} f$$

由以上结论可知，位移电流密度和传导电流密度的比值不仅与介质的参数有关，还与传输电磁波的频率有关。通常所说的无线电频率是指 $f=300\mathrm{MHz}$ 以下的频率范围，从上面的关系式看出比值$\frac{J_\mathrm{dm}}{J_\mathrm{cm}}$是很小的，在良导体中，位移电流与传导电流相比，是微不足道的。故可忽略铜中的位移电流。

**例 5.4**　正弦交流电压源 $u=U_{\mathrm{m}}\sin\omega t$ 连接到平行板电容器的两个极板上，如图 5.5 所示。证明电容器两极板间的位移电流与导线中的传导电流相等。

**解**：导线中的传导电流为

$$i_C = C\frac{\mathrm{d}u}{\mathrm{d}t} = C\frac{\mathrm{d}}{\mathrm{d}t}(U_{\mathrm{m}}\sin\omega t) = C\omega U_{\mathrm{m}}\cos\omega t$$

忽略边缘效应，间距为 $d$ 的两平行板之间电场为 $E=\dfrac{u}{d}$，故位移电流密度

$$J_{\mathrm{d}} = \frac{\partial D}{\partial t} = \frac{\partial(\varepsilon E)}{\partial t} = \varepsilon\frac{U_{\mathrm{m}}\sin\omega t}{d}$$

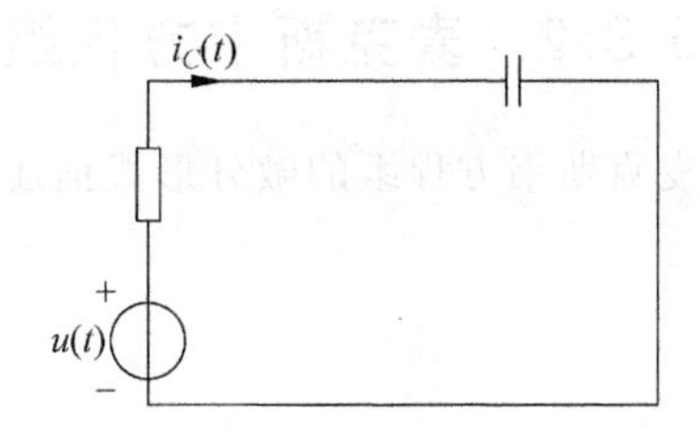

图 5.5　平行板电容器与交流电压源相联

位移电流为

$$i_{\mathrm{d}} = \int_S J_{\mathrm{d}}\cdot\mathrm{d}S = \varepsilon\frac{U_{\mathrm{m}}\omega\cos\omega t}{d}\cdot S_0 = C\omega U_{\mathrm{m}}\cos\omega t = i_C$$

式中 $S_0$ 为极板面积，平行板电容器的电容为 $C=\dfrac{\varepsilon S_0}{d}$。

## 5.3　电磁场基本方程组

本节将系统地总结有关电磁场的基本规律，并建立完整的电磁场理论——电磁场基本方程组。

麦克斯韦电磁理论的基础是电磁学的三大实验定律，即库仑定律、毕奥-萨伐尔定律和法拉第感应电磁定律。把前面几章所得到的结论加以总结和推广，结合位移电流的假说，就可以得到概括电磁现象规律的四个方程式，通常称之为电磁场基本方程组。这一总结工作是由麦克斯韦完成的，故电磁场基本方程组又被称为麦克斯韦方程组。

### 5.3.1　麦克斯韦方程组的积分形式

麦克斯韦方程组的积分形式描述的是一个大范围内(闭合面或闭合曲线)场与场源相互之间的关系，按习惯依次排列为

$$\oint_l \boldsymbol{H}\cdot\mathrm{d}\boldsymbol{l} = \int_S\left(\boldsymbol{J}+\frac{\partial\boldsymbol{D}}{\partial t}\right)\cdot\mathrm{d}\boldsymbol{S} \tag{5.17}$$

$$\oint_l \boldsymbol{E}\cdot\mathrm{d}\boldsymbol{l} = -\int_S\frac{\partial\boldsymbol{B}}{\partial t}\cdot\mathrm{d}\boldsymbol{S} \tag{5.18}$$

$$\oint_S \boldsymbol{B}\cdot\mathrm{d}\boldsymbol{S} = 0 \tag{5.19}$$

$$\oint_S \boldsymbol{D}\cdot\mathrm{d}\boldsymbol{S} = q \tag{5.20}$$

式(5.17)是全电流定律，，亦称为麦克斯韦第一方程。它表明不仅传导电流能产生磁场，而且变化的电场也能产生磁场。式(5.18)是推广的电磁感应定律，称为麦克斯韦第二方程，表明变化的磁场也会产生电场。式(5.19)是磁通连续性原理，说明磁力线是无头无尾的闭合曲线。这一方程式原来是在恒定磁场中得到的，麦克斯韦把它推广到变化的磁场中。

式(5.20)是高斯定律,它反映了电荷以发散的方式产生电场。这组方程表明变化的电场和变化的磁场相互激发,互相联系形成统一的电磁场。

## 5.3.2 麦克斯韦方程组的微分形式

麦克斯韦方程组的微分形式描述的是空间任一点场的变化规律:

$$\nabla\times \boldsymbol{H} = \boldsymbol{J} + \frac{\partial \boldsymbol{D}}{\partial t} \tag{5.21}$$

$$\nabla\times \boldsymbol{E} = -\frac{\partial \boldsymbol{B}}{\partial t} \tag{5.22}$$

$$\nabla\cdot \boldsymbol{B} = 0 \tag{5.23}$$

$$\nabla\cdot \boldsymbol{D} = \rho \tag{5.24}$$

式(5.21)表明,时变磁场不仅有传导电流产生,也可以由位移电流,即变化的电场产生;式(5.22)表明,变化的磁场可以产生电场;式(5.23)表明磁场的散度为零,即为无源场;式(5.24)表明电场是有源场,产生电场的源是电荷。

## 5.3.3 介质的本构关系

在有介质存在时,上述电磁场基本方程组尚不完备,$\boldsymbol{E}$ 和 $\boldsymbol{B}$ 都与介质的特性有关。因此,还需要补充三个描述介质特性的方程式。对于各向同性的方程式。对于各向同性的介质来说,有

$$\boldsymbol{D} = \varepsilon \boldsymbol{E} \tag{5.25}$$

$$\boldsymbol{B} = \mu \boldsymbol{H} \tag{5.26}$$

$$\boldsymbol{J} = \sigma \boldsymbol{E} \tag{5.27}$$

这里 $\varepsilon$、$\mu$ 和 $\sigma$ 分别是介质的介电常数、磁导率和电导率。式(5.25)~式(5.27)常称为电磁场的辅助方程或构成关系。

麦克斯韦方程组全面总结了电磁场的规律,是宏观电磁场理论的基础。它在电磁场理论中的地位与牛顿在经典力学中的地位相仿。利用这组方程加上辅助方程原则上可以解决各种宏观电磁场问题。例如,在具体问题中给出电磁场量的初始条件与边界条件,则求解方程组可得 $\boldsymbol{E}(x,y,z,t)$ 和 $\boldsymbol{B}(x,y,z,t)$,这就是说,当电荷、电流给定时,从电磁场基本方程组根据初始条件以及边界条件就可以完全决定电磁场的变化。这就是电磁场中唯一性定理。

**例 5.5** 在无源的自由空间中,已知磁场强度

$$\boldsymbol{H} = 2.63\times 10^{-5}\cos(3\times 10^{9}t - 10z)\boldsymbol{e}_y \text{A/m}$$

求位移电流密度 $\boldsymbol{J}_{\mathrm{d}}$。

**解**:由于 $\boldsymbol{J}=0$,麦克斯韦第一方程成为

$$\nabla\times \boldsymbol{H} = \frac{\partial \boldsymbol{D}}{\partial t}$$

所以,得

$$\boldsymbol{J}_{\mathrm{d}}=\frac{\partial \boldsymbol{D}}{\partial t}=\nabla\times\boldsymbol{H}=-\boldsymbol{e}_x\frac{\partial H_y}{\partial z}=-2.63\times10^{-4}\sin(3\times10^9 t-10z)\boldsymbol{e}_x\,\mathrm{A/m^2}$$

**例 5.6** 在无源区域中，已知调频广播电台辐射的电磁场的电场强度 $\boldsymbol{E}=10^{-2}\sin(6.28\times10^9 t-20.9z)\boldsymbol{e}_y\,\mathrm{V/m}$，求空间任一点的磁感应强度 $\boldsymbol{B}$。

**解**：由麦克斯韦第二方程，有

$$\frac{\partial \boldsymbol{B}}{\partial t}=-\nabla\times\boldsymbol{E}=\frac{\partial E_y}{\partial z}\boldsymbol{e}_x=-20.9\times10^{-2}\cos(6.28\times10^9 t-20.9z)\boldsymbol{e}_x$$

将上式对时间积分，若不考虑静态场，则有

$$\boldsymbol{B}=\int\frac{\partial E_y}{\partial z}\boldsymbol{e}_y\mathrm{d}t=-3.33\times10^{-11}\sin(6.28\times10^9 t-20.9z)\boldsymbol{e}_x\,\mathrm{T}$$

## 5.4 电磁场的边界条件

在电磁问题中总是要涉及由不同参数的介质所构成的相邻区域。为了求解这种情况下各个区域中的电磁场问题，必须要知道在两种不同介质的分界面上电磁场量的关系。把电磁场矢量 $\boldsymbol{E}$、$\boldsymbol{D}$、$\boldsymbol{B}$、$\boldsymbol{H}$ 在不同介质分界面上各自满足的关系称为电磁场的边界条件。

电磁场的边界条件必须由麦克斯韦方程组导出。由于在不同介质的分界面上，介质的参数 $\varepsilon$、$\mu$、$\sigma$ 发生突变，某些场分量也随之发生突变，使得方程组的微分形式失去意义。因此，将根据积分形式的麦克斯韦方程组来导出边界条件。另外，为了使得到的边界条件不受所采用的坐标系的限制，可将场矢量在分界面上分解为与分界面垂直的法向量和平行于分界面的切向分量。

边界条件在求解电磁问题的过程中占据非常重要的地位。这是因为只有使麦克斯韦方程组的解适合于某个包含给定的区域和相关的边界条件的实际问题，这个解才是有实际意义的解，也才是唯一的解。

### 5.4.1 一般情况

考虑两种不同的介质：$\varepsilon_1$ 和 $\mu_1$ 分别表示第一种介质的介电常数和磁导率，$\varepsilon_2$ 和 $\mu_2$ 分别表示第二种介质的介电常数和磁导率。$\boldsymbol{e}_{\mathrm{n}}$ 为分界面上的法向单位矢量，其方向由介质 1 指向介质 2，如图 5.6 所示。与静电场和恒定磁场中推导分界面上的衔接条件所用的方法完全相似，把式(5.19)和式(5.20)应用于跨在分界面两侧的扁盒形封闭面，在极限条件下，就可以得到 $\boldsymbol{D}$ 和 $\boldsymbol{B}$ 所满足的条件。把式(5.17)和式(5.18)应用于跨在分界面两侧的矩形闭合路径，就可以得到 $\boldsymbol{E}$ 和 $\boldsymbol{H}$ 的切向分量所满足的条件。所得到的分界面上的衔接条件是

$$\boldsymbol{e}_{\mathrm{n}}\cdot(\boldsymbol{B}_2-\boldsymbol{B}_1)=0,\quad B_{1\mathrm{n}}=B_{2\mathrm{n}} \tag{5.28}$$

$$\boldsymbol{e}_{\mathrm{n}}\cdot(\boldsymbol{D}_2\times\boldsymbol{D}_1)=\rho_S,\quad D_{2\mathrm{n}}-D_{1\mathrm{n}}=\rho_S \tag{5.29}$$

$$\boldsymbol{e}_{\mathrm{n}}\times(\boldsymbol{H}_2-\boldsymbol{H}_1)=\boldsymbol{J}_S,\quad H_{2\mathrm{t}}-H_{1\mathrm{t}}=J_S \tag{5.30}$$

$$\boldsymbol{e}_{\mathrm{n}}\times(\boldsymbol{E}_2-\boldsymbol{E}_1)=0,\quad E_{1\mathrm{t}}=E_{2\mathrm{t}} \tag{5.31}$$

其中 $\rho_S$ 为分界面上的自由电荷密度，$J_S$ 为传导电流的线密度。

上述分界面上的衔接条件表明：$\boldsymbol{E}$ 的切向分量和 $\boldsymbol{B}$ 的法向分量总是连续的。在有自由电荷和传导电流分布的分界面上，$\boldsymbol{D}$ 的法向量和 $\boldsymbol{H}$ 的切向分量都是不连续的。

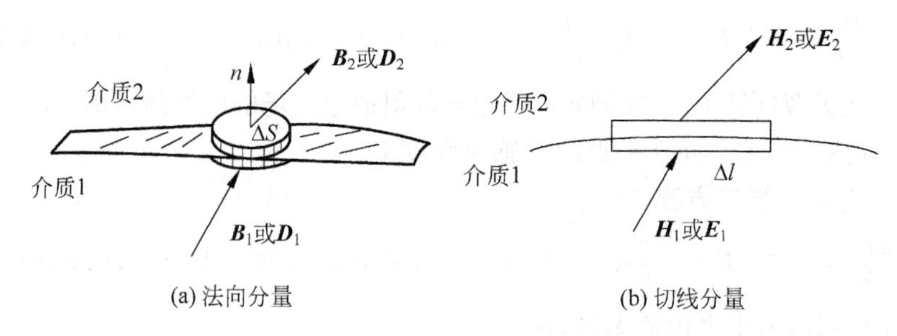


(a) 法向分量　　　　(b) 切线分量

图 5.6　不同介质分界面上的衔接条件

## 5.4.2　两种特殊情况下的边界条件

### 1. 理想导体表面的边界条件

在实际问题中，往往把某些导体看成理想导体以简化问题的分析。由于理想导体的电导率$\sigma$趋近于无穷大，所以它内部的电场强度为零。根据方程式(5.22)，可知理想导体内部的时变磁场也为零(不考虑与时间无关的常量)。理想导体中的电流也可以看成是沿着导体表面流动而形成面电流，同时表面也会有自由电荷的积累而形成面电荷，因而在理想导体(设为介质 1)与电介质(设为介质 2)的分界面上，衔接条件为

$$\boldsymbol{e}_n \times \boldsymbol{H}_2 = \boldsymbol{J}_S \quad H_{2t} = J_S \tag{5.32}$$

$$\boldsymbol{e}_n \cdot \boldsymbol{B}_2 = 0 \quad B_{2n} = 0 \tag{5.33}$$

$$\boldsymbol{e}_n \times \boldsymbol{E}_2 = 0 \quad E_{2t} = 0 \tag{5.34}$$

$$\boldsymbol{e}_n \cdot \boldsymbol{D}_2 = \rho_S \quad D_{2n} = \rho_S \tag{5.35}$$

也称为理想导体表面上的边界条件。它表明：在理想导体表面外侧的附近介质中，磁力线平行于其表面，电力线则与其表面相垂直。

### 2. 理想介质表面上的边界条件

设介质 1 和介质 2 是两种不同的理想介质，它们的分界面上不可能存在各自由面电荷($\rho_S=0$)和面电流($\boldsymbol{J}_S=0$)。因此，分界面上的边界条件为

$$\boldsymbol{e}_n \times (\boldsymbol{H}_2 - \boldsymbol{H}_1) = 0 \quad \text{或} \quad H_{2t} - H_{1t} = 0 \tag{5.36}$$

$$\boldsymbol{e}_n \times (\boldsymbol{E}_2 - \boldsymbol{E}_1) = 0 \quad \text{或} \quad E_{2t} - E_{1t} = 0 \tag{5.37}$$

$$\boldsymbol{e}_n \cdot (\boldsymbol{B}_2 - \boldsymbol{B}_1) = 0 \quad \text{或} \quad B_{2n} - B_{1n} = 0 \tag{5.38}$$

$$\boldsymbol{e}_n \cdot (\boldsymbol{D}_2 \times \boldsymbol{D}_1) = 0 \quad \text{或} \quad D_{2n} - D_{1n} = 0 \tag{5.39}$$

当分界面上不存在面自由电荷和传导电流线密度时，显然可以得到

$$E_1 \sin\alpha_1 = E_2 \sin\alpha_2$$

$$\varepsilon_1 E_1 \cos\alpha_1 = \varepsilon_2 E_2 \cos\alpha_2$$

及

$$H_1 \sin\beta_1 = H_2 \sin\beta_2$$

$$\mu_1 H_1 \cos\beta_1 = \mu_2 H_2 \cos\beta_2$$

式中 $\alpha_1$、$\alpha_2$ 分别为 $\boldsymbol{E}_1$、$\boldsymbol{E}_2$ 与分界面法线间的夹角；$\beta_1$、$\beta_2$ 分别为 $\boldsymbol{H}_1$、$\boldsymbol{H}_2$ 与分界面法线间的夹角。从上列各式可得到

$$\frac{\tan\alpha_1}{\tan\alpha_2} = \frac{\varepsilon_1}{\varepsilon_2} \tag{5.40}$$

$$\frac{\tan\beta_1}{\tan\beta_2} = \frac{\mu_1}{\mu_2} \tag{5.41}$$

以上两式就是电磁场的折射定律。

至此，把电磁场的边界条件总结归纳如下：

(1) 在两种介质的分界面上，如果存在面电流，使 $\boldsymbol{H}$ 的切向分量不连续，其不连续量由式(5.30)确定。若分界面上不存在面电流，则 $\boldsymbol{H}$ 的切向分量是连续的。

(2) 在两种介质的分界面上，$\boldsymbol{E}$ 的切向分量是连续的。

(3) 在两种介质的分界面上，$\boldsymbol{B}$ 的法向分量是连续的。

(4) 在两种介质的分界面上，如果存在面电荷，使 $\boldsymbol{D}$ 的法向分量不连续，其不连续量由式(5.29)确定。若分界面上不存在面电荷，则 $\boldsymbol{D}$ 的法向分量是连续的。

**例 5.7** $z<0$ 的区域的介质参数为 $\varepsilon_1=\varepsilon_0$、$\mu_1=\mu_0$、$\sigma_1=0$；$z>0$ 区域的介质参数为 $\varepsilon_2=5\varepsilon_0$、$\mu_2=20\mu_0$、$\sigma_2=0$。若介质 1 中的电场强度为

$$\boldsymbol{E}_1(z,t) = \boldsymbol{e}_x[60\cos(15\times10^8 t-5z)+20\cos(15\times10^8 t-5z)]\text{V/m}$$

介质 2 中的电场强度为

$$\boldsymbol{E}_2(z,t) = \boldsymbol{e}_x A\cos(15\times10^8 t-50z)\text{V/m}$$

(1) 试确定常数 $A$ 的值；(2)求磁场强度 $\boldsymbol{H}_1(z,t)$ 和 $\boldsymbol{H}_2(z,t)$；(3)验证 $\boldsymbol{H}_1(z,t)$ 和 $\boldsymbol{H}_2(z,t)$满足边界条件。

**解**：(1) 这是两种电介质($\sigma=0$)的分界面，在分界面 $z=0$ 处，有

$$\begin{aligned}\boldsymbol{E}_1(z,t) &= \boldsymbol{e}_x[60\cos(15\times10^8 t-5z)+20\cos(15\times10^8 t+5z)]\text{V/m}\\ &= \boldsymbol{e}_x 80\cos(15\times10^8 t)\text{V/m}\end{aligned}$$

$$\boldsymbol{E}_2(z,t) = \boldsymbol{e}_x A\cos(15\times10^8 t-50z)\text{V/m}$$

利用两种电介质分界面上 $\boldsymbol{E}$ 的切向分量连接的边界条件 $\boldsymbol{E}_1(0,t)=\boldsymbol{E}_2(0,t)$，得

$$A = 80\text{V/m}$$

(2) 应用微分形式的麦克斯韦第二方程 $\nabla\times\boldsymbol{E}=-\dfrac{\partial\boldsymbol{B}}{\partial t}$，得

$$\frac{\partial\boldsymbol{H}_1}{\partial t} = -\frac{1}{\mu_1}\nabla\times\boldsymbol{E}_1 = -\frac{1}{\mu_1}\begin{vmatrix}\boldsymbol{e}_x & \boldsymbol{e}_y & \boldsymbol{e}_z\\ \dfrac{\partial}{\partial x} & \dfrac{\partial}{\partial y} & \dfrac{\partial}{\partial z}\\ E_{1x} & E_{1y} & E_{1z}\end{vmatrix} = -\boldsymbol{e}_y\frac{1}{\mu_1}\frac{\partial E_{1x}}{\partial z}$$

$$= -\boldsymbol{e}_y\frac{1}{\mu_0}[300\sin(15\times10^8 t-5z)-100\sin(15\times10^8 t+5z)]$$

将上式对时间 $t$ 积分，得

$$\boldsymbol{H}_1(z,t) = \boldsymbol{e}_y\frac{1}{\mu_0}\left[2\times10^{-7}\cos(15\times10^8 t-5z)-\frac{2}{3}\times10^{-7}\cos(15\times10^8 t+5z)\right]\text{A/m}$$

同样，由 $\nabla\times\boldsymbol{E}_2=-\mu_2\dfrac{\partial\boldsymbol{H}_2}{\partial t}$，得

$$\boldsymbol{H}_2(z,t)=\boldsymbol{e}_y\frac{4}{3\mu_0}\times10^{-7}\cos(15\times10^8t-5z)\text{A/m}$$

(3) $z=0$ 时

$$\boldsymbol{H}_1(0,t)=\boldsymbol{e}_y\frac{1}{\mu_0}\left[2\times10^{-7}\cos(15\times10^8t)-\frac{2}{3}\times10^{-7}\cos(15\times10^8t)\right]$$
$$=\boldsymbol{e}_y\frac{4}{3\mu_0}\times10^{-7}\cos(15\times10^8t)\text{A/m}$$
$$\boldsymbol{H}_2(0,t)=\boldsymbol{e}_y\frac{4}{3\mu_0}\times10^{-7}\cos(15\times10^8t)\text{A/m}$$

可见,在 $z=0$ 处 $\boldsymbol{H}$ 的切向分量是连续的,因为在分界面上($z=0$)不存在面电流。

**例 5.8** 在两块导电平板 $z=0$ 和 $z=d$ 之间的空气中传播的电磁波的电场强度为 $E=E_0\sin\frac{\pi}{d}z\cos(\omega t-\beta x)\boldsymbol{e}_y$ 其中 $\beta$ 为常数。试求:(1)磁场强度 $\boldsymbol{H}$;(2)两块导电板表面上的电流线密度 $\boldsymbol{J}_s$ 和面电荷密度 $\rho_s$。

**解**:(1) 由麦克斯韦第二方程 $\nabla\times\boldsymbol{E}=-\frac{\partial\boldsymbol{B}}{\partial t}$,得到

$$-\mu_0\frac{\partial\boldsymbol{H}}{\partial t}=-\frac{\partial E_y}{\partial z}\boldsymbol{e}_x+\frac{\partial E_y}{\partial x}\boldsymbol{e}_z$$

所以

$$\boldsymbol{H}=-\frac{1}{\mu_0}\int\left(-\frac{\partial E_y}{\partial z}\boldsymbol{e}_x+\frac{\partial E_y}{\partial x}\boldsymbol{e}_z\right)\mathrm{d}t$$
$$=\frac{E_0}{\mu_0\omega}\left[\frac{\pi}{d}\cos\frac{\pi z}{d}\sin(\omega t-\beta x)\boldsymbol{e}_x+\beta\sin\frac{\pi z}{d}\cos(\omega t-\beta x)\boldsymbol{e}_z\right]$$

容易验证,$\boldsymbol{E}$ 和 $\boldsymbol{H}$ 都满足理想导体表面的边界条件。导体表面没有电场的法向分量,故没有表面电荷。

(2) 导体表面线电流存在于两块导电板相对的一面。在 $z=0$ 的表面上

$$\boldsymbol{J}_s=\boldsymbol{e}_\text{n}\times\boldsymbol{H}\Big|_{z=0}=\boldsymbol{e}_z\times\boldsymbol{H}\Big|_{z=0}=\frac{\pi E_0}{\mu_0\omega d}\sin(\omega t-\beta x)\boldsymbol{e}_y$$
$$\rho_s=\boldsymbol{e}_\text{n}\cdot\boldsymbol{D}\Big|_{z=0}=\boldsymbol{e}_z\cdot\boldsymbol{D}\Big|_{z=0}=0$$

在 $z=d$ 表面上

$$\boldsymbol{J}_s=\boldsymbol{e}_\text{n}\times\boldsymbol{H}\Big|_{z=d}=-\boldsymbol{e}_z\times\boldsymbol{H}\Big|_{z=d}=\frac{\pi E_0}{\mu_0\omega d}\sin(\omega t-\beta x)\boldsymbol{e}_y$$
$$\rho_s=\boldsymbol{e}_\text{n}\cdot\boldsymbol{D}\Big|_{z=d}=-\boldsymbol{e}_z\cdot\boldsymbol{D}\Big|_{z=d}=0$$

## 5.5 电磁场的位函数

在讨论静电场、恒定电场与恒定磁场时,为了计算与分析的方便,曾经分别引入过标量电位 $\varphi$ 和磁矢位 $\mathbf{A}$。类似地,在时变电磁场中,也可以引入称作位函数的辅助量,而使求解麦克斯韦方程组的问题简化。本节介绍位函数及其满足的达朗贝尔方程解的物理意义。

## 5.5.1 位函数

在时变电磁场中，空间各点的场量应满足电磁场基本方程组。根据方程(5.23)，可以引入一个矢量函数$\boldsymbol{A}$，使

$$\boldsymbol{B}=\nabla\times\boldsymbol{A} \tag{5.42}$$

将上式代入式(5.22)，可得

$$\nabla\times\left(\boldsymbol{E}+\frac{\partial\boldsymbol{A}}{\partial t}\right)=0$$

上述结果表明，存在一个标量函数$\varphi$，它满足

$$\boldsymbol{E}+\frac{\partial\boldsymbol{A}}{\partial t}=-\nabla\varphi\quad 或\quad \boldsymbol{E}=-\frac{\partial\boldsymbol{A}}{\partial t}-\nabla\varphi \tag{5.43}$$

这样，便把电磁场$\boldsymbol{E}$和$\boldsymbol{B}$用矢量函数$\boldsymbol{A}$和标量函数$\varphi$表达出来了，称$\boldsymbol{A}$为矢量位函数，$\varphi$为标量位函数。由于$\boldsymbol{A}$和$\varphi$不仅都是空间坐标的函数，同时又都随时间变化，所以也可称作动态位函数，简称为位函数。

## 5.5.2 达朗贝尔方程

为了确定位函数$\boldsymbol{A}$、$\varphi$与激励源之间的关系，利用$\boldsymbol{B}=\mu\boldsymbol{H}$和$\boldsymbol{D}=\varepsilon\boldsymbol{E}$，并且假设$\mu$和$\varepsilon$均是常数，把式(5.42)和式(5.43)分别代入式(5.21)和式(5.24)，得到

$$\nabla^2\boldsymbol{A}-\mu\varepsilon\frac{\partial^2\boldsymbol{A}}{\partial t^2}=-\mu\boldsymbol{J}+\nabla\left(\nabla\cdot\boldsymbol{A}+\mu\varepsilon\frac{\partial\varphi}{\partial t}\right)$$

和

$$\nabla^2\varphi+\frac{\partial}{\partial t}(\nabla\cdot\boldsymbol{A})=-\frac{\rho}{\varepsilon}$$

这是一组相当复杂的联立的二阶偏微分方程组。直观上看，要通过这组方程解出$\boldsymbol{A}$和$\varphi$，最好是将$\boldsymbol{A}$和$\varphi$分开，找出它们各自单独满足的微分方程。

在上面的推导过程中，只规定了$\boldsymbol{A}$的旋度，尚未规定$\boldsymbol{A}$的散度。因而确定$\boldsymbol{A}$的条件尚不完备。为了单值地确定位函数，有必要规定$\boldsymbol{A}$的散度。最常用的选择是让$\boldsymbol{A}$、$\varphi$满足附加条件，即洛仑兹条件

$$\nabla\cdot\boldsymbol{A}+\mu\varepsilon\frac{\partial\varphi}{\partial t}=0 \tag{5.44}$$

因此，上述联立的偏微分方程组就化成为

$$\nabla^2\boldsymbol{A}-\mu\varepsilon\frac{\partial^2\boldsymbol{A}}{\partial t^2}=-\mu\boldsymbol{J} \tag{5.45}$$

$$\nabla^2\varphi-\mu\varepsilon\frac{\partial^2\varphi}{\partial t^2}=-\frac{\rho}{\varepsilon} \tag{5.46}$$

这是两个非齐次的波动方程，通常称为位函数的达朗贝尔方程。

在满足式(5.44)洛仑兹条件下，矢量位函数$\boldsymbol{A}$单独地由电流密度$\boldsymbol{J}$决定；标量位函数$\varphi$单独地由电荷密度$\rho$决定。由此不难理解式(5.43)的物理意义，它又一次表明时变电磁场中的电场强度不仅由电荷产生，同时也由变化的磁场产生。

**例 5.9** 在时变电场中，已知矢量位函数

$$\boldsymbol{A} = A_m \mathrm{e}^{-\alpha z} \sin(\omega t - kz)\boldsymbol{e}_x$$

其中 $A_m$、$\alpha$ 和 $k$ 均为常数。求电场强度 $\boldsymbol{E}$ 和磁感应强度 $\boldsymbol{B}$。

**解**：由式(5.42)可得

$$\boldsymbol{B} = \nabla \times \boldsymbol{A} = -\boldsymbol{A}_m \mathrm{e}^{-\alpha z}[\alpha\sin(\omega t - kz) + k\cos(\omega t - kz)]\boldsymbol{e}_y$$

由式(5.44)

$$\mu\varepsilon \frac{\partial \varphi}{\partial t} = -\nabla \cdot \boldsymbol{A} = 0$$

得

$$\varphi = C(x, y, z)$$

在时变电磁场中，暂不考虑静电场的存在，所以，由式(5.43)，得到

$$\boldsymbol{E} = -A_m \omega \mathrm{e}^{-\alpha z}\cos(\omega t - kz)\boldsymbol{e}_x$$

### 5.5.3 达朗贝尔方程的解

先讨论位于坐标原点的一个电荷量随时间变化的点电荷 $q(t)$激发的标量位 $\varphi$。显然，除原点处外，标量位 $\varphi$ 满足齐次波动方程

$$\nabla^2 \varphi - \mu\varepsilon \frac{\partial^2 \varphi}{\partial t^2} = 0 \tag{5.47}$$

考虑到 $q(t)$激发的场具有球对称性，所以 $\varphi$ 与坐标 $\theta$、$\phi$ 无关，仅是 $r$ 和 $t$ 的函数，即 $\varphi=\varphi(r,t)$。式(5.47)在球坐标系下展开为

$$\frac{\partial^2 (r\varphi)}{\partial r^2} = \frac{1}{v^2}\frac{\partial^2 (r\varphi)}{\partial t^2} \tag{5.48}$$

式中 $v=\dfrac{1}{\sqrt{\mu\varepsilon}}$。这是$(r\varphi)$的一维波动方程，它的通解为

$$\varphi = \frac{f_1\left(t - \dfrac{r}{v}\right)}{r} + \frac{f_2\left(t + \dfrac{r}{v}\right)}{r} \tag{5.49}$$

这里，$f_1$、$f_2$ 是具有二阶连续偏导数的两个任意函数，其特解形式由点电荷的变化规律及周围介质的情况而定。

首先讨论式(5.49)等号右端第一项中因子 $f_1\left(t-\dfrac{r}{v}\right)$的物理意义。如果时间由 $t$ 增加到 $t+\Delta t$，而空间坐标由 $r$ 增加到 $r+v\Delta t$，则因子 $f_1$ 的自变量保持不变，即有 $f_1\left(t+\Delta t-\dfrac{r+v\Delta t}{v}\right)=f_1\left(t+\Delta t-\dfrac{r}{v}-\Delta t\right)=f_1\left(t-\dfrac{r}{v}\right)$。换句话说，如果在时刻 $t$，距离原点为 $r$ 处 $f_1$ 为某个值，则经过时间 $\Delta t$ 后，$f_1$ 的这个数值出现在比 $r$ 远一个距离 $v\Delta t$ 处，这意味着 $f_1\left(t-\dfrac{r}{v}\right)$是从原点出发，以速度 $\boldsymbol{v}$ 向 $+r$ 方向行进的波。这就是电磁波，称之为入射波。同理，第二项 $f_2\left(t+\dfrac{r}{v}\right)$表示向 $-r$ 方向行进的电磁波(也就是向原点行进的电磁波)，称之为反射波，只有当电磁波在行进途中遇到障碍时，才会出现反射波。由于现在考虑的是无限大均匀介质问题，这时应当只有从原点向 $+r$ 方向行进的波，而不会有向 $-r$ 方向

行进的波，即可以取 $f_2=0$，但必须选择函数 $f_1$ 使之对应于激励源（点电荷 $q$）的效应。

当点电荷不随时间变化时，有：

$$\varphi=\frac{q}{4\pi\varepsilon r}$$

由此可推得，在原点处的时变电荷 $q(t)$ 的动态标量位 $\varphi$ 为

$$\varphi=\frac{q\left(t-\dfrac{r}{v}\right)}{4\pi\varepsilon r} \tag{5.50}$$

这一公式也能用于点电荷不位于原点的情况，只需把 $r$ 视为场点到点电荷的距离 $R$ 即可。

对于体积 $V'$ 中任意体积电荷分布 $\rho(r')$，在其空间所建立的标量位 $\varphi$ 可由叠加原理求得为

$$\varphi(r,t)=\frac{1}{4\pi\varepsilon}\int_{V'}\frac{\rho\left(\boldsymbol{r}',t-\dfrac{R}{v}\right)}{R}\mathrm{d}V' \tag{5.51}$$

式中，$R=|\boldsymbol{r}-\boldsymbol{r}'|$ 是场点 $r$ 到元电荷 $\rho(r')\mathrm{d}V'$ 的距离。

同理，可求得体积 $V'$ 中任意体积电流分布 $\boldsymbol{J}(r')$ 所建立的矢量位 $\boldsymbol{A}$ 为

$$\boldsymbol{A}(\boldsymbol{r},t)=\frac{\mu}{4\pi}\int_{V'}\frac{\boldsymbol{J}\left(\boldsymbol{r}',t-\dfrac{R}{v}\right)}{R}\mathrm{d}V' \tag{5.52}$$

式(5.51)和式(5.52)式称为达朗贝尔方程的解，也称为位函数的积分形式解。它们都表明，空间某点在时刻 $t$ 的标量位或矢量位必须根据 $t-\dfrac{R}{v}$ 时刻的场源分布函数进行求积。换句话说，在时刻 $t$，场中某点 $r$ 处的位函数以及场量，并不是决定于该时刻激励源的情况，而是决定于在此之前的某一时刻，即 $t-\dfrac{R}{v}$ 时刻激励源的情况。这说明，激励源在时刻 $t$ 的作用，要经过一个推迟的时间 $\dfrac{R}{v}$ 才能到达 $R$ 远处的场点，这一推迟的时间也就是传递电磁作用所需要的时间。空间各点的位函数 $\boldsymbol{A}$ 和 $\varphi$ 随时间的变化总是落后于激励源的变化，所以通常又称 $\boldsymbol{A}$、$\varphi$ 为推迟位。推迟效应说明了电磁作用的传递是以有限速度 $v$ 由近及远地向外进行的，这个速度称为电磁波的波速，它由介质的特性决定

$$v=\frac{1}{\sqrt{\mu\varepsilon}} \tag{5.53}$$

在真空中，电磁波的波速 $v=c=3\times10^8\,\mathrm{m/s}$，与光速相同。

## 5.6 电磁能量守恒定律

与静电场和恒定磁场一样，时变电磁场也具有能量，但更重要的是特有的能量流动现象。当随时间变化的电磁场以恒定的速度传播时，必将伴随着能量的传播，形成电磁能流。因此，在随时间变化的电磁场的任一给定区域中，电磁场的能量不再是恒量。但是，电磁能量亦如其他能量服从能量守恒原理，下面将讨论表征电磁能量守恒关系的玻印廷定理，以及描述电磁能量流动的玻印廷矢量的表达式。

在时变电磁场中,电磁场能量密度就等于电场能量密度与磁场能量密度之和,即

$$\omega=\omega_{\mathrm{e}}'+\omega_{\mathrm{m}}'=\frac{1}{2}\boldsymbol{E}\cdot\boldsymbol{D}+\frac{1}{2}\boldsymbol{B}\cdot\boldsymbol{H} \tag{5.54}$$

任一体积 $V$ 中的电磁场能量为

$$W=\int_V\omega\mathrm{d}V=\int_V\left(\frac{1}{2}\boldsymbol{E}\cdot\boldsymbol{D}+\frac{1}{2}\boldsymbol{B}\cdot\boldsymbol{H}\right)\mathrm{d}V \tag{5.55}$$

由于电磁场的变化,$V$ 内的能量将随时间变化。它的变化率为

$$\begin{aligned}\frac{\partial W}{\partial t}&=\frac{\partial}{\partial t}\int_V\left(\frac{1}{2}\boldsymbol{E}\cdot\boldsymbol{D}+\frac{1}{2}\boldsymbol{B}\cdot\boldsymbol{H}\right)\mathrm{d}V\\&=\int_V\left[\frac{\partial}{\partial t}\left(\frac{1}{2}\boldsymbol{E}\cdot\boldsymbol{D}\right)+\frac{\partial}{\partial t}\left(\frac{1}{2}\boldsymbol{B}\cdot\boldsymbol{H}\right)\right]\mathrm{d}V\end{aligned} \tag{5.56}$$

一般情况下,对于各向同性的线性介质,有下列关系

$$\frac{\partial}{\partial t}\left(\frac{1}{2}\boldsymbol{D}\cdot\boldsymbol{E}\right)=\boldsymbol{E}\cdot\frac{\partial\boldsymbol{D}}{\partial t}\quad 和\quad \frac{\partial}{\partial t}\left(\frac{1}{2}\boldsymbol{B}\cdot\boldsymbol{H}\right)=\boldsymbol{H}\cdot\frac{\partial\boldsymbol{B}}{\partial t}$$

再利用麦克斯韦方程见式(5.21)和式(5.22),$\boldsymbol{E}$ 点乘式(5.21),$\boldsymbol{H}$ 点乘式(5.22),进一步整理有

$$\frac{\partial}{\partial t}\left(\frac{1}{2}\boldsymbol{D}\cdot\boldsymbol{E}\right)=\boldsymbol{E}\cdot\nabla\times\boldsymbol{H}-\boldsymbol{E}\cdot\boldsymbol{J}\quad 和\quad \frac{\partial}{\partial t}\left(\frac{1}{2}\boldsymbol{B}\cdot\boldsymbol{H}\right)=-\boldsymbol{H}\cdot\nabla\times\boldsymbol{E}$$

将这两个关系式代入式(5.56),得到

$$\frac{\partial W}{\partial t}=\int_V(\boldsymbol{E}\cdot\nabla\times\boldsymbol{H}-\boldsymbol{H}\cdot\nabla\times\boldsymbol{E}-\boldsymbol{E}\cdot\boldsymbol{J})\mathrm{d}V$$

再利用矢量恒等式 $-\nabla\cdot(\boldsymbol{E}\times\boldsymbol{H})=\boldsymbol{E}\cdot\nabla\times\boldsymbol{H}-\boldsymbol{H}\cdot\nabla\times\boldsymbol{E}$,可得

$$-\frac{\partial W}{\partial t}=\int_V\nabla\cdot(\boldsymbol{E}\times\boldsymbol{H})\mathrm{d}V+\int_V\boldsymbol{E}\cdot\boldsymbol{J}\mathrm{d}V \tag{5.57}$$

应用高斯定理,上式可改成为

$$-\frac{\partial W}{\partial t}=\int_V\boldsymbol{J}\cdot\boldsymbol{E}\mathrm{d}V+\oint_S(\boldsymbol{E}\times\boldsymbol{H})\cdot\mathrm{d}\boldsymbol{S} \tag{5.58}$$

式中 $S$ 为限定体积 $V$ 的闭合面。

上式经过整理可得:

$$-\oint_S(\boldsymbol{E}\times\boldsymbol{H})\cdot\mathrm{d}\boldsymbol{S}=\frac{\mathrm{d}}{\mathrm{d}t}\int_V\left(\frac{1}{2}\boldsymbol{E}\cdot\boldsymbol{D})+\frac{1}{2}\boldsymbol{B}\cdot\boldsymbol{H}\right)\mathrm{d}V+\int_V\boldsymbol{J}\cdot\boldsymbol{E}\mathrm{d}V \tag{5.59}$$

在式(5.59)中,右端第一项是在单位时间内体积 $V$ 中所增加的电磁能量;第二项是在单位时间内体积 $V$ 中的电流所做的功,在导电介质中,即为体积 $V$ 内总的损耗功率。根据能量守恒关系,式(5.59)左端则是单位时间内通过包围体积 $V$ 的曲面 $S$ 进入的体积内的电磁能量。换句话说,单位时间内通过 $S$ 面从体积 $V$ 中流出的电磁能量为 $\oint_s(E\times\boldsymbol{H})\cdot\mathrm{d}\boldsymbol{S}$。

定义式(5.59)中的 $\boldsymbol{E}\times\boldsymbol{H}$ 为玻印廷矢量,即

$$\boldsymbol{S}=\boldsymbol{E}\times\boldsymbol{H} \tag{5.60}$$

$\boldsymbol{S}$ 的单位是 $\mathrm{W/m^2}$。它表示在单位时间内通过垂直于能量传播方向的单位面积的电磁能量,其方向就是电磁能量传播或流动的方向。由式(5.60)可知,$\boldsymbol{S}$ 既垂直于 $\boldsymbol{H}$,又垂直于 $\boldsymbol{E}$,且成右旋关系。

**例 5.10**　设同轴线的内导体半径为 $a$，外导体内半径为 $b$，内外导体间为空气，内外导体为理想导体，载有直流电流 $I$，内外导体间的电压为 $U$。求同轴线的传输功率和能流密度矢量。

**解**：分别根据高斯定理和安培环路定理，可以求出同轴线内外导体间的电场和磁场：

$$\boldsymbol{E}=\frac{U}{\rho\ln\frac{b}{a}}\boldsymbol{e}_\rho$$

$$\boldsymbol{H}=\frac{I}{2\pi\rho}\boldsymbol{e}_\phi$$

内外导体间任意截面上的玻印廷矢量为

$$\boldsymbol{S}=\boldsymbol{E}\times\boldsymbol{H}=\frac{UI}{2\pi\rho^2\ln\frac{b}{a}}\boldsymbol{e}_z$$

上式说明，电磁能量在内外导体间的空间内沿 $z$ 轴方向流动，由电源向负载。而在电缆外部空间和内外导体内部均没有电磁场，从而玻印廷矢量为零，无能量流动。如图 5.7 所示。穿过任意横截面的功率为

$$P=\int_S \boldsymbol{S}\cdot\boldsymbol{e}_z\mathrm{d}S=\int_a^b\frac{UI}{2\pi\rho^2\ln(b/a)}2\pi\rho\,\mathrm{d}\rho=UI \tag{5.61}$$

这正好等于电源的输出功率，式(5.61)是电路理论分析中熟知的结果。在求解过程中积分是在内外导体之间的截面上进行的，并不包括导体内部。这说明所传输的电磁能量不是在导体内部进行的，而是由内外导体之间的空间电磁场构成的功率流传递。这样，从能量传递的角度看，电缆的条件似乎并不重要。但是，正因为导体上有电荷和电流分布，才使空间存在电场和磁场，通过场把能量送给负载。导体只是起着引导能流走向的作用。

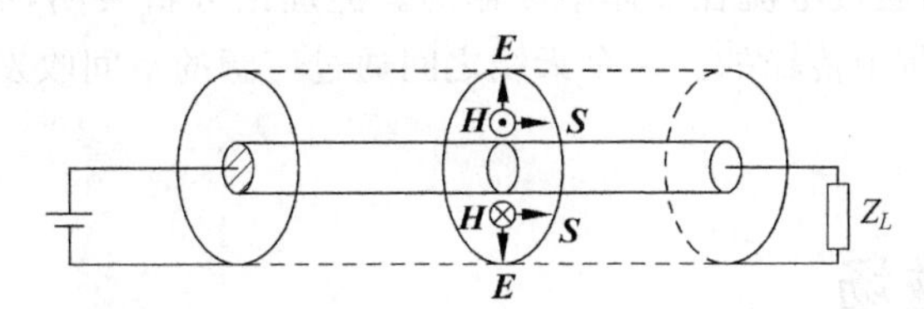


图 5.7　同轴曲线中的电场、磁场和玻印廷矢量(理想导体情况)

**例 5.11**　在例 5.10 中，若导体的电阻不能忽略，分析能量的传输情况。

**解**：当导体的电导率 $\sigma$ 为有限值时，导体内部存在沿电流方向的电场

$$\boldsymbol{E}_{内}=\frac{\boldsymbol{J}}{\sigma}=\boldsymbol{e}_z\frac{I}{\pi a^2\sigma}$$

根据边界条件，在内导体表面上电场的切向分量连续，即 $\boldsymbol{E}_{内z}=\boldsymbol{E}_{外z}$。因此，在内导体表面外侧的电场为

$$\boldsymbol{E}_{外}\Big|_{\rho=a}=\boldsymbol{e}_\rho\frac{U}{a\ln(b/a)}+\boldsymbol{e}_z\frac{I}{\pi a^2\sigma}$$

磁场则仍为

$$\boldsymbol{H}_{外}\Big|_{\rho=a}=\boldsymbol{e}_\phi\frac{I}{2\pi a}$$

内导体表面外侧的玻印廷矢量为

$$\boldsymbol{S}_{外}\Big|_{\rho=a}=(\boldsymbol{E}_{外}\times\boldsymbol{H}_{外})\Big|_{\rho=a}=-\boldsymbol{e}_{\rho}\frac{I^2}{2\pi^2a^3\sigma}+\boldsymbol{e}_z\frac{UI}{2\pi a^2\ln(b/a)}$$

由此可见,内导体表面外侧的玻印廷矢量既有轴向分量,也有径向分量,如图 5.8 所示。

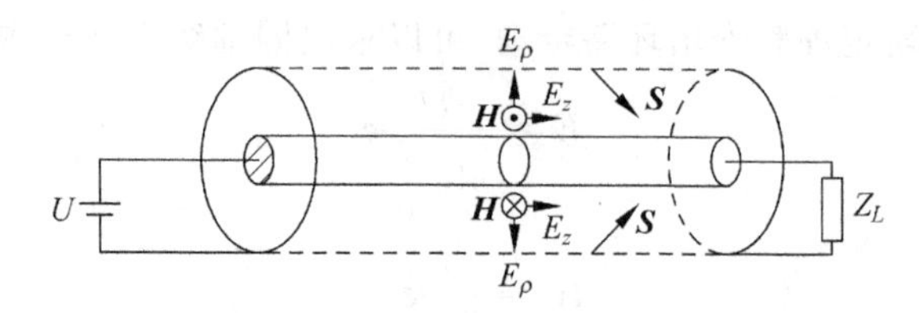


图 5.8 同轴线中的电场、磁场和玻印廷矢量(非理想导体情况)

进入每单位长度内导体的功率为

$$P=\int_S\boldsymbol{S}_{外}\Big|_{\rho=a}\cdot(-\boldsymbol{e}_{\rho})\mathrm{d}S=\int_0^1\frac{I^2}{2\pi^2a^3\sigma}2\pi a\mathrm{d}z=\frac{I^2}{\pi a^2\sigma}=RI^2$$

式中 $R=\dfrac{1}{\pi a^2\sigma}$是单位长度内导体的电阻。由此可见,进入内导体中的功率等于这段导体的焦耳损耗功率。

以上分析表明,电磁能量是通过电磁场传输的,导体仅起着定向引导电磁能流的作用。当导体的电导率为有限值时,进入导体中的功率全被导体所吸收,称为导体中焦耳热损耗功率。

此例再一次说明,电磁能量的存储者和传递者都是电磁场,导体仅起着定向导引电磁能流的作用,故通常称为导波系统。对有损耗的传输线,能量仍在导体之间的空间传输。只是在传输过程中有部分能量为导体所吸收,变为了导体电阻上的焦耳热损耗。如果仅仅凭直觉,往往会认为能量是通过电流在导体中传输的。但理论分析表明,实际情况不是这样的,电磁能量是在空间介质中传输的。两个天线之间通过广阔的空间收发电磁波的过程就是最常见的例子。

## 5.7 正弦电磁场

在时变电磁场中,场量和场源除了是空间坐标的函数,还是时间的函数。电磁场随时间作正弦变化是最常见也是最重要的形式。这种以一定频率作正弦变化的电磁场,称为正弦电磁场。在一般情形下,即使是非正弦变化的时变电磁场,也可以采用傅里叶分析方法将其分解成各次谐波分量来研究。因此,研究正弦变化的时变电磁场具有非常重要的意义。

### 5.7.1 正弦电磁场的复数表示法

分析正弦时变电磁场的有效工具就是交流电路分析中所采用的复数方法。在直角坐标系中,随时间作正弦变化的电场强度 $\boldsymbol{E}$ 的一般形式为

$$\begin{aligned}\boldsymbol{E}(x,y,z,t)=&E_{xm}(x,y,z)\cos(\omega t+\phi_x)\boldsymbol{e}_x\\&+E_{ym}(x,y,z)\cos(\omega t+\phi_y)\boldsymbol{e}_y\\&+E_{zm}(x,y,z)\cos(\omega t+\phi_z)\boldsymbol{e}_z\end{aligned}\tag{5.62}$$

式中 $\omega$ 是角频率。$E_{xm}$、$E_{ym}$、$E_{zm}$ 为各相分量幅值，$\phi_x$、$\phi_y$、$\phi_z$ 分别为各坐标分量的初相角，它们仅是空间位置的函数。上式也可以表示成

$$\boldsymbol{E}(x,y,z,t)=\mathrm{Re}[\dot{E}_{\mathrm{m}}(x,y,z)\mathrm{e}^{\mathrm{j}\omega t}] \tag{5.63}$$

其中

$$\begin{aligned}\dot{\boldsymbol{E}}_{\mathrm{m}}(x,y,z)&=\dot{\boldsymbol{E}}_{x\mathrm{m}}\boldsymbol{e}_x+\dot{\boldsymbol{E}}_{y\mathrm{m}}\boldsymbol{e}_y+\dot{\boldsymbol{E}}_{z\mathrm{m}}\boldsymbol{e}_z\\&=E_{x\mathrm{m}}\mathrm{e}^{\mathrm{j}\phi_x}\boldsymbol{e}_x+E_{y\mathrm{m}}\mathrm{e}^{\mathrm{j}\phi_y}\boldsymbol{e}_y+E_{z\mathrm{m}}\mathrm{e}^{\mathrm{j}\phi_z}\boldsymbol{e}_z\end{aligned}$$

或用有效值表示为

$$\begin{aligned}\dot{\boldsymbol{E}}(x,y,z)&=\dot{\boldsymbol{E}}_x\boldsymbol{e}_r+\dot{\boldsymbol{E}}_y\boldsymbol{e}_y+\dot{\boldsymbol{E}}_z\boldsymbol{e}_z\\&=E_x\mathrm{e}^{\mathrm{j}\phi_x}\boldsymbol{e}_x+E_y\mathrm{e}^{\mathrm{j}\phi_y}\boldsymbol{e}_y+E_z\mathrm{e}^{\mathrm{j}\phi_z}\boldsymbol{e}_z\end{aligned} \tag{5.64}$$

把$\dot{\boldsymbol{E}}(x,y,z)$称为电场强度 $\boldsymbol{E}$ 的复数形式。用打"·"的符号表示复数形式。式(5.63)是瞬间形式与复数形式间的关系式。

复数法使对时间求导运算化为乘积运算，因为由式(5.63)，有

$$\frac{\partial\boldsymbol{E}(x,y,z,t)}{\partial t}=\mathrm{Re}[\mathrm{j}\omega\dot{\boldsymbol{E}}(x,y,z)\sqrt{2}\,\mathrm{e}^{\mathrm{j}\omega t}]$$

此式表明，对时间的一次求导，相应的复数形式应乘以一个因子 j$\omega$。必须注意，复矢量只是一种数学表达方式，它只与空间有关。复矢量并不是真实的场矢量，真实的场矢量是与之相应的瞬时矢量。而且，只有频率相同的时谐场之间才能采用复矢量的方法进行运算。

应用上述运算规律经过运算后，可得电磁场基本方程组的复数形式为

$$\nabla\times\dot{\boldsymbol{H}}=\dot{\boldsymbol{J}}+\mathrm{j}\omega\dot{\boldsymbol{D}} \tag{5.65}$$

$$\nabla\times\dot{\boldsymbol{E}}=-\mathrm{j}\omega\dot{\boldsymbol{B}} \tag{5.66}$$

$$\nabla\cdot\dot{\boldsymbol{B}}=0 \tag{5.67}$$

$$\nabla\cdot\dot{\boldsymbol{E}}=\rho \tag{5.68}$$

同理，得到电磁场的构成关系的复数形式为

$$\dot{\boldsymbol{D}}=\varepsilon\dot{\boldsymbol{E}}\quad\dot{\boldsymbol{B}}=\mu\dot{\boldsymbol{H}}\quad\text{和}\quad\dot{\boldsymbol{J}}=\sigma\dot{\boldsymbol{E}} \tag{5.69}$$

### 5.7.2 玻印廷定理的复数形式

对于正弦时变电磁场，当 $x$、$y$、$z$ 方向的初相角均相同时，玻印廷矢量的瞬时值为

$$\begin{aligned}\boldsymbol{S}(t)&=\boldsymbol{E}_{\mathrm{m}}\cos(\omega t+\phi_{\mathrm{E}})\times\boldsymbol{H}_{\mathrm{m}}\cos(\omega t+\phi_{\mathrm{H}})\\&=\sqrt{2}\boldsymbol{E}\cos(\omega t+\phi_{\mathrm{E}})\times\sqrt{2}\boldsymbol{H}\cos(\omega t+\phi_{\mathrm{H}})\end{aligned} \tag{5.70}$$

在时谐电磁场中，一个周期内的平均能流密度矢量 $\boldsymbol{S}_{\mathrm{av}}$ 更有意义。式(5.70)在一个周期 $T$ 内的平均值为

$$\boldsymbol{S}_{\mathrm{av}}=\frac{1}{T}\int_0^T\boldsymbol{S}(t)\mathrm{d}t=(\boldsymbol{E}\times\boldsymbol{H})\cos(\phi_E-\phi_{\mathrm{H}}) \tag{5.71}$$

式中，$T=\dfrac{2\pi}{\omega}$为时谐电磁场的时间周期。

$\boldsymbol{S}_{\mathrm{av}}$ 也可以直接由常矢量的复数形式来计算。

$$\begin{aligned}\boldsymbol{S}(t) &= \boldsymbol{E}(t)\times\boldsymbol{H}(t) = \mathrm{Re}[\dot{\boldsymbol{E}}\mathrm{e}^{\mathrm{j}\omega t}]\times\mathrm{Re}[\dot{\boldsymbol{H}}\mathrm{e}^{\mathrm{j}\omega t}]\\ &= 2\mathrm{Re}[\dot{\boldsymbol{E}}\mathrm{e}^{\mathrm{j}\omega t}]\times\mathrm{Re}[\dot{\boldsymbol{H}}\mathrm{e}^{\mathrm{j}\omega t}]\\ &= [\dot{\boldsymbol{E}}\mathrm{e}^{\mathrm{j}\omega t}+(\dot{\boldsymbol{E}}\mathrm{e}^{\mathrm{j}\omega t})^*]\times[\dot{\boldsymbol{H}}\mathrm{e}^{\mathrm{j}\omega t}+(\dot{\boldsymbol{H}}\mathrm{e}^{\mathrm{j}\omega t})^*]\\ &= \frac{1}{2}[\dot{\boldsymbol{E}}\times\dot{\boldsymbol{H}}\mathrm{e}^{\mathrm{j}2\omega t}+\dot{\boldsymbol{E}}^*\times\dot{\boldsymbol{H}}^*\mathrm{e}^{-\mathrm{j}2\omega t}]+\frac{1}{2}[\dot{\boldsymbol{E}}^*\times\dot{\boldsymbol{H}}+\dot{\boldsymbol{E}}\times\dot{\boldsymbol{H}}^*]\\ &= \frac{1}{2}[\dot{\boldsymbol{E}}\times\dot{\boldsymbol{H}}\mathrm{e}^{\mathrm{j}2\omega t}+(\dot{\boldsymbol{E}}\times\dot{\boldsymbol{H}}\mathrm{e}^{\mathrm{j}2\omega t})^*]+\frac{1}{2}[(\dot{\boldsymbol{E}}\times\dot{\boldsymbol{H}}^*)^*+\dot{\boldsymbol{E}}\times\dot{\boldsymbol{H}}^*]\\ &= \mathrm{Re}[\dot{\boldsymbol{E}}\times\dot{\boldsymbol{H}}\mathrm{e}^{\mathrm{j}2\omega t}]+\mathrm{Re}[\dot{\boldsymbol{E}}\times\dot{\boldsymbol{H}}^*]\end{aligned}$$

代入式(5.71)，可得到

$$\boldsymbol{S}_{\mathrm{av}} = \frac{\omega}{2\pi}\int_0^{2\pi/\omega}\{\mathrm{Re}[\dot{\boldsymbol{E}}\times\dot{\boldsymbol{H}}\mathrm{e}^{\mathrm{j}2\omega t}]+\mathrm{Re}[\dot{\boldsymbol{E}}\times\dot{\boldsymbol{H}}^*]\}\mathrm{d}t = \mathrm{Re}[\dot{\boldsymbol{E}}\times\dot{\boldsymbol{H}}^*] \tag{5.72}$$

其中“$*$”表示取共轭复数。对于时谐电磁场，玻印廷矢量记为$\widetilde{S}(t)$，可写为

$$\widetilde{\boldsymbol{S}}(t) = \dot{\boldsymbol{E}}\times\dot{\boldsymbol{H}}$$

类似地，可以得到电场能量密度和磁场能量密度的时间平均值分别为

$$\omega_{\mathrm{eav}} = \frac{1}{T}\int_0^T\omega_{\mathrm{e}}\mathrm{d}t = \frac{1}{2}\mathrm{Re}(\varepsilon_{\mathrm{c}}\dot{\boldsymbol{E}}\cdot\dot{\boldsymbol{E}}^*) = \frac{1}{2}\varepsilon'\dot{\boldsymbol{E}}\cdot\dot{\boldsymbol{E}}^* \tag{5.73}$$

$$\omega_{\mathrm{mav}} = \frac{1}{T}\int_0^T\omega_{\mathrm{m}}\mathrm{d}t = \frac{1}{2}\mathrm{Re}(\mu_{\mathrm{c}}\dot{\boldsymbol{H}}\cdot\dot{\boldsymbol{H}}^*) = \frac{1}{2}\mu'\dot{\boldsymbol{H}}\cdot\dot{\boldsymbol{H}}^* \tag{5.74}$$

由麦克斯韦方程组的复数形式可以导出复数形式的玻印廷定理。由恒等式

$$\nabla\cdot(\dot{\boldsymbol{E}}\times\dot{\boldsymbol{H}}^*) = \dot{\boldsymbol{H}}^*\cdot\nabla\times\dot{\boldsymbol{E}}-\dot{\boldsymbol{E}}\cdot\nabla\times\dot{\boldsymbol{H}}^*$$

将式(5.65)和式(5.66)代入上式，并利用$\dot{\boldsymbol{B}}=\mu\dot{\boldsymbol{H}}$和$\dot{\boldsymbol{D}}=\varepsilon\dot{\boldsymbol{E}}$关系式，可得

$$\nabla\cdot(\dot{\boldsymbol{E}}\times\dot{\boldsymbol{H}}^*) = -\mathrm{j}\omega\mu\dot{\boldsymbol{H}}\cdot\dot{\boldsymbol{H}}^*-\dot{\boldsymbol{E}}\cdot\dot{\boldsymbol{J}}^*+\mathrm{j}\omega\varepsilon\dot{\boldsymbol{E}}\cdot\dot{\boldsymbol{E}}^*$$

将$\dot{\boldsymbol{E}}=\dfrac{\dot{\boldsymbol{J}}}{\sigma}-\mathrm{Ee}$代入上式，对等式两边进行体积分，并利用散度定理有

$$\begin{aligned}-\oint_S(\dot{\boldsymbol{E}}\times\dot{\boldsymbol{H}}^*)\cdot\mathrm{d}S &= \int_V\frac{|\dot{\boldsymbol{J}}|^2}{\sigma}\mathrm{d}V+\mathrm{j}\omega\int_V(\mu|\dot{\boldsymbol{H}}|^2-\varepsilon|\dot{\boldsymbol{E}}|^2)\mathrm{d}V-\int_V\dot{\boldsymbol{E}}_e\cdot\dot{\boldsymbol{J}}^*\mathrm{d}V\\ &= P+\mathrm{j}Q\end{aligned} \tag{5.75}$$

式(5.75)即为复数形式的玻印廷定理，其右端的两项分别表示体积$V$内的有功功率$P$和无功功率$Q$。式(5.75)左端的面积分是穿过闭合面$S$的复功率，其实部为有功功率，即功率的时间平均值，被积函数的实部即为平均能流密度矢量$\boldsymbol{S}_{\mathrm{av}}$。

**例 5.12** 在无源($\rho=0, J=0$)的自由空间中，已知电磁场的电场强度复矢量

$$\dot{\boldsymbol{E}}(z) = E_0\mathrm{e}^{-\mathrm{j}kz}\boldsymbol{e}_y$$

式中$k$、$E_0$为常数。求：(1)磁场强度矢量$\dot{\boldsymbol{H}}(z)$；(2)玻印廷矢量的瞬时值$\boldsymbol{S}$；(3)平均玻印廷矢量$\boldsymbol{S}_{\mathrm{av}}$。

**解**：(1) 由$\nabla\times\dot{\boldsymbol{E}}=-\mathrm{j}\omega\mu_0\dot{\boldsymbol{H}}$，得

$$\dot{\boldsymbol{H}}(z) = -\frac{1}{\mathrm{j}\omega\mu_0}\nabla\times\dot{\boldsymbol{E}} = \frac{1}{\mathrm{j}\omega\mu_0}\frac{\partial}{\partial z}(E_0\mathrm{e}^{-\mathrm{j}\beta z})\boldsymbol{e}_x = -\frac{kE_0}{\omega\mu_0}\mathrm{e}^{-\mathrm{j}kz}\boldsymbol{e}_x$$

(2) 电场、磁场的瞬时值为

$$\boldsymbol{E}(z,t)=\sqrt{2}E_0\cos(\omega t-kz)\boldsymbol{e}_y$$

$$\boldsymbol{H}(z,t)=-\sqrt{2}\frac{kE_0}{\omega\mu_0}\cos(\omega t-kz)\boldsymbol{e}_x$$

所以,玻印廷矢量的瞬时值为

$$\boldsymbol{S}=\boldsymbol{E}\times\boldsymbol{H}=\frac{2kE_0^2}{\omega\mu_0}\cos^2(\omega t-kz)\boldsymbol{e}_z$$

(3) 由式(5.72),得

$$\boldsymbol{S}_{\text{av}}=\text{Re}\left[E_0\text{e}^{-\text{j}kz}\boldsymbol{e}_y\times\left(-\frac{kE_0}{\omega\mu_0}\text{e}^{-\text{j}kz}\boldsymbol{e}_x\right)^*\right]=\frac{kE_0^2}{\omega\mu_0}\boldsymbol{e}_z$$

### 5.7.3 达朗贝尔方程的复数形式及其解

对于正弦电场,矢量位和标量位都可改用复数,即

$$\dot{\boldsymbol{H}}=\frac{1}{\mu}\nabla\times\dot{\boldsymbol{A}}\quad \text{和}\quad \dot{\boldsymbol{E}}=-\text{j}\omega\dot{\boldsymbol{A}}-\nabla\dot{\varphi}\tag{5.76}$$

洛仑兹条件变为

$$\nabla\cdot\dot{\boldsymbol{A}}=-\text{j}\omega\mu\varepsilon\dot{\varphi}$$

达朗贝尔方程的复数形式为

$$\nabla^2\dot{\boldsymbol{A}}+\beta^2\dot{\boldsymbol{A}}=-\mu\dot{\boldsymbol{J}}\tag{5.77}$$

$$\nabla^2\dot{\varphi}+\beta^2\dot{\varphi}=-\frac{\dot{\rho}}{\varepsilon}\tag{5.78}$$

式中,$\beta=\omega\sqrt{\mu\varepsilon}$,称为相位常数,单位是 rad/m。这两个方程的解可由 5.5 节中得到的瞬时解对应的复数形式来表示。在时间上推迟$\frac{R}{v}$,相当于相位推迟 $\omega\frac{R}{v}=\beta R$,故借助于式(5.51)和式(5.52),可得动态标量位和矢量位的解的复数形式分别为

$$\dot{\varphi}=\frac{1}{4\pi\varepsilon}\int_V\frac{\dot{\rho}\text{e}^{-\text{j}\beta R}}{R}\text{d}V'\tag{5.79}$$

$$\dot{\boldsymbol{A}}=\frac{\mu}{4\pi}\int_V\frac{\dot{\boldsymbol{J}}\text{e}^{-\text{j}\beta R}}{R}\text{d}V'\tag{5.80}$$

在 5.5 节中已经指出,场点上位函数与引起它的激励源在时间上的差异,也就是电磁波从激励源传播到该场点所需要的时间。如果激励源变化得很快,则这种推迟现象就比较明显;如果变化不快,则在电磁波从激励源传播到场点这段时间内,激励源并未发生明显的变化,此时虽仍然有推迟作用,但对场量的影响不太大。对于正弦电磁场来说,显然,当 $\beta R\ll 1$ 时,$\text{e}^{-\text{j}kR}\approx 1$,可以不计推迟作用。这样,位函数的解见式(5.79)和式(5.80),它们分别与静电场和恒定磁场中的电位和磁位矢的表达式相似。这说明对每一瞬间来说,$\varphi$ 和 $\boldsymbol{A}$ 在空间的分布规律分别与静电场和恒定磁场的分布规律相同。场点的“响应”和源点的“激励”同相。又可把条件

$$\beta R\ll 1\tag{5.81}$$

写成

$$r \ll \lambda \tag{5.82}$$

称为似稳条件。这里的 $\lambda$ 是正弦电磁波在一个周期内进行的距离，即波长 $\lambda = vT$。时变电磁场中，满足似稳条件的区域称为似稳区，似稳区内的时变场称为似稳电磁场。但应注意，似稳区是一个相对的概念。

# 提要

1. 静止介质中时变电磁场基本方程组微分形式为

$$\nabla\times \boldsymbol{H} = \boldsymbol{J} + \frac{\partial \boldsymbol{D}}{\partial t}, \quad \nabla\cdot \boldsymbol{B} = 0$$

$$\nabla\times \boldsymbol{E} = -\frac{\partial \boldsymbol{B}}{\partial t}, \quad \nabla\cdot \boldsymbol{D} = \rho$$

构成关系为

$$\boldsymbol{D} = \varepsilon \boldsymbol{E}, \quad \boldsymbol{B} = \mu \boldsymbol{H}, \quad \boldsymbol{J} = \sigma \boldsymbol{E}$$

2. 时变电磁场在不同介质分界面上的衔接条件

$$E_{1t} = E_{2t}, \quad H_{1t} - H_{2t} = J_S$$

$$D_{2n} - D_{1n} = \rho_S, \quad B_{2n} = B_{1n}$$

3. 位函数与场量的关系为

$$\boldsymbol{B} = \nabla\times \boldsymbol{A} \quad 和 \quad \boldsymbol{E} = -\frac{\partial \boldsymbol{A}}{\partial t} - \nabla\varphi$$

当 $\boldsymbol{A}$ 和 $\varphi$ 满足洛仑兹条件 $\nabla\cdot\boldsymbol{A} = -\mu\varepsilon\dfrac{\partial\varphi}{\partial t}$ 时，它们都满足达朗贝尔方程

$$\nabla^2 \boldsymbol{A} - \mu\varepsilon \frac{\partial^2 \boldsymbol{A}}{\partial t^2} = -\mu \boldsymbol{J}$$

$$\nabla^2 \varphi - \mu\varepsilon \frac{\partial^2 \varphi}{\partial t^2} = -\frac{\rho}{\varepsilon}$$

达朗贝尔方程的积分解为

$$\boldsymbol{A} = \frac{\mu}{4\pi}\int_{v'} \frac{J\left(x', y', z', t - \dfrac{R}{v}\right)}{R}\mathrm{d}V'$$

$$\varphi = \frac{1}{4\pi\varepsilon}\int_{v'} \frac{\rho\left(x', y', z', t - \dfrac{R}{v}\right)}{R}\mathrm{d}v'$$

当激励源为时间的正弦函数时，则有

$$\dot{A} = \frac{\mu}{4\pi}\int_{v'} \frac{\dot{J}(x', y', z')\mathrm{e}^{-\mathrm{j}\beta R}}{R}\mathrm{d}v'$$

$$\dot{\varphi} = \frac{1}{4\pi\varepsilon}\int_{v'} \frac{\dot{\rho}(x', y', z')\mathrm{e}^{-\mathrm{j}\beta R}}{R}\mathrm{d}v'$$

可以看出，时间上推迟 $\dfrac{R}{v}$，相应于正弦函数的相位滞后 $\beta R$，所以位函数又称为推迟位或滞后位。

4. 电磁能流密度——玻印廷矢量

$$\boldsymbol{S}=\boldsymbol{E}\times\boldsymbol{H}$$

玻印廷定理反映了电磁场中的能量守恒及转换定律

$$-\oint_S(\boldsymbol{E}\times\boldsymbol{H})\cdot\mathrm{d}\boldsymbol{S}=\frac{\mathrm{d}}{\mathrm{d}t}\int_v\left(\frac{1}{2}\boldsymbol{E}\cdot\boldsymbol{D}+\frac{1}{2}\boldsymbol{B}\cdot\boldsymbol{H}\right)\mathrm{d}V+\int_V\boldsymbol{J}\cdot\boldsymbol{E}\mathrm{d}V$$

5. 正弦电磁场中玻印廷定理及玻印廷定理的复数形式分别为

$$\widetilde{\boldsymbol{S}}=\dot{\boldsymbol{E}}\times\dot{\boldsymbol{H}}^*=-\oint_A\widetilde{\boldsymbol{S}}\cdot\mathrm{d}\boldsymbol{A}=\mathrm{j}\omega\int_V(\mu\mid\dot{\boldsymbol{H}}\mid^2-\varepsilon\mid\dot{\boldsymbol{E}}\mid^2)\mathrm{d}V+\int_V\frac{\mid\dot{J}\mid^2}{\sigma}\mathrm{d}V$$

## 思考题

5.1 何谓时变电磁场？在时变电磁场中，电流连续性原理应如何表示？此时应包括哪几种电流？各具有什么特点？

5.2 试按下述几个方面比较传导电流与位移电流：

(1) 由什么变化引起？

(2) 可以在哪类物质中存在？

(3) 两者是否都能引起热效应？规律是否相同？

5.3 在理想介质中，存在磁场 $\boldsymbol{B}=B_{\mathrm{m}}\sin\omega t$，试问在如图 5.9 所示两种情况下，回路中是否存在感应电动势与感应电流？

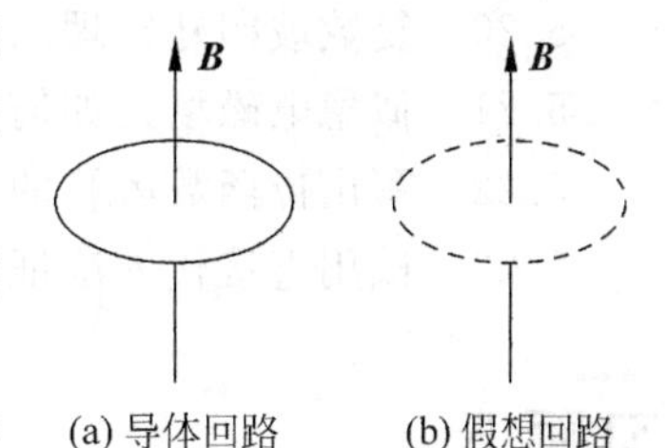


图 5.9 思考题 5.3 图

5.4 试述电磁感应定律的各种形式和它们各自的适用范围，并举例说明。

5.5 写出电磁场基本方程组的积分形式、微分形式，并阐述各方程的物理意义。对静电场有 $\oint_S\boldsymbol{D}\cdot\mathrm{d}\boldsymbol{S}=0$，对普通的电磁场也有 $\oint_S\boldsymbol{D}\cdot\mathrm{d}\boldsymbol{S}=0$，二者在理解上有何不同？

对于恒定磁场有 $\oint_S B\cdot\mathrm{d}\boldsymbol{S}=0$，对普通的电磁场也有 $\oint_S B\cdot\mathrm{d}\boldsymbol{S}=0$，二者在理解上有何不同？

5.6 若位移电流的磁场可忽略，则全电流定律就退化为恒定磁场的安培环路定律，这种看法对吗？

5.7 试回答关于麦克斯韦方程组的一些问题：

(1) 方程组中某一方程能否由其余三个方程推导而出？

(2) 为什么说积分形式和微分形式等效？

(3) 为什么要写成两种形式？

(4) 麦克斯韦方程组在电磁理论中的地位如何？

5.8 变化的电场所产生的磁场，是否也一定随时间而变化？反之，变化的磁场产生的电场，是否也一定随时间变化？

5.9 当一块金属在均匀磁场中作什么样的运动时，其中才会出现感应电流？

5.10 试把感应电场与静电场、恒定电场、恒定磁场分别作一比较。

5.11 试证明穿出闭合面的位移电流等于其内的电荷增加率。

5.12 在无源自由空间中，$B=B_{\mathrm{m}}\sin\omega t$ 是否满足麦克斯韦方程组？由此能得出什么样的结论？

5.13 怎样用复数写出正弦稳态电磁场的基本方程组？

5.14 当介质的物理参数 $\varepsilon\mu$ 和 $\sigma$ 在不同介质交界面上发生突变时，对电磁场的分析研究必须作怎样的处理？试写出时变电磁场中不同介质分界面上的衔接条件？理想介质与理想导体分界面处的衔接条件如何？

5.15 什么是时变电磁场的折射定律？

5.16 时变电磁场中是如何引入位函数 $\boldsymbol{A}$ 和 $\varphi$ 的？它们各自满足什么方程？何谓洛仑兹条件？位函数 $\boldsymbol{A}$、$\varphi$ 与恒定电场和恒定磁场中的电位 $\varphi$、磁位矢 $\boldsymbol{A}$ 间的关系如何？为什么常把它们叫做推迟位？

5.17 何谓电磁场的能量守恒定律？叙述玻印廷定理的物理意义，并解释其中各项的含义是什么。

5.18 试证明在同轴电缆(设其内外导体均为理想导体)中沿任一横截面内传输的玻印廷矢量的通量等于负载吸收的功率。

5.19 利用玻印廷定理，如何求导电介质在交流情况下的等效电路参数？

5.20 复数玻印廷定理的方程式中各项的物理意义如何解释？

5.21 似稳电磁场是如何定义的？它的特性是什么？似稳条件是什么？

5.22 写出位函数解答的一般表达式，并由此讨论时变电磁场的波动性及推迟效应。

5.23 试用直接代入法证明推迟位满足达朗贝尔方程和洛仑兹条件。

## 习题 5

5.1 长直导线中通过电流 $i$，一矩形导线框置于其近旁，两边与直导线平行，且与直导线共面，如图 5.10 所示。

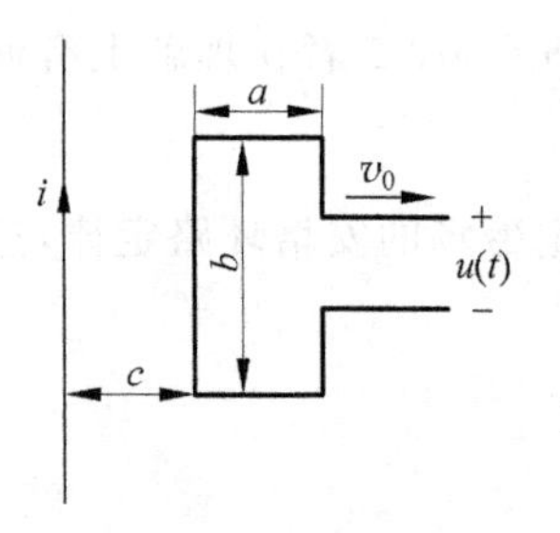

图 5.10 题 5.1 图

(1) 设 $i=I_{\mathrm{m}}\cos\omega t$，求回路中的感应电动势(设框的尺寸远小于正弦电流的波长)。

(2) 设 $i=I_0$，线框环路以速度 $v$ 向右平行移动，求感应电动势。

(3) 设 $i=I_{\mathrm{m}}\cos\omega t$，且线框又向右平行移动，再求感应电动势。

5.2 已知一种有损耗介质中的传导电流密度为 $J=0.02\sin10^9t\mathrm{A/m^2}$，若介质的 $\sigma=10^3\mathrm{S/m}$，$\varepsilon_{\mathrm{r}}=6.5$，求位移电流密度。

5.3 由圆形板构成的平行板电容器，板间距离为 $d$，板间充满了有损耗介质，其电导率为 $\sigma$，介电常数为 $\varepsilon$，磁导率为 $\mu_0$。当外加电压 $\mu=U_{\mathrm{m}}\sin\omega t$ 时，求极板间任一点的位移电流密度和磁感应强度(忽略边缘效应，且不考虑变化磁场对电场的影响)。

5.4 圆柱形电容器的内导体半径为 $a$，外导体半径为 $b$，长为 $l$，外加一正弦电压 $\mu=U_{\mathrm{m}}\sin\omega t$。设 $\omega$ 不大，故电场分布与静态场情形相同。求介质中的位移电流密度，并计算穿过半径为 $\rho$ 的圆柱表面的总位移电流，证明此电流就等于电容器引线中的传导电流（$a<\rho<b$）。

5.5 如图5.11所示，由圆形极板构成的平板电容器，两板之间充满电导率为 $\sigma$，介电常数为 $\varepsilon$，磁导率为 $\mu_0$ 的非理想介质。把电容器接到直流电源上，求该系统中的电流及电容器极板之间任一点的玻印廷矢量，并证明其中消耗的功率等于电源供给的功率。

5.6 已知自由空间中电磁波的两个场分量表达式为

$$E_z = 1000\cos(\omega t-\beta z)\mathrm{V/m}$$
$$H_y = 2.65\cos(\omega t-\beta z)\mathrm{A/m}$$

式中，$f=20\mathrm{MHz}$，$\beta=\omega\sqrt{\mu_0\varepsilon_0}=0.42\mathrm{rad/m}$。求

(1) 瞬时玻印廷矢量。

(2) 平均玻印廷矢量。

(3) 流入图5.12所示的平行六面体（长为1m，横截面为 $0.25\mathrm{m}^2$）中的净瞬时功率。

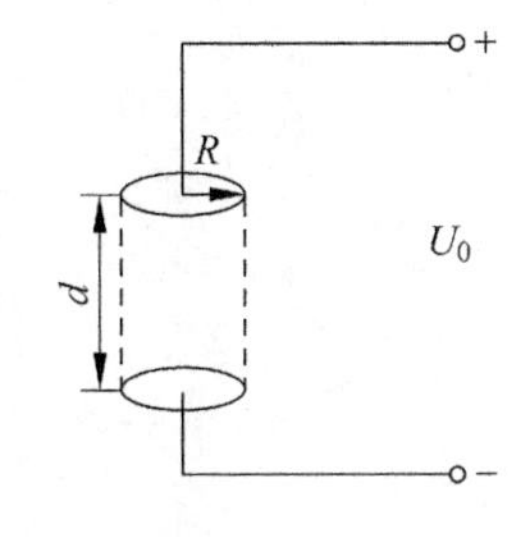


图5.11 题5.5图

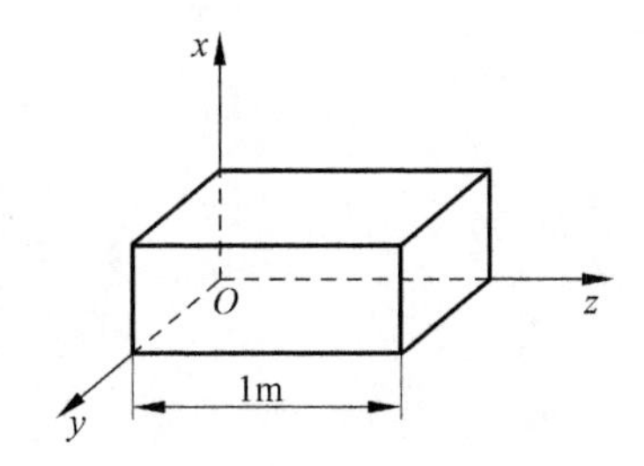


图5.12 题5.6图

5.7 已知空气中的电场为

$$\boldsymbol{E} = 0.1\sin(10\pi x)\cos(6\pi\times10^9 t-kz)\boldsymbol{e}_y$$

求相应的 $\boldsymbol{H}$ 以及 $k$。

5.8 同轴电缆内导体半径为 $a=1\mathrm{mm}$，外导体半径为 $b=4\mathrm{mm}$。内外导体均是理想导体。内外导体之间填充满聚乙烯（$\varepsilon_{\mathrm{r}}=2.25$，$\mu_{\mathrm{r}}=1$，$\sigma=0$）。已知聚乙烯中的电场强度为

$$\boldsymbol{E} = \frac{100}{\rho}\cos(10^8 t-\beta z)\boldsymbol{e}_\rho\mathrm{V/m}$$

式中 $z$ 是沿电缆轴线的长度坐标。

(1) 说明 $\boldsymbol{E}$ 的表达式是否表示有波动性。

(2) 求 $\beta$ 值。

(3) 求 $\boldsymbol{H}$ 的表达式。

(4) 求内导体表面的电流线密度。

(5) 求沿轴线 $0\leqslant z\leqslant1$ 的 $m$ 区段中的位移电流。

5.9 已知动态为 $\mathbf{A}$ 和 $\varphi$ 分别是（圆柱坐标系）

$$\mathbf{A} = (1/2)(x^2+y^2)\sin at\boldsymbol{e}_z+\nabla\psi;$$
$$\varphi = -\partial\psi/\partial t$$

$\psi$ 是任意函数，$\alpha$ 是常数。试求 $\boldsymbol{E}$、$\boldsymbol{B}$。

5.10 在均匀的非导电介质中,已知时变电磁场为

$$\boldsymbol{E} = 30\pi\cos\left(\omega t - \frac{4}{3}y\right)\boldsymbol{e}_z \text{V/m}$$

$$\boldsymbol{H} = 10\pi\cos\left(\omega t - \frac{4}{3}y\right)\boldsymbol{e}_x \text{A/m}$$

且介质的 $\mu_r=1$。由麦克斯韦方程求出 $\omega$ 和 $\varepsilon_r$。

5.11 已知正弦电磁场的电场瞬时值为

$$\boldsymbol{E}(z,t) = 0.03\cos(10^8\pi t - \beta z)\boldsymbol{e}_x + 0.04\sin\left(10^8\pi t - \beta z - \frac{\pi}{3}\right)\boldsymbol{e}_x$$

试求:

(1) 电场的复数形式;

(2) 磁场的复数形式和瞬时值。

# 第6章 均匀平面电磁波的传播

由麦克斯韦方程组可导出电磁场所满足的波动方程，本章将讨论电磁波的传播规律与特点。从最简单的均匀平面电磁波着手。讨论随时间作正弦波动特性的主要物理量——传播常数和波阻抗。另外介绍了平面电磁波极化的概念，分析平面电磁波对介质分界面的反射和透射，重点讨论全反射和驻波。所谓均匀平面电磁波，是指电磁波的一种理想情况，指电磁波的场矢量只沿它的传播方向变化，在与波传播传播方向垂直的无限大平面内，电场强度和磁场强度的方向、振幅和相位都保持不变。它的特性及讨论方法都比较简单，但却能表征电磁波重要的和主要的性质。

## 6.1 电磁波动方程和平面电磁波

电磁场基本方程组表明，在时变情况下，电场和磁场相互激励，在空间形成电磁波。研究电磁波在空间的传播规律和特性，就是讨论由电磁场基本方程导出的电磁波动方程在给定边界条件下的解。

### 6.1.1 电磁波动方程

由第5章可知，变化的电场可产生磁场，变化的磁场可产生电场，由此可在无源空间产生电磁波，即使激发它的源消失后仍将继续存在并向前传播。下面分析这种已脱离场源的波在无源空间的传播规律和特点。

在无源空间中，传导电流和自由电荷都为零，即 $\boldsymbol{J}=0$、$\rho=0$。且充满各向同性、线性和均匀的理想介质，即满足 $\boldsymbol{D}=\varepsilon\boldsymbol{E}$，$\boldsymbol{B}=\mu\boldsymbol{H}$，$\boldsymbol{J}=\sigma\boldsymbol{E}$，则由电磁场基本方程组(见式(5.15)～式(5.18))，得

$$\nabla\times\boldsymbol{H}=\varepsilon\frac{\partial\boldsymbol{E}}{\partial t}\tag{6.1}$$

$$\nabla\times\boldsymbol{E}=-\mu\frac{\partial\boldsymbol{H}}{\partial t}\tag{6.2}$$

$$\nabla\cdot\boldsymbol{H}=0\tag{6.3}$$

$$\nabla\cdot\boldsymbol{E}=0\tag{6.4}$$

式(6.1)两边同时取旋度，并利用式(6.2)，得

$$\nabla\times\nabla\times\boldsymbol{H}=-\mu\varepsilon\frac{\partial^2\boldsymbol{H}}{\partial t^2}$$

利用矢量恒等式$\nabla\times\nabla\times\boldsymbol{H}=\nabla(\nabla\cdot\boldsymbol{H})-\nabla^2\boldsymbol{H}$,并考虑式(6.3),上式变成

$$\nabla^2\boldsymbol{H}-\mu\varepsilon\frac{\partial^2\boldsymbol{H}}{\partial t^2}=0 \tag{6.5}$$

类似地,可得

$$\nabla^2\boldsymbol{E}-\mu\varepsilon\frac{\partial^2\boldsymbol{E}}{\partial t^2}=0 \tag{6.6}$$

式(6.5)和式(6.6)是无限空间中$\boldsymbol{E}$和$\boldsymbol{H}$满足的方程,称为电磁波动方程。它们是研究电磁波问题的基础。

$\nabla^2$为矢量拉普拉斯算符。无源、无耗区域中的$\boldsymbol{E}$或$\boldsymbol{H}$可以通过解式(6.5)或式(6.6)得到。

### 6.1.2 平面电磁波

在电磁波传播过程中,对应的每一时刻$t$,空间电磁场中电场$\boldsymbol{E}$或磁场$\boldsymbol{H}$具有相同相位的点构成等相位面,或波阵图。等向位面为平面的电磁波称为平面电磁波。如果在平面电磁波的等相位的每一点上,电场$\boldsymbol{E}$均相同,磁场$\boldsymbol{H}$也均相同,则这样的电磁波称为均匀平面电磁波。例如,远离单位偶极子处的电磁波在小范围内就可近似看成均匀平面电磁波。实际存在的各种较复杂的电磁波都可看成由许多均匀平面电磁波叠加而成,所以分析它有着重要的意义。

假设均匀平面电磁波的波阵面与$yOz$平面平行,如图6.1所示。

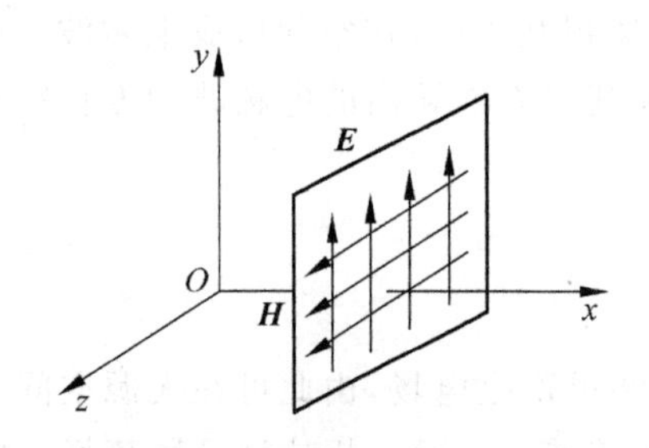

图6.1 向$x$方向传播的均匀平面波

根据定义,场强$\boldsymbol{E}$或$\boldsymbol{H}$值在波阵面上处处相等,即与坐标$y$和$z$无关。因此$\boldsymbol{E}$和$\boldsymbol{H}$除了与时间$t$有关外,仅与空间坐标$x$有关,有

$$\boldsymbol{E}=\boldsymbol{E}(x,t) \quad 和 \quad \boldsymbol{H}=\boldsymbol{H}(x,t)$$

这时$\boldsymbol{E}$和$\boldsymbol{H}$的波动方程(见式(6.5)和式(6.6))简化为

$$\frac{\partial^2\boldsymbol{H}}{\partial x^2}-\mu\varepsilon\frac{\partial^2\boldsymbol{H}}{\partial t^2}=0 \tag{6.7}$$

$$\frac{\partial^2\boldsymbol{E}}{\partial x^2}-\mu\varepsilon\frac{\partial^2\boldsymbol{E}}{\partial t^2}=0 \tag{6.8}$$

这是$\boldsymbol{E}$和$\boldsymbol{H}$关于$x$的一维波动方程。

把$\boldsymbol{E}=\boldsymbol{E}(x,t)$和$\boldsymbol{H}=\boldsymbol{H}(x,t)$分别代入式(6.1)～式(6.4),并在直角坐标系中展开,可得下列方程组

$$\left.\begin{array}{lll}\varepsilon\dfrac{\partial E_x}{\partial t}=0, & \dfrac{\partial H_z}{\partial x}=-\varepsilon\dfrac{\partial E_y}{\partial t}, & \dfrac{\partial H_y}{\partial x}=\varepsilon\dfrac{\partial E_z}{\partial t}\\ \mu\dfrac{\partial H_x}{\partial t}=0, & \dfrac{\partial E_y}{\partial x}=-\mu\dfrac{\partial H_z}{\partial t}, & \dfrac{\partial E_z}{\partial x}=\mu\dfrac{\partial H_y}{\partial t}\end{array}\right\} \tag{6.9}$$

对此做如下讨论:

(1) 均匀平面电磁波是一横电磁波。由式(6.9)可以看出,$H_x$、$E_x$是与时间无关的恒定分量。在波动问题中,常量没有意义,故可取$H_x=0,E_x=0,H_x=0,E_x=0$表明,当取$x$轴为传播方向时均匀平面电磁波中的电场$\boldsymbol{E}$和磁场$\boldsymbol{H}$都没有和波传播方向$x$相平行的分量,

它们都和波传播方向相垂直，即对传播方向来说它们是横向的，这样的电磁波称为横电磁波，或 TEM 波。

(2) 电磁波的电场 $\boldsymbol{E}$ 的方向、磁场 $\boldsymbol{H}$ 的方向和波的传播方向三者相互垂直，且满足右手螺旋关系。由式(6.9)看出，若电场 $\boldsymbol{E}$ 只有分量 $E_y$，则磁场只有分量 $H_z$；若电场 $\boldsymbol{E}$ 只有分量 $E_z$，则磁场仅有分量 $H_y$。这表明，均匀平面电磁波的电场 $\boldsymbol{E}$ 和 $\boldsymbol{H}$ 不仅都和波的传播方向相垂直，它们两者也是互相垂直的。

(3) 分量 $E_y$ 和 $H_z$ 构成一组平面波；分量 $E_z$ 和 $H_y$ 构成另一组平面波。这两组分两波彼此独立，但电磁波中的合成电场 $\boldsymbol{E}$ 和 $\boldsymbol{H}$ 却分别由这两组分量波的有关场强构成。在后面的讨论中，只分析 $E_y$ 和 $H_z$ 构成的一组平面波，以揭示均匀平面波的传播特性。

对于由分量 $E_y$ 和 $H_z$ 构成的平面电磁波 $\boldsymbol{E}=E_y(x,t)\boldsymbol{e}_y$，$\boldsymbol{H}=H_z(x,t)\boldsymbol{e}_z$，则一维波动方程式(6.7)和式(6.8)简化为

$$\frac{\partial^2 H_z}{\partial x^2}-\mu\varepsilon\frac{\partial^2 H_z}{\partial t^2}=0 \tag{6.10}$$

$$\frac{\partial^2 E_y}{\partial x^2}-\mu\varepsilon\frac{\partial^2 E_y}{\partial t^2}=0 \tag{6.11}$$

## 6.2　理想介质中的均匀平面电磁波

### 6.2.1　一维波动方程的解及其物理意义

对于理想介质，式(6.10)及式(6.11)这两个一维波动方程的解分别为

$$E_y(x,t)=E_y^+(x,t)+E_y^-(x,t)=f_1\left(t-\frac{x}{v}\right)+f_2\left(t+\frac{x}{v}\right) \tag{6.12}$$

$$H_z(x,t)=H_z^+(x,t)+H_z^-(x,t)=g_1\left(t-\frac{x}{v}\right)+g_2\left(t+\frac{x}{v}\right) \tag{6.13}$$

式中

$$v=\frac{1}{\sqrt{\mu\varepsilon}}$$

现在讨论一下式(6.12)和式(6.13)的物理意义：

(1) $E_y^+(x,t)=f_1\left(t-\frac{x}{v}\right)$和 $H_z^+(x,t)=g_1\left(t-\frac{x}{v}\right)$分别是沿 $+x$ 方向前进的波的电场分量和磁场分量，称为入射波；而 $E_y^-(x,t)=f_2\left(t+\frac{x}{v}\right)$和 $H_z^-(x,t)=g_2\left(t+\frac{x}{v}\right)$则分别是沿 $-x$ 方向前进的波的电场分量和磁场分量，称为反射波。函数 $f_1$、$f_2$、$g_1$ 和 $g_2$ 的具体形式与产生的波的激励方式有关。

(2) 理想介质中的均匀平面波的传播速度 $v$ 是一个常数

$$v=\frac{1}{\sqrt{\mu\varepsilon}} \tag{6.14}$$

它仅与介质的参数 $\mu$ 和 $\varepsilon$ 有关。在自由空间中，$v=c=3\times10^8\,\text{m/s}$，理想介质中波的传播速度还可表示为

$$v=\frac{1}{\sqrt{\mu\varepsilon}}=\frac{c}{\sqrt{\mu_r\varepsilon_r}}=\frac{c}{n} \tag{6.15}$$

式中 $n$ 称为介质的折射率。可见电磁波在理想介质中的传播速度小于在自由空间中的速度。

(3) 把 $E_y^+(x,t)=f_1\left(t-\frac{x}{v}\right)$ 和 $H_z^+(x,t)=g_1\left(t-\frac{x}{v}\right)$ 代入式(6.9)中的

$$\frac{\partial E_y}{\partial x}=-\mu\frac{\partial H_z}{\partial t}$$

有

$$\frac{\partial H_z^+}{\partial t}=-\frac{1}{\mu}\frac{\partial E_y^+}{\partial x}=\sqrt{\frac{\varepsilon}{\mu}}f_1'\left(t-\frac{x}{v}\right)$$

将上式对时间积分,并略去表示恒定分量的积分常数,可得

$$H_z^+(x,t)=\sqrt{\frac{\varepsilon}{\mu}}f_1\left(t-\frac{x}{v}\right)=\sqrt{\frac{\varepsilon}{\mu}}E_y^+(x,t) \tag{6.16}$$

同理,可以求得

$$H_z^-(x,t)=-\sqrt{\frac{\varepsilon}{\mu}}f_1\left(t+\frac{x}{v}\right)=-\sqrt{\frac{\varepsilon}{\mu}}E_y^-(x,t) \tag{6.17}$$

式(6.16)和式(6.17)分别反映了入射波和反射波中的电场和磁场间的关系。电场和磁场之间满足下列关系

$$\frac{E_y^+(x,t)}{H_z^+(x,t)}=\sqrt{\frac{\mu}{\varepsilon}}=Z_0,\quad \frac{E_y^-(x,t)}{H_z^-(x,t)}=-\sqrt{\frac{\mu}{\varepsilon}}=-Z_0 \tag{6.18}$$

式中,$Z_0=\sqrt{\frac{\mu}{\varepsilon}}$ 称为理想介质的波阻抗,单位为 Ω。

(4) 对于入射波来说,空间任意点在每一瞬时的电场能量密度和磁场能量密度相等,即

$$\omega_e'=\frac{\varepsilon}{2}[E_y^+]^2=\frac{\mu}{2}[H_z^+]^2=\omega_m' \tag{6.19}$$

因而总电磁能量密度为

$$\omega'=\omega_e'+\omega_m'=\varepsilon[E_y^+]^2=\mu[H_z^+]^2 \tag{6.20}$$

而玻印廷矢量为

$$\boldsymbol{S}^+(x,t)=E_y^+(x,t)\boldsymbol{e}_y\times H_z^+(x,t)\boldsymbol{e}_z=\sqrt{\frac{\mu}{\varepsilon}}[H_z^+]^2\boldsymbol{e}_x=v\omega'\boldsymbol{e}_x \tag{6.21}$$

式(6.21)表明,在理想介质中电磁波能量流动的方向与波传播的方向一致。又因玻印廷矢量的值表示单位时间内穿过单位面积的电磁能量,应等于电磁能量密度 $\omega'$ 和能量流动速度 $v_e$ 的乘积,即

$$\boldsymbol{S}^+(x,t)=v_e\omega'\boldsymbol{e}_x \tag{6.22}$$

对照式(6.21)和式(6.22),得

$$\boldsymbol{v}_e=\boldsymbol{v} \tag{6.23}$$

这表明,入射波中电磁能量以与波传播速度 $\boldsymbol{v}$ 相同的速度沿波前进方向流动。

同理,对于反射波来说,也有以上类似的结论。

### 6.2.2　理想介质中的正弦均匀平面波

这里考虑工程中最常见的场量随时间作正弦变化的情况。这时电磁波的电场强度 $\boldsymbol{E}$ 和磁场强度 $\boldsymbol{H}$ 可用复数形式表示，与式(6.12)和式(6.13)所表示的波动方程相应的复数表达式为

$$\frac{\mathrm{d}^2\dot{H}_z}{\mathrm{d}x^2}-(\mathrm{j}\omega)^2\mu\varepsilon\dot{H}_z=0$$

$$\frac{\mathrm{d}^2\dot{E}_y}{\mathrm{d}x^2}-(\mathrm{j}\omega)^2\mu\varepsilon\dot{E}_y=0$$

这里的 $\dot{H}_z$ 和 $\dot{E}_y$ 仅是 $x$ 的函数。令 $k^2=(\mathrm{j}\omega)^2\mu\varepsilon$ 或 $k=\mathrm{j}\beta=\mathrm{j}\omega\sqrt{\mu\varepsilon}$，上面的两个方程可以改写成

$$\frac{\mathrm{d}^2\dot{H}_z}{\mathrm{d}x^2}-k^2\dot{H}_z=0 \tag{6.24}$$

$$\frac{\mathrm{d}^2\dot{E}_y}{\mathrm{d}x^2}-k^2\dot{E}_y=0 \tag{6.25}$$

式中，$k=\mathrm{j}\beta=\mathrm{j}\omega\sqrt{\mu\varepsilon}$ 称为波传播常数，而 $\beta=\omega\sqrt{\mu\varepsilon}$ 称为相位常数。

式(6.24)和式(6.25)是两个二阶的常微分方程，它们的通解为

$$\dot{E}_y(x)=\dot{E}_y^{+}\mathrm{e}^{-kx}+\dot{E}_y^{-}\mathrm{e}^{kx} \tag{6.26}$$

$$\dot{H}_z(x)=\dot{H}_z^{+}\mathrm{e}^{-kx}+\dot{H}_z^{-}\mathrm{e}^{kx} \tag{6.27}$$

其中 $\dot{E}_y^{+}$、$\dot{E}_y^{-}$、$\dot{H}_z^{+}$ 和 $\dot{H}_z^{-}$ 都是复常数。它们的大小和相位由场源和边界的具体情况决定。上列两式中的第一项表示入射波；第二项表示反射波。在无限大的均匀介质中，不存在反射波，故有

$$\dot{E}_y(x)=\dot{E}_y^{+}\mathrm{e}^{-kx}=\dot{E}_y^{+}\mathrm{e}^{-\mathrm{j}\beta x} \tag{6.28}$$

$$\dot{H}_z(x)=\dot{H}_z^{+}\mathrm{e}^{-kx}=\dot{H}_z^{+}\mathrm{e}^{-\mathrm{j}\beta x} \tag{6.29}$$

与它们相应的瞬时表达式分别为

$$E_y(x,t)=\sqrt{2}E_y^{+}\cos(\omega t-\beta x+\phi_E) \tag{6.30}$$

$$H_z(x,t)=\sqrt{2}H_z^{+}\cos(\omega t-\beta x+\phi_H) \tag{6.31}$$

这就是无限大的理想介质中均匀平面波的正弦稳态解。由以上两式可见，电场和磁场既是时间的周期函数，又是空间坐标的周期函数。

由式(6.18)，可得

$$\frac{E_y(x,t)}{H_z(x,t)}=\frac{\sqrt{2}E_y^{+}\cos(\omega t-\beta x+\phi_E)}{\sqrt{2}H_z^{+}\cos(\omega t-\beta x+\phi_H)}=\sqrt{\frac{\mu}{\varepsilon}}=Z_0 \tag{6.32}$$

上式表明，理想介质中均匀平面波的电场强度 $\boldsymbol{E}$ 和磁场强度 $\boldsymbol{H}$ 在时间上同相，即 $\phi_E=\phi_H=\phi$，其振幅之比为实数

$$\frac{E_y^{+}}{H_z^{+}}=\sqrt{\frac{\mu}{\varepsilon}}=Z_0 \tag{6.33}$$

现在研究式(6.30)和式(6.31)中相位因子 $\omega t-\beta x+\phi$ 的物理意义。为不失一般性和方便起见,可取初相位角 $\phi=0$,即相位因子为$(\omega t-\beta x)$。在时刻 $t=0$,相位因子是$(-\beta x)$,$x=0$ 处的相位为零,即在 $x=0$ 的平面上电场和磁场都处于峰值。在另一时刻 $t$,相位因子变为$(\omega t-\beta x)$,波峰平面移至$(\omega t-\beta x)=0$ 处,即移至 $x_0=\frac{\omega}{\beta}t$ 处。因此 $\cos(\omega t-\beta x)$代表一沿$+x$ 方向传播的平面波。可见波上一固定点,即恒定相位点以速度

$$v=\frac{\mathrm{d}x}{\mathrm{d}t}=\frac{\omega}{\beta}=\frac{1}{\sqrt{\mu\varepsilon}} \tag{6.34}$$

沿$+x$ 方向前进。称 $v$ 为电磁波的相位传播速度,又称相速。在无限大理想介质中,相速和波速相等,且与频率无关。

同理可知,$\cos(\omega t+\beta x)$代表一个以速度 $v=\frac{1}{\sqrt{\mu\varepsilon}}$沿$-x$ 方向传播的平面波。

波长定义为正弦电磁波在一个周期内前进的距离并用 $\lambda$ 表示之,即

$$\lambda=vT=v/f$$

或

$$\lambda=\frac{2\pi}{\beta} \tag{6.35}$$

所以波长 $\lambda$ 又等于在波传播方向上相位改为 $2\pi$ 时的两点间的距离。

图 6.2 表示正弦均匀平面波在理想介质中的传播情况,在 $x$ 等于常数的平面上,各点的场量不仅相位相等而且量值也相等,所以均匀平面波的等相面和等幅面是一致的。在理想介质中,电磁波无衰减地传播,传播的均匀平面波是等振幅波。

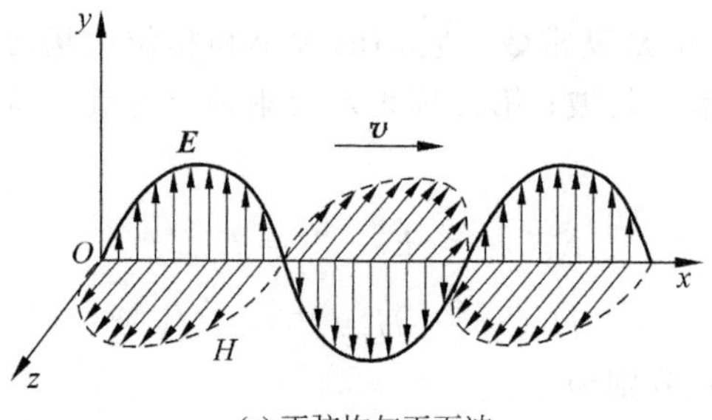


(a) 正弦均匀平面波

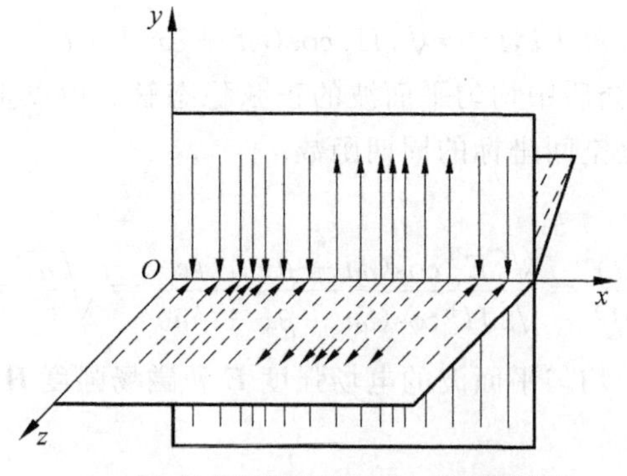


(b) 在x等于常数的平面上各点的场量

图 6.2　向 $x$ 方向传播的正弦均匀平面波

**例 6.1**　已知自由空间中电磁波的电场强度表达式 $\boldsymbol{E}=50\cos(6\pi\times10^8 t-\beta x)\boldsymbol{e}_y$ V/m。

(1) 试问此波是否是均匀平面波？求出此波的频率 $f$、波长 $\lambda$、波速 $\boldsymbol{v}$、相位常数 $\beta$ 和波传播方向，并写出磁场强度的表达式 $\boldsymbol{H}$。(2)若在 $x=x_0$ 处水平放置一半径 $R=2.5$m 的圆环，求垂直穿过圆环的平均电磁功率。

**解**：(1) 从电场强度的表达式看出，该波的传播方向为 $+x$ 方向，电场垂直于波的传播方向，且在与 $x$ 轴垂直的平面上各点 $\boldsymbol{E}$ 的大小相等，故此波是均匀平面波。其各参数是

$$f=\frac{\omega}{2\pi}=\frac{6\pi\times10^8}{2\pi}=3\times10^8\,\text{Hz}$$

$$v=\frac{1}{\sqrt{\mu_0\varepsilon_0}}=3\times10^8\,\text{m/s}$$

$$\lambda=\frac{v}{f}=1\text{m}$$

$$\beta=\frac{2\pi}{\lambda}=2\pi=6.28\text{rad/m}$$

因为自由空间的波阻抗 $Z_0=\sqrt{\frac{\mu_0}{\varepsilon_0}}=377\Omega$，所以磁场强度 $\boldsymbol{H}$ 的表达式为

$$\boldsymbol{H}=\frac{50}{Z_0}\cos(6\pi\times10^8-\beta x)\boldsymbol{e}_z=\frac{50}{377}\cos(6\pi\times10^8-\beta x)\boldsymbol{e}_z\,\text{A/m}$$

(2) 玻印廷矢量 $\boldsymbol{S}$ 的平均值为

$$\widetilde{\boldsymbol{S}}_{\text{av}}=\text{Re}[\boldsymbol{E}\times\boldsymbol{H}^*]=EH\boldsymbol{e}_x=\frac{1\,250}{377}\boldsymbol{e}_x\,\text{W/m}^2$$

则穿过圆环的平均功率为

$$P=\int_S\widetilde{\boldsymbol{S}}_{\text{av}}\cdot\text{d}\boldsymbol{S}=\frac{1\,250}{377}\times\pi R^2=65.1\text{W}$$

**例 6.2**　一频率为 100MHz 的正弦均匀平面波，$\boldsymbol{E}=E_y\boldsymbol{e}_y$，在 $\varepsilon_r=4$，$\mu_r=1$ 的理想介质中朝 $+x$ 方向传播。当 $t=0$，$x=1/8$m 时，电场 $\boldsymbol{E}$ 的最大值为 $10^{-4}$ V/m，

(1) 求波长、相速和相位的常数；

(2) 写出 $\boldsymbol{E}$ 和 $\boldsymbol{H}$ 的瞬时表达式；

(3) 求出 $t=10^{-8}$s 时，$\boldsymbol{E}$ 为最大正值的位置。

**解**：(1)

$$v=\frac{1}{\sqrt{\mu\varepsilon}}=\frac{c}{\sqrt{\varepsilon_r\mu_r}}=\frac{c}{2}=1.5\times10^8\,\text{m/s}$$

$$\beta=\omega\sqrt{\mu\varepsilon}=\frac{\omega}{c}\sqrt{\varepsilon_r\mu_r}=\frac{2\pi\times10^8}{3\times10^8}\sqrt{4}=\frac{4\pi}{3}\text{rad/m}$$

$$\lambda=\frac{2\pi}{\beta}=\frac{3}{2}\text{m}$$

(2) 电场 $\boldsymbol{E}$ 的瞬时表达式为 $\boldsymbol{E}(x,t)=E_m\cos(\omega t-\beta x+\phi)\boldsymbol{e}_y$

根据已知条件，当 $t=0$，$x=1/8$m 时

$$E_m=10^{-4}$$

$$-\frac{4\pi}{3}\times\frac{1}{8}+\phi=0$$

$$\phi = \frac{\pi}{6}$$

因此

$$E(x,t) = 10^{-4}\cos\left(2\pi \times 10^{8} t - \frac{4\pi}{3}x + \frac{\pi}{6}\right)\boldsymbol{e}_y \text{V/m}$$

因为

$$Z_0 = \sqrt{\frac{\mu}{\varepsilon}} = \frac{120\pi}{\sqrt{\varepsilon_r}} = 60\pi\Omega$$

所以

$$\boldsymbol{H}(x,t) = \frac{10^{-4}}{60\pi}\cos\left(2\pi \times 10^{8} t - \frac{4\pi}{3}x + \frac{\pi}{6}\right)\boldsymbol{e}_z \text{A/m}$$

(3) 当 $t=10^{-8}$s 时,为了使 $\boldsymbol{E}$ 为最大正值,应有

$$\omega t - \beta x + \phi = 2\pi \times 10^{8} \times 10^{-8} - \frac{4\pi}{3}x + \frac{\pi}{6} = \pm 2n\pi$$

解之得 $\boldsymbol{E}$ 的最大正值的位置在

$$x = \frac{13}{8} \pm \frac{3}{2}n = \frac{13}{8} \pm n\lambda \quad (n = 0,1,2,\cdots)$$

**例 6.3** 在微波炉外面附近的自由空间某点的泄漏电场等于 1.0V/m,试问该点的平均电磁功率密度是多少?该电磁辐射对于一个站在此处的人的健康有危险吗?

**解**:把微波炉泄漏的电磁辐射近似看做是正弦平面均匀电磁波,他携带的平均电磁功率密度为

$$|\widetilde{\boldsymbol{S}}_{\text{av}}| = EH = \frac{1}{377} = 2.65 \times 10^{-3}\text{W/m}^2$$

根据美国国家标准,人暴露在波炉下的限量为 $10^{-2}\text{W/m}^2$ 不超过 6 分钟;我国的暂行标准规定每 8 小时连续照射,不超过 $38\times10^{-3}\text{W/m}^2$。可见,该微波炉的泄漏电场对人体的健康是无损害的。

## 6.3 导电介质中的均匀平面电磁波

在导电介质中,由于电导率 $\sigma\neq0$,当电磁波在导电介质中传播时,其中必然有传导电流 $\boldsymbol{J}=\sigma\boldsymbol{E}$,这将导致电磁能量损耗。因而,这就带来了不同于理想介质中的电磁波传播特性。

### 6.3.1 导电介质中正弦均匀平面波的传播特性

设导电介质是各向同性。线性和均匀的,即 $\boldsymbol{D}=\varepsilon\boldsymbol{E}$、$\boldsymbol{B}=\mu\boldsymbol{H}$ 和 $\boldsymbol{J}=\sigma\boldsymbol{E}$,那么,对于正弦均匀平面波来说,不同之处在于方程 $\nabla\times\boldsymbol{H}=\boldsymbol{J}+\varepsilon\dfrac{\partial\boldsymbol{E}}{\partial t}$ 中,等式右端第一项不为零,则与前面的分析类似,相应的波动方程复数表达式为

$$\frac{\mathrm{d}^2 \dot{H}_z}{\mathrm{d}x^2} - \mathrm{j}\omega\mu\sigma \dot{H}_z - (\mathrm{j}\omega)^2\mu\varepsilon \dot{H}_z = 0$$

$$\frac{\mathrm{d}^2\dot{E}_y}{\mathrm{d}x^2}-\mathrm{j}\omega\mu\sigma\dot{E}_y-(\mathrm{j}\omega)^2\mu\varepsilon\dot{E}_y=0$$

若取 $k^2=\mathrm{j}\omega\mu\sigma+(\mathrm{j}\omega)^2\mu\varepsilon$ 或 $k=\mathrm{j}\omega\sqrt{\mu\left(\varepsilon+\frac{\sigma}{\mathrm{j}\omega}\right)}$，则上式两个方程组可改写成

$$\frac{\mathrm{d}^2\dot{H}_z}{\mathrm{d}x^2}-k^2\dot{H}_z=0 \tag{6.36}$$

$$\frac{\mathrm{d}^2\dot{E}_y}{\mathrm{d}x^2}-k^2\dot{E}_y=0 \tag{6.37}$$

式中 $k$ 称为导电介质中的波传播常数。如果令

$$\varepsilon'=\varepsilon+\frac{\sigma}{\mathrm{j}\omega} \tag{6.38}$$

则有

$$k=\mathrm{j}\omega\sqrt{\mu\varepsilon'} \tag{6.39}$$

这里 $\varepsilon'$ 称为导电介质的等效介电常数。显然，导电介质中的波传播常数 $k$ 与理想介质中的波传播常数 $k$ 具有相似的形式，两者波动方程的复数表达式也具有相似的形式，只有介电常数 $\varepsilon$ 以等效介电常数 $\varepsilon'$ 代替。这样，如若将理想介质中正弦均匀平面电磁波的各公式中的 $\varepsilon$ 用 $\varepsilon'$ 代换，则得出导电介质中正弦均匀平面电磁波的相应表达式。

由式(6.39)可知，在导电介质中波传播常数 $k$ 是一复数，可以表示为

$$k=\alpha+\mathrm{j}\beta \tag{6.40}$$

式中 $\alpha$ 和 $\beta$ 均为常数。将式(6.40)代入式(6.28)和式(6.29)，得电场和磁场的瞬时形式解为

$$E_y(x,t)=\sqrt{2}E_y^+\mathrm{e}^{-\alpha x}\cos(\omega t-\beta x+\phi_E) \tag{6.41}$$

$$H_z(x,t)=\sqrt{2}H_z^+\mathrm{e}^{-\alpha x}\cos(\omega t-\beta x+\phi_H) \tag{6.42}$$

下面分析导电介质正弦均匀平面电磁波的特点：

(1) 由瞬时解式(6.41)和式(6.42)可见，在某一时刻 $t$，电场和磁场的振幅沿波传播方向 $+x$ 按指数规律衰减，这与理想介质是根本不同的；同时，相位依次落后，因此，导电介质中是一个随着波沿波传播方向 $+x$ 推进而不断衰减的平面电磁波，如图 6.3 所示。

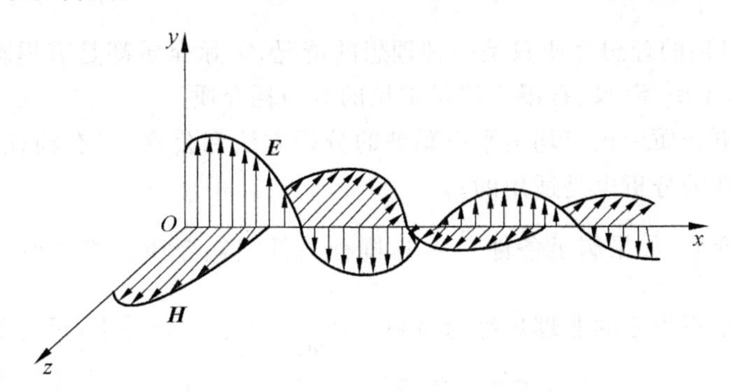


图 6.3 导电介质中正弦均匀平面电磁波的传播

导电介质中电磁波衰减的快慢取决于 $\alpha$ 的大小，因此 $\alpha$ 称为衰减常数，单位为 $\mathrm{N_p/m}$(奈伯/米)。波在传播过程中想为改变的快慢则由相位常数 $\beta$ 决定。

(2) 由式(6.39)和式(6.40),容易得到

$$\alpha=\omega\sqrt{\frac{\mu\varepsilon}{2}\left[\sqrt{1+\frac{\sigma^2}{\omega^2\varepsilon^2}}-1\right]} \tag{6.43}$$

$$\beta=\omega\sqrt{\frac{\mu\varepsilon}{2}\left[\sqrt{1+\frac{\sigma^2}{\omega^2\varepsilon^2}}+1\right]} \tag{6.44}$$

因此,导电介质中波的相速为

$$v=\frac{\omega}{\beta}=\frac{1}{\sqrt{\frac{\mu\varepsilon}{2}\left[\sqrt{1+\frac{\sigma^2}{\omega^2\varepsilon^2}}+1\right]}} \tag{6.45}$$

这表明,在导电介质中波的相速小于在理想介质中波的相速;另外,相速不仅与介质的参数$\mu$、$\varepsilon$和$\sigma$有关,还与频率$f$有关,即在同一介质中,不同频率的波的传播速度及波长是不同的,它们是频率的函数,这种现象称为色散,相应的介质称为色散介质。因此,导电介质是色散介质,理想介质是非色散介质。色散会引起信号传递的失真,所以在实际中对色散现象应给予足够的认识。

(3) 根据波阻抗的定义,导电介质的波阻抗求得为

$$Z_0=\sqrt{\frac{\mu}{\varepsilon'}}=\sqrt{\frac{\mu}{\varepsilon+\frac{\sigma}{\mathrm{j}\omega}}}=|Z_0|\mathrm{e}^{\mathrm{j}\phi} \tag{6.46}$$

可见波阻抗是一复数。它表明电场、磁场在空间中同一位置存在着相位差。在时间上磁场$\boldsymbol{H}$比电场$\boldsymbol{E}$落后的相位为$\varphi$。即在式(6.41)和式(6.42)中,有$\phi_E-\phi_H=\phi$。

(4) 玻印廷矢量的平均值为

$$\widetilde{\boldsymbol{S}}_{\mathrm{av}}=R_e[\dot{E}\times\dot{H}^*]=E_y^+H_z^+\mathrm{e}^{-2\alpha x}\cos\phi\boldsymbol{e}_x=\frac{1}{|Z_0|}(E_y^+)^2\boldsymbol{e}^{-2\alpha x}\cos\phi\boldsymbol{e}_x \tag{6.47}$$

此式表明,由于$\alpha\neq0$,波在前进过程中还伴随着能量的不断消耗,这表现为场量振幅的减小,损耗的原因是由于传导电流所消耗的焦耳热。

## 6.3.2 低损耗介质中的波

6.3.1节中讨论的理想介质只是一种理想的情况,实际介质都是有损耗的,即有一定的电导率值。例如,土壤、海水、石墨等都是常见的有损耗介质。

上面有关导电介质中正弦均匀平电磁波的分析方法和公式,对有损耗介质中的均匀平面电磁波传播特性的分析也是适用的。

对于有损耗介质,如果满足条件$\frac{\sigma}{\omega\varepsilon}\ll1$,则称为低损耗介质。或者说,低损耗介质是一种良好的但电导率不为零的非理想绝缘材料。在$\frac{\sigma}{\omega\varepsilon}\ll1$这一条件下,可近似认为

$$\sqrt{1+\left(\frac{\sigma}{\omega\varepsilon}\right)^2}\approx1+\frac{1}{2}\left(\frac{\sigma}{\omega\varepsilon}\right)^2$$

并代入式(6.43)和式(6.44)中,得衰减常数

$$\alpha\approx\frac{\sigma}{2}\sqrt{\frac{\mu}{\varepsilon}} \tag{6.48}$$

和相位常数

$$\beta \approx \omega \sqrt{\mu\varepsilon} \tag{6.49}$$

及由式(6.46),得波阻抗

$$Z_0 \approx \sqrt{\frac{\mu}{\varepsilon}} \tag{6.50}$$

以上各式说明,低损耗介质的相位常数和波阻抗近似等于理想介质中的相应值,不同的只是电磁波有衰减。但衰减常数 $\alpha$ 是一常数。在这样的介质中,位移电流代表了电流的主要特征。

### 6.3.3 良导体中的波

良导体是指 $\frac{\sigma}{\omega\varepsilon} \gg 1$ 的导电介质。这时可以近似认为

$$\sqrt{1+\left(\frac{\sigma}{\omega\varepsilon}\right)^2} \approx \frac{\sigma}{\omega\varepsilon}$$

故在良导体中,有

$$k \approx \alpha + \mathrm{j}\beta = (1+\mathrm{j})\sqrt{\frac{\omega\mu\sigma}{2}} \tag{6.51}$$

$$Z_0 \approx \sqrt{\frac{\omega\mu}{2\sigma}}(1+\mathrm{j}) = \sqrt{\frac{\omega\mu}{\sigma}}\angle 45^\circ \tag{6.52}$$

以及相速和波长分别为

$$v \approx \frac{\omega}{\beta} = \sqrt{\frac{2\omega}{\mu\sigma}} \tag{6.53}$$

$$\lambda \approx \frac{2\pi}{\beta} = 2\pi\sqrt{\frac{2}{\omega\mu\sigma}} \tag{6.54}$$

分析以上各式可见:

(1) 高频电磁波在良导体中的衰减常数 $\alpha$ 变得非常大。例如 $f=3\text{MHz}$ 时,在铜中 $\alpha \approx 2.62\times 10^4\,\text{N}_\text{p}/\text{m}$。因此,电场 $\boldsymbol{E}$ 和磁场 $\boldsymbol{H}$ 的振幅都发生急剧衰减,以致电磁波无法进入良导体深处,仅存在于其表面附近,集肤效应非常显著。正弦均匀平面电磁波在良导体中的透入深度 $d=\frac{1}{\alpha}=\sqrt{\frac{2}{\omega\mu\sigma}}$;

(2) 电场和磁场不同相。波阻抗的幅角为 $45^\circ$,这说明磁场的相位滞后于电场 $45^\circ$;

(3) 由于 $\sigma$ 很大,波阻抗的值很小,故电场能密度远小于磁场能密度 $\left(\frac{\omega_e'}{\omega_m}=\frac{\omega\varepsilon}{\sigma}\ll 1\right)$。这说明良导体中的电磁波以磁场为主,传导电流是电流的主要部分;

(4) 良导体中电磁波的相速 $v$ 和波长 $\lambda$ 都较小。

对于理想导体,由于它的电导率 $\sigma\to\infty$,故理想导体的透入深度 $d$ 为零。就实际用途而言,普通的金属如铜、铝、金、银等,在求解电磁波问题时均可视为理想导体。

**例 6.4** 一均匀平面电磁波从海水表面($x=0$)向海水中($+x$ 方向)传播,已知 $\boldsymbol{E}=100\cos(10^7\pi t)\boldsymbol{e}_y$,海水的 $\varepsilon_\text{r}=80$、$\mu_\text{r}=1$、$\sigma=4\text{S/m}$,

(1) 求衰减常数、相位常数、波阻抗、相位速度、波长、透入深度；

(2) 求 $\boldsymbol{E}$ 的振幅衰减至表面值的1%时，波传播的距离；(3)求 $x=0.8\text{m}$ 时，$\boldsymbol{E}(x,t)$ 和 $\boldsymbol{H}(x,t)$ 的表达式。

**解**：根据题意，有

$$\omega = 10^7 \pi \text{rad/s} \quad f = \frac{\omega}{2\pi} = 5 \times 10^6 \text{Hz}$$

$$\frac{\sigma}{\omega\varepsilon} = \frac{4}{10^7 \pi \left(\frac{1}{36\pi} 10^{-9}\right) \times 80} = 180 \gg 1$$

因此海水可视为良导体。

(1) 衰减常数

$$\alpha = \sqrt{\pi f \mu \sigma} = \sqrt{5\pi \times 10^6 \times 4\pi \times 10^{-7} \times 4} = 8.89 \text{N}_\text{p}/\text{m}$$

相位常数

$$\beta = \alpha = 8.89 \text{rad/m}$$

波阻抗

$$Z_0 = \sqrt{\frac{\omega\mu}{\sigma}} \angle 45^\circ = \sqrt{\frac{10^7 \pi \times 4\pi 10^{-7}}{4}} = \pi \angle 45^\circ \Omega$$

相位速度

$$v = \frac{\omega}{\beta} = \frac{10^7 \pi}{8.89} = 3.53 \times 10^6 \text{m/s}$$

波长

$$\lambda = \frac{2\pi}{\beta} = \frac{2\pi}{8.89} = 0.707\text{m}$$

透入深度

$$d = \frac{1}{\alpha} = \frac{1}{8.89} = 0.112\text{m}$$

(2) 设 $x_1$ 为波振幅衰减至1%时所移动的距离，

$$e^{-\alpha x_1} = 0.01, \quad x_1 = \frac{1}{\alpha} \ln 100 = \frac{4.605}{8.89} = 0.518\text{m}$$

(3) $\boldsymbol{E}$ 的瞬时表达式为

$$\boldsymbol{E}(x,t) = 100 e^{-\alpha x} \cos(\omega t - \beta x) \boldsymbol{e}_y$$

在 $x=0.8\text{m}$ 时

$$\boldsymbol{E}(0.8,t) = 100 e^{-0.8\alpha} \cos(\omega t - \beta x) \boldsymbol{e}_y = 0.082 \cos(10^7 \pi t - 7.11) \boldsymbol{e}_y \text{V/m}$$

所以

$$\boldsymbol{H}(0.8,t) = \frac{100 e^{-0.8\alpha}}{|Z_0|} \cos\left(\omega t - 0.8\beta - \frac{\pi}{4}\right) \boldsymbol{e}_z$$
$$= 0.026 \cos(10^7 \pi t - 1.61) \boldsymbol{e}_z \text{A/m}$$

可见，5MHz平面电磁波在海水中衰减很快，以致在离开波源很短距离处，波的强度就变得非常弱了。因此，海水中的无线电通信必须使用低频无线电波。但即使在低频情况下，海底的远距离无线通信仍然很困难。如 $f=50\text{Hz}$ 时，可计算得 $d=35.6\text{m}$。这就给潜水艇之间的无线电通信带来很大困难，不能直接利用海水中的直接波进行无线电通信，必须将它

们的收发天线移至海水表面附近，利用沿海水表面传播的表面波做传输介质。

**例 6.5** 求半径为 $a$ 的圆柱导线单位长度的交流电阻(设透入深度 $d\ll a$)。

**解**：由于 $d\ll a$，导线中的电磁场可以看成是一平面电磁波。设导线中的电场和磁场为

$$\dot{\boldsymbol{E}} = \dot{E}_0^{-k(a-\rho)}\boldsymbol{e}_z$$

$$\dot{\boldsymbol{H}} = \frac{\dot{E}_0}{Z_0}\boldsymbol{e}^{-k(a-\rho)}\boldsymbol{e}_\phi$$

进入导体表面的玻印廷矢量的有功分量为

$$\boldsymbol{S}_{\mathrm{av}} = |\mathrm{Re}(\dot{\boldsymbol{E}}\times\dot{\boldsymbol{H}}^*)|_{\rho=a} = \frac{E_0^2}{|Z_0|}\cos45^\circ(\boldsymbol{e}_\rho)$$

因而单位长度导线消耗的有效功率

$$P = S_{\mathrm{av}}\times 2\pi a\times 1 = \frac{2\pi a E_0^2}{|Z_0|}\cos45^\circ$$

导线中的电流密度为

$$\dot{\boldsymbol{J}} = \sigma\dot{\boldsymbol{E}} = \sigma\dot{E}_0\mathrm{e}^{-k(a-\rho)}\boldsymbol{e}_z$$

导线中的总电流

$$\dot{I} = \int\dot{\boldsymbol{J}}\cdot\mathrm{d}\dot{\boldsymbol{S}} = \int_0^a\sigma\dot{E}_0\mathrm{e}^{-k(a-\rho)}2\pi\rho\,\mathrm{d}\rho = 2\pi\sigma\dot{E}_0\left(\frac{a}{k}-\frac{1}{k^2}+\frac{\mathrm{e}^{-ka}}{k^2}\right)$$

略去的 $k$ 高次项

$$\dot{I}\approx 2\pi\sigma\dot{E}_0\frac{a}{k}$$

$$I^2\approx(2\pi\sigma E_0)^2\frac{a^2}{|k|^2}$$

交流电阻

$$R = \frac{P}{I^2} = \frac{2\pi a E_0^2}{|Z_0|}\cos45^\circ\frac{|k|^2}{(2\pi\sigma E_0 a)^2} = \frac{1}{2\pi a\sigma d}$$

单位长度导线的直流电阻为

$$R_{\mathrm{d}} = \frac{1}{\pi a^2\sigma}$$

高频电阻与直流电阻的比值为

$$\frac{R}{R_{\mathrm{d}}} = \frac{a}{2d}$$

如取 $a=2\mathrm{mm}$，$f=3\times10^6\,\mathrm{Hz}$，$\sigma=5.8\times10^7\,\mathrm{s/m}$ 时，比值为 26.21。频率升高，上述比值更大。工程一般为减小高频电阻，即集肤效应的影响，采用增大导线表面积的方法，如用相互绝缘的多股线代替单根导线及在导线表面镀以银层。

## 6.4 平面电磁波的极化

在前面两节中，对于沿 $x$ 方向传播的均匀平面电磁波，讨论了电场中只有 $y$ 方向分量 $E_y$ 的情况。实际上，均匀平面电磁波的电场在垂直于传播方向的平面内，既可以有 $y$ 方向分量 $E_y$，也可以有 $z$ 方向分量 $E_z$，而且合成电场的方向也不一定是固定的。因此在通信工

程中，常采用波的极化来描述正弦平面电磁波中电场强度的组成情况。波的极化通过电场 $\boldsymbol{E}$ 矢量的端点随时间变化时在空间的轨迹来描述的，若轨迹是直线，就称为直线极化波；若轨迹是圆，则称圆极化波；若轨迹是椭圆，则称为椭圆极化波。它们分别反映同频率、沿相同方向传播的若干个正弦平面电磁波中电场强度的位置和量值之间的不同关系。下面分别加以讨论。

为不失一般性，假设沿 $x$ 方向传播的正弦平面电磁波的电场由下式给出

$$\boldsymbol{E} = E_{1m}\cos(\omega t - \beta x + \varphi_1)\boldsymbol{e}_y + E_{2m}\cos(\omega t - \beta x + \varphi_2)\boldsymbol{e}_z \tag{6.55}$$

式中的 $E_{1m}$、$E_{2m}$ 为振幅，$\varphi_1$、$\varphi_2$ 为初相。还可以看作是沿 $y$ 轴和 $z$ 轴的两个场矢量 $\boldsymbol{E}_y = E_{1m}\cos(\omega t-\beta x+\varphi_1)$ 和 $E_z=E_{2m}\cos(\omega t-\beta x+\varphi_2)$ 的叠加。

## 6.4.1 直线极化

若式(6.55)中的 $\varphi_1=\varphi_2=\varphi$，即 $E_y$ 和 $E_z$ 同相，则在 $x=0$ 平面上，合成电场的量值为

$$E = \sqrt{E_{1m}^2 + E_{2m}^2}\cos(\omega t + \varphi) \tag{6.56}$$

它与 $y$ 轴的夹角为

$$\alpha = \arctan\left(\frac{E_{2m}}{E_{1m}}\right) \tag{6.57}$$

上式中，由于 $E_{1m}$ 和 $E_{2m}$ 为常数，$\alpha$ 不随时间变化，因此合成电场矢量的端点轨迹为一条与 $y$ 轴成 $\alpha$ 角的直线，如图 6.4 所示。

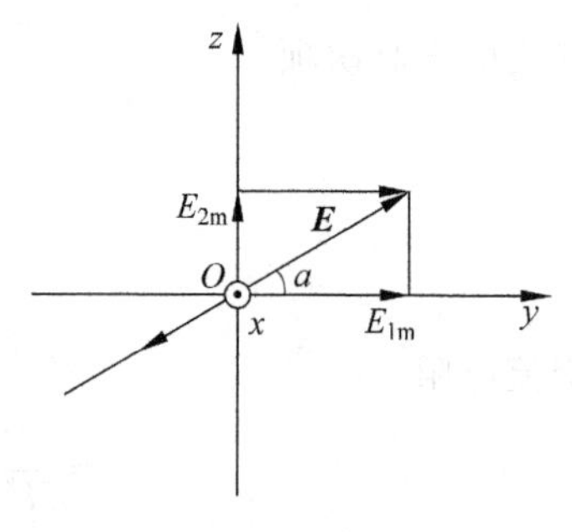

图 6.4 直线极化的平面电磁波

若 $\varphi_1$ 和 $\varphi_2$ 不相等，而是相差 $\pi$，即 $E_y$ 和 $E_z$ 反相，此时的合成波仍为直线极化波，只是合成电场矢量 $\boldsymbol{E}$ 与 $y$ 轴的夹角 $\alpha=\arctan(-E_{1m}/E_{2m})$。

工程上，常将垂直与地面的直线极化波称为垂直极化波，将平行于地面的直线极化波称为水平极化波。

## 6.4.2 圆极化

若式(6.55)中电场的两个分量 $E_y$ 和 $E_z$ 幅值相等，$E_{1m}=E_{2m}=E_m$，而且相位差为 $\pm\frac{\pi}{2}$，即

$$E_{1m} = E_{2m} = E_m$$

$$\varphi_1 - \varphi_2 = \pm\frac{\pi}{2}$$

考虑 $x=0$ 的平面，其上合成的电场大小为

$$E = \sqrt{E_y^2 + E_z^2} = E_m \tag{6.58}$$

合成电场与 $y$ 轴的夹角为 $\alpha$，且有

$$\tan\alpha = \frac{E_x}{E_y} = \pm\tan(\omega t + \varphi_1)$$

因此

$$\alpha = \pm(\omega t + \varphi_1) \tag{6.59}$$

式(6.58)和式(6.59)表明,合成电场的大小不随时间变化,但方向却随时间以角速度 $\omega$ 改变,及合成电场矢量的端点在一圆周上并以角速度 $\omega$ 旋转,故称为圆极化波,如图6.5所示。

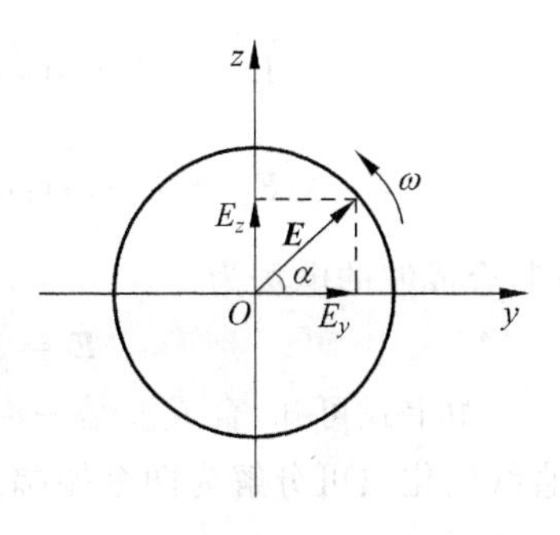


图6.5 圆极化的平面电磁波

若 $E_y$ 超前 $E_z$ 的相位为90°,此时合成电场矢量的旋转方向为反时针方向,与波的传播方向 $+x$ 构成右手螺旋关系,称为右旋圆极化波。

若 $E_z$ 超前 $E_y$ 的相位为90°,此时合成电场矢量的旋转方向为顺时针方向,与波的传播方向 $+x$ 构成左手螺旋关系,称为左旋圆极化波。

### 6.4.3 椭圆极化

在一般情况下,若式(6.55)中电场的两个分量 $E_y$ 和 $E_z$ 的振幅不等,而且初相 $\varphi_1$ 和 $\varphi_2$ 之差为任意值,则构成椭圆极化波。直线极化波和圆极化波都可看成是椭圆极化波的特例。

例如,为简单而不失一般性,设 $E_z$ 超前 $E_y$ 的相位为90°,则在 $x=0$ 的平面上,有

$$E_y = E_{1m}\cos(\omega t + \varphi_1)$$

$$E_z = -E_{2m}\sin(\omega t + \varphi_1)$$

从上面两式中消去参数 $t$ 后,得

$$\left(\frac{E_y}{E_{1m}}\right)^2 + \left(\frac{E_z}{E_{2m}}\right)^2 = 1 \tag{6.60}$$

这是一个长短轴分别为 $E_{1m}$ 和 $E_{2m}$ 的椭圆方程,如图6.6所示。合成电场矢量的端点在这个椭圆上旋转,故称为椭圆极化波。

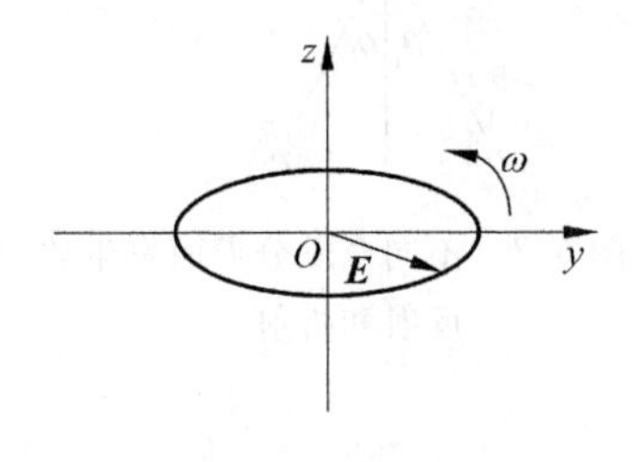


图6.6 椭圆极化的平面电磁波

椭圆极化波也有左旋、右旋之分。如果合成电场矢量的旋转方向与波传播方向构成右手螺旋关系,则称为右旋椭圆极化波;反之,构成左手螺旋关系则称为左旋椭圆极化波。

总之,可以用极化来描述电磁波中电场的组成情况,从而了解整个电磁波的特性。在进一步分析电磁波在自由空间或有限区域内的传播特性或分析天线的有关问题时,波的极化有着广泛的应用。工程上,对如何应用波的极化技术进行了深入的研究。在很多情况下,收发系统必须利用圆极化波才能正常工作。例如,由于火箭及飞行器在飞行过程中的状态和位置不断改变,因此火箭上的天线方位也在不断改变,此时如用直线极化的发射信号来遥控火箭,在某些情况下就会出现火箭上的天线收不到地面控制信号的情况,而造成失控,如改用圆极化的发射和接收系统,就不会出现这种情况。在卫星通信系统和电子对抗系统中,大多数都是采用圆极化波进行工作的。

**例6.6** 证明两个振幅相同,旋向相反的圆极化波可合成为一直线极化波。

**解**:考虑沿 $+x$ 方向传播的两个旋向不同的圆极化波,左旋和右旋圆极化波的电场 $E_1$ 和 $E_2$ 的表达式分别为

$$\boldsymbol{E}_1 = E_m\cos(\omega t - \beta x + \varphi)\boldsymbol{e}_y + E_m\cos\left(\omega t - \beta x + \varphi + \frac{\pi}{2}\right)\boldsymbol{e}_z$$

$$\boldsymbol{E}_2 = E_m\cos(\omega t - \beta x + \varphi)\boldsymbol{e}_y + E_m\cos\left(\omega t - \beta x + \varphi - \frac{\pi}{2}\right)\boldsymbol{e}_z$$

则，合成波的电场为

$$\boldsymbol{E} = \boldsymbol{E}_1 + \boldsymbol{E}_2 = 2E_m\cos(\omega t - \beta x + \varphi)\boldsymbol{e}_y$$

由上式可知，合成波是一沿 $y$ 方向的直线极化波，因而上述问题得证。与此相反，任一直线极化波可分解为两个振幅相同、旋向相反的圆极化波的叠加。

## 6.5 平面电磁波的反射与折射

均匀平面电磁波在无限大均匀介质中传播时是沿直线方向前进的。但是，若在电磁波传播的路径上出现两种介质的分界面，由于电磁参数 $\mu$、$\varepsilon$ 和 $\sigma$ 发生突变，这时部分电磁波将被反射回去，这部分波称为反射波；另一部分将透过分界面继续传播，这部分波称为折射波。本节将从电磁现象的普遍规律出发，讨论均匀平面电磁波入射到平面分界面时出现的反射与折射情况。为简单起见，这里假设分界面是无限大的平面。

### 6.5.1 平面电磁波在理想介质分界面上的反射与折射

设两种半无限大理想介质的分界面为 $x=0$ 平面，其法线 $\boldsymbol{n}$ 与 $x$ 轴重合，如图 6.7 所示。这里将入射波的入射线与分界面的法线 $\boldsymbol{n}$ 构成的平面称为入射面，如图 6.7 所示的 $xOy$ 平面。另外，假设入射波的传播方向与 $\boldsymbol{n}$ 间的夹角为 $\theta_1$，相速度为 $v_1$；反射波的传播方向与 $\boldsymbol{n}$ 间的夹角为 $\theta_1'$，相速度为 $v_1'$；折射波的传播方向与 $n$ 间的夹角为 $\theta_2$，相速度为 $v_2$。$\theta_1$、$\theta_1'$ 和 $\theta_2$ 分别称为入射角、反射角和折射角。理想介质 1 和 2 的参数分别为 $\varepsilon_1$、$\mu_1$ 和 $\varepsilon_2$、$\mu_2$。

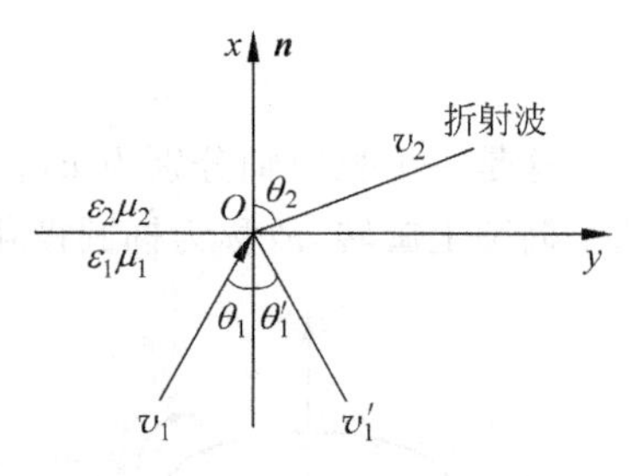


图 6.7 不同介质分界面发生波的反射和折射

#### 1. 反射定律和折射定律

根据分界面上的衔接条件，在分界面($x=0$)上，对所有 $y$ 值，电场和磁场的切线分量均应连续。这就要求入射波、反射波和折射波三者的电场与磁场对时间 $t$ 的函数关系以及对分界面上位置 $y$ 的函数关系分别具有相同的形式，因此反射波和折射波也一定是均匀平面电磁波，且它们的传播方向也都处于入射面内。同时，入射波、反射波折射波三者沿 $y$ 方向的相速应相等，即

$$\frac{v_1}{\sin\theta_1} = \frac{v_1'}{\sin\theta_1'} = \frac{v_2}{\sin\theta_2} \tag{6.61}$$

考虑到入射波与反射波在同介质中传播，有 $v_1'=v_1$，因此由式(6.61)的前一部分等式，得

$$\theta_1' = \theta_1 \tag{6.62}$$

即入射角等于反射角，这就是反射定律。

又由式(6.62)的后一部分等式，得

$$\frac{\sin\theta_2}{\sin\theta_1}=\frac{v_2}{v_1}=\sqrt{\frac{\mu_1\varepsilon_1}{\mu_2\varepsilon_2}} \tag{6.63}$$

当 $v_2\neq v_1$ 时，$\theta_2\neq\theta_1$。可见，相速数值的改变，会产生电磁波的折射现象。式(6.63)叫做折射定律，也就是光学中的斯奈尔定律。

一般介质的磁导率 $\mu_1\approx\mu_2\approx\mu_0$，则

$$\frac{\sin\theta_2}{\sin\theta_1}=\sqrt{\frac{\varepsilon_1}{\varepsilon_2}} \tag{6.64}$$

定义介质的折射率 $n$ 为自由空间中电磁波相速与介质中电磁波相速之比，即

$$n=\frac{c}{v}=\sqrt{\mu_r\varepsilon_r}$$

式中 $n$ 为无量纲量，一般介质 $\mu_r\approx1$，则

$$\frac{\sin\theta_2}{\sin\theta_1}=\sqrt{\frac{\varepsilon_{r1}\varepsilon_0}{\varepsilon_{r2}\varepsilon_0}}\quad 或 \quad \frac{\sin\theta_2}{\sin\theta_1}=\frac{n_1}{n_2} \tag{6.65}$$

$n_1$ 和 $n_2$ 分别为 1 和 2 的折射率。

**2. 反射系数和折射系数**

一般的平面电磁波可分解为两种平面电磁波的组合：一种是垂直极化波。即电场方向垂直于入射面；另一种是平行极化波，即电场方向平行于入射面，如图 6.8 所示。下面对这两种极化波分别加以讨论。

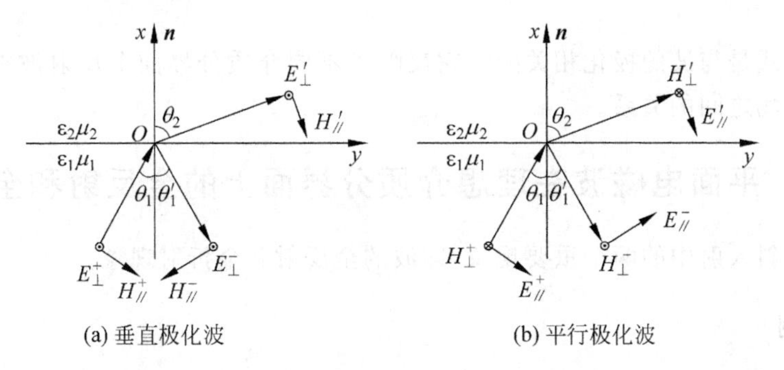


图 6.8 垂直极化波和平行极化波

先讨论垂直极化波，取电场 $\boldsymbol{E}$ 的垂直于入射面的分量 $E^+_\perp$ 和磁场 $\boldsymbol{H}$ 的平行于入射面的分量 $H^+_{//}$，它们组成的这种入射平电磁波，如图 6.8(a)所示。利用在介质分界面上电场强度和磁场强度两者的切向分量均连续的条件，对垂直极化波可列出关系式

$$E^+_\perp+E^-_\perp=E'_\perp \tag{6.66}$$

和

$$H^+_{//}\cos\theta_1-H^-_{//}\cos\theta_1=H'_{//}\cos\theta_2 \tag{6.67}$$

考虑到

$$\frac{E^+_\perp}{H^+_{//}}=Z_{01}\quad \frac{E^-_\perp}{H^-_{//}}=Z_{01}\quad \frac{E'_\perp}{H'_{//}}=Z_{02}$$

代入式(6.66)和式(6.67)，可得

$$\Gamma_{\perp}=\frac{E_{\perp}^{-}}{E_{\perp}^{+}}=\frac{Z_{02}\cos\theta_1-Z_{01}\cos\theta_2}{Z_{02}\cos\theta_1+Z_{01}\cos\theta_2} \tag{6.68}$$

$$T_{\perp}=\frac{E_{\perp}'}{E_{\perp}^{+}}=\frac{2Z_{02}\cos\theta_1}{Z_{02}\cos\theta_1+Z_{01}\cos\theta_2} \tag{6.69}$$

这里，$Z_{01}$ 和 $Z_{02}$ 分别是介质 1 和 2 的波阻抗。而 $\Gamma_{\perp}$ 和 $T_{\perp}$ 分别是垂直极化波的反射系数和折射系数。式(6.68)和式(6.69)就是垂直极化波的菲涅尔公式。

对于平行极化波，取磁场 $\boldsymbol{H}$ 垂直于入射面的分量 $H_{\perp}^{+}$ 和电场 $\boldsymbol{E}$ 的平行于入射面的分量 $E_{//}^{+}$，它们组成的这种入射平面电磁波，如图 6.8(b)所示。根据介质分界面上的衔接条件，对平面极化波也列出关系式

$$H_{\perp}^{+}+H_{\perp}^{-}=H_{\perp}' \tag{6.70}$$

$$E_{//}^{+}\cos\theta_1+E_{//}^{-}\cos\theta_1=E_{//}'\cos\theta_2 \tag{6.71}$$

并考虑到

$$\frac{E_{//}^{+}}{H_{\perp}^{+}}=Z_{01}\quad \frac{E_{//}^{-}}{H_{\perp}^{-}}=Z_{01}\quad \frac{E_{//}'}{H_{\perp}'}=Z_{02} \tag{6.72}$$

则可得

$$\Gamma_{//}=\frac{E_{//}^{-}}{E_{//}^{+}}=\frac{Z_{02}\cos\theta_2-Z_{01}\cos\theta_1}{Z_{01}\cos\theta_1+Z_{02}\cos\theta_2} \tag{6.73}$$

$$T_{//}=\frac{E_{//}'}{E_{//}^{+}}=\frac{2Z_{02}\cos\theta_1}{Z_{01}\cos\theta_1+Z_{02}\cos\theta_2} \tag{6.74}$$

这就是平行极化波的菲涅尔公式。$\Gamma_{//}$ 和 $T_{//}$ 分别是平面极化波的反射系数和折射系数。

菲涅尔公式是与波的极化相关的。它反映了不同介质分界面上反射波电场、折射波电场与入射波电场之间的关系。

### 6.5.2 平面电磁波在理想介质分界面上的全反射和全折射

下面讨论斜入射中的两个重要现象，即波的全反射和全折射现象。

#### 1. 全反射

当反射系数 $|\Gamma_{\perp}|=1$ 或 $|\Gamma_{//}|=1$ 时，我们说电磁波在介质分界面上发生全反射，即入射波被全部反射回介质 1 中。如果入射角 $\theta_1\neq 90°$，由上述菲涅尔公式可以看出，只有当 $\cos\theta_2=0$ 时，才有 $|\Gamma_{\perp}|=1$ 或 $|\Gamma_{//}|=1$，即折射角 $\theta_1=90°$时，产生全反射，把使折射角 $\theta_2=90°$的入射角称为临界入射角 $\theta_c$。把 $\theta_2=90°$代入折射定律式(6.64)得临界入射角 $\theta_c$ 满足关系

$$\theta_c=\arcsin\sqrt{\frac{\varepsilon_2}{\varepsilon_1}} \tag{6.75}$$

注意 $\varepsilon_1$ 应大于 $\varepsilon_2$。这表明，电磁波只有由光密介质射向光疏介质，同时满足 $\theta_1\geqslant\theta_c$ 时，才会发生全反射现象。当发生全反射时，折射波沿分界面传播形成分界面上的表面波。

工程上选用介质常数 $\varepsilon_1$ 大于周围介质的介质常数 $\varepsilon_2$ 的介质棒或透明纤维，在入射角 $\theta_1$ 大于临界 $\theta_c$ 时，将电磁波限制在介质棒中或纤维中连续不断地在内壁上全反射，使携带信

息的电磁波沿Z字形路径由发送端传播到接收端(如图6.9所示)，以达到通信的目的。这就是光波导或介质波导的工作原理。

**例6.7**　有一介质常数 $\varepsilon>\varepsilon_0$ 的介质棒，欲使波从棒的任一端以任何角度射入，都能限制在该棒之内，直到该波从另一端射出，试求该棒相对介质常数 $\varepsilon_r$ 的最小值。

**解**：参考图6.9，波在介质棒中发生了全反射，也就是入射角 $\theta_1\geqslant\theta_c$，即

$$\sin\theta_1\geqslant\sin\theta_c$$

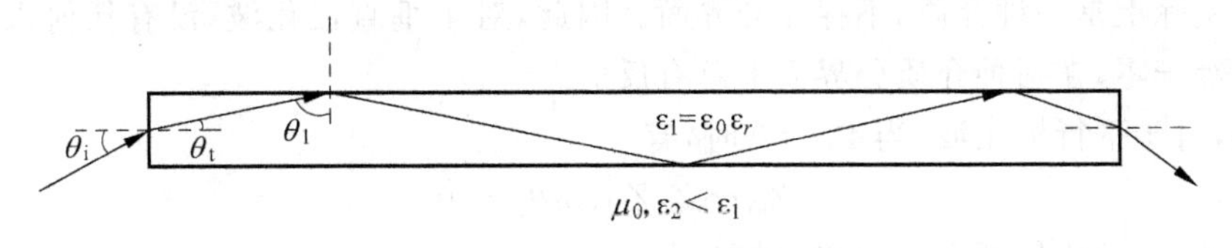


图6.9　介质棒中电磁波的传播

因

$$\theta_1=\frac{\pi}{2}-\theta_t$$

所以

$$\cos\theta_t\geqslant\sin\theta_c$$

由斯奈尔定律式(6.64)，可得

$$\sin\theta_t=\frac{1}{\sqrt{\varepsilon_r}}\sin\theta_i$$

结合以上各式，并考虑到

$$\sin\theta_c=\sqrt{\frac{\varepsilon_0}{\varepsilon}}$$

则有

$$\sqrt{1-\frac{1}{\varepsilon_r}\sin^2\theta_i}\geqslant\sqrt{\frac{\varepsilon_0}{\varepsilon}}=\frac{1}{\sqrt{\varepsilon_r}}$$

上式必须

$$\varepsilon_r\geqslant1+\sin^2\theta_i$$

因为当 $\theta_i=\frac{\pi}{2}$ 时，上式右边将是最大值，所以该介质棒的相对介电常数 $\varepsilon_r$ 的最小值要等于2，满足这个条件的介质棒可为玻璃或石英。

### 2. 全折射

当反射系数为零时，认为电磁波在分界面上发生了全折射。产生全折射的入射角 $\theta_B$，称为布儒斯特角。对于垂直极化波，由式(6.68)可知，当 $Z_{02}\cos\theta_1=Z_{01}\cos\theta_2$ 时，反射系数 $\Gamma_\perp=0$。也就是

$$\sqrt{\frac{\varepsilon_1}{\varepsilon_2}}\cos\theta_1=\sqrt{1-\sin^2\theta_2}$$

这里，要考虑一般介质的 $\mu_1\approx\mu_2\approx\mu_0$。应用斯奈尔定律，上式可写成

$$\sqrt{\frac{\varepsilon_1}{\varepsilon_2}}\cos\theta_1 = \sqrt{1-\frac{\varepsilon_1}{\varepsilon_2}\sin^2\theta_1}$$

所以

$$\cos\theta_1 = \sqrt{\frac{\varepsilon_2}{\varepsilon_1}-\sin^2\theta_1}$$

显然,为满足上式,必有 $\varepsilon_2=\varepsilon_1$。换句话说,垂直极化波要产生全折射,必须要两种介质相同。这实际上是一种介质,不存在分界面。因此,对于垂直极化波,没有任何入射角能使反射系数等于零,在两种介质分界面上总有反射。

然而,对于平行极化波,当 $\Gamma_{//}=0$ 时,有

$$Z_{01}\cos\theta_1 Z_{02}\cos\theta_2 = 0$$

设 $\mu_1\approx\mu_2\approx\mu_0$,并应用斯奈尔定律,则有

$$\sqrt{\frac{\varepsilon_2}{\varepsilon_1}}\cos\theta_1 = \sqrt{1-\sin^2\theta_2} = \sqrt{1-\frac{\varepsilon_1}{\varepsilon_2}\sin^2\theta_1}$$

或

$$\frac{\varepsilon_2}{\varepsilon_1}\sqrt{1-\sin^2\theta_1} = \sqrt{\frac{\varepsilon_2}{\varepsilon_1}-\sin^2\theta_1}$$

求解可得

$$\sin\theta_1 = \sqrt{\frac{\varepsilon_2}{\varepsilon_1+\varepsilon_2}} \quad 或 \quad \tan\theta_1 = \sqrt{\frac{\varepsilon_2}{\varepsilon_1}} \tag{6.76}$$

当入射角满足上式时,入射波全部折射到介质 2 中,在介质 1 中没有反射波。满足上式的角就是布儒斯特角 $\theta_B$,即

$$\theta_B = \arctan\sqrt{\frac{\varepsilon_2}{\varepsilon_1}} \tag{6.77}$$

由此可以得出结论,任意极化波以布儒斯特角 $\theta_B$ 入射到两种电介质的界面上时,反射波只包含垂直极化分量,而波的平行极化分量已全折射了。布儒斯特角的一个重要用途是将任意极化波中的垂直分量和平行极化分量分离开来,起到了极化滤波的作用,所以 $\theta_B$ 也称为极化角或起偏角。例如,光学中的起偏器就是利用了这种极化滤波原理。

**例 6.8** 纯水的相对介质常数为 80,

(1) 确定平行极化波的布儒斯特角 $\theta_B$ 及对应的折射角;

(2) 若一垂直极化的平面电磁波自空气中以 $\theta_1=\theta_B$ 射入水面,求反射系数和折射系数。

**解**:(1) 由式(6.77)可得平行极化波不产生反射的布儒斯特角为

$$\theta_B = \arctan\sqrt{\varepsilon_{r2}} = \arctan\sqrt{80} = 81.0^\circ$$

对应的折射角由式(6.64)可得

$$\theta_2 = \arcsin\left(\frac{\sin\theta_B}{\sqrt{\varepsilon_{r2}}}\right) = \arcsin\left(\frac{1}{\sqrt{\varepsilon_{r2}+1}}\right) = \arcsin\left(\frac{1}{\sqrt{81}}\right) = 6.38^\circ$$

(2) 对垂直极化的入射波,在 $\theta_i=81.0^\circ$ 及 $\theta_2=6.38^\circ$,根据式(6.68)和式(6.69)

$$Z_{01} = 377\Omega,\quad Z_{01}\cos\theta_2 = 374.67\Omega$$

$$Z_{02} = 377/\sqrt{\varepsilon_{r1}} = 42.15\Omega,\quad Z_{02}\cos\theta_1 = 6.59\Omega$$

所以

$$\Gamma_{\perp}=\frac{6.59-374.67}{6.59+374.67}=-0.97$$

$$T_{\perp}=\frac{2\times 6.59}{6.59+374.67}=0.035$$

### 6.5.3 平面电磁波在良导体表面上的反射与折射

现在研究平面电磁波在良导体表面上的反射与折射。假设电磁波从理想介质(介质常数为 $\varepsilon_1$)以入射角 $\theta_1$ 斜入射到良导体表面(介质常数为 $\varepsilon_2$ 和电导率为 $\sigma$),那么,由式(6.61)得良导体内折射波的折射角 $\theta_2$ 满足关系式

$$\sin\theta_2=\frac{v_2}{v_1}\sin\theta_1 \tag{6.78}$$

考虑到 $v_1=\dfrac{1}{\sqrt{\mu_1\varepsilon_1}}$,及由式(6.53)可知,良导体内波的相速 $v_2=\sqrt{\dfrac{2\omega}{\mu_2\sigma}}$,因此,上式变为

$$\sin\theta_2=\sqrt{\frac{\mu_1\varepsilon_1}{\mu_2}\frac{2\omega}{\sigma}}\sin\theta_1 \tag{6.79}$$

对于一般的非磁性介质有 $\mu_1\approx\mu_2\approx\mu_0$,则

$$\sin\theta_2=\sqrt{\frac{2\omega\varepsilon_1}{\sigma}}\sin\theta_1 \tag{6.80}$$

如果角速度 $\omega$ 不太高,则$\dfrac{2\omega\varepsilon_1}{\sigma}\ll 1$。此时,有

$$\sin\theta_2\approx 0 \quad 或 \quad \theta_2\approx 0 \tag{6.81}$$

上式表明,对于良导体不管入射角 $\theta_1$ 如何,透入的电磁波都是近似地沿表面的法线方向传播。

对于良导体,其波阻抗

$$Z_{02}\approx\sqrt{\frac{\mathrm{j}\omega\mu_0}{\sigma}}$$

显然,$|Z_{02}|\ll Z_{01}$,代入菲涅尔公式,得

$$T_{\perp}\ll 1,\quad T_{/\!/}\ll 1 \text{ 和 } \Gamma_{/\!/}\approx -1,\quad \Gamma_{\perp}\approx -1 \tag{6.82}$$

表面无论什么极化波在良导体内的折射波都是很小的,差不多是全反射。

## 6.6 平面电磁波对分界面的正入射

当平面电磁波的入射方向和两种介质分界面相垂直时,称为垂直入射或正入射。这里,讨论正入射时的反射波、折射波和入射波之间的关系及某些物理现象。

### 6.6.1 对理想导体的正入射

若介质 1 是理想介质,介质 2 是理想导体,当平面电磁波由理想介质正入射到理想导体表面时(见图 6.10),把 $\theta_1=0$ 和 $Z_{02}=0$ 代入 6.5 节中的得到菲涅尔公式中,得

$$\Gamma_{\perp}=\Gamma_{//}=-1 \quad 和 \quad T_{\perp}=T_{//}=0 \tag{6.83}$$

可见，波全部被反射，没有透入到理想导体里去。不论是垂直极化波还是平行极化波，在分界面处 $x=0$，都有 $E^{-}=-E^{+}$ 和 $H^{-}=H^{+}$。

如果在理想介质中，设入射波的电场强度为

$$E_y^{+}(x,t)=\sqrt{2}E\cos(\omega t-\beta x)$$

则反射波的电场强度必为

$$E_y^{-}(x,t)=\sqrt{2}E\cos(\omega t+\beta x+180°)$$

那么，理想介质中的合成电场强度为

$$E_y(x,t)=E_y^{+}(x,t)+E_y^{-}(x,t)=2\sqrt{2}E\sin\beta x\cos(\omega t-90°) \tag{6.84}$$

同理可得，理想介质中合成磁场强度为

$$H_z(x,t)=\frac{2\sqrt{2}E}{Z_{01}}\cos\beta x\cos\omega t \tag{6.85}$$

可以看出，函数 $E_y(x,t)$ 的性质显然和入射波电场的性质完全不同。函数 $H_z(x,t)$ 的性质和入射波磁场强度的性质也完全不同，但和 $E_y(x,t)$ 的性质相同。下面研究在理想介质中合成的时空特性。

分析式(6.84)和式(6.85)可以看出，理想介质中的合成场强有如下特点：

(1) 在 $x$ 轴上任意点，电场和磁场都随时间做正弦变化，但各点的振幅不同，图 6.11 画出了不同 $\omega t$ 值时，$E_y(x,t)$ 和 $H_z(x,t)$ 的图形。可见无波的移动，波在空间是驻定的。换句话说，空间各点的场量以不同的振幅随时间做正弦变化振动，而沿 $x$ 方向没有波的移动。这说明入射波和反射波合成的结果形成了驻波。

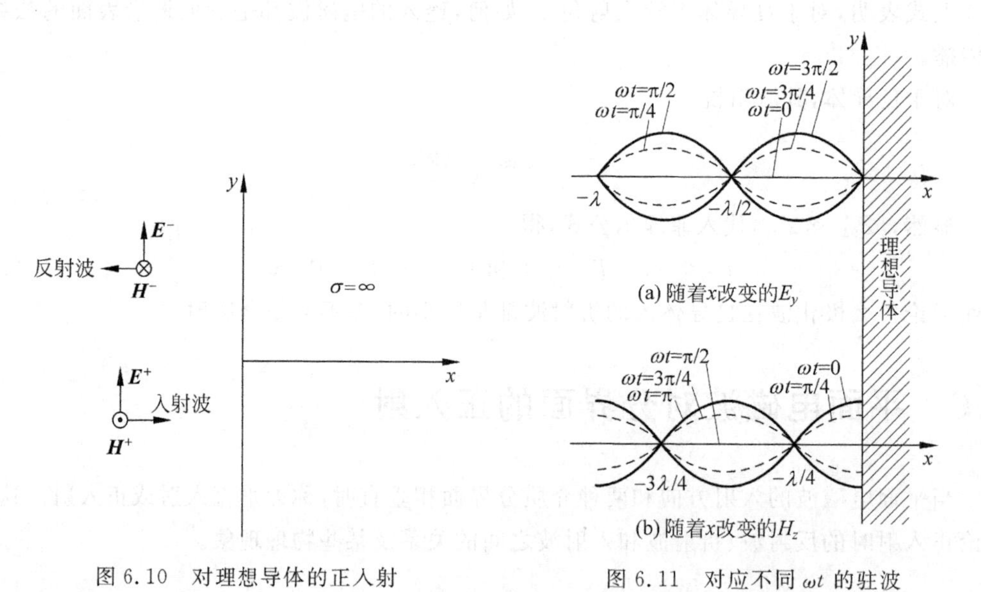


图 6.10 对理想导体的正入射

图 6.11 对应不同 $\omega t$ 的驻波

(2) 在任意时刻，合成电场 $E_y(x,t)$ 和 $H_z(x,t)$ 都在距理想导体表面的某些位置有零或最大值。

电场 $E_y(x,t)$ 的零值和磁场 $H_z(x,t)$ 的最大值发生在

$$\beta x = -n\pi \quad 或 \quad x = -\frac{n\lambda}{2} \quad (n = 0,1,2,\cdots) \tag{6.86}$$

这些点称为电场 $\boldsymbol{E}$ 的波节点或磁场 $\boldsymbol{H}$ 的波腹点。而电场 $E_y(x,t)$ 的最大值和磁场 $H_z(x,t)$ 的零点发生在

$$\beta x = -\frac{(2n+1)}{2}\pi \quad 或 \quad x = -\frac{(2n+1)}{4}\lambda \quad (n = 0,1,2,\cdots) \tag{6.87}$$

这些点称为电场 $\boldsymbol{E}$ 的波腹点或磁场 $\boldsymbol{H}$ 的波节点。

电场或磁场的相邻波节点间距离为 $\lambda/2$，相邻波腹点间距离也是 $\lambda/2$。但波节点和相邻的波腹点之间的距离为 $\lambda/4$。磁场的波节点恰与电场的波腹点相重合，而电场的波节点恰是磁场的波腹点，这说明电场和磁场在空间上错开了 $\lambda/4$。

(3) 合成电场 $E_y(x,t)$ 和磁场 $H_z(x,t)$ 存在 $\frac{\pi}{2}$ 相位差，即在时间上有 $\frac{T}{4}$ 相移。因此，理想介质中总有电磁波的平均功率流密度为零。不发生电磁波能量的传输，只有电场能量和磁场能量的相互转化。由于在波节点处平均功率流密度恒为零，能量不能通过波节点传输，所以电场能量和磁场能量间的交换只能限于在波节点和相邻波腹点之间的 $\lambda/4$ 空间范围内进行。

(4) 在理想导体表面上，电场强度为零，磁场强度最大，因此出现了一层面电流，其密度为

$$\boldsymbol{J}_s = \boldsymbol{e}_n \times \boldsymbol{H} = \frac{2\sqrt{2}E}{Z_{01}}\cos\omega t\boldsymbol{e}_y \tag{6.88}$$

$\boldsymbol{e}_n$ 为导体表面法向单位矢量。

**例 6.9** 均匀平面电磁波频率 $f=100\text{MHz}$，从空气正入射到 $x=0$ 理想导体表面上，设入射波电场沿 $y$ 方向，振幅 $E_m=6\times10^{-3}\text{V/m}$，试写出：

(1) 入射波的电场和磁场；

(2) 反射波的电场和磁场；

(3) 在空气中合成波的电场和磁场；

(4) 空气中离理想导体表面第一个电场波腹点的位置。

**解**：(1) 入射波的电场和磁场的瞬时表达式

$$\boldsymbol{E}^+(x,t) = \boldsymbol{E}_m\cos(\omega t - \beta x)\boldsymbol{e}_y$$

$$\boldsymbol{H}^+(x,t) = \frac{\boldsymbol{E}_m}{Z_{01}}\cos(\omega t - \beta x)\boldsymbol{e}_z$$

式中，$\boldsymbol{E}_m=6\times10^{-3}\text{V/m}$，$\beta=\omega\sqrt{\mu\varepsilon}=\frac{2\pi}{3}\text{rad/m}$，$Z_0=377\Omega$，$\omega=2\pi\times10^8\text{rad/s}$。因此

$$\boldsymbol{E}^+(x,t) = 6\times10^{-3}\cos\left(2\pi\times10^8 t - \frac{2\pi}{3}x\right)\boldsymbol{e}_y\text{V/m}$$

$$\boldsymbol{H}^+(x,t) = \frac{6\times10^{-3}}{377}\cos\left(2\pi\times10^8 t - \frac{2\pi}{3}x\right)\boldsymbol{e}_z\text{A/m}$$

(2) 理想导体引起全反射，即在 $x=0$ 处

$$\boldsymbol{E}^- = -\boldsymbol{E}^+ \quad 和 \quad \boldsymbol{H}^- = \boldsymbol{H}^+$$

所以，反射波的电场和磁场瞬时表达式

$$\boldsymbol{E}^{-}(x,t) = -6\times10^{-3}\cos\left(2\pi\times10^{8}t+\frac{2\pi}{3}x\right)\boldsymbol{e}_y\ \mathrm{V/m}$$

$$\boldsymbol{H}^{-}(x,t) = \frac{6\times10^{-3}}{377}\cos\left(2\pi\times10^{8}t+\frac{2\pi}{3}x\right)\boldsymbol{e}_z\ \mathrm{A/m}$$

(3) 在空气中合成波的电场和磁场瞬时表达式

$$\begin{aligned}\boldsymbol{E}(x,t) &= \boldsymbol{E}^{+}(x,t)+\boldsymbol{E}^{-}(x,t)\\ &= 12\times10^{-3}\sin\frac{2\pi}{3}x\sin(2\pi\times10^{8}t)\boldsymbol{e}_y\ \mathrm{V/m}\\ \boldsymbol{H}(x,t) &= \boldsymbol{H}^{+}(x,t)+\boldsymbol{H}^{-}(x,t)\\ &= \frac{12\times10^{-3}}{377}\cos\frac{2\pi}{3}x\cos(2\pi\times10^{8}t)\boldsymbol{e}_z\ \mathrm{A/m}\end{aligned}$$

(4) 在空气中,离理想导体表面第一个电场的波腹点发生在

$$x = -\frac{\lambda}{4} = -\frac{3}{4}\mathrm{m}$$

## 6.6.2 对理想介质的正入射

若介质 1 和 2 都是理想介质,当平面电磁波由介质 1 正射入到两种理想介质分界面时(见图 6.12),不会发生全反射。把 $\theta_1=0$ 代入前面得到的菲涅尔公式,得反射系数和折射系数

$$\Gamma = \frac{Z_{02}-Z_{01}}{Z_{02}+Z_{01}}$$

$$T = \frac{2Z_{02}}{Z_{02}+Z_{01}}$$

所以

$$\boldsymbol{E}^{-} = \Gamma\boldsymbol{E}^{+} \quad \boldsymbol{E}' = T\boldsymbol{E}^{+}$$

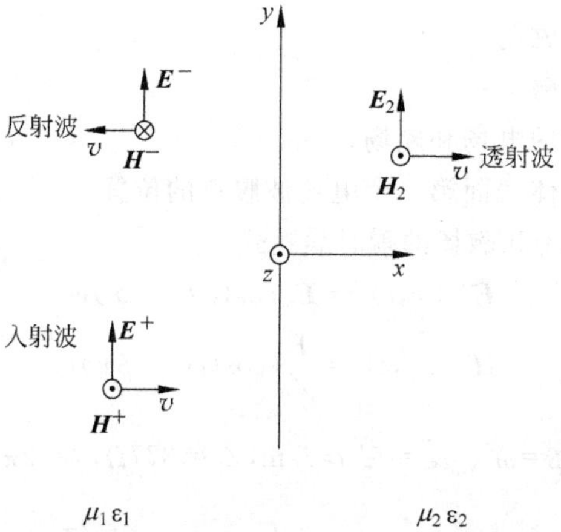

图 6.12 对理想介质分界面的正入射

设入射波电场和磁场的复数表达式为

$$\left.\begin{aligned}\dot{E}^{+}(x) &= \dot{E}^{+}\mathrm{e}^{-\mathrm{j}\beta_1 x}\\ \dot{H}^{+}(x) &= \frac{\dot{E}^{+}}{Z_{01}}\mathrm{e}^{-\mathrm{j}\beta_1 x}\end{aligned}\right\} \tag{6.89}$$

则反射波电场和磁场的复数表达式为

$$\left.\begin{aligned}\dot{E}^-(x) &= \Gamma\dot{E}^+ e^{j\beta_1 x}\\ \dot{H}^-(x) &= -\frac{\Gamma\dot{E}^+}{Z_{01}}e^{j\beta_1 x}\end{aligned}\right\}\tag{6.90}$$

而介质2中透射波的电场和磁场的复数表达式为

$$\dot{E}_2(x) = T\dot{E}^+ e^{-j\beta_2 x}\tag{6.91}$$

$$\dot{H}_2(x) = \frac{T\dot{E}^+}{Z_{02}}e^{-j\beta_2 x}\tag{6.92}$$

可见，介质2中的电磁波是等幅行波。

由式(6.89)和式(6.90)可得，介质1中合成波的电场和磁场分别为

$$\begin{aligned}\dot{E}_1(x) &= \dot{E}^+(x)+\dot{E}^-(x)\\ &= \dot{E}^+ e^{-j\beta_1 x}+\Gamma\dot{E}^+ e^{j\beta_1 x}\\ &= \dot{E}^+(1+\Gamma)e^{-j\beta_1 x}+2j\Gamma\dot{E}^+\sin\beta_1 x\end{aligned}\tag{6.93}$$

$$\begin{aligned}\dot{H}_1(x) &= \dot{H}^+(x)+\dot{H}^-(x)\\ &= \frac{\dot{E}^+}{Z_{01}}(1-\Gamma)e^{-j\beta_1 x}-2j\Gamma\frac{\dot{E}^+}{Z_{01}}\sin\beta_1 x\end{aligned}\tag{6.94}$$

从式(6.93)可以知道，$\dot{E}_1(x)$是有两部分组成：一部分幅值为$(1+\Gamma)|\dot{E}^+|$的行波；另一部分是幅值为$2\Gamma|\dot{E}^+|$的驻波。也就是说，在介质1中，由于反射波振幅小于入射波振幅，所以反射波与部分入射波相加形成了驻波，而入射波的其余部分仍为行波。这是一种驻波和行波共存的情形，称合成波为行驻波。

下面讨论在介质1中电场的最大值和最小值位置。将$\dot{E}_1(x)$写成

$$\dot{E}_1(x) = \dot{E}^+ e^{-j\beta_1 x}(1+\Gamma e^{j2\beta_1 x})\tag{6.95}$$

上式表明：

(1) 当$\Gamma>0$时，电场的最大值是$|\dot{E}^+|(1+\Gamma)$，它发生在$2\beta_1 x_{\max}=-2n\pi(n=0,1,2,\cdots)$，即$x_{\max}=-\frac{n\lambda_1}{2}(n=0,1,2,\cdots)$处。电场的最小值是$|\dot{E}^+|(1-\Gamma)$，它发生在$2\beta_1 x_{\min}=-(2n+1)\pi(n=0,1,2,\cdots)$，即$x_{\min}=-\frac{(2n+1)\lambda_1}{4}(n=0,1,2,\cdots)$处；(2) 当$\Gamma<0$时，电场的最大值是$|\dot{E}^+|(1-\Gamma)$，它发生在$\Gamma>0$时所给的$x_{\min}$处。电场的最小值$|\dot{E}^+|(1+\Gamma)$，它发生在$\Gamma>0$时所给的$x_{\max}$处。

总之，在入射波和反射波两者相位相同处，它们直接相加，场强取最大值$E_{1\max}=|\dot{E}^+|(1+|\Gamma|)$；在入射波和反射波两者相位相反之处，它们直接相减，场强取最小值$E_{1\min}=|\dot{E}^+|(1-|\Gamma|)$。

为了说明介质1中行驻波的性质，通常引入驻波比$S$这一物理量来描述，它定义为空间电场强度的最大值与最小值之比，即

$$S = \frac{E_{1\max}}{E_{1\min}} \tag{6.96}$$

利用 $E_{1\max}=|\dot{E}^{+}|(1+|\Gamma|)$ 和 $E_{1\min}=|\dot{E}^{+}|(1-|\Gamma|)$，上式可写成

$$S = \frac{1+|\Gamma|}{1-|\Gamma|} \tag{6.97}$$

当 $\Gamma$ 的值从 $-1$ 变化到 $+1$ 时，$S$ 的值从 1 变化至 $\infty$。由分析可知：当 $|\Gamma|=0$，即无反射时，$S=1$ 表示一行波，场强的最大值和最小值相等。当 $|\Gamma|=1$，即发生全反射时，$S=\infty$ 表示一驻波，场强的最小值 $E_{1\min}=0$。

**例 6.10** 设介质 2 的参数为 $\varepsilon_{r2}=8.5$，$\mu_{r2}=1$ 及 $\sigma_2=0$，介质 1 为自由空间。波由自由空间正入射到介质 2，在两区的平面分界面上入射波电场的振幅为 $E_m^{+}=2.0\times10^{-3}\,\text{V/m}$，求反射波和折射波电场和磁场的复振幅。

**解**：自由空间的波阻抗

$$Z_{01} = \sqrt{\frac{\mu_0}{\varepsilon_0}} = 120\pi\Omega$$

介质 2 的波阻抗

$$Z_{02} = \sqrt{\frac{\mu_2}{\varepsilon_2}} = \frac{377}{\sqrt{8.5}} = 129\Omega$$

于是反射波电场和磁场的复振幅值分别是

$$\dot{E}_m^{-} = \Gamma \dot{E}_m^{+} = \frac{Z_{02}-Z_{01}}{Z_{02}+Z_{01}}\dot{E}_m^{+} = -0.693\times10^{-3}\,\text{V/m}$$

$$\dot{H}_m^{-} = -\frac{\dot{E}_m^{-}}{Z_{01}} = 1.84\times10^{-6}\,\text{A/m}$$

折射波电场和磁场的复振幅值分别为

$$\dot{E}'_m = T\dot{E}_m^{+} = \frac{2Z_{02}}{Z_{02}+Z_{01}}\dot{E}_m^{+} = 7.21\times10^{-4}\,\text{V/m}$$

$$\dot{H}'_m = \frac{\dot{E}'_m}{Z_{02}} = 5.58\times10^{-6}\,\text{A/m}$$

**例 6.11** 一均匀平面电磁波自自由空间正入射到半无限大的理想介质表面上。已知在自由空间中，合成波的驻波比为 3，理想介质内波的波长是自由空间波长 1/6，且介质表面上为合成电场最小点。求理想介质的相对磁导率 $\mu_r$ 和相对介电常数 $\varepsilon_r$。

**解**：因为驻波比

$$S = \frac{1+|\Gamma|}{1-|\Gamma|} = 3$$

由此解出

$$|\Gamma| = \frac{1}{2}$$

因为介质表面上是合成电场的最小点，故 $\Gamma=-\frac{1}{2}$。而反射系数

$$\Gamma = \frac{Z_{02}-Z_{01}}{Z_{02}+Z_{01}}$$

式中 $Z_{01}=\sqrt{\dfrac{\mu_0}{\varepsilon_0}}=120\pi$，$Z_{02}=\sqrt{\dfrac{\mu_2}{\varepsilon_2}}=120\pi\sqrt{\dfrac{\mu_r}{\varepsilon_r}}$，因而得

$$\frac{\mu_r}{\varepsilon_r}=\frac{1+\Gamma}{1-\Gamma}=\frac{1}{3}\quad 或\quad \frac{\mu_r}{\varepsilon_r}=\frac{1}{9}$$

又由理想介质内波的波长

$$\lambda_2=\frac{\lambda_0}{\sqrt{\mu_r\varepsilon_r}}=\frac{\lambda_0}{6}$$

得

$$\mu_r\varepsilon_r=36$$

因此，不难求得理想介质的相对磁导率和相对介电常数分别是

$$\mu_r=2\quad 和\quad \varepsilon_r=2$$

**例 6.12**　波阻抗为 $Z_{02}$ 及厚度为 d 的理想介质放置在波阻抗为 $Z_{01}$ 的理想介质之间，如图 6.13 所示，求当介质 1 中的均匀平面电磁波正入射到介质 2 的介质面时，不发生反射的 $d$ 及 $Z_{02}$。

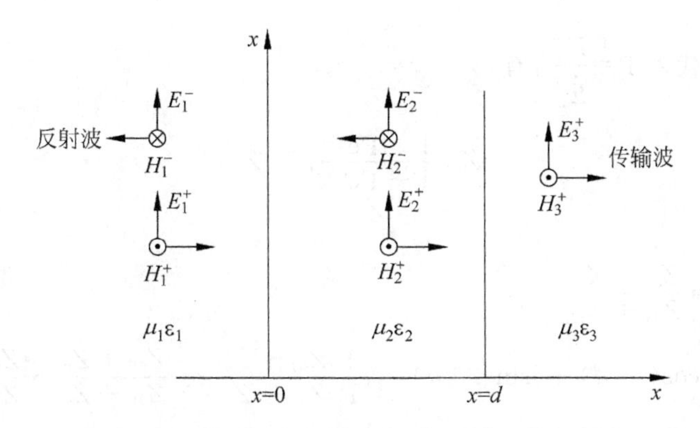


图 6.13　平面电磁波对多层介质分界面的正入射

**解**：当介质 1 中无反射波时，电磁场为

$$\dot{E}_1=\dot{E}_1^+\mathrm{e}^{-\mathrm{j}\beta_1 x}$$

$$\dot{H}_1=\frac{\dot{E}_1^+}{Z_{01}}\mathrm{e}^{-\mathrm{j}\beta_1 x}$$

介质 2 中的电磁场为

$$\dot{E}_2=\dot{E}_2^+\mathrm{e}^{-\mathrm{j}\beta_2 x}+\dot{E}_2^-\mathrm{e}^{\mathrm{j}\beta_2 x}$$

$$\dot{H}_2=\frac{\dot{E}_2^+}{Z_{02}}\mathrm{e}^{-\mathrm{j}\beta_2 x}-\frac{\dot{E}_2^-}{Z_{02}}\mathrm{e}^{\mathrm{j}\beta_2 x}$$

介质 3 中仅有向 $+x$ 方向前进的波，即

$$\dot{E}_3=\dot{E}_3^+\mathrm{e}^{-\mathrm{j}\beta_3 x}$$

$$\dot{H}_3=\frac{\dot{E}_3^+}{Z_{03}}\mathrm{e}^{-\mathrm{j}\beta_3 x}$$

在介质分界面处，电场和磁场的切向分量必须连续，所以在 $x=0$ 处

$$\dot{E}_1^+ = \dot{E}_2^+ + \dot{E}_2^-$$

$$\frac{\dot{E}_1^+}{Z_{01}} = \frac{\dot{E}_2^+}{Z_{02}} - \frac{\dot{E}_2^-}{Z_{02}}$$

把以上两式相比，且令 $\Gamma=\dfrac{\dot{E}_2^-}{\dot{E}_2^+}$，可得

$$Z_{01} = Z_{02}\,\frac{1+\Gamma}{1-\Gamma}$$

$$\Gamma = \frac{Z_{01}-Z_{02}}{Z_{01}+Z_{02}}$$

在 $x=d$ 处，

$$\dot{E}_2^+ \mathrm{e}^{-\mathrm{j}\beta_2 d} + \dot{E}_2^- \mathrm{e}^{\mathrm{j}\beta_2 d} = \dot{E}_3^+ \mathrm{e}^{-\mathrm{j}\beta_3 d}$$

$$\frac{1}{Z_{02}}(\dot{E}_2^+ \mathrm{e}^{-\mathrm{j}\beta_2 d} - \dot{E}_2^- \mathrm{e}^{\mathrm{j}\beta_2 d}) = \frac{1}{Z_{03}}\,\dot{E}_3^+ \mathrm{e}^{-\mathrm{j}\beta_3 d}$$

上面两式相比，且代入 $\Gamma=\dfrac{\dot{E}_2^-}{\dot{E}_2^+}$，有

$$Z_{02}\,\frac{1+\Gamma \mathrm{e}^{\mathrm{j}2\beta_2 d}}{1-\Gamma \mathrm{e}^{\mathrm{j}2\beta_2 d}} = Z_{03}$$

因此

$$\Gamma \mathrm{e}^{\mathrm{j}2\beta_2 d} = \frac{Z_{03}-Z_{02}}{Z_{03}+Z_{02}}$$

$$\mathrm{e}^{\mathrm{j}2\beta_2 d} = \cos(2\beta_2 d) + \mathrm{j}\sin(2\beta_2 d) = \frac{1}{\Gamma}\,\frac{Z_{03}-Z_{02}}{Z_{03}+Z_{02}} = \frac{Z_{01}+Z_{02}}{Z_{01}-Z_{02}} \cdot \frac{Z_{03}-Z_{02}}{Z_{03}+Z_{02}}$$

由于理想介质的波阻抗都是实数，所以上式右端也为实数，故必有

$$\sin(2\beta_2 d) = 0 \quad 或 \quad 2\beta_2 d = n\pi$$

$$\mathrm{d} = \frac{n\pi}{2\beta_2} = \frac{n\lambda_2}{4}$$

另一方面，如 $n$ 等于奇数，则

$$\cos(2\beta_2 d) = -1 = \frac{(Z_{01}+Z_{02})(Z_{03}-Z_{02})}{(Z_{01}-Z_{02})(Z_{03}+Z_{02})}$$

解得

$$Z_{02} = \sqrt{Z_{01} Z_{03}}$$

以上说明当介质 1 到介质 3 不同时，介质 1 中无反射波的条件是 $Z_{02}$ 必须等于 $Z_{01}$ 和 $Z_{03}$ 的几何平均值，且 $d$ 必须是四分之一波长的奇整数倍。光学透镜表面上的介质敷层就是利用了这一原理，消除光波通过透镜时的反射的。

如果 $n$ 等于偶数，则

$$\cos(2\beta_2 d) = 1 = \frac{(Z_{02}+Z_{01})(Z_{03}-Z_{02})}{(Z_{01}-Z_{02})(Z_{03}+Z_{02})}$$

解得

$$Z_{03} = Z_{01}$$

这表明，当 $Z_{03}=Z_{01}$ 时，介质 1 中无反射波的条件是介质 2 的厚度必须为半波长的整数倍。所以半波长厚度的介质片称为“半波窗”，因为它对给定波长的电磁波，犹如一个无反射的窗口。例如，“雷达无线罩”就是这样的窗口，它是一个半圆形覆盖物，既保护雷达免受恶劣气候的影响，又使电磁波通过时反射最小。

### 6.6.3　入端阻抗 $Z(x)$

根据式(6.93)和式(6.94)很容易推导出，在介质 1 中的任意点 $x$ 处，合成波的电场强度与磁场强度的比值 $Z(x)$ 为

$$Z(x) = \frac{\dot{E}_1(x)}{\dot{H}_1(x)} = Z_{01}\,\frac{1+\Gamma(x)}{1-\Gamma(x)} \tag{6.98}$$

$Z(x)$ 称为 $x$ 处的入端阻抗。其中 $\Gamma(x)=\Gamma e^{j2\beta_2 x}$ 叫做离分界面 $x$ 远处的反射系数，可以应用它决定沿 $x$ 轴任意点的反射波。

入端阻抗 $Z(x)$ 表示了有分界面时，两侧介质性质对电场和磁场关系的影响，可用 $Z(x)$ 等值替代自该处沿 $x$ 方向上所有不同介质的共同特性。也就是说，如果用波阻抗 $Z_0=Z(x)$ 的均匀半无限大介质来代替该处沿 $x$ 轴正方向的所有介质时，它对 $x$ 轴负方向的电磁波的作用与原来介质的影响是相同的。因此，$Z(x)$ 又称为等效波阻抗。利用等效波阻抗的概念可以方便地分析多层介质中波的反射和折射问题，它与电路中的入端阻抗概念非常相似。

若空间存在三层介质，如图 6.13 所示。这时介质 2 中的合成波是在 $x=0$ 和 $x=d$ 两个分界面上多次反射的结果，但它可以归并为一个沿 $x$ 轴正方向传播的行波和一个沿 $x$ 轴负方向传播的行波。因此介质 2 内($0\leqslant x<d$)，$x=0$ 处的入端阻抗由式(6.98)可得

$$Z(0) = Z_{02}\,\frac{Z_{03}\cos\beta_2 d + jZ_{02}\sin\beta_2 d}{Z_{02}\cos\beta_2 d + jZ_{03}\sin\beta_2 d} \tag{6.99}$$

这样，可以用波阻抗等于入端阻抗 $Z(0)$ 的半无限大均匀介质代替 $x=0$ 右边两种介质的影响，即对于介质 1 中的波来说，它在 $x=0$ 处遇到了介质不连续情况，而这种不连续性可等效为在 $x=0$ 处具有波阻抗为 $Z(0)$ 的半无限大介质，因此，介质 1 中的入射波到达 $x=0$ 分界面时，其反射系数表达式为

$$\Gamma = \frac{Z(0)-Z_{01}}{Z(0)+Z_{01}} \tag{6.100}$$

上式分析表明，将厚度为 $d$、波阻抗为 $Z_{02}$ 的介质层插在波阻抗分别为 $Z_{01}$ 和 $Z_{03}$ 的介质之间，其效果相当于将波阻抗 $Z_{03}$ 变成 $Z(0)$。若 $Z_{01}$、$Z_{03}$ 已知，则可以通过选择适当的 $Z_{02}$ 和 $d$ 来达到调整 $\Gamma$ 的目的。

对于空间存在多层介质的情况，仍然可以采用分析三层介质的方法。

**例 6.13**　应用入端阻抗的分析方法重解例 6.12。

**解**：如图 6.13 所示，要使 $x=0$ 分界面上不发生反射，其条件是该分界面上的反射系数 $\Gamma=0$ 或 $Z(0)=Z_{01}$，由式(6.99)有

$$Z_{02}(Z_{03}\cos\beta_2 d + jZ_{02}\sin\beta_2 d) = Z_{01}(Z_{02}\cos\beta_2 d + jZ_{03}\sin\beta_2 d)$$

使实部、虚部分别相等，有

$$Z_{03}\cos\beta_2 d = Z_{01}\cos\beta_2 d$$

$$Z_{02}^2\sin\beta_2 d = Z_{01}Z_{03}\sin\beta_2 d$$

以下分两种情况讨论：

(1) 当 $Z_{03}=Z_{01}\neq Z_{02}$ 时，要求

$$\sin\beta_2 d = 0 \quad \text{或} \quad d = \frac{n\lambda_2}{2} \quad (n = 0,1,2,\cdots)$$

即对于给定的工作频率，介质层厚度应为介质中的半波长的整数倍，可以消除反射。这种介质层称为半波介质窗。

(2) 当 $Z_{03}\neq Z_{01}$ 时，要求

$$Z_{02} = \sqrt{Z_{01}Z_{03}}$$

和

$$\cos\beta_2 d = 0 \quad \text{或} \quad d = \frac{(2n+1)\lambda_2}{4} \quad (n = 0,1,2,\cdots)$$

说明当介质 1 与介质 3 不同时，$Z_{02}$ 应等于 $Z_{01}$ 和 $Z_{03}$ 的几何平均值，$d$ 应为介质 2 中的四分之一波长的奇数倍，可以消除反射。介质 2 的作用如同一个四分之一波长的波阻抗变换器。

## 提要

1. 在时变电磁场中，电磁波的电场强度 $\boldsymbol{E}$ 和磁场强度 $\boldsymbol{H}$ 的波动方程为

$$\frac{\partial^2 \boldsymbol{E}}{\partial x^2} - \mu\varepsilon\frac{\partial^2 \boldsymbol{E}}{\partial t^2} = 0$$

$$\frac{\partial^2 \boldsymbol{H}}{\partial x^2} - \mu\varepsilon\frac{\partial^2 \boldsymbol{H}}{\partial t^2} = 0$$

2. 均匀平面电磁波中，电场 $\boldsymbol{E}$ 和磁场 $\boldsymbol{H}$ 除了与时间 $t$ 有关外，仅与传播方向的坐标变量有关，沿传播方向没有电场 $\boldsymbol{E}$ 和磁场 $\boldsymbol{H}$ 的分量(即为横电磁波或 TEM 波)，且 $\boldsymbol{E}$ 与 $\boldsymbol{H}$ 到处相互垂直。$\boldsymbol{E}\times\boldsymbol{H}$ 指向波传播的方向。

此外，在理想介质中，均匀平面电磁波的电场值 $E$ 和磁场值 $H$ 之比等于波阻抗 $Z_0$ $\left(=\sqrt{\frac{\mu}{\varepsilon}}\right)$，电场能量密度和磁场能密度相等，且 $\boldsymbol{E}\times\boldsymbol{H}$ 的值等于能量密度与相速的乘积。在导电介质中，均匀平面电磁波的振幅随着传播距离增加呈指数规律衰减，衰减快漫游衰减常数 $\alpha$ 决定，且 $\boldsymbol{E}$ 和 $\boldsymbol{H}$ 不同相位。

沿 $+x$ 方向传播的正弦均匀平面电磁波的一般表达式为

$$E_y^+(x,t) = \sqrt{2}E_y^+ e^{-\alpha x}\cos(\omega t - \beta x + \varphi)$$
$$= \sqrt{2}E_y^+ e^{-\alpha x}\cos\omega\left(t - \frac{x}{v} + \frac{\varphi}{\omega}\right)$$

下面列出三类介质中的均匀平面电磁波特性及参数的比较。

| | 理想介质 | 导电媒质 | 良导体$\left(\frac{\sigma}{\omega\varepsilon}\geqslant 1\right)$ |
|---|---|---|---|
| 传播常数 $k$ | $\mathrm{j}\omega\sqrt{\mu\varepsilon}=\mathrm{j}\beta$ | $\mathrm{j}\omega\sqrt{\mu\varepsilon\left(1+\frac{\sigma}{\mathrm{j}\omega\varepsilon}\right)}$ | $\sqrt{\frac{\omega\mu\sigma}{2}}(1+\mathrm{j})$ |
| 相位常数 $\beta$ | $\omega\sqrt{\mu\varepsilon}$ | $\omega\sqrt{\frac{\mu\omega}{2}\left(\sqrt{1+\frac{\sigma^2}{\omega^2\varepsilon^2}}+1\right)}$ | $\sqrt{\frac{\omega\mu\sigma}{2}}$ |
| 衰减常数 $\alpha$ | 0 | $\omega\sqrt{\frac{\mu\varepsilon}{2}\left(\sqrt{1+\frac{\sigma^2}{\omega^2\varepsilon^2}}-1\right)}$ | $\sqrt{\frac{\omega\mu\sigma}{2}}$ |
| 相速度 $v$ | $1/\sqrt{\mu\varepsilon}$ | $\left[\sqrt{\frac{\mu\omega}{2}\left(\sqrt{1+\frac{\sigma^2}{\omega^2\varepsilon^2}}+1\right)}\right]^{-1}$ | $\sqrt{\frac{2\omega}{\mu\sigma}}$ |
| 波长 $\lambda$ | $T/\sqrt{\mu\varepsilon}$ | $\left[f\sqrt{\frac{\mu\omega}{2}\left(\sqrt{1+\frac{\sigma^2}{\omega^2\varepsilon^2}}+1\right)}\right]^{-1}$ | $2\pi\sqrt{\frac{2}{\omega\mu\sigma}}$ |
| 波阻抗 $Z_0$ | $\sqrt{\frac{\mu}{\varepsilon}}$ | $\sqrt{\frac{\mu}{\varepsilon\left(1+\frac{\sigma}{\mathrm{j}\omega\varepsilon}\right)}}$ | $\sqrt{\frac{\omega\mu}{\sigma}}\angle 45^\circ$ |

3. 如果合成电磁波是由具有相同传播方向的平面电磁波组成，则其电场强度 $\boldsymbol{E}$ 的取向通常用波的极化来描述。按电场强度 $\boldsymbol{E}$ 矢量的端点随时间变化在空间的轨迹的不同，平面电磁波分作直线极化波、圆极化波和椭圆极化波。对于圆及椭圆极化波，又有左旋和右旋之分。

4. 均匀平面电磁波传播到不同介质分界面处，要发生反射和折射现象。一般的分析方法是将入射波分解为垂直极化波和平极化波来分别处理。

根据分界面上的衔接条件导得：

反射定律

$$\text{反射角 } \theta_1'=\text{入射角 } \theta_1$$

折射定律

$$\frac{\sin\theta_1}{\sin\theta_2}=\frac{v_1}{v_2}$$

在正入射情况下，反射系数和折射系数分别为

$$\Gamma=\frac{Z_{02}-Z_{01}}{Z_{02}+Z_{01}}\quad T=\frac{2Z_{02}}{Z_{02}+Z_{01}}$$

两者有关系式

$$T=\Gamma+1$$

描述反射波大小的参数，还有驻波比

$$S=\frac{E_{\max}}{E_{\min}}=\frac{1+|\Gamma|}{1-|\Gamma|}$$

无反射时

$$S=1,\quad \Gamma=0$$

全反射时

$$S=\infty,\quad |\Gamma|=1$$

5. 当波由理想介质传播到理想导体时，发生全反射，这时在理想介质中出现驻波，而在导体中不存在电磁波。

驻波的一般表达式为

$$E_y(x,t)=2\sqrt{2}E\sin\beta x\cos(\omega t-90°)$$

$$H_z(x,t)=\frac{2\sqrt{2}E}{Z_{01}}\cos\beta x\cos\omega t$$

在驻波中，电场 $\boldsymbol{E}_y$ 和磁场 $\boldsymbol{H}_z$ 都在空间某些固定位置有零或最大值。零值点称为波节点，最大值点称为波腹点。电场或磁场的相邻波节点间距离为 $\lambda/2$，相邻波腹点间距离也为 $\lambda/2$，但波节点和相邻的波腹点之间距离为 $\lambda/4$。

驻波中没有平均功率的传输，只有电能和磁能间的相互交换。

6. 分析多层介质中波的正入射问题，引入入端阻抗 $Z(x)$ 可使问题简化。

## 思考题

6.1 什么是平面电磁波？何谓均匀平面电磁波？何谓 $TEM$ 电磁波？它们具有哪些异同点？

6.2 在理想介质中，$\rho=0$ 的条件下，$\boldsymbol{E}$ 与 $\boldsymbol{H}$ 分别满足什么方程？写出数学表达式，并讨论其通解所表征的性质。

6.3 说明电磁波的频率 $f$、周期 $T$、角频率 $\omega$、波长 $\lambda$、传播常数 $\Gamma$、衰减常数 $\alpha$、相位常数 $\beta$ 和相速 $v$ 的定义，它们与哪些量有关？彼此间怎么关联？

6.4 比较理想介质与导电介质中传播的均匀平面电磁波的异同点，并解释为何会产生这些差异。

6.5 比较在 $\sigma\ll\omega\varepsilon$ 及 $\sigma\gg\omega\varepsilon$ 的两种介质中平面电磁波的传播特性。

6.6 什么是波的极化？如有互相垂直的线性极化波，试述二者叠加时会发生下列哪些情况：

(1) 另一直线极化波；

(2) 圆极化波；

(3) 椭圆极化波。

6.7 何谓反射系数和折射系数？它们的关系怎样？在什么情况下反射系数和折射系数是常数。在介质与理想导体的分界面上，反射系数与折射系数的大小如何。

6.8 在何种情况下，垂直极化波的反射系数及折射系数和平行极化波的反射系数及折射系数相同？

6.9 平面电磁波正入射到两种介质的分界面时，应满足怎样的条件？反射系数与折射系数如何？

6.10 何谓驻波？形成驻波的条件是什么？它和行波的差异如何？

6.11　试计算由两个同频同方向传播的直线极化波合成的平面电磁波的能量流密度的平均值。

6.12　当平面电磁波是圆极化波时，试证瞬时玻印廷矢量为一常数。

6.13　什么是无反射与全反射？在什么情况下会发生这些现象？

6.14　入端阻抗 $Z(x)$ 是如何定义的？它在分析多层介质中波的反射和折射问题时都有哪些应用？

## 习题 6

6.1　在空气中，均匀平面电磁波的电场强度为 $\boldsymbol{E}=800\cos(\omega t-\beta\chi)\boldsymbol{e}_y$，波长为0.61m，求

(1) 电磁波的频率；

(2) 相位常数；

(3) 磁场强度的振幅和方向。

6.2　自由空间中传播的电场强度 $\boldsymbol{E}$ 的复数形式为

$$\dot{\boldsymbol{E}}=\mathrm{e}^{-\mathrm{j}20\pi\chi}\boldsymbol{e}_y\mathrm{V/m}$$

(1) 求频率 $f$ 及 $\boldsymbol{E}$、$\boldsymbol{H}$ 的瞬时表达式；

(2) 当 $x=0.025\mathrm{m}$ 时，场在何时达到最大值和零值；

(3) 若在 $t=t_0$，$x=x_0$ 处场强达到最大值，现从这点向前走100m。问在该处要过多少时间，场强才达到最大值。

6.3　一信号发生器在自由空间产生一均匀平面电磁波，波长为12cm，通过理想介质后波长减小为8cm，在介质中电场振幅为50V/m，磁场振幅为0.1A/m。求发生器的频率、介质的 $\varepsilon_r$ 及 $\mu_r$。

6.4　据估计，晴天时太阳辐射到地球的功率为 $1.34\mathrm{kW/m^2}$（对入射波而言），假设阳光为一单色平面电磁波，计算入射波中的电场强度 $E_{\max}$ 和磁感应强度 $B_{\max}$。

6.5　一频率为3GHz，沿 $y$ 方向极化的均匀平面电磁波，在 $\varepsilon_r=2.5$，$\sigma=1.67\times10^{-3}\mathrm{S/m}$ 的非磁性介质中，沿 $+x$ 方向传播，求：

(1) 波的振幅衰减至原来的一半时，传播了多少距离；

(2) 介质的波阻抗、波长和相速；

(3) 设在 $x=0$ 处，$\boldsymbol{E}=50\sin\left(6\pi\times10^9+\dfrac{\pi}{3}\right)\boldsymbol{e}_y$，写出 $\boldsymbol{H}$ 在任何时刻 $t$ 和 $x$ 值的瞬时表达式。

6.6　有一非磁性良导体，电磁波在其内的传播速度是自由空间光速的0.1%，波长为0.3mm，求材料的电导率及波的频率。

6.7　在导电介质（物理参数为 $\mu_0$、$\varepsilon_0$ 和 $\sigma$）中有一向 $x$ 轴传播的均匀平面电磁波。

(1) 试决定单位体积中热功率损耗的瞬时值和平均值；

(2) 决定横截面为单位面积，长度为 $0\to\infty$ 的体积中消耗散的平均功率；

(3) 决定玻印廷矢量的平均值，并计算横截面积为单位面积，长度为 $0\to\infty$ 的体积中耗

散的平均功率；

(4) 试将(2)和(3)的结果相比较，以良导体为例说明两者是否相等。

6.8 已知一个平面电磁波在空间某点的电场表达式为 $\boldsymbol{E}=(E_y\boldsymbol{e}_y+E_z\boldsymbol{e}_z)\mathrm{V/m}$ 其中 $E_y=(\alpha_1\sin\omega t+\alpha_2\cos\omega t)\mathrm{V/m}$，$E_z=(3\sin\omega t+4\cos\omega t)\mathrm{V/m}$。若此波为圆极化波，求 $\alpha_1$ 和 $\alpha_2$ 为何值。

6.9 均匀平面电磁波的电场为$\dot{E}=100\mathrm{e}^{\mathrm{j}0}\mathrm{V/m}$，从空气垂直入射到理想介质平面上(介质的 $\mu_1=\mu_0$，$\varepsilon_2=4\varepsilon_0$，$\sigma_2=0$)。求反射波和折射波的电场有效值。

6.10 均匀平面电磁波在自由空间的 $\lambda=3\mathrm{cm}$，正入射到玻璃纤维罩上，罩的 $\varepsilon_r=4.9$，$\sigma=0$，求：

(1) 不发生波反射时罩的厚度；

(2) 若入射波的频率降低 10%，透射功率为入射功率的百分之几？

6.11 平行极化的平面电磁波由 $\varepsilon_r=2.56$，$\mu_r=1$ 和 $\sigma=0$ 的介质斜入射到空气中，问：

(1) 波能否全部折入空气中？若能，其条件是什么？

(2) 波能否全反射回介质中？若能，其条件又是什么？

(3) 当波从空气中斜入射到介质中时，重答(1)、(2)。

6.12 垂直极化的平面电磁波经由 $\varepsilon_r=2.56$，$\mu_r=1$ 和 $\sigma=0$ 的介质斜入射到空气中，问：

(1) 波能否发生全反射现象？为什么？

(2) 波能否发生全折射现象？为什么？

(3) 当波从空气中斜入射到介质中时，重答(1)及(2)问。

6.13 从水底下光源射出来的垂直极化电磁波，以的入射角 $\theta_1=20°$，入射到水、空气的界面、水的 $\varepsilon_r=81$，$\mu_r=1$，求

(1) 临界角 $\theta_c$；

(2) 反射系数 $\Gamma_\perp$；

(3) 折射系数 $T_\perp$。

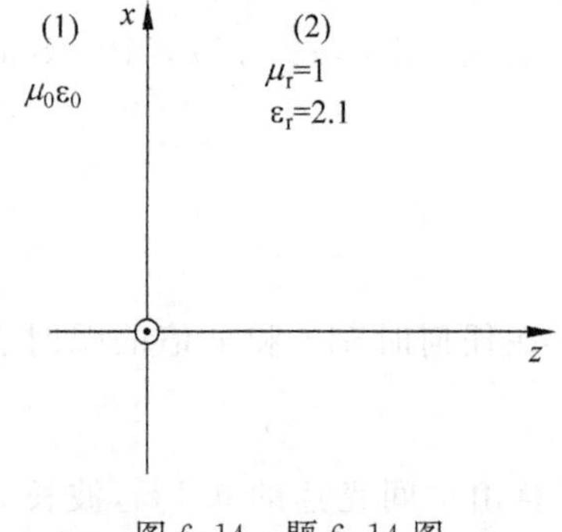

图 6.14 题 6.14 图

6.14 设在空间有一沿 $x$ 轴取向，频率为 100MHz，振幅为 100V/m，初相为零的均匀平面电磁波，正入射于一个无损耗的介质面，如图 6.14 所示。

(1) 求每一区域中的波阻抗及传播常数；

(2) 求反射波和折射波的振幅；

(3) 分别求两区域中的电场强度和磁场强度的复数形式和瞬时形式；

(4) 证明场量在分界面上满足边界条件；

(5) 写出玻印廷矢量的复数形式和瞬时形式。

6.15 已知 $\boldsymbol{H}_1=2\cos(\omega t-\beta_1 x)\boldsymbol{e}_z\mathrm{A/m}$，在 $\varepsilon_{r1}=4$，$\mu_{r1}=1$ 和 $\sigma=0$ 的介质中传播，$x=0$ 处为该介质和另一介质的分界面，后者的 $\varepsilon_{r2}=2$，$\mu_{r2}=5$ 和 $\sigma_2=0$，设 $f=5\times10^9\mathrm{Hz}$。求：

(1) 介质 1 中的 $\boldsymbol{E}_{\max}$ 及 $\boldsymbol{E}_{\min}$；

(2) 介质 1 中驻波比；

(3) 输入介质 2 中的平均功率密度。

6.16 一段长 300m,半径 $a=2.5\times10^{-3}$m 的圆柱形导体,其电导率 $\sigma=5.1\times10^{6}$S/m,磁导率 $\mu=100\mu_0$,流过交变电流 $i(t)=1.5\cos3\times10^{4}t$。试求:

(1) 透入深度 $d$;

(2) 交流电阻 $R_S$;

(3) 直流电阻 $R_d$;

(4) 该段导体的功率损耗。

6.17 设有三种不同的均匀无损耗介质平行放置,介质参数分别为 $\varepsilon_1,\mu_1$;$\varepsilon_2,\mu_2$;$\varepsilon_3,\mu_3$。介质 2 的厚度为 $d$。

(1) 若波在介质 1 中电场振幅为 $E_{10}$,垂直入射后,求介质 1 中的反射波、介质 3 中的折射波,并写出介质 1 中的反射系数和介质 3 中的折射系数;

(2) 如何选择介质 2 的参量 $\varepsilon_2$ 和 $\mu_2$ 及其厚度 $d$,才可实现由介质 1 到介质 3 的全反射?

6.18 某高灵敏仪器必须高度屏蔽外界电磁场,使外界磁场强度影响减小到 0.01A/m 以下。但由于它所工作的地点邻近电力线路,据实测干扰磁场强度为 12A/m。试计算用铝板($\mu_r=1,\sigma=35.7\times10^{6}$S/m)屏蔽及采用铁板($\mu_r=2\,000,\sigma=8.3\times10^{6}$S/m)屏蔽所需的厚度。

6.19 海水的 $\varepsilon_r=81,\mu_r=1\sigma=4$S/m,一频率为 300MHz 的均匀平面电磁波自海面垂直进入海水。设在海面场强为 $E=10^{-3}$V/m(合成波电场幅度)。求:

(1) 波在海水中的波速及波长;

(2) 海水与空气界面处电磁场强度;

(3) 进入海水每单位面积的电磁能流;

(4) 海水中距海面 0.1m 处的电场强度与磁场强度的振幅;

(5) 波进入海水多少距离后使场强振幅衰减为原来的 1%。

6.20 一均匀平面电磁波由空气正入射到理想介质表面上,介质参数为 $\mu_r=1,\varepsilon_r=9,\sigma=0$。如果在介质中,距介质分界面 5m 处的磁场强度表达式为

$$\dot{H}_2=10e^{-j\beta_2 x}=10e^{-j\frac{\pi}{4}}\text{A/m}$$

(介质表面在 $x=0$ 处,初相位 $\varphi=0$)。试求:

(1) 电磁波的频率 $f$;

(2) 写出空气和理想介质中的电场和磁场瞬时表达式;

(3) 介质中的玻印廷矢量的瞬时值和平均值;

(4) 介质中电场和磁场的能量密度 $\omega'_e$ 与 $\omega'_m$,以及电场与磁场的最大能量密度的大小 $\omega'_{emax}$ 与 $\omega'_{mmax}$。

6.21 介质 1 为理想电解质,$\varepsilon_1=2\varepsilon_0,\mu_1=\mu_0,\sigma_1=0$;介质 2 为空气。平面电磁波由介质 1 向分界面上斜入射,入射波电场与入射面平行,见图 6.7。试求:

当入射角 $\theta_1=\frac{\pi}{4}$ 时,

(1) 全反射的临界角 $\theta_c$;

(2) 介质 2(空气)中折射波的折射角 $\theta_2$;

(3) 反射系数 $\Gamma_{//}$;

(4) 折射系数 $T_{//}$；

当入射角 $\theta_1=\frac{\pi}{3}$时，

(5) 是否满足无反射条件，布儒斯特角 $\theta_B$ 是多少？

(6) 入射波在入射方向的相速度 $v$；

(7) 入射波在 $x$ 方向上的相速度 $v_x$；

(8) 入射波在 $y$ 方向的相速度 $v_y$；

(9) 在介质 2 中，波以什么速度传播以及沿什么方向传播？

(10) 在介质 2 中平均功率流密度 $\boldsymbol{S}_{av}$。

# 附录A 重要的矢量公式

## A.1 矢量恒等式

$$\boldsymbol{A}\cdot(\boldsymbol{B}\times\boldsymbol{C})=\boldsymbol{B}\cdot(\boldsymbol{C}\times\boldsymbol{A})=\boldsymbol{C}\cdot(\boldsymbol{A}\times\boldsymbol{B}) \tag{A.1}$$

$$\boldsymbol{A}\times(\boldsymbol{B}\times\boldsymbol{C})=\boldsymbol{B}(\boldsymbol{A}\cdot\boldsymbol{C})-\boldsymbol{C}(\boldsymbol{A}\cdot\boldsymbol{B}) \tag{A.2}$$

$$\nabla(uv)=u\,\nabla v+v\,\nabla u \tag{A.3}$$

$$\nabla\cdot(u\boldsymbol{A})=u\,\nabla\cdot\boldsymbol{A}+\boldsymbol{A}\cdot\nabla u \tag{A.4}$$

$$\nabla\times(u\boldsymbol{A})=u\,\nabla\times\boldsymbol{A}+\nabla u\times\boldsymbol{A} \tag{A.5}$$

$$\nabla\cdot(\boldsymbol{A}\times\boldsymbol{B})=\boldsymbol{B}\cdot\nabla\times\boldsymbol{A}-\boldsymbol{A}\cdot\nabla\times\boldsymbol{B} \tag{A.6}$$

$$\nabla(\boldsymbol{A}\cdot\boldsymbol{B})=(\boldsymbol{A}\cdot\nabla)\boldsymbol{B}+(\boldsymbol{B}\cdot\nabla)\boldsymbol{A}+\boldsymbol{A}\times\nabla\times\boldsymbol{B}+\boldsymbol{B}\times\nabla\times\boldsymbol{A} \tag{A.7}$$

$$\nabla\times(\boldsymbol{A}\times\boldsymbol{B})=\boldsymbol{A}\,\nabla\cdot\boldsymbol{B}-\boldsymbol{B}\,\nabla\cdot\boldsymbol{A}+(\boldsymbol{B}\cdot\nabla)\boldsymbol{A}-(\boldsymbol{A}\cdot\nabla)\boldsymbol{B} \tag{A.8}$$

$$\nabla\times(\nabla u)=0 \tag{A.9}$$

$$\nabla\cdot(\nabla\times\boldsymbol{A})=0 \tag{A.10}$$

$$\nabla\cdot\nabla u=\nabla^2 u \tag{A.11}$$

$$\nabla\times(\nabla\times\boldsymbol{A})=\nabla(\nabla\cdot\boldsymbol{A})-\nabla^2\boldsymbol{A} \tag{A.12}$$

$$\int_V \nabla\cdot\boldsymbol{A}\mathrm{d}V=\oint_S\boldsymbol{A}\cdot\mathrm{d}\boldsymbol{S} \tag{A.13}$$

$$\int_S \nabla\times\boldsymbol{A}\cdot\mathrm{d}\boldsymbol{S}=\oint_C\boldsymbol{A}\cdot\mathrm{d}\boldsymbol{l} \tag{A.14}$$

$$\int_V \nabla\times\boldsymbol{A}\mathrm{d}V=\oint_S\boldsymbol{e}_n\times\boldsymbol{A}\mathrm{d}S \tag{A.15}$$

$$\int_V \nabla u\,\mathrm{d}V=\oint_S u\boldsymbol{e}_n\mathrm{d}S \tag{A.16}$$

$$\int_S \boldsymbol{e}_n\times\nabla u\mathrm{d}S=\oint_C u\,\mathrm{d}\boldsymbol{l} \tag{A.17}$$

$$\int_V(u\,\nabla^2 v+\nabla u\cdot\nabla v)\mathrm{d}V=\oint_S u\,\frac{\partial v}{\partial n}\mathrm{d}S \tag{A.18}$$

$$\int_V(u\,\nabla^2 v-v\,\nabla^2 u)\mathrm{d}V=\oint_S\left(u\,\frac{\partial v}{\partial n}-v\,\frac{\partial u}{\partial n}\right)\mathrm{d}S \tag{A.19}$$

## A.2 三种坐标系的梯度、散度、旋度和拉普拉斯运算

1. 直角坐标系

$$\nabla u=\boldsymbol{e}_x\frac{\partial u}{\partial x}+\boldsymbol{e}_y\frac{\partial u}{\partial y}+\boldsymbol{e}_z\frac{\partial u}{\partial z} \tag{A.20}$$

$$\nabla\cdot\boldsymbol{A}=\frac{\partial A_x}{\partial x}+\frac{\partial A_y}{\partial y}+\frac{\partial A_z}{\partial z} \tag{A.21}$$

$$\nabla\times\boldsymbol{A}=\begin{vmatrix}\boldsymbol{e}_x & \boldsymbol{e}_y & \boldsymbol{e}_z\\ \dfrac{\partial}{\partial x} & \dfrac{\partial}{\partial y} & \dfrac{\partial}{\partial z}\\ A_x & A_y & A_z\end{vmatrix} \tag{A.22}$$

$$\nabla^2 u=\frac{\partial^2 u}{\partial x^2}+\frac{\partial^2 u}{\partial y^2}+\frac{\partial^2 u}{\partial z^2} \tag{A.23}$$

2. 圆柱坐标系

$$\nabla u=\boldsymbol{e}_\rho\frac{\partial u}{\partial \rho}+\boldsymbol{e}_\phi\frac{1}{\rho}\frac{\partial u}{\partial \phi}+\boldsymbol{e}_z\frac{\partial u}{\partial z} \tag{A.24}$$

$$\nabla\cdot\boldsymbol{A}=\frac{1}{\rho}\frac{\partial}{\partial\rho}(\rho A_\rho)+\frac{1}{\rho}\frac{\partial A_\phi}{\partial\phi}+\frac{\partial A_z}{\partial z} \tag{A.25}$$

$$\nabla\times\boldsymbol{A}=\frac{1}{\rho}\begin{vmatrix}\boldsymbol{e}_\rho & \rho\boldsymbol{e}_\phi & \boldsymbol{e}_z\\ \dfrac{\partial}{\partial \rho} & \dfrac{\partial}{\partial \phi} & \dfrac{\partial}{\partial z}\\ A_\rho & \rho A_\phi & A_z\end{vmatrix} \tag{A.26}$$

$$\nabla^2 u=\frac{1}{\rho}\frac{\partial}{\partial\rho}\left(\rho\frac{\partial u}{\partial\rho}\right)+\frac{1}{\rho^2}\frac{\partial^2 u}{\partial\phi^2}+\frac{\partial^2 u}{\partial z^2} \tag{A.27}$$

3. 球坐标系

$$\nabla u=\boldsymbol{e}_r\frac{\partial u}{\partial r}+\boldsymbol{e}_\theta\frac{1}{r}\frac{\partial u}{\partial \theta}+\boldsymbol{e}_\phi\frac{1}{r\sin\theta}\frac{\partial u}{\partial \phi} \tag{A.28}$$

$$\nabla\cdot\boldsymbol{A}=\frac{1}{r^2}\frac{\partial}{\partial r}(r^2A_r)+\frac{1}{r\sin\theta}\frac{\partial}{\partial\theta}(\sin\theta A_\theta)+\frac{1}{r\sin\theta}\frac{\partial A_\phi}{\partial\phi} \tag{A.29}$$

$$\nabla\times\boldsymbol{A}=\frac{1}{r^2\sin\theta}\begin{vmatrix}\boldsymbol{e}_r & r\boldsymbol{e}_\theta & r\sin\theta\boldsymbol{e}_\phi\\ \dfrac{\partial}{\partial r} & \dfrac{\partial}{\partial \theta} & \dfrac{\partial}{\partial \phi}\\ A_r & rA_\theta & r\sin\theta A_\phi\end{vmatrix} \tag{A.30}$$

$$\nabla^2 u=\frac{1}{r^2}\frac{\partial}{\partial r}\left(r^2\frac{\partial u}{\partial r}\right)+\frac{1}{r^2\sin\theta}\frac{\partial}{\partial\theta}\left(\sin\theta\frac{\partial u}{\partial\theta}\right)+\frac{1}{r^2\sin^2\theta}\frac{\partial^2 u}{\partial\phi^2} \tag{A.31}$$

# 附录B 习题参考解答

## 习题1参考解答

1.1 (1) $\boldsymbol{e}_A=\boldsymbol{e}_x\dfrac{1}{\sqrt{14}}+\boldsymbol{e}_y\dfrac{2}{\sqrt{14}}-\boldsymbol{e}_z\dfrac{3}{\sqrt{14}}$ (2) $|\boldsymbol{A}-\boldsymbol{B}|=\sqrt{53}$ (3) $\boldsymbol{A}\cdot\boldsymbol{B}=-11$

(4) $\theta_{AB}=135.5°$ (5) $A_B=-\dfrac{11}{\sqrt{17}}$ (6) $\boldsymbol{A}\times\boldsymbol{C}=-\boldsymbol{e}_x4-\boldsymbol{e}_y13-\boldsymbol{e}_z10$

(7) $\boldsymbol{A}\cdot(\boldsymbol{B}\times\boldsymbol{C})=-42,(\boldsymbol{A}\times\boldsymbol{B})\cdot\boldsymbol{C}=42$

(8) $(\boldsymbol{A}\times\boldsymbol{B})\times\boldsymbol{C}=\boldsymbol{e}_x2-\boldsymbol{e}_y40+\boldsymbol{e}_z5,\boldsymbol{A}\times(\boldsymbol{B}\times\boldsymbol{C})=\boldsymbol{e}_x55-\boldsymbol{e}_y44-\boldsymbol{e}_z11$

1.2 (1) $\Delta P_1P_2P_3$ 为一直角三角形 (2) $S=17.13$

1.3 $\boldsymbol{R}=\boldsymbol{e}_x5-\boldsymbol{e}_y3-\boldsymbol{e}_z$; $\boldsymbol{e}_R=\boldsymbol{e}_x\cos32.31°+\boldsymbol{e}_y\cos120.47°+\boldsymbol{e}_z\cos99\cdot73°$

1.4 $\theta_{AB}=131,A_B=-3.532$

1.5 $(\boldsymbol{A}\times\boldsymbol{B})_C=-14\cdot43$

1.6 (略)

1.7 $\boldsymbol{X}=\dfrac{p\boldsymbol{A}-\boldsymbol{A}\times\boldsymbol{P}}{A^2}$

1.8 (1) $(-2,2\sqrt{3},3)$ (2) $(5,53.1°,120°)$

1.9 (1) $|\boldsymbol{E}|=\dfrac{1}{2},E_x=\dfrac{3\sqrt{2}}{20}$ (2) $\theta_{EB}=153.6°$

1.10 (略)

1.11 $\nabla u=\boldsymbol{e}_x2xyz+\boldsymbol{e}_yx^2z+\boldsymbol{e}_xx^2y$

$\dfrac{\partial u}{\partial l}=\dfrac{6xyz}{\sqrt{50}}+\dfrac{4x^2z}{\sqrt{50}}+\dfrac{5x^2y}{\sqrt{50}}$, $\left.\dfrac{\partial u}{\partial l}\right|_{(2,3,1)}=\dfrac{112}{\sqrt{50}}$

1.12 (1) $\nabla u=\boldsymbol{e}_x(2x+3)+\boldsymbol{e}_y(4y+2)+\boldsymbol{e}_z(6z-6)$

(2) $x=-3/2,y=1/2,z=1$

1.13 $\boldsymbol{e}_{\mathrm{n}}=\dfrac{\nabla u}{|\nabla u|}\left(\boldsymbol{e}_x\dfrac{x}{a^2}+\boldsymbol{e}_y\dfrac{y}{b^2}+\boldsymbol{e}_z\dfrac{z}{c^2}\right)\Big/\sqrt{\left(\dfrac{x}{a^2}\right)^2+\left(\dfrac{x}{b^2}\right)^2+\left(\dfrac{x}{c^2}\right)^2}$

1.14 (略)

1.15 $75\pi^2$

1.16 $a=2,b,=-1,r=-2$

1.17 $1\,200\pi$

1.18 (1) $\nabla \cdot \boldsymbol{A}=2x+2x^2y+72x^2y^2z^2$ (2) $\frac{1}{24}$ (3) 略

1.19 $4\pi a^3$

1.20 (1) 不是；(2) $\nabla \cdot \boldsymbol{A}=\frac{2a}{r}+\frac{b\cos\theta}{r\sin\theta}$，$\nabla\times\boldsymbol{A}=\boldsymbol{e}_r\frac{c\cos\theta}{r\sin\theta}-\boldsymbol{e}_\theta\frac{c}{r}+\boldsymbol{e}_\phi\frac{b}{r}$

1.21 8

1.22 $\frac{\pi a^4}{4}$

1.23 (略)

1.24 $f(r)=\frac{C}{r^2}$

1.25 (1) 14；(2) 积分与路径无关，是保守场

1.26 (略)

1.27 (1) 略

(2) $\nabla \cdot \boldsymbol{A}=0$，$\nabla\times A=0$，$\nabla \cdot \boldsymbol{B}=2\rho\sin\phi$，$\nabla\times\boldsymbol{B}=0$，$\nabla \cdot \boldsymbol{C}=0$，$\nabla\times\boldsymbol{C}=\boldsymbol{e}_z(2x-6y)$

1.28 (略)

1.29 (略)

1.30 (略)

1.31 (略)

## 习题 2 参考解答

2.1 $\boldsymbol{E}=(47.3\boldsymbol{e}_x+16.10\boldsymbol{e}_y+0.322\boldsymbol{e}_z)\text{V/m}$

2.2 0.5

2.3 0.5cm，0.75cm

2.4 (1) $\boldsymbol{E}_1=\frac{\rho_l}{8\pi\varepsilon_0\rho}\boldsymbol{e}_\rho$，$\boldsymbol{E}_2=\frac{\rho_l}{4\pi\varepsilon_0\rho}\boldsymbol{e}_\rho$

(2) $\boldsymbol{P}_1=\frac{3\rho_l}{8\pi\rho}\boldsymbol{e}_\rho$，$\boldsymbol{P}_2=\frac{\rho_l}{4\pi\rho}\boldsymbol{e}_\rho$

(3) $\tau_p=-\frac{3\rho_l}{8\pi R_1}$ (在 $\rho=R_1$ 处)

$\tau_\rho=-\frac{\rho_l}{8\pi R_2}$ (在 $\rho=R_2$ 处)

$\tau_\rho=-\frac{\rho_l}{4\pi R_3}$ (在 $\rho=R_3$ 处)

2.5 会被击穿

2.6 (1) $U_{AC}=U_{CD}=U_{DB}=\frac{1}{3}U_0$，$E_{AC}=E_{CD}=E_{DB}=U_0/d$

(2) $E_{AC}=E_{DB}=U_0/d$，$E_{CD}=0$

(3) $U_{AC}=U_{DB}=U_0/2, E_{AC}=E_{DB}=\dfrac{3U_0}{2d}, E_{CD}=0$

(4) $|E_{CD}|=2|E_{AC}|=2|E_{DB}|$，$E_{CD}$的方向与$E_{AC}$和$E_{DB}$的方向相反

2.7 $\boldsymbol{F}=(\rho_0 d/2\varepsilon_0)\boldsymbol{e}_x$

2.8 (1) $\boldsymbol{E}=-2A\boldsymbol{e}_x \quad \rho=-2A\varepsilon_0$

(2) $\boldsymbol{E}=-A(yz\boldsymbol{e}_x+xz\boldsymbol{e}_y+xz\boldsymbol{e}_z) \quad \rho=0$

(3) $\boldsymbol{E}=[(2A\rho\sin\phi+Bz)\boldsymbol{e}_\rho+A\rho\cos\phi\boldsymbol{e}_\phi+B\rho\boldsymbol{e}_\phi]$

$$\rho=-\varepsilon_0\left(3A\rho\sin\phi+\frac{B_z}{\rho}\right)$$

(4) $\boldsymbol{E}=-A(2r\sin\theta\cos\phi\boldsymbol{e}_r+r\cos\theta\cos\phi\boldsymbol{e}_\theta-r\sin\phi\boldsymbol{e}_\phi)$

$$\rho=-\varepsilon_0 A\left(6\sin\theta\cos\phi+\frac{\cos\phi}{\sin\theta}\cos2\theta-\frac{\cos\phi}{\sin\theta}\right)$$

2.9 $\varphi=56.5\times10^3x^2+117.5x$

2.10 $\varphi=V_0\left(\dfrac{1}{2}+\dfrac{2}{\pi}\sum\limits_{n=1,3,5\cdots}^{\infty}\dfrac{1}{n}\left(\dfrac{\rho}{a}\right)^n\sin n\phi\right)$

2.11 (1) $x=\sqrt{\dfrac{q}{16\pi\varepsilon_0E_0}}$ (2) $v_0\geqslant\dfrac{1}{2}\sqrt{\dfrac{q}{m}}\left[\sqrt{\dfrac{qE_0}{\pi\varepsilon_0}}\right]^{1/4}$

2.12 $\dfrac{2d^2R^3-R^5}{d(d^2-R^2)^2}q$

2.13 $\dfrac{abq^2}{4\pi\varepsilon_0(b^2-a^2)}$

2.14 $\varphi(x,y)=\dfrac{\rho_l}{2\pi\varepsilon_0}\ln\dfrac{\sqrt{(x-h)^2+y^2}}{\sqrt{(x+h)^2+y^2}}$，其中$h=\dfrac{a^2-d^2}{2d}$

2.15 小球内：$\varphi=\dfrac{q}{4\pi\varepsilon_0r_1}+\dfrac{-\frac{a}{d}q}{4\pi\varepsilon_0r_2}+\dfrac{q}{4\pi\varepsilon_0}\dfrac{b-a}{ab}$

小球与大球内：$\varphi=\dfrac{q}{4\pi\varepsilon_0}\left(\dfrac{1}{r}-\dfrac{1}{b}\right)$

2.16 (1) $\varphi=228\ln\dfrac{(0.08+x)^2+y^2}{(0.08-x)^2+y^2}$

(2) $\rho_{s\max}=0.134\times10^{-6}\text{C/m}^2, \rho_{s\min}=0.336\times10^{-9}\text{C/m}^2$

2.17 (1) $U_2=32.8\text{kV} \quad U_3=24.3\text{kV}$

(2) $\tau_2=-226.3\text{nC/m} \quad U_3=15.93\text{kV}$

(3) 略

2.18 (略)

2.19 两电轴位置分别为$h_1=\dfrac{\alpha_2^2-\alpha_1^2-d^2}{2d}$和$h_2=\dfrac{\alpha_2^2-\alpha_1^2+d^2}{2d}$

2.20 $F=\dfrac{q^2}{4\pi\varepsilon_0}\left[\dfrac{4R^3h^3}{(h^4-R^4)^2}+\dfrac{1}{4h^2}\right]$

2.21 当$q_2<\dfrac{2d^2R^3-R^5}{d(d^2-R^2)^2}q_1$时，有可能相吸引

# 习题 3 参考解答

3.1 $J=r\left(\frac{\varphi_0}{r}\sin\theta\right)\boldsymbol{e}_\theta$

3.2 (1) $J=r\frac{3Q\omega r\sin\theta}{4\pi a^3}\boldsymbol{e}_\varphi$ (2) $i=\frac{Q\omega}{2\pi}$

3.3 (1) $\frac{\partial\rho}{\partial t}=-18A$ (2) $\frac{\mathrm{d}Q}{\mathrm{d}t}=-2.4\pi Aa^5$

3.4 $\frac{2\pi\sigma U_0^2}{\ln b/a}$

3.5 $\boldsymbol{E}=\frac{U_0}{\rho\ln\frac{R_2}{R_1}}\boldsymbol{e}_\rho, \varphi=\frac{\ln\frac{R_2}{\rho}}{\ln\frac{R_2}{R_1}}U_0$

3.6 $\boldsymbol{E}=\frac{R_1R_2}{(R_2-R_1)}\cdot\frac{U}{r^2}\boldsymbol{e}_r, \varphi=\frac{R_1R_2(R_2-r)}{R_2(R_2-R_1)r}U$

3.7 (1) $\varphi_1-\frac{4\sigma_2U}{\pi(\sigma_1+\sigma_2)}\phi+\frac{U(\sigma_1-\sigma_2)}{\sigma_1+\sigma_2}, \varphi_2=\frac{4\sigma_1U}{\pi(\sigma_1+\sigma_2)}\phi$

(2) $I=3.137\times10^5\,\mathrm{A}, R=9.58\times10^{-5}\,\Omega$

(3) $\boldsymbol{J}$ 不突变,$\boldsymbol{E}$ 和 $\boldsymbol{D}$ 有突变

(4) $\rho_s=\frac{4\sigma_1U}{\pi(\sigma_1+\sigma_2)}\cdot\frac{(\sigma_1-\sigma_2)}{r}$

3.8 (1) $\varphi=-74\ln\rho/45$

(2) $I=8.95\times10^6\,\mathrm{A}, R=3.35\times10^{-6}\,\Omega$

(3) $\boldsymbol{E}$ 和 $\boldsymbol{D}$ 不变,$\boldsymbol{J}$ 有突变

(4) $\rho_s=0$

3.9 $\varphi=\frac{\varphi_1\sigma_1(d-a)+\varphi_2\sigma_2a}{\sigma_2a+\sigma_1(d-a)}, \rho_s=\frac{(\sigma_1\varepsilon_2-\sigma_2\varepsilon_1)}{\sigma_2a+\sigma_1(d-a)}(\varphi_1+\varphi_2)$

3.10 (1) $\boldsymbol{E}_1=1.29\times10^2\times\frac{1}{r^2}\boldsymbol{e}_r, \varphi_1=1.29\times10^2\left(\frac{1}{r}-12.25\right)$

$\boldsymbol{E}_1=1.29\times10^2\times\frac{1}{r^2}\boldsymbol{e}_r, \varphi_2=1.29\left(\frac{1}{r}-10\right)$

$\boldsymbol{J}=1.29\times10^{-8}\times\frac{1}{r^2}\boldsymbol{e}_r$

(2) $G=0.162\times10^{-8}\,\mathrm{S}$

3.11 $2.72\times10^{12}\,\Omega\cdot\mathrm{m}$

3.12 $58.87\Omega$

3.13 918V

# 习题 4 参考解答

4.1 $B_P=\dfrac{2\mu_0 I}{\pi a}\boldsymbol{e}_y$

4.2 $B=\mu_0(44.1\boldsymbol{e}_x+32\boldsymbol{e}_z)$

4.3 $B=\dfrac{1}{2}\mu_0 J_0 d\boldsymbol{e}_y$

4.4 应用叠加原理，通有均匀密度的无限长电流块产生的磁感应强度

$$\boldsymbol{B}_1=\begin{cases}-\dfrac{\mu_0 J_0 d}{2}\boldsymbol{e}_x, & y>d/2\\ -\mu_0 J_0 y\boldsymbol{e}_x, & |y|<d/2\\ \dfrac{\mu_0 J_0 d}{2}\boldsymbol{e}_x, & y<-d/2\end{cases}$$

通有电流密度$(-J_0\boldsymbol{e}_z)$的半径为 $a$ 的圆柱所引起的磁感强度

$$\boldsymbol{B}_2=\begin{cases}-\dfrac{\mu_0 J_0 a^2}{2(x^2+y^2)}(-y\boldsymbol{e}_x+x\boldsymbol{e}_y), & \rho>a\\ -\dfrac{\mu_0 J_0}{2}(-y\boldsymbol{e}_x+x\boldsymbol{e}_y), & \rho<a\end{cases}$$

合成磁感应强度 $\boldsymbol{B}=\boldsymbol{B}_1+\boldsymbol{B}_2$。

4.5 $2aK_0$

4.6 (1) $\boldsymbol{H}_1=\boldsymbol{B}_1=\boldsymbol{M}_1=\boldsymbol{H}_3=\boldsymbol{B}_3=\boldsymbol{M}_3=\boldsymbol{0}$

$\boldsymbol{H}_2=80\boldsymbol{e}_y\,\mathrm{A/m}$，$\boldsymbol{B}_2=100.3\times10^{-6}\boldsymbol{e}_y\,\mathrm{T}$

$\boldsymbol{M}_2=-0.16\boldsymbol{e}_y\,\mathrm{A/m}$

(2) $\boldsymbol{H}_1=\boldsymbol{B}_1=\boldsymbol{M}_1=\boldsymbol{H}_3=\boldsymbol{B}_3=\boldsymbol{M}_3=\boldsymbol{0}$

$\boldsymbol{H}_2=80\boldsymbol{e}_y\,\mathrm{A/m}$，$\boldsymbol{B}_2=0.1005\boldsymbol{e}_y\,\mathrm{T}$

$\boldsymbol{M}_2=7.99\times10^4\boldsymbol{e}_y\,\mathrm{A/m}$

4.7 用面电流代替磁化强度，在 $\rho=a$ 处 $J_S=M_0$，

(1) $B_z=\dfrac{\mu_0 M_0}{2}\left\{\dfrac{\dfrac{l}{2}-z}{\left[\left(z-\dfrac{l}{2}\right)^2+a^2\right]^{1/2}}+\dfrac{\dfrac{l}{2}+z}{\left[\left(z+\dfrac{l}{2}\right)^2+a^2\right]^{1/2}}\right\}$

$$H_z=\begin{cases}\dfrac{B_z}{\mu_0}-M_0, & |z|<l/2\\ \dfrac{B_z}{\mu_0}, & |z|>l/2\end{cases}$$

(2) $z\gg l/2$，$B_z=\dfrac{\mu_0 M_0 a^2 l}{2z^3}$

沿 $z$ 轴 $B_z=\frac{\mu_0 m}{2\pi z^3}$，其中 $m=M_0\pi a^2 l$

4.8 环内 $\boldsymbol{H}=144.69\boldsymbol{e}_\varphi$ A/m，$\boldsymbol{B}=9.1\times10^{-2}\boldsymbol{e}_\varphi$ T；环外 $H=0$、$B=0$

4.9 $B=\frac{\sqrt{19}}{8}T$，$\theta=\arctan\frac{\sqrt{3}}{4}$、$\phi=45°$

4.10 (1) $B_x=\begin{cases}-\frac{\mu_0 J_0}{2a}(y^2-a^2), & |y|<a\\ 0, & |y|>a\end{cases}$

(2) $B_a=\begin{cases}\frac{\mu_0 J_0\rho^2}{3a}, & \rho<a\\ \frac{\mu_0 J_0 a^2}{3\rho}, & \rho>a\end{cases}$

4.11 (1) $A_z=\begin{cases}0, & 0<\rho<a\\ \mu_0 J_{s0} a\ln\frac{a}{\rho}, & \rho>\alpha\end{cases}$ $\boldsymbol{B}=\begin{cases}0, & 0<\rho<a\\ \frac{\mu_0 K_0 a}{\rho}\boldsymbol{e}_\varphi, & \rho<a\end{cases}$

(2) $A_z=\begin{cases}\frac{\mu_0 J_0 d}{2}x+\frac{\mu_0 J_0 d^2}{8}, & x<-\frac{d}{2}\\ \frac{-\mu_0 J_0 x^2}{2}, & -\frac{d}{2}\leqslant x\leqslant\frac{d}{2}\\ \frac{-\mu_0 J_0 d}{2}x+\frac{\mu_0 J_0 d^2}{8}, & x>\frac{d}{2}\end{cases}$

$\boldsymbol{B}_z=\begin{cases}-\frac{\mu_0 J_0 d}{2}\boldsymbol{e}_y, & x<-\frac{d}{2}\\ \mu_0 J_0 x\boldsymbol{e}_y, & -\frac{d}{2}\leqslant x\leqslant\frac{d}{2}\\ \frac{\mu_0 J_0 d}{2}\boldsymbol{e}_y, & x>\frac{d}{2}\end{cases}$

4.12 (略)

4.13 在 $\mu_2$ 中 $H_2=\frac{9I}{10\pi\rho}$；$F=\frac{1.8\mu_0 I^2}{\pi a}$大。

4.14 $W_m=\frac{I^2 l}{4\pi}\left\{\frac{\mu_1}{(R_2^2-R_1^2)^2}\left[\frac{R_2^4-R_1^4}{4}+R_1^4\ln\frac{R_2}{R_1}-R_1^2(R_2^2-R_1^2)\right]\right.$

$\left.+\mu_0\ln\frac{R_3}{R_2}+\frac{\mu_2}{(R_4^2-R_3^2)^2}\left[\frac{R_4^4-R_3^4}{4}+R_4^4\ln\frac{R_4}{R_3}-R_4^2(R_4^2-R_3^2)\right]\right\}$

$L=\frac{2W_m}{I^2}$

4.15 $M=\frac{\mu_0 C}{2\pi}\ln\frac{(R+a+b)(D-R-a)}{(R+a)(D-R-a-b)}$

$F=\frac{\mu_0 C I_1 I_2 D}{2\pi}\frac{(b-\alpha)(\alpha+b-D)}{\alpha b(D-a)(D-b)}$

4.16 $I'=I, M=\frac{\mu_0 C}{2\pi}\ln\frac{(a+b)(a+b+2d)}{a(a+2d)}$

4.17 (1) $L=\frac{\mu_0 N^2 dD}{2\delta}$ (2) $F=\frac{-\mu_0 N^2 dDI^2}{4\delta^2}$

4.18 (略)

## 习题5参考解答

5.1 (1) $\frac{\mu_0 I_m b\omega}{2\pi}\ln\left(\frac{c+a}{a}\right)\sin\omega t$

(2) $\frac{\mu_0 I_m v_0 b}{2\pi}\left(\frac{1}{c+vt}-\frac{1}{c+vt+a}\right)$

(3) $\frac{\mu_0 I_m b}{2\pi}\left[\left(\frac{v}{c+vt}-\frac{v}{c+vt+a}\right)\cos\omega t+\omega\sin\omega t\ln\frac{c+a+vt}{c+vt}\right]$

5.2 $(1.15\times10^{-6}\cos10^9 t)\mathrm{A/m^2}$

5.3 $\frac{\varepsilon\omega U_m}{d}\cos\omega t$ $\frac{\mu_0 U_m \rho}{2d}(\sigma\sin\omega t+\varepsilon\omega\cos\omega t)$

5.4 (略)

5.5 $-\frac{U_0^2\sigma\rho}{2d}\boldsymbol{e}_\rho$

5.6 (1) $1\,325[1+\cos(4\pi ft-0.84z)]\boldsymbol{e}_x W/m^2$

(2) $1\,325\boldsymbol{e}_x\mathrm{W/m^2}$

(3) $-270.2\sin(4\pi ft-0.42)\mathrm{W}$

5.7 $\boldsymbol{H}=[2.3\times10^{-4}\sin(10\pi x)\cos(6\pi\times10^9 t-54.4z)\boldsymbol{e}_x-1.33\times10^{-4}\cos(10\pi x)$

$\sin(6\pi\times10^9 t-54.4z)\boldsymbol{e}_x A/m$

$\beta=10\sqrt{3}\pi\mathrm{rad/m}$

5.8 (1) 有波动件

(2) 0.5rad/m

(3) $\left[\frac{0.398}{r}\cos(10^8 t-0.5z)\boldsymbol{e}_\varphi)\right]\mathrm{A/m}$

(4) $[397.9\cos(10^8 t-0.5z)]\boldsymbol{e}_z\mathrm{A/m}$

(5) $[-1.24\sin(10^8 t-0.25)]\mathrm{A}$

5.9 $\boldsymbol{E}=-\frac{1}{2}\rho^2 a\cos at\boldsymbol{e}_z$ $\boldsymbol{B}=-\rho\sin at\boldsymbol{e}_\varphi$

5.10 $\omega=\frac{1}{\pi}\times10^7\mathrm{rad/s}$ $\varepsilon_r=16\pi^2\times10^2$

5.11 (1) $\dot{E}=\frac{0.23}{\sqrt{2}}e^{-j\beta z}\boldsymbol{e}_x-\frac{0.04}{\sqrt{2}}e^{-j\left(\beta z-\frac{\pi}{6}\right)}\boldsymbol{e}_x$

(2) $\dot{H}=\frac{0.03}{\sqrt{2}z_0}e^{-j\beta z}\boldsymbol{e}_y-\frac{0.04}{\sqrt{2}z_0}e^{-j(\beta z-\frac{\pi}{6})}\boldsymbol{e}_y$

$$\boldsymbol{H}(z,t)=\frac{0.03}{z_0}\cos(10^8\pi t-\beta z)\boldsymbol{e}_y-\frac{0.04}{z_0}\left(10^8\pi t-\beta z+\frac{\pi}{6}\right)\boldsymbol{e}_y$$

## 习题6参考解答

6.1 (1) $4.92\times10^8$ Hz (2) 10.30rad/m (3) 2.12A/m $z$方向

6.2 (1) $f=3\times10^9$ Hz $\boldsymbol{E}=[\sqrt{2}\cos(6\pi\times10^9t-20\pi x)\boldsymbol{e}_y]$V/m

$\boldsymbol{H}=\frac{\sqrt{2}}{120\pi}\cos(6\pi\times10^9t-20\pi x)\boldsymbol{e}_z]$A/m

(2) $E_{max}$的时间，$t=\frac{2n-1}{12\times10^9}$s $(n=1,2,\cdots)$

$E=0$的时间，$t=\frac{n}{6\times10^9}$s $(n=1,2,\cdots)$

(3) $\frac{1}{3}\times10^{-6}$s

6.3 $\mu_r=1.989$ $\varepsilon_r=1.131$ $f=2.5$GHz

6.4 $E_{max}=1005.16$V/m $B_{max}=335.05\times10^{-8}$T

6.5 (1) 3.483m (2) 238.4Ω 0.0632m $1.897\times10^8$m/s

(3) $\boldsymbol{H}=0.2097e^{-0.199x}\cos\left(6\pi\times10^9t-99.36x-\frac{\pi}{6}\right)\boldsymbol{e}_z$A/m

6.6 $1.111\times10^5$s/m $10^9$Hz

6.7 (1) $p(t)=2\sigma E_0^2e^{-2ax}\cos(\omega t-\beta x)$ $P=\sigma E_0^2e^{-2ax}$

(2) $\frac{\sigma}{2a}E_0^2$ (3) $-\oint_A\boldsymbol{S}_{av}\cdot dA=\frac{E_0^2}{|Z_0|}\cos\phi_z$

(4) 略

6.8 $a_1=\pm3$ $a_2=\mp4$

6.9 $E_{1m}^-=33.3$V/m $E_{2m}^+=66.7$V/m

6.10 (1) 0.678m (2) 93.1%

6.11 (1) 能，$\theta_1=32°$ (2) 能，$\theta_1\geqslant38.68°$

(3) 能，$\theta_1=57.99°$；不能，因为只能从光密介质到光疏介质才可完全反射。

6.12 (1) 能，$\theta_1\geqslant38.68°$ (2) 不可能 (3) 都不能发生

6.13 (1) $\theta_c=6.38°$ (2) $\Gamma_\perp=1$ (3) $T_\perp=2$

6.14 (1) $Z_{01}=377\Omega$ $Z_{02}=260.15\Omega$

$k_1=j2.09$rad/m $k_2=j3.03$rad/m

(2) $E_m^-=18$V/m $E_m^-=0.048$A/m

$E_m'=82$V/m $E_m'=0.32$A/m

(3)(4)(5) 略

6.15 (1) $E_{max}=572.663\text{V/m}$ $E_{min}=181.337\text{V/m}$

(2) $S=3.158$ (3) $275.44\text{W/m}^2$

6.16 (1) $0.323\times10^{-3}\text{m}$ (2) $11.594\Omega$ (3) $3\Omega$ (4) $13.04\text{W}$

6.17 (略)

6.18 铝板厚度 $8.46\times10^{-2}\text{m}$；铁板厚度 $3.9\times10^{-3}\text{m}$

6.19 (1) $v=2.32\times10^7\text{m/s}$ $\lambda=7.73\times10^{-2}\text{m}$

(2) $4\cdot2\times10^{-5}\text{e}^{-35.7^\circ}\text{m/s}$

(3) $S=1.7\times10^{-3}\text{W/m}^2$

(4) $E=2.9\times10^{-6}\text{V/m}$ $H=1.2\times10^{-7}\text{A/m}$

(5) $7.88\times10^{-2}\text{m}$

6.20 (1) $2.5\times10^6\text{Hz}$

(2) 介质中：$\boldsymbol{E}=400\pi\sqrt{2}\cos\left(\omega t-\frac{\pi}{20}x\right)\boldsymbol{e}_y\text{V/m}$

$$\boldsymbol{H}=10\sqrt{2}\cos\left(\omega t-\frac{\pi}{20}x\right)\boldsymbol{e}_z\text{A/m}$$

空气中：$\boldsymbol{E}=800\pi\sqrt{2}\cos\left[\left(\omega t-\frac{\pi}{60}x\right)-\frac{1}{2}\cos\left(\omega t+\frac{\pi}{60}x\right)\right]\boldsymbol{e}_y\text{V/m}$

$$\boldsymbol{H}=\frac{20\sqrt{2}}{3}\left[\cos\left(\omega t-\frac{\pi}{60}x\right)+\frac{1}{2}\cos\left(\omega t+\frac{\pi}{60}x\right)\right]\boldsymbol{e}_z\text{A/m}$$

(3) $S=8\,000\pi\cos^2\left(\omega t-\frac{\pi}{20}x\right)\boldsymbol{e}_x\text{W/m}^2$ $\boldsymbol{S}_{av}=4\,000\pi\boldsymbol{e}_x\text{W/m}^2$

(4) $w_e=\frac{4\pi}{9}\times10^{-5}\cos^2\left(\omega t-\frac{\pi}{20}x\right)\text{J/m}^3$ $w_{emax}=\frac{4\pi}{9}\times10^{-5}\text{J/m}^3$

$$w_m=\frac{4\pi}{9}\times10^{-5}\cos^2\left(\omega t-\frac{\pi}{20}x\right)\text{J/m}^3 \quad w_{mmax}=\frac{4\pi}{9}\times10^{-5}\text{J/m}^3$$

6.21 (1) $\theta_c=\frac{\pi}{4}$ (2) $\theta_2=\frac{\pi}{2}$ (3) $|\Gamma_{//}|=1$

(4) $|T_{//}|=\sqrt{2}$

(5) 不满足无反射条件，$\theta_B=35.26^\circ$

(6) $v=2\cdot12\times10^8\text{m/s}$

(7) $v_x=2.45\times10^8\text{m/s}$

(8) $v_z=4.24\times10^8\text{m/s}$

(9) 波发生全反射

(10) $S_{av}=0$

# 参 考 文 献

[1] 冯慈璋,马西奎.工程电磁场导论[M].北京：高等教育出版社,2000.
[2] 冯慈璋.电磁场[M].2版.北京：人民教育出版社,1983.
[3] 王家礼,朱满座,路宏敏.电磁场与电磁波[M].西安：西安电子科技大学出版社,2000.
[4] 谢处方.饶克谨.电磁场与电磁波[M].4版.北京：高等教育出版社,2006.
[5] 李锦屏,高继森,孙春霞.电磁场与电磁波[M].兰州：兰州大学出版社,2007.
[6] 陈国瑞.工程电磁场与电磁波[M].西安：西北工业大学出版社,2001.
[7] 郭辉萍,刘学观.电磁场与电磁波[M].3版.西安：西安电子科技大学出版社,2003.
[8] 钟顺时,电磁场基础[M].北京：清华大学出版社,2006.
[9] Kraus,Fleisch.电磁学及其应用[M].5版.北京：清华大学出版社,2001.
[10] 周希朗.电磁场与波基础教程[M].北京：机械工业出版社,2014.

# 教学资源支持

**敬爱的教师：**

感谢您一直以来对清华版计算机教材的支持和爱护。为了配合本课程的教学需要，本教材配有配套的电子教案（素材），有需求的教师请扫描下方的“书圈”微信公众号二维码，在图书专区下载，也可以拨打电话或发送电子邮件咨询。

如果您在使用本教材的过程中遇到了什么问题，或者有相关教材出版计划，也请您发邮件告诉我们，以便我们更好地为您服务。